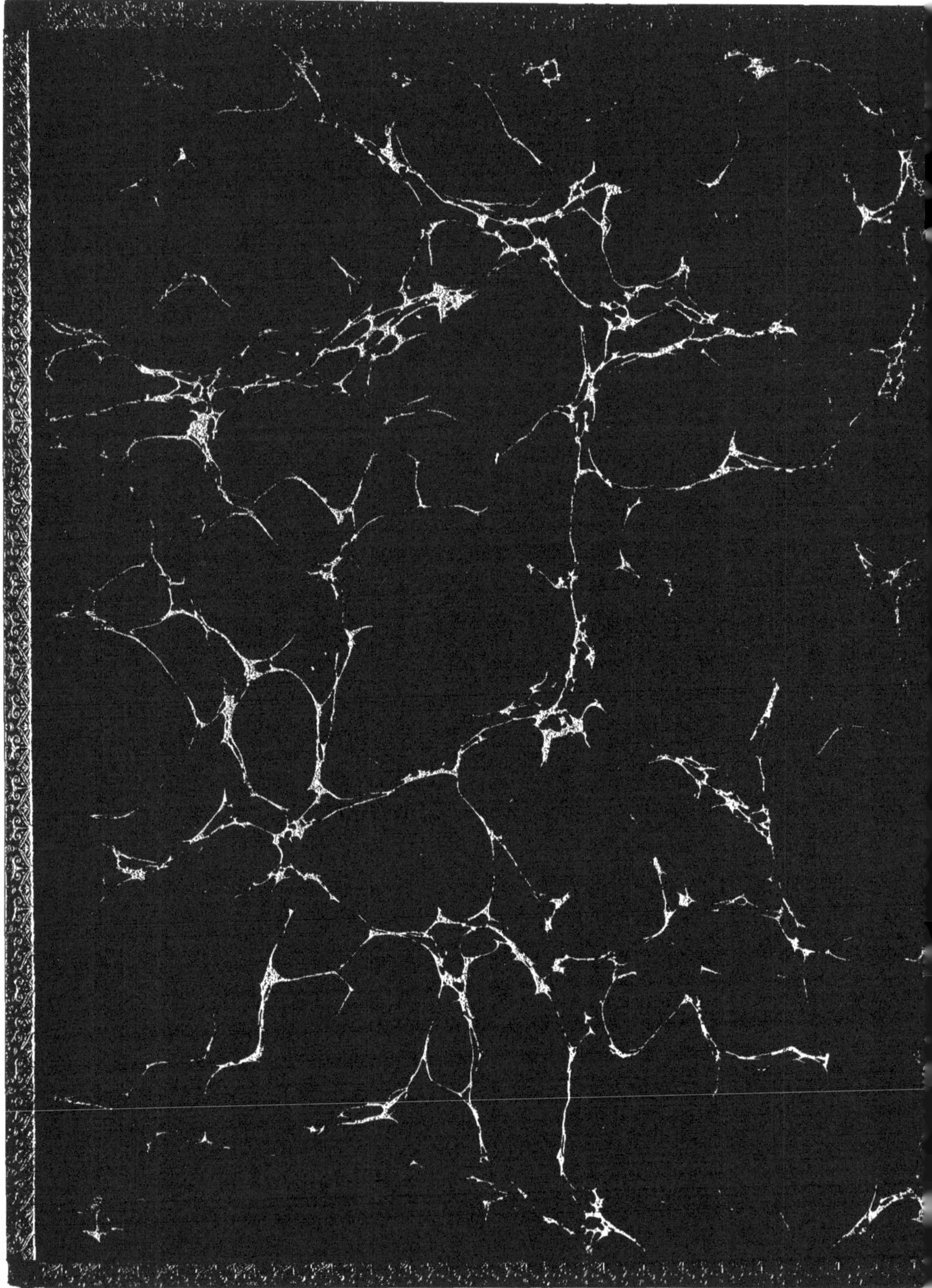

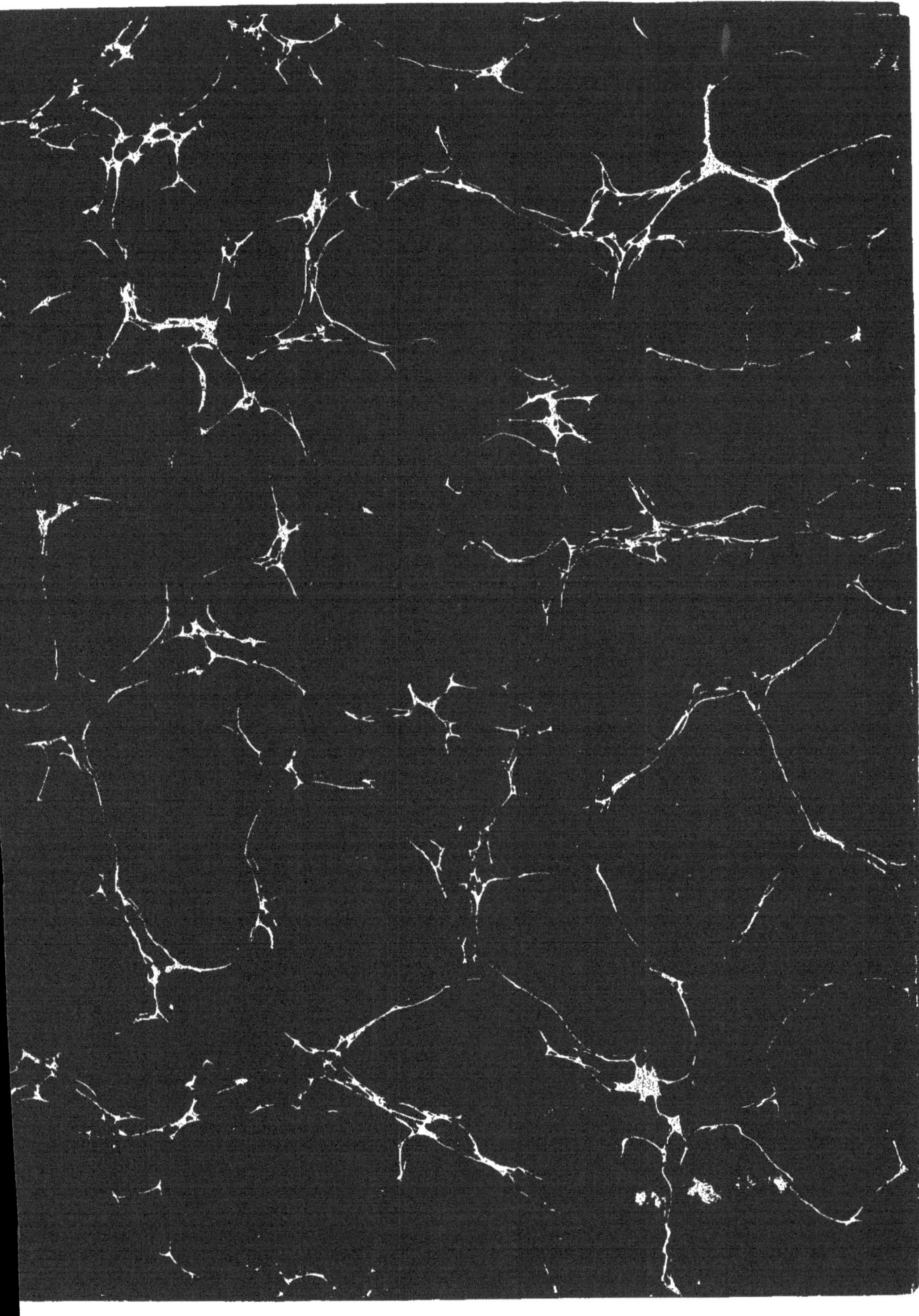

RECHERCHES

SUR

LE GISEMENT ET LE TRAITEMENT DIRECT

DES MINERAIS DE FER

DANS LES PYRÉNÉES

ET PARTICULIÈREMENT DANS L'ARIÉGE.

PARIS. — IMPRIMERIE DE FAIN ET THUNOT,
IMPRIMEURS DE L'UNIVERSITÉ ROYALE DE FRANCE,
Rue Racine, 28, près de l'Odéon.

RECHERCHES

SUR

LE GISEMENT ET LE TRAITEMENT DIRECT

DES MINERAIS DE FER

DANS LES PYRÉNÉES

ET PARTICULIÈREMENT DANS L'ARIÉGE,

SUIVIES

DE CONSIDÉRATIONS HISTORIQUES, ÉCONOMIQUES ET PRATIQUES SUR LE TRAVAIL DU FER ET DE L'ACIER DANS LES PYRÉNÉES;

PAR M. JULES FRANÇOIS,

INGÉNIEUR DES MINES.

Avec planches et dessins au microscope par M. Ferdinand Mercadier.

PARIS.

CARILIAN-GOEURY ET Vve DALMONT, ÉDITEURS,

LIBRAIRES DES CORPS ROYAUX DES PONTS ET CHAUSSÉES ET DES MINES,

Quai des Augustins, n.os 39 et 41.

1843.

A

MONSIEUR LEGRAND,

SOUS-SECRÉTAIRE D'ÉTAT

AU MINISTÈRE DES TRAVAUX PUBLICS,

TEMOIGNAGE DE RECONNAISSANCE ET DU PLUS PROFOND RESPECT

De son très-humble

Et très-obéissant serviteur,

JULES FRANÇOIS.

INTRODUCTION.

En me chargeant du service des Mines de l'Ariége (1er juin 1834), M. Legrand, directeur général des ponts et chaussées et des Mines, voulut bien me confier la mission spéciale d'étudier les gisements de fer de ce département et le traitement de leurs minerais par *la méthode directe*, usitée dans cette partie des Pyrénées.

Avant cette époque, et dès 1832, M. T. Richard, ingénieur civil, avait été chargé successivement par M. le préfet de l'Ariége et par plusieurs maîtres de forges réunis, de recherches sur le travail du fer.

A mon arrivée dans l'Ariége, M. Richard n'avait pas encore entièrement terminé les essais qui lui étaient confiés; les résultats n'en étaient pas encore publiés. Je dus donc, après avoir pris connaissance des publications spéciales (1), m'éclairer de l'observation des faits.

Les recherches sur les gisements ferrifères me furent facilitées par l'exécution des cartes géologiques de la Haute-Garonne et de l'Ariége qui me fut confiée en 1837.

La marche que je crus devoir adopter dans l'étude du traitement direct du fer comprend :

1° L'étude par l'analyse chimique des matières premières employées aux forges, et des produits résultant de leur élaboration ;

---

(1) Pour les mines : Dietrict, d'Aubuisson, Charpentier, MM. Dufrénoy et Marrot; pour les forges: Swedemborg, Ducoudray, Dietrict, Lapeyrouse, Muthuon, Tardy, Thibaud et Marrot.

2° L'observation des procédés, en tenant compte de la qualité et de la quantité des matières premières et des produits ;

3° La recherche des phénomènes chimiques et physiques qui président au traitement des minerais de fer, par la suspension des opérations métallurgiques aux différentes périodes de l'élaboration.

Quelque simple que fût cette marche, elle présenta dans la pratique de nombreux obstacles, non-seulement par les dépenses qu'elle entraînait, mais par la difficulté, et souvent par l'impossibilité d'observer et d'expérimenter fructueusement et à propos sur les usines en roulement. Toutefois, je dois ici rendre hommage à la bienveillance soutenue et au concours empressé des maîtres de forges et surtout des ouvriers forgeurs. Je dois également des remercîments à MM. Mazères et de Bantel, préfets de l'Ariége, dont l'intervention auprès du conseil général provoqua l'allocation de fonds destinés à aider les recherches expérimentales sur le traitement direct des minerais de fer (1).

L'étude de ce traitement, des expériences tentées pour régulariser quelques détails pratiques, me permirent de constater la possibilité d'introduire des améliorations. Mais pour atteindre ce but, des essais onéreux et suivis devaient être entrepris pour lesquels le concours actif des maîtres de forges et du département était indispensable.

Pour préparer ce concours, je proposai avec quelques maîtres de forges (28 février 1836), la fondation d'une société destinée à provoquer et à faciliter les moyens d'étudier et d'améliorer le travail du fer. Le 15 mars 1836, trente-quatre maîtres de forges, représentant quarante-quatre feux, donnèrent leur assentiment à la formation de la société, qui fut définitivement constituée en assemblée générale du 30 juillet 1837 (2). Une commission permanente, composée de huit membres, représentant les différents groupes d'usines de l'Ariége, fut chargée, sous la désignation de *Comité central des maîtres de forges de l'Ariége*, de veiller à tout ce qui pourrait contribuer à l'amélioration du travail direct du fer.

---

(1) Dans la séance du 28 août 1837, le conseil général de l'Ariége vota une somme de 446 fr. pour continuation des essais métallurgiques.

(2) Voir les statuts de la société, note N° 9, à la fin de l'ouvrage.

La fondation de cette société rapprocha les maîtres de forges. L'intervention active de plusieurs d'entre eux multiplia les réunions, soit de la société, soit du comité central, et on parut s'habituer aux questions de progrès dans le travail du fer. On reconnut que l'établissement d'une forge expérimentale, déjà proposé par Lapeyrouse (1785) et par feu M. Mercadier (1801) (1), était le seul moyen d'aborder efficacement l'amélioration du traitement direct des minerais de fer.

Sans entrer ici dans les détails des démarches qui furent faites pour la fondation d'une usine expérimentale, je me contenterai de dire qu'après deux années d'efforts, une allocation collective de 80,000 francs fut votée, savoir : par le conseil général de l'Ariége (session de 1840), 25,000 fr., et par M. Legrand (2), sous-secrétaire d'état des travaux publics, 25,000 francs, pour fondation de l'usine, d'une part, et d'autre part, par les maîtres de forges de l'Ariége, 30,000 francs pour fonds de roulement. Par suite de ces dispositions, le projet touchait à sa réalisation, quand M. le ministre de l'intérieur, statuant sur un vice de forme, sur une simple question de désignation de chapitre au budget de l'Ariége, crut devoir infirmer le vote du conseil général. Cette décision ministérielle mit fin aux démarches faites dans le but d'établir une usine expérimentale dans l'Ariége.

Je dois signaler ici les efforts persévérants dont nous aidèrent constamment mes amis, MM. de Falentin Saintenac et Michel Chevalier.

J'espérais pouvoir, dans un tel établissement, tenter quelques améliorations qui m'avaient semblé praticables, et mon intention fut toujours de ne leur donner de la publicité qu'après les avoir constituées faits de pratique générale.

Mais aujourd'hui que l'établissement d'une usine expérimentale est indéfiniment ajourné, que de nouveaux devoirs me tiennent éloigné

---

(1) M. Mercadier, ancien ingénieur en chef des ponts et chaussées de l'Ariége. Ses nombreux travaux d'utilité publique, ses belles recherches de statistique générale, faites avec autant de zèle que de désintéressement, lui assurent des droits impérissables à la reconnaissance de tous les hommes de bien.

(2) M. Legrand, pénétré de l'importance d'une usine expérimentale, avait lui-même formulé le mode de coopération collective du gouvernement, du département de l'Ariége et des maîtres de forges.

des usines de l'Ariége, j'ai cru pouvoir faire connaître les résultats et les indications auxquelles m'ont conduit les études que j'ai faites de 1834 à 1842, sur les mines et sur les usines de ce département en particulier, et des Pyrénées en général.

Mon travail sera sans doute fort incomplet, aussi je désire vivement que les difficultés que je viens d'indiquer, et la nature même des recherches me valent de l'indulgence.

Je le diviserai en quatre parties consacrées :

La première, à la description du traitement direct du fer;

La seconde, aux matières premières, minerai, air et charbon;

La troisième, à l'exposé de l'élaboration du minerai, des améliorations à introduire, et de la nature des produits;

La quatrième enfin, à des considérations historiques, économiques, et pratiques sur la fabrication du fer et de l'acier dans les Pyrénées.

J'ajouterai que les recherches que j'ai été appelé à entreprendre, n'ont point eu pour but unique le traitement direct proprement dit. Une première série d'observations m'ayant démontré que dans l'élaboration des minerais de fer les phénomènes chimiques et physiques sont du même ordre, quel que soit le mode de traitement, j'ai cru devoir en poursuivre l'examen là où l'appréciation en était la plus facile et la plus complète, c'est-à-dire dans le creuset catalan. C'est qu'en effet, dans ce creuset, les réactions qui constituent l'élaboration des minerais de fer y sont groupées, quant à l'espace et au temps, entre les limites les plus étroites, de la manière la plus complète. L'observation en est d'ailleurs plus facile; ce qui m'a porté à penser que l'étude du traitement direct pouvait aider celle des principales questions de la métallurgie générale du fer.

Avant de terminer, je dois rendre hommage au talent de M. Ferdinand Mercadier, peintre, auquel je dois l'exécution des cartes, planches et dessins microscopiques qui figurent dans mon travail.

Bains d'Ussat, le 19 janvier 1842 (1).

JULES FRANÇOIS.

---

(1) Le manuscrit de cet ouvrage ayant été égaré dans les bureaux du ministère des travaux publics, pendant le mois de mars 1842, la mise sous presse n'a pu avoir lieu que dans le mois de janvier 1843.

Ouvrages sur le traitement direct du fer.

RÉAUMUR. . . . . Art de travailler le fer. Paris, 1723.
SWEDEMBORG. . . . . . De Ferro, 1734.
BOUCHU ET COURTIVRON. Traité des feux de forges. Paris, 1762.
TRONÇON DU COUDRAY. . Mémoire sur les forges catalanes. Paris, 1775.
DUHAMEL. . . . . Mémoire de l'Académie des sciences, 1785.
DIETRICT. . . . . Description des mines, des forges, et salines des Pyrénées. Paris, 1786.
LA PEYROUSE. . . . . . Traité sur les mines de fer et les forges du comté de Foix. Toulouse, 1786.
MUTHUON. . . . . Traité des forges dites catalanes. Turin, 1808.
TARDY ET THYBAUD. . . Mémoire sur les trompes des Pyrénées. Annales des mines. T. VIII, 1823.
D'AUBUISSON. . . . . . . Expériences sur les trompes. Annales des mines, t. III et IV. 1828.
MARROT. . . . . Mémoire sur le traitement des minerais de fer, dans les forges catalanes de l'Ariége. Annales des mines, t. VIII, 1835.
JULES FRANÇOIS. . . . . Précis historique sur le traitement direct du fer dans l'Ariége. Foix, 1837.
IDEM. . . . . Essai sur l'élaboration du minerai de fer dans le traitement direct. Rapport sur la nécessité d'une forge expérimentale dans l'Ariége. Foix, janvier 1838.
T. RICHARD. . . . . Études sur l'art d'extraire immédiatement le fer de ses minerais. Paris, mars 1838.

(NOTA). L'auteur de ce dernier ouvrage remarquable par des vues théoriques, et par des détails de description de la pratique des forges, m'attribue à tort la collaboration du mémoire de M. Marrot. Cette erreur, que ne permettait pas le titre de ce travail, ne paraît nullement justifiée par la faible part tout indirecte que j'ai pu y prendre; car, c'est sur la demande de M. d'Aubuisson que j'envoyai à ce dernier, pour M. Marrot que je ne connaissais pas, un simple croquis d'une halle, du mail et d'une trompe de la forge catalane de Cabre, ainsi que quelques détails numériques sur des essais faits à la forge d'Orgeix, détails que reproduit d'ailleurs textuellement M. Richard, à la page 277 de son ouvrage.

ERRATA.

Page 5, ligne 12, nommée, *lisez :* nommé.
— 36, ligne 30, enlève, *lisez :* enlever.
— 44, ligne 33, ; *mettez :* ,
— 44, ligne 34, , *mettez :* ;
— 91, ligne 34, sur les revenus, *lisez* : ni sur les revenus.
— 101, ligne 3, Roussillon. *lisez :* Roussillou.
— 169, (seconde note marginale), domination, *lisez :* diminution.
— 244, ligne 23, en contrevent, *lisez :* au contrevent.
— 252, ligne 14, par le feu naissant, *lisez :* sur le fer naissant.
— 253, ligne 26, sous, *lisez :* sans.
— 263, ligne 3, Escagné, *lisez :* Escanyé.
— 275, ligne 12, Pouzangue, *lisez :* Pouzanque.

PREMIÈRE PARTIE.

DESCRIPTION

DU

TRAITEMENT DIRECT DU FER.

PREMIÈRE PARTIE.

DESCRIPTION

DU

TRAITEMENT DIRECT DU FER.

CHAPITRE PREMIER.

MATÉRIEL D'UNE FORGE CATALANE.

Matériel d'une forge catalane. — Disposition d'une forge à un feu. — Disposition moderne. — Disposition récente d'une forge à deux feux.

Matériel d'une forge catalane.

Le matériel d'une forge catalane se compose d'un creuset, ou feu, d'une trompe des Pyrénées, et d'un marteau (*mail*) de 600 à 650 kilogrammes. Il est compris dans une halle de 160 à 200 mètres carrés de surface.

Disposition d'une ancienne forge à un feu.

La disposition la plus générale d'une forge ancienne est représentée Pl. I, *fig.* 1. Le mur de l'usine sert en partie de soutenement au bassin. Le feu A est alimenté par une trompe B à caisse trapézoïdale, en bois, ou en pierre. Le marteau C est mis en mouvement par une roue à palette R. La batterie en est le plus souvent montée sur deux grosses pierres en granit ; d'autres fois elle se compose de fortes pièces et d'une grille de charpente, nommées *soucheries*. Il y a en outre, comme accessoires, un vieux mail F, servant d'enclume pour dresser les pièces forgées ; une auge K remplie d'eau, pour le service du feu ; des caisses fixes en bois *p. p. p.* nommées *parsons*, servant à contenir chacune le charbon nécessaire à une opération ; enfin, une série de tenailles, pinces, leviers et ringards, servant au travail du fer au feu et sous le marteau.

Disposition moderne.

Mail cingleur.

Mail finisseur.

Cette disposition d'usine a été récemment modifiée, ainsi que l'indique la *fig.* 2. Le bassin est entièrement isolé de la forge. La soufflerie se compose d'une trompe à caisse circulaire, dite *tinne*. Enfin, le travail du fer s'opère successivement sous un marteau cingleur et dégrossisseur, et sous un marteau finisseur, dont la batterie est en presque totalité hors de l'usine, à laquelle elle est reliée par un arceau de $5^m.60$ de largeur. Ce second marteau, il y a quelques années, ne pesait pas plus de 90 à 120 kilogrammes ; il servait uniquement à dégauchir et à dresser les pièces forgées. Mais aujourd'hui, dans des forges récemment construites (Lacour, Mas-d'Asil), il n'a pas moins de 300 kilogrammes, et joue le rôle de marteau finisseur.

Disposition récente d'une forge à deux feux.

Quelques forges comprennent deux feux, deux marteaux ordinaires, et un martinet dégauchisseur. Le plus souvent, la construction de chacun des feux ayant été successive, ces usines présentent la réunion assez irrégulière de deux forges à un feu, pour que nous n'en indiquions pas ici la distribution. Toutefois, deux d'entre elles (Mas-d'Asil, Guran), construites d'après un plan étudié pour deux feux, offrent la disposition de la planche II. On voit que les artifices et accessoires du feu A sont la reproduction des indications faites Pl. I, *fig.* 2. On s'est réservé dans l'autre partie de la halle, de placer le second feu en B, ou en B′, de manière à le réunir au massif M du feu A, ou bien à l'en isoler. Cette faculté peut devenir utile un jour dans l'emploi, soit de la flamme perdue, soit des gaz de la combustion. Les emplacements S′ et S″ pour les souffleries peuvent recevoir, suivant le besoin, une trompe, une machine à piston, ou un ventilateur. Les massifs M. *m.* offrent assez d'espace pour emploi de la flamme perdue, ou des gaz de la combustion, soit au grillage du minerai, soit à la chauffe des pièces à ressuer, à étirer, ou à parer, soit même, dans certains cas, à la cémentation et à l'élaboration des aciers. Dans le cas de réunion des feux A et B, le massif N peut se prêter à l'établissement d'un feu de chaufferie, ou de parage, et alors un marteau peut être monté sous l'arceau VV.

CHAPITRE II.

CREUSET OU FEU.

Creuset. — Fouinal. — Piech d'el foc. — Massif du feu. — Pierre de la meule. — Fond du feu. — Faces du feu. — Latairol. — Restanque. — Plie. — Banquette. — Chio. — Porges. — Ore ou contrevent. — Cave. — Tuyère. — OEil. — Pavillon. — Pose. — Inclinaison. — Bourec. — Canon de bourec. — Reculement du canon de bourec. — Tableau des dimensions-limites du feu.

Le *creuset*, ou *feu* d'une forge catalane, est toujours appuyé à l'un des murs de la halle (*voir* Planches I et II). Ce mur *aa* est percé d'un petit arceau conique *b*, disposé pour recevoir la tuyère. Les ouvriers fondeurs lui donnent le nom de *fousinal*, ou *fouinal*. Il est séparé du creuset par un petit mur en pierre sèche *cc*, nommée *piech d'el foc*, qui s'élève de 1^{m}.70 à 2^{m}.50 (1) au-dessus du fond du feu et dont la largeur varie, ainsi que nous le verrons, suivant les positions respectives de la trompe et du creuset. Creuset, ou feu. Fouinal. Piech d'el foc.

Le creuset, représenté dans ses détails, Pl. III, *fig.* 2 et 3, est établi dans un massif quadrangulaire de grosse maçonnerie en argile et en pierre sèche MM, d'étendue fort variable, mais ayant le plus souvent 2^{m}.50 à 3^{m} de longueur et de largeur. Ce massif s'élève de 0^{m}.70 (2) à 0^{m}.90 au-dessus du sol de l'usine, auquel il se relie quelquefois par une pente assez forte. Massif du feu.

La partie du massif MM occupée par le creuset ne repose pas im-

(1) Ici 1^{m}.70 désigne 1 mètre 70 centimètres.

(2) De même 0^{m}.70 désigne 70 centimètres.

médiatement sur le sol de la forge. Afin d'éviter tout accès ou séjour d'eau et d'humidité, cause assez fréquente de mauvaise allure des feux, on a soin d'y pratiquer des aqueducs croisés en maçonnerie, ou en pierre sèche, recouverts par une pierre de forte dimension. L'on donne à cette dernière le nom de *pierre de la meule*, parce que souvent on a fait servir à cet usage de vieilles meules de moulin. Elle est ordinairement placée de manière que sa surface supérieure soit à $0^m.25$ en contre-bas du sol de la forge; on la recouvre ensuite d'un lit *e. e.* de $0^m.40$ à $0^m.58$ de scories pilées et d'argile brasquée sur lequel se trouve établi le creuset.

Pierre de la meule.

Par ces dispositions, si d'ailleurs les aqueducs de desséchement ont toujours un facile écoulement, on est assuré d'être en dehors des atteintes de l'humidité. Il est vrai que, bien souvent, il n'existe ni aqueducs, ni pierre de la meule. Les forgeurs ont toujours une tendance marquée à déprimer le feu et à l'enfoncer au sol de l'usine, sans doute afin d'avoir à élever à une moindre hauteur les pièces à chauffer au feu.

Fond du feu.

Sur le lit d'argile et de scories qui couvre la pierre de la meule repose une pierre *f.*, formant le fond du creuset, ou la sole. Elle est le plus souvent en granit, ou en gneiss, quelquefois en micaschiste, ou bien en grès dans quelques forges de la plaine. Elle doit, autant que cela est possible, occuper toute l'étendue du fond du feu; son épaisseur, au moment de la pose, est fort variable; elle a souvent $0^m.12$ à $0^m.20$ au milieu; mais bientôt, sous l'action du feu, elle se corrode, et affecte la forme indiquée *fig.* 2 et 3. Cette dégradation de la sole laisse beaucoup d'indécision et de vague sur toutes les mesures des dimensions partant de la pierre du fond. D'ailleurs, il est rare que le creuset n'ait pas la sole plus ou moins encrassée de scories, de frasil et d'écailles, formant gîte du feu, qui ne permettent pas de fixer invariablement le fond. Ainsi, nous adopterons la marche indiquée par M. Richard (1), qui consiste à mener par les bords supérieurs de la pierre, un plan horizontal *g. g.*, qui fait avec la cavité de la sole une flèche de $0^m.05$ à $0^m.12$, et moyennement de $0^m.08$. Les traces *g. g.* de ce plan nous serviront désormais de

(1) De l'Art d'extraire immédiatement le fer de ses minerais....., pages 237, 238.

point de départ pour les hauteurs verticales mesurées à partir du fond du feu. Dans plusieurs forges, ce plan est sensiblement de niveau avec la surface de l'enclume du marteau, et, par conséquent, à $0^m.10$ environ au-dessus du sol de l'usine. Aujourd'hui, afin d'assécher le feu, on élève la pierre du fond jusqu'à $0^m.25$ au-dessus du sol de la forge, *fig.* 2.

Au-dessus de la pierre du fond s'élèvent les quatre faces du feu, disposées de manière à donner à la surface horizontale du creuset une forme sensiblement quadrangulaire. Ces faces sont désignées ainsi qu'il suit : Faces du feu.

La face d'avant *h.* la *main*, le *latairol*, ou la face de *chio*;

Celle opposée *i.* *la cave*;

Celle de gauche *k.k.* les *porges*;

Enfin, celle de droite *l.* l'*ore*, ou le *contrevent.*

Le latairol est vertical; sa hauteur moyenne au-dessus du feu est de $0^m.64$ à $0^m.72$; il est formé par deux pièces *h.h.* en fer, appelées *latairoles*; elles ont une section transversale de $0^m.20$ sur $0^m.12$ (1). Elles portent $0^m.56$ au-dessus du fond du feu sous lequel elles s'enfoncent le plus souvent de $0^m.10$ à $0^m.15$. L'espace $0^m.19$, compris entre elles, est occupé par une pièce également en fer *m.*, le *restanque*, enfoncée au sol de $0^m.35$ et s'élevant de $0^m.03$ à $0^m.05$ au-dessus du fond du creuset; il sert de point d'appui aux leviers pour soulever la loupe et la détacher de la pierre du fond, quand il y a adhérence. Les têtes des latairoles *h.h.* sont reliées entre elles par la *plie n.* Cette pièce, qui a $0^m.08$ sur $0^m.07$ de section transversale, est placée horizontalement. Comme elle a à supporter le choc des outils et le poids des pièces à étirer, il convient qu'elle soit fortement fixée : aussi, par une de ses extrémités, elle s'implante dans le piech d'el foc, tandis que l'autre extrémité est maintenue par la masse *p.* d'un vieux mail, d'une vieille loupe. En avant de la plie on établit, au moyen de plusieurs plaques en fer, sous une inclinaison de 5 à 9 degrés, une *banquette q.q.* destinée à soutenir l'avant du feu, et à aider la manœuvre

Latairol ou la main. Latairoles. Restanque. Plie. Banquette.

---

(1) Les anciennes mesures linéaires du pays sont encore presque exclusivement employées par les ouvriers. L'unité de mesure est la canne, elle se divise en 8 pans, le pan en 8 pouces, et le pouce en 8 lignes. La grandeur de la canne varie de $1^m.812$ à $1^m.753$. La moyenne des 29 cantons de l'Ariége (*voir* Métrologie de l'Ariége, page 21. Souquet, 1840) est $1^m.787$ D'où 1 pan = $0^m.223$; le pouce = $0^m.0278$; la ligne = $0^m.0032$.

des ouvriers pour la chauffe des pièces à travailler sous le mail. L'intervalle compris entre les latairoles, le restanque et la plie, est garni d'argile, au travers de laquelle se pratique, à une élévation convenable, le trou de *chio*, destiné à l'écoulement des scories.

Trou de chio.

Porges.

La face de gauche, les *porges*, est verticale; toutefois il arrive fréquemment qu'à la suite d'un travail, souvent de bonne allure, elle s'incline et se déverse à l'avant de 0^m.02 à 0^m.05.

Elle s'élève de 0^m.40 à 0^m.49 au-dessus du fond, et se compose de pièces en fer *r.r.r.* désignées également sous le nom de porges, et placées de champ les unes sur les autres dans une position horizontale. Ces pièces, dont la hauteur et l'épaisseur varient, ont généralement 0^m.12 à 0^m.16 de côté; quant à leur dimension en longueur dans œuvre du feu, elles portent 0^m.65 au fond du feu, et 0^m.76 à la partie supérieure. Pour consolider le feu, on les descend quelquefois à quelques centimètres au-dessous du fond. La tuyère repose le plus souvent sur l'arête supérieure et externe. Le fouinal s'élève au-dessous du niveau, et à l'aplomb des porges de 1^m.20 à 1^m.50; il est bâti en pierres reliées par de l'argile.

Ore ou contrevent.

La face de droite, ou l'ore, est, comme les porges, composée de pièces en fer *s.s.s.* Mais ici, ces pièces sont inclinées sur champ de manière à former dans leur ensemble une surface courbe, renversée du dedans au dehors du feu, et destinée à maintenir le minerai à élaborer. Les pièces de l'ore ont des dimensions fort variables, quant à leur section transversale; afin de leur assurer de l'assiette, on leur donne assez souvent 0^m.14 à 0^m.17 d'épaisseur sur une largeur moyenne de 0^m.12. Elles ne sont pas toutes en fer; on peut, sans inconvénient, remplacer par des parallélipipèdes en fonte celles qui occupent la partie supérieure, au-dessus du niveau des porges, et partant moins exposées à l'action du feu. On voit, *fig.* 2 et 3, que les pièces du contrevent ne sont pas parallèles aux porges et qu'elles sont d'autant plus inclinées sur ces dernières que l'on s'élève davantage au-dessus de la pierre du fond. De telle sorte que, dans son ensemble, cette face présente une surface gauche légèrement tournée vers la cave. Aussi sa distance des porges varie-t-elle entre des limites assez étendues. Le plus souvent on a des porges à l'ore :

1° Au fond du feu, contre la plie, 0^m,57; suivant l'axe du feu, 0^m,585; contre la cave, 0^m.615;

2ᵉ A la hauteur des porges, contre la plie, $0^m.665$; suivant l'axe du feu, $0^m.686$; contre la cave, $0^m.71$;

3ᵉ Enfin au commencement de l'ore, on a, suivant l'axe du feu, $0^m.84$, et contre la cave, $0^m.87$.

L'ensemble de ces distances, combiné avec celles déjà indiquées, suffit pour asseoir convenablement les pièces de l'ore. Toutefois, ainsi que l'a fait M. Richard, et ainsi que le font quelques forgeurs, on peut y joindre l'inclinaison des différentes pièces prise suivant le milieu du feu. Cette inclinaison, sur la verticale, élevée au pied de l'ore, est, terme moyen, de 0° à 5° pour les pièces inférieures reposant immédiatement sur la sole; de 15° à 18°, à $0^m.20$ de fond; de 22° à 25°, à la hauteur du nez de tuyère; de 25° à 27°, à la hauteur des porges, et enfin de 27° à 29° et 30°, à la partie supérieure de l'ore. J'ajouterai ici que ces inclinaisons sont assez difficiles à observer exactement; je ne les ai employées que pour les deux pièces supérieures du contrevent.

Il résulte de ces données, que, suivant l'axe du feu, l'ore se déverse du dedans au dehors de $0^m.26$. La hauteur totale du contrevent au-dessus du fond est de $0^m.76$; sa longueur développée est de $0^m.84$ à $0^m,95$, et au delà.

Enfin, la longueur des pièces de l'ore dans œuvre du feu, est de $0^m.665$ à la sole, et $0^m.79$ à la hauteur de la plie. On voit que le contrevent s'élève plus haut que la plie; il la dépasse le plus souvent de $0^m.15$ à $0^m.28$, mesuré suivant la pente. Les pièces supérieures sont consolidées par la masse *p* placée à l'extrémité de la banquette et de la plie. La portion du massif du feu contiguë au contrevent ne s'élève pas plus haut que cette face; elle y donne une plate-forme de $1^m.00$ sur $1^m.50$, qui sert aux manœuvres des ouvriers.

La *Cave i.* est la seule des faces du feu entièrement construite en maçonnerie liée par de l'argile. On a fait des tentatives pour la garnir de fer; mais on n'a pas réussi; le feu trop borné, faisait difficilement son gîte. Elle n'est pas verticale, on l'incline généralement du dedans au dehors de 5° à 8°, ou bien de $0^m.25$ sur la hauteur totale qui est de $1^m.70$ à $2.^m00$. Dans un creuset qui a servi, la cave présente des dégradations résultant de l'action du feu; elle est corrodée surtout vers le contrevent. Nous étudierons plus tard la forme de ces dégradations déjà indiquées *fig.* 2 et 3. La distance qui sépare la cave de la main est de

Cave.

0m.64 au fond du feu, et 0m.77 à la hauteur de la plie. La cave, ainsi que nous l'avons dit, s'élève de 0m.70 à 2 mètres au-dessus de la pierre de fond, du côté des porges, puis elle s'abaisse, *fig.* 2, de manière à se relier à la plate-forme du contrevent.

Les données qui précèdent, relatives aux dimensions des différentes faces du feu, sont le résumé d'un grand nombre de mesures prises sur des creusets en bonne allure. Il ne faudrait pas les considérer comme devant servir de règle à la construction d'un feu quelconque. En effet, je le démontrerai plus tard, la plupart de ces dimensions peuvent et doivent varier avec la qualité du minerai et du charbon, avec celle des produits, et suivant la nature et la force du vent. C'est ainsi que le renversement de l'ore peut s'élever de 0m.21 à 0m.33, en raison de l'état plus ou moins réfractaire du minerai à traiter, et suivant la qualité du charbon, du vent et des produits à obtenir. Je ferai remarquer d'ailleurs que les mesures du feu sont loin d'être prises avec soin par les ouvriers. J'ai reconnu que le plus souvent ces derniers leur attribuent dans leurs discours une importance qu'ils ne peuvent motiver, et dont ils ne tiennent aucun compte au moment de la construction. Aussi c'est sur le feu en bonne allure, et non près des ouvriers, qu'il faut s'assurer de ces mesures, bien que je sois loin de croire à l'influence absolue des dimensions sur l'allure des forges. Afin de consacrer les faits acquis par la pratique, je donnerai le relevé des limites entre lesquelles oscillent les feux de bonne allure, après avoir complété la construction du creuset par l'exposé de ce qui regarde la tuyère.

Tuyère.

La *tuyère* employée aux forges catalanes est formé d'une plaque de cuivre rouge tournée en tronc de cône, ainsi que la représentent les *fig.* 2 et 3. Les bords n'en sont que rapprochés sans soudure. L'épaisseur de cette plaque est de 0m.008 vers le sommet du tronc de cône dont l'ouverture forme *l'œil de la tuyère ;* elle n'est que de 0m.003 vers la base, ou *pavillon ;* le cône est aplati ; les arêtes sur le grand axe font un angle de 5 à 6 degrés, tandis que cet angle n'est que de 4 à 4 1/2° pour les arêtes qui passent aux extrémités du petit axe. Ces angles, et surtout le premier, diminuent à mesure que la tuyère s'use par le rapprochement forcé des bords supérieurs. Les angles indiqués ci-dessus se rapportent au cône formé par la surface extérieure de la tuyère. Il résulte de cet aplatisse-

Œil de la tuyère. Pavillon.

ment que l'œil de la tuyère présente un ovale, et souvent une section rectangulaire dont les angles sont rachetés par des arcs. Cette section dépend d'ailleurs de la forme du mandrin, ou espine, dont on se sert pour tailler la tuyère. Mais la forme rectangulaire persiste rarement au feu, et dégénère toujours en un ovale plus ou moins régulier. Quoi qu'il en soit, les dimensions les plus générales de la tuyère sont : longueur, $1^m.40$ à l'état neuf; axe du pavillon, $0^m.21$ à $0^m.16$, suivant l'état de la tuyère ; grand axe de l'œil, $0^m.051$ à $0^m.059$; petit axe, $0^m.028$ à $0^m.039$. Ces variations de l'œil de tuyère dépendent en général de la nature du minerai, du charbon et du vent, ainsi que nous le verrons plus tard.

Pose de tuyère. Inclinaison.

Un point sur lequel les forgeurs insistent avec raison dans la construction du feu, c'est la *pose de la tuyère*. De légères variations à cet égard, sur un feu de dimensions données, peuvent quelquefois avoir une influence sensible sur la nature et sur la quantité des produits. Aussi est-il nécessaire, ainsi que le démontre M. Richard (1), de bien définir toutes les données qui tendent à fixer la tuyère au feu.

L'ensemble des *fig.* 2 et 3 indique suffisamment qu'elle est inclinée sur les porges, qu'elle s'avance dans le creuset et qu'elle est légèrement portée vers la cave. On conçoit que dans un feu de dimensions reconnues, la tuyère sera déterminée de position, du moment où l'on aura fixé soit l'axe, soit une des arêtes, par rapport à l'horizon et aux faces du feu. Je choisirai de préférence l'arête inférieure et externe, par laquelle repose la tuyère, en admettant que les arêtes internes et externes, correspondant à la même extrémité d'un axe quelconque, soient parallèles, ce qui est sensiblement vrai à quelques centièmes de degré près. L'angle d'inclinaison que je choisis ici répond à l'angle désigné : *Angle en dedans* par M. Richard (2). Sa mesure s'obtient facilement en plaçant une règle rigide sur le siége de la tuyère, ou sur l'arête inférieure et interne, et déterminant l'angle de cette règle à l'horizon, au moyen de l'ancien quart de cercle, *fig.* 4, décrit par La Peyrouse, ou mieux avec celui *fig.* 5, indiqué par M. Richard, et que nous recommandons aux forgeurs.

Dans l'état actuel du minerai traité aux forges de l'Ariége, l'angle

(1) Loc. cit., page 241 et suivantes.
(2) Loc. cit., page 242.

d'inclinaison pour une bonne allure en fer ordinaire, varie de 36° $\frac{1}{2}$ à 39°. Le prolongement de l'arête inférieure et interne de la tuyère va rencontrer le contrevent à une distance du fond qui varie de — 2 à + $0^m.18$.

Quant à l'avancement, et à la position du nez de la tuyère dans le feu, les forgeurs la déterminent par la distance verticale de la lèvre inférieure au fond du feu, et par celle de la lèvre supérieure au contrevent, mesurée horizontalement. La première de ces distances, que l'on nomme

Saut de la tuyère.

saut de la tuyère, et qui varie de $0^m.308$ à $0^m.395$, est d'une détermination peu rigoureuse, en raison de l'état habituel du fond du feu. La Peyrouse la mesure en laissant glisser un fil lesté d'une balle dans l'œil de tuyère. Mais ce moyen est difficile dans un feu en activité. Il est préférable de mesurer sur les porges la hauteur de l'axe de tuyère, ainsi que le fait M. Richard (1). La seconde est plus facile à établir, elle est, par rapport à la largeur du feu, à hauteur de la lèvre supérieure, en

Saillie.

quelque sorte le complément de la *saillie*, c'est-à-dire de la distance de la lèvre supérieure aux porges. A cette hauteur la largeur du feu varie de $0^m.65$ à $0^m.675$; la saillie a de $0^m.18$ à $0^m.22$, suivant l'état du minerai et du charbon.

La saillie de tuyére ayant été prise par quelques auteurs, à partir du nez, par d'autres à partir de la lèvre inférieure, M. Richard (2), pour éviter toute confusion à cet égard, admet comme élément de fixation de

Sortie.

la tuyère, la distance du nez à l'aplomb des porges, qu'il nomme *sortie*, et qui, d'après ses calculs, peut être considérée comme sensiblement égale à 1 + $\frac{1}{3}$ de fois la saillie, pour une inclinaison de 41° de l'arête supérieure et externe. A cet égard, je fais remarquer que, vu l'état des porges et du mur à la racine de la tuyère, la sortie me semble assez incertaine, pour que l'on ne recherche pas le complément de la saillie, mesuré au moyen de la croix en fer, *fig.* 6, et mieux avec les règles graduées, à coulisse et talon, indiquées *fig.* 7.

La fixation de la sortie et celle de la saillie se contrôlant réciproquement, il me paraît toujours utile de recourir à toutes deux à la fois.

---

(1) Loc. cit., page 244.
(2) Loc. cit., page 245.

Enfin, la tuyère n'est point sur le milieu des porges; elle est plus proche de la cave que de la main. En outre, elle affecte une légère *déclinaison* vers la cave. A l'égard de la fixation de ces éléments dans la position de la tuyère, les ouvriers n'ont d'autre méthode que de faire porter l'axe de la tuyère au tiers du feu, à partir de la cave, et d'éviter que le vent ne croise trop, en avançant la tuyère de *corps*, de $0^m.025$ à $0^m.03$ vers la cave. Ils se règlent d'ailleurs sur l'allure du feu, sur la forme de la loupe, pour arriver à une direction convenable. Déclinaison.

M. Richard a recours à la mesure de l'angle que fait l'axe de tuyère avec la face des porges. Je suis porté à considérer cette mesure comme insuffisante dans la pratique, surtout en présence des irrégularités et des dégradations de cette face du creuset. J'ai toujours employé un procédé, depuis longtemps connu, qui consiste à placer dans la tuyère une verge rigide et rectiligne, à la faire glisser jusqu'à ce qu'elle rencontre le contrevent, enfin, à fixer le point de rencontre, par rapport à la cave, à la main et au fond du feu. Il convient, en même temps, de prendre la distance de l'arête inférieure de la tuyère à la cave et au latairol. Toutes ces mesures une fois établies, on peut assurer la position de la tuyère.

Dans l'état actuel des feux en bonne allure, le plus souvent, la tuyère est portée de corps de $0^m.025$ à $0^m.030$ vers la cave, et le prolongement de l'arête inférieure rencontre l'ore à des distances de la cave et de la main, qui sont entre elles :: $\frac{36}{27} = \frac{4}{3}$. M. Richard assigne le rapport $\frac{36}{30} = \frac{6}{5}$.

A plusieurs feux que j'ai montés pour fer ordinaire, j'ai suivi, avec de bons foyers, la marche suivante, indiquée par La Peyrouse.

La tuyère est placée dans un plan perpendiculaire aux porges, position toujours plus facile à retrouver. Elle est portée à $0^m.035$ vers la cave. Puis l'ensemble des deux faces du latairol et de la cave est incliné sur les porges, de manière qu'il y a déplacement de $0^m.04$ à l'angle de la main et de l'ore, et de $0^m.055$ à l'angle de l'ore et de la cave. Enfin, la tuyère est très-légèrement recoupée vers la cave.

L'ensemble de ces dispositions consiste à tourner le feu sur le vent, au lieu de tourner le vent sur le feu. On évite ainsi le croisement et le battement du vent dans la tuyère; on a d'ailleurs plus d'invariabilité dans la pose de la tuyère et dans la construction du feu.

Nous ajouterons, pour compléter ce qui regarde la tuyère par rapport au feu, que le vent y est amené de la machine soufflante par une buse composée d'un conduit en peau de mouton, *fig.* 2 et 3, nommé *le Bourec v. v.*, fixé par une courroie au porte-vent, et d'un canon en cuivre rouge *x. x.*, que l'on nomme *canon de Bourec.* Ce canon a 1^{m}.64 de longueur. Il est circulaire et conique. Son extrémité, fixée par une ficelle au bourec, a 0^{m}.055 de diamètre; l'autre extrémité par laquelle débouche le vent varie de 0^{m}.034 à 0^{m}.0375. Les *fig.* 2 et 3 indiquent sa position. Afin de rapprocher son axe de celui de la tuyère, on ajuste quelquefois à son extrémité une virole de 0^{m}.003 d'épaisseur; mais cette disposition est vicieuse, elle fait battre le vent.

Bourec.

Canon de bourec, ou buse.

La distance de l'extrémité du canon de bourec au nez de la tuyère, ou le *reculement* du bourec, peut varier au moyen de l'attache de ce dernier au porte-vent. Ce reculement, suivant la force et la nature du vent, suivant la qualité du minerai, enfin suivant l'état d'ancienneté de la tuyère, varie entre les limites 0^{m}.25 à 0^{m}.52. On mesure facilement le reculement, au moyen d'un instrument proposé par La Peyrouse, et semblable aux règles à coulisse indiquées (*fig.* 7), mais n'ayant que de petits talons de 0^{m}.01 à 0^{m}.02.

Reculement du canon.

En rapprochant toutes les mesures indiquées dans la description qui précède sur les différentes parties du creuset catalan, on voit que groupées convenablement, elles peuvent donner :

1° Les coupes horizontales du feu à la pierre de fond et à hauteur des porges;

2° Les coupes verticales parallèles à la plie et aux porges, suivant l'axe du feu;

3° La fixation de la tuyère par rapport à l'horizon et aux différentes faces du feu.

Nous ne sommes pas encore assez avancé dans l'exposé du travail direct du fer, pour rapprocher et comparer les dimensions principales de plusieurs feux, ainsi que l'a fait M. Richard (1); nous nous bornerons ici à faire le relevé des mesures sur des feux en bonne allure, en les groupant par coupes horizontales et verticales, et indiquant les limites entre lesquelles elles varient.

(1) Loc. cit., page 247.

Table des dimensions du feu.

TABLE DES DIMENSIONS-LIMITES
DES FEUX CATALANS.

Coupe horizontale	au fond du feu.	Longueur du pied du latairol	$0^{m}.560$ à $0^{m}.588$
		— des porges	$0^{m}.630$ à $0^{m}.664$
		— de la cave	$0^{m}.610$ à $0^{m}.635$
		— de l'ore	$0^{m}.640$ à $0^{m}.675$
	à hauteur des porges.	Longueur du latairol	$0^{m}.76$ à $0^{m}.78$
		— des porges	$0^{m}.75$ à $0^{m}.81$
		— de la cave	$0^{m}.77$ à $0^{m}.80$
		— de l'ore	$0^{m}.79$ à $0^{m}.84$
Coupe verticale sur l'axe du feu	perpendiculaire aux porges.	Hauteur des porges	$0^{m}.465$ à $0^{m}.478$
		— de la tuyère	$0^{m}.50$ à $0^{m}.522$
		— de l'ore	$0^{m}.76$ à $1^{m}.02$
		Distance des porges à l'ore, au fond du feu	$0^{m}.595$ à $0^{m}.630$
		— à hauteur des porges	$0^{m}.78$ à $0^{m}.83$
		— au couronnement de l'ore	$0^{m}.88$ à $1^{m}.03$
		Distance du nez de tuyère à l'ore	$0^{m}.45$ à $0^{m}.48$
		Hauteur de l'ore	$0^{m}.76$ à $1^{m}.02$
		Longueur développée de l'ore	$0^{m}.84$ à $1^{m}.06$
		Inclinaison de l'ore	27° à 30°
	parallèle aux porges.	Hauteur de la plie	$0^{m}.61$ à $0^{m}.66$
		Distance de la cave à la plie au fond du feu	$0^{m}.645$ à $0^{m}.67$
		— à demi-hauteur de plie	$0^{m}.66$ à $0^{m}.70$
		— à hauteur de plie	$0^{m}.77$ à $0^{m}.82$
		Inclinaison moyenne de la cave	5° à 8°
		— de la banquette	6° à 9°
		Longueur du plan incliné de la banquette	$0^{m}.45$ à $0^{m}.52$
Tuyère.		Inclinaison de la tuyère	32° à 39°
		Sa saillie	$0^{m}.18$ à $0^{m}.22$
		Sa distance au latairol	$0^{m}.385$ à $0^{m}.42$
		— à la cave	$0^{m}.37$ à $0^{m}.39$
		Distance du fond du feu au point où le prolongement de l'arête inférieure rencontre l'ore	$-0.^{m}02$ à $+0^{m}.11$
		Rapport des distances de ce point à la cave et au latairol	5 : 6 à 3 : 4
		Grand axe de la tuyère	$0^{m}.051$ à $0^{m}.059$
		Petit axe	$0^{m}.028$ à $0^{m}.039$
Canon.		Diamètre du canon de bourec	$0^{m}.034$ à $0^{m}.037$
Bourec.		Reculement du bourec	$0^{m}.25$ à $0^{m}.52$

J'ai fait figurer ici pour chaque dimension les limites extrêmes, non-seulement pour en rendre l'indication plus complète, mais aussi pour montrer que la plupart d'entre elles peuvent varier sans compromettre l'allure du feu. J'ajouterai que, vu la construction grossière des creusets et la présence des écailles qui encrassent les angles, je ne puis répondre du plus grand nombre de ces mesures, à moins d'un centimètre près.

CHAPITRE III.

TROMPE.

Trompe. — Paicherou. — Étranguillon. — Cors. — Arbres. — Aspiraux. — Banquette. — Caisse. — Sortie de l'eau. — Homme. — Burle. — Canalet. — Trompe en tinne. — Tinne du Mas-d'Asil. — Trompe des Alpes. — Avantages et inconvénients des trompes. — Tension du vent. — Pèse-vent. — Tension maxima. — Effet utile des trompes. — Travaux de MM. Tardy et Thibaud. — *Idem* de M. d'Aubuisson. — *Idem* de M. Richard.

A l'exception des usines de Pamiers et de Berdoulet qu'alimentent des machines à piston, toutes les forges de l'Ariége ont pour soufflerie la *trompe* des Pyrénées. Trompe.

Cette machine (*voir* Pl. III, *fig.* 1, 2 et 3) se compose : 1° d'un bassin A, le paicherou ; 2° d'arbres B.B., le plus souvent au nombre de deux, intérieurement creusés ; 3° d'une caisse inférieure C. Cette caisse, ou réservoir inférieur, est ouverte au bas de l'une de ses parois verticales en D, ainsi que la partie supérieure en E. Ce dernier orifice E reçoit un conduit vertical E.F. appelé l'homme, ou la sentinelle, qui est mis en communication avec le bourec *v.v.* par l'intermédiaire d'un second conduit incliné F.G., le *burle*. A leur orifice supérieur, les arbres sont étranglés par des planches *a.a.* maintenues par des tringles *b.b.* L'ouverture formée par la partie inférieure de ces planches se nomme étranguillon. Au niveau de l'étranguillon, et à des hauteurs variables, les arbres ont leurs parois percées de trous inclinés *c.c.c.c.* que l'on nomme aspirateurs. Enfin ces arbres entrent dans la caisse inférieure, de manière que leurs extrémités sont à quelques centimètres d'une banquette *d.d.*

Cela posé, l'eau du bassin supérieur, en s'introduisant et tombant dans les arbres, aspire, sans doute par un effet combiné d'entraînement et de contraction de la veine fluide, l'air extérieur par les trous *c.c.c.c.*, se brise sur la banquette *d.d.*, et s'échappe par l'orifice de sortie D, tandis que l'air entraîné se dirige dans le creuset, en passant successivement par l'homme, le burle, le bourec, le canon du bourec et la tuyère.

Paicherou.

Décrivons successivement chacune des parties de cette machine. Le *paicherou* est un bassin rectangulaire en bois; il a ordinairement 2^m.20 de largeur, 2^m.50 de longueur et 2^m.40 de hauteur. L'eau s'y élève le plus souvent de 1^m.60 à 2 mètres au-dessus du fond, et partant de 1^m.90 à 2^m.30 au-dessus de l'orifice des étranguillons, qui sont à 0^m.33 en contre-bas du fond du paicherou.

Étranguillons.

Les *étranguillons,* établis sur l'orifice supérieur des arbres, se composent de deux joues, ou planches divergentes, *a.a.* Ces joues sont fixées par les tringles *b.b.* et par des coins allongés *f.f.*, que l'on enchâsse entre elles et les parois des arbres. L'orifice des étranguillons présente la forme d'un rectangle ayant pour longueur le côté de la section intérieure des arbres, c'est-à-dire 0^m.220, à 0^m.180, suivant la hauteur d'eau, et pour largeur, l'écartement du bord inférieur des joues *a.a.*, écartement que l'on fait varier par la position des coins *f.f.*, et qui le plus souvent est fixé de 0^m.060 à 0^m.068. La force du vent augmentant avec la quantité d'eau introduite dans les arbres, on conçoit l'influence qu'exerce la surface des étranguillons sur la marche de la trompe, et partant sur l'allure du feu.

Cors.

Pour obtenir à volonté la quantité du vent nécessaire au travail du feu, on fait varier la quantité d'eau d'admission en fermant plus ou moins l'orifice des étranguillons au moyen de coins *g.g.*, nommés *cors,* qui descendent entre les joues *a.a.* Ces coins sont suspendus à l'extrémité d'un levier dont l'ouvrier forgeur abaisse ou relève l'autre bras, par une chaîne qu'il fixe à la sentinelle.

Arbres.

Les *arbres* sont liés par leur extrémité supérieure au fond du paicherou; ils sont évidés de manière à présenter une section rectangulaire dont le côté a moyennement 0^m.185 à la partie supérieure, et 0.172 à l'orifice inférieur. Ils entrent dans le réservoir, ou caisse à vent de $0^m.16$ à $0^m.24$.

Aspiraux.

Les aspirateurs, ou *aspiraux*, *c.c.*, sont placés immédiatement sous l'orifice des étranguillons, au nombre de deux, et sont inclinés à 45° environ; leur section transversale porte le plus souvent $0^m.05$ de hauteur, sur $0^m.07$ à $0^m.09$ de longueur. En outre, à des distances fort variables au-dessous de ces orifices, on observe souvent d'autres trous, dont les plus élevés peuvent servir à l'aspiration, tandis que ceux inférieurs, souvent à $2^m.50$ au-dessous du paicherou, rejettent de l'eau et de l'air, ce que les ouvriers, fort gratuitement, considèrent comme essentiel pour une bonne marche de la trompe.

Banquette.

La *banquette d.d.* se compose d'une forte traverse, soutenue par des liteaux contre les parois latérales de la caisse. Elle est distante de l'extrémité des arbres de $0^m.11$ à $0^m.14$. La partie qui est à l'aplomb des arbres, présente une pierre, ou une plaque de fonte *k.k.*, solidement fixée, et destinée à recevoir le choc de l'eau, et à la briser pour en séparer plus promptement l'air entraîné. En outre, la banquette se trouve divisée par des tasseaux *k.k.*, qui forcent l'eau à se porter vers la caisse, et empêchent tout remou, soit contre les parois de la caisse, soit entre les veines fluides des arbres voisins. Dans des trompes, ces tasseaux sont groupés en V; dans d'autres, ils sont remplacés par une simple séparation entre les deux arbres; mais la première disposition est la meilleure.

Caisse.

Le réservoir inférieur, ou *caisse* à vent, affecte une forme trapézoïdale, *fig.* 3. Il a dans œuvre 3^m à $3^m.40$ en longueur, et $0^m.94$ à $1^m.10$ de hauteur. Les deux parois parallèles ont, la plus grande, $1^m.20$ de base, la plus petite, $0^m.30$. L'orifice de *sortie de l'eau* D est percé au bas de l'une des parois. Il est préférable, ainsi qu'on le voit, *fig.* 3, de le placer, sur la face contiguë aux arbres, afin de forcer l'eau à revenir sur elle-même et à se séparer davantage de l'air entraîné. Les dimensions de l'orifice D n'ont rien de fixe; les ouvriers font constamment varier le rapport entre la surface des étranguillons et celle de la sortie de $\frac{1}{3}$ à $\frac{1}{7}$, suivant la hauteur d'eau. Ils n'ont d'ailleurs aucune règle pour fixer ce rapport qu'ils établissent par tâtonnement; ils le déterminent de manière que l'eau, dans la caisse, ne vienne jamais noyer la banquette.

Sortie de l'eau.

L'homme.

L'*homme* a de $1^m.00$ à $2^m.00$ de hauteur; il est percé intérieurement suivant une section carrée de $0^m.20$ de côté; il reçoit sous un angle de

Burle.

55° à 65° un porte-vent nommé *burle*, *n*, dont la longueur varie suivant la distance de la sentinelle à l'axe du creuset. Ce burle est creusé de manière à présenter une section quadrangulaire de $0^m.17$ sur $0^m.21$ de côté, à l'extrémité contiguë à l'homme. A partir de ce point, la section intérieure devient circulaire, et porte $0^m.10$ à $0^m.12$ de diamètre à l'orifice qui reçoit le bourec.

Canalet du paicherou.

L'eau d'alimentation de la trompe est dirigée du canal d'amenée de l'usine directement au paicherou, par un *canalet* en bois; l'eau surabondante est rejetée dans le bassin de la forge par un ou plusieurs déversoirs à seuil. Cette disposition est indispensable; car, pendant le travail du marteau, il arrive fréquemment que le niveau de l'eau dans le bassin baisse de $1^m.00$ à $1^m.80$. On voit dès lors que toute solidarité de niveau entre ce bassin et le paicherou pourrait compromettre gravement l'allure de la trompe.

Trompe en tinne.

L'ensemble des dispositions et dimensions ci-dessus indiquées, se rapporte à la trompe des Pyrénées, proprement dite, ayant $6^m.80$ de chute. Dans plusieurs usines, on a modifié ces dispositions, ainsi que l'indique la *fig.* 8. La caisse trapézoïdale y est remplacée par un réservoir circulaire A, construit par douves et cercles comme une cuve, que l'on nomme *tinne*. Ce réservoir porte deux fonds, il a $1^m.45$ à $1^m.50$ de hauteur dans œuvre; il est conique. Le diamètre de sa base est de $1^m.55$, celui du fond supérieur de $1^m.48$. La hauteur d'eau au-dessus des étranguillons ne s'élève pas au delà de $0^m.90$ à $1^m.30$. La largeur des étranguillons va jusqu'à $0^m.091$. La section des arbres a $0^m.185$ de côté à la partie supérieure, et $0^m.167$ à la partie inférieure. Ils entrent dans la trompe de $0^m.20$ à $0^m.32$. Ces dimensions varient d'ailleurs avec la chute totale et la charge d'eau dans le paicherou. La banquette B se compose d'un simple tablier porté sur deux tasseaux; elle est fixée à $0^m.16$ au-dessous de l'extrémité inférieure des arbres; l'orifice de sortie C porte le plus souvent $0^m.28$ de large sur $0^m.20$ à $0^m.22$ de hauteur. A l'aval de cet orifice, on établit une caisse rectangulaire E, dans laquelle l'eau est obligée de s'élever pour s'échapper en franchissant la paroi EF. Cette paroi sert à régler la hauteur d'eau dans la tinne; elle a jusqu'à $0^m.70$ au-dessus du fond de la caisse à air. Je l'ai vue le plus souvent fixée à $0^m.60$. Souvent, au lieu d'établir la paroi EF verticale et perpendiculaire à la veine fluide, on lui donne une courbe en S, destinée à favoriser l'écoulement de l'eau. Cette courbe est d'ailleurs mobile et peut s'incliner à volonté.

Tinne du Mas-d'Asil.

Une trompe en tinne, construite avec le plus grand soin sur mes indications, à la forge du *Mas-d'Asil*, et fonctionnant convenablement sous une chute totale de $9^m.35$, présente les dimensions suivantes :

Hauteur d'eau sur les étranguillons, $0^m.75$.

Orifice des étranguillons, $0^m.19$ sur $0^m.081$. Surface $= 0^m.0308$.

Section supérieure des arbres, $0^m.195$ de côté; section inférieure, $0^m.175$.

Longueur des arbres, $6^m.83$. Entrée des arbres dans la tinne, $0^m.34$.

Distance des arbres à la banquette 0.14.

Hauteur de la tinne, $1^m.57$; son diamètre moyen, $1^m.70$.

Hauteur de la banquette sur le fond, $1^m.09$. — Hauteur d'eau sur le fond, $0^m.97$; orifice de sortie, $0^m.20$ de hauteur sur $0^m.40$ de large. Surface $= 0^m.080$.

Il y a à chaque arbre deux aspirateurs de $0^m.056$ sur $0^m.08$.

Ainsi établie, cette trompe donne au maximum un vent sec et réglé qui accuse au manomètre à mercure une pression de $0^m.0765$.

Dans quelques forges de la montagne, on a consacré une disposition indiquée *fig.* 9. Les aspiraux ne sont pas percés sur les arbres; ils sont formés par deux conduits quadrangulaires AB, nommés trompils, qui s'élèvent au-dessus du niveau de l'eau du paicherou. Leurs parois externes *m.n.* font ici l'office des joues des étranguillons des trompes ordinaires. On n'a guère conservé cette disposition qu'aux forges les plus exposées à la gelée. On voit qu'ainsi disposés, les trompils ne peuvent jamais être, comme les aspirateurs, obstrués par la glace. Mais cette disposition offre l'inconvénient de ne pouvoir régler facilement l'écartement des joues des étranguillons.

Trompe des Alpes.

Enfin, dans deux forges de l'Ariége, la Mouline et Guillhot, on a établi des *trompes des Alpes*. Elles diffèrent des trompes en tinne surtout par le mode d'admission d'eau, indiqué *fig.* 10, et par la forme de l'étranguillon, qui est conique et circulaire, aussi bien que la section des arbres. En 1837, la trompe de Guillhot, avec une chute totale de $6^m.20$, donnait un bon vent sec, sous une pression de $0^m.0615$. Elle a trois arbres dont la longueur est de $3^m.65$; leur section a $0^m.21$ près des étranguillons, et 0^{m}.16 à la partie inférieure. L'étranguillon est un cône renversé, dont la hauteur est de 0^{m}.29; le diamètre de l'entrée a 0^{m}.30, celui de l'étranguillon proprement dit 0^{m}.16. Il n'y a que deux aspiraux de 0^{m}.017 sur 0^{m}.04, placés immédiatement sous l'étranguillon. Le diamètre de la tinne est de 0^{m}.72, sa hauteur dans œuvre de 1^{m}.60. Enfin, l'orifice de sortie a 0^{m}.31 de largeur sur 0^{m}.20 de hauteur; la caisse de sortie a 0^{m}.54 de hauteur au-dessus du fond.

On voit que le mode d'admission ne comporte ni cors, ni paicherou; le bassin supérieur n'est que le prolongement d'un canal en bois, portant une vanne *v.v.*, mobile sur son arête inférieure, ou bien à coulisses verticales, qui permet de régler l'admission de l'eau dans l'étranguillon.

La trompe des Alpes est, comme on le voit, d'une disposition plus simple, en raison de la faible charge d'eau, 0^{m}.30 à 0^{m}.40, sur l'orifice d'admission. Elle ne donne pas une pression et un coup de vent aussi forts que la trompe des Pyrénées; mais ce vent est généralement mieux soutenu, plus doux et plus sec : quoiqu'elle ait contre elle l'opinion des ouvriers, je la crois préférable à beaucoup d'égards.

D'un autre côté, on abandonne aujourd'hui la caisse à air trapézoïdale, pour lui substituer la tinne, qui est de construction plus facile. Dans un grand nombre de cas, ce changement est opéré aux dépens de la qualité du vent.

En effet, on observe que, toutes circonstances égales d'ailleurs, le vent est d'autant plus sec que le pied des arbres est plus éloigné de celui de l'homme, et, dans la plupart des tinnes, cette distance n'a pas plus de 0^{m}.90, tandis qu'elle est le plus souvent de 3^{m}.30 à 3^{m}.70 dans les anciennes caisses trapézoïdales. Il est vrai que l'on pourrait, ainsi que l'indique M. d'Aubuisson, remplacer la tinne circulaire par une cuve elliptique plus ou moins allongée.

Avantages et inconvénients des trompes.

Les trompes présentent des avantages réels; leur premier établissement est peu dispendieux; elles exigent peu de réparations et peu de frais d'entretien. D'un autre côté, le vent y offre autant de fixité et d'invariabilité que dans les meilleures machines à piston. Elles présentent d'ailleurs toutes la facilité désirable pour varier à volonté le vent qu'elles fournissent; mais il leur faut des chutes d'eau considérables qui ne soient pas au-dessous de 3^{m}.50 à 4^{m}.00. D'un autre côté, le vent de la trompe présente un inconvénient inhérent à la nature même de cette machine, et dont nous tâcherons d'estimer plus tard l'influence sur l'allure des feux. L'air en contact avec l'eau peut non-seulement, dans certains cas, augmenter son degré de saturation d'humidité (eau hygrométrique), mais aussi entraîner de l'eau à l'état de vésicules et de gouttelettes, dont la présence réagit souvent sur le travail de la forge.

L'entraînement de gouttelettes se présente surtout dans le cas où l'eau s'élève trop dans la caisse à air et recouvre la banquette. On évite ce mouvement, en diminuant l'orifice des étranguillons, en élargissant la sortie, et mieux en diminuant la hauteur de l'eau dans le paicherou. Ce dernier moyen m'a souvent réussi. Pour cela on établit, sur la face du paicherou qui regarde le bassin de la forge, un déversoir à seuil mobile. Enfin, on peut aussi élargir la section de l'homme, et lui donner du développement, dans le but d'augmenter le parcours du vent.

Nous reviendrons plus tard sur ces considérations, lorsque nous nous occuperons de l'état de saturation du vent de la trompe.

Tension du vent. Pèse-vent.

Dans les forges de l'Ariége, la *tension du vent* est donnée au moyen de l'appareil manométrique indiqué *fig.* 11, que l'on nomme *pèse-vent.* Il se compose d'un tube de verre *a.b.c.d.*, replié deux fois sur lui-même et enchâssé dans un morceau de bois AB. Ce dernier est fixé par son extrémité inférieure B au sommet de la sentinelle; on verse du mercure qui s'équilibre dans les deux branches *b.c.* et *c.d.* Du moment où l'extrémité *a* est mise en communication avec l'intérieur de la trompe, l'orifice D restant à l'extérieur, le mercure comprimé par la tension de l'air dans la caisse, s'élève dans la branche *c.d.*, en même temps qu'il s'abaisse de pareille quantité dans la branche *c.b.* La différence de niveau mesure la tension du vent.

Le pèse-vent est gradué de manière que le zéro correspond à l'état d'équilibre du mercure dans les branches *b.c.* et *c.d.* L'échelle est divisée en lignes anciennes de $0^{m}.00225$, de telle sorte qu'en observant le déplacement du mercure dans la branche *c.d.*, on doit toujours, pour avoir la différence de niveau, doubler la longueur observée. Aussi, il est de règle usuelle de lire sur l'échelle le nombre de lignes et d'estimer la tension par un nombre égal de degrés égaux à deux lignes, et représentés chacun par une colonne de mercure de $0^{m}.0045$.

Il arrive souvent que de l'eau et de la poussière s'introduisent par l'orifice *b*. Pour éviter cet inconvénient, M. Richard ouvre le tube *c.d.* par un petit orifice latéral, comme cela est pratiqué au baromètre de Gay-Lussac.

Tension maxima.

La *tension maxima* des trompes dépend surtout de leur construction bien entendue; mais l'élément dont elle dépend principalement est la hauteur de la chute d'eau de l'usine.

Dans l'Ariége, comme dans tout pays de montagnes, les chutes élevées ne sont pas rares; aussi arrive-t-il fréquemment de rencontrer des trompes dont la hauteur d'eau s'élève jusqu'à $9^m.00$ et $10^m.00$. Les hauteurs les plus fréquentes sont de $7^m.00$ à $8^m.50$. Une trompe bien établie sur de telles chutes peut donner une tension maxima de $0^m.0855$ (38 lignes), ou 19 degrés de pèse-vent, et quelquefois même de $0^m.0945$, soit 21 degrés.

Il y a quelques années, les constructeurs réglaient une telle trompe à 17° et 18°. Mais aujourd'hui, en raison de la nature du minerai, et pour économie dans l'emploi du combustible, les bonnes trompes sont réglées de manière que la tension maxima ne s'élève pas au delà de $0^m.0675$, soit 15° du pèse-vent.

Dans l'état actuel de la construction des trompes dans l'Ariége et de l'emploi du vent, il y a une limite maxima correspondante à chaque hauteur de chute. Théoriquement parlant, cette tension maxima pourrait avoir pour limite la pression due à la hauteur d'eau qui s'échappe par les arbres; mais il n'en est pas ainsi, et pour des chutes inférieures à $3^m.50$ et $4^m.00$, les constructeurs sont fort embarrassés pour donner au delà de 13 à 14 degrés.

Effet utile des trompes.

Plusieurs recherches ont été faites sur le travail et sur l'effet utile des trompes; les travaux les plus remarquables sont ceux de MM. Tardy, officier d'artillerie, et Thibaud, ingénieur en chef des mines (1); de M. d'Aubuisson, ingénieur en chef des mines (2); et de M. Richard,

(1) *Annales des mines*, t. VIII. 1823.
(2) *Annales des mines*, t. III et VI. 1828.

ingénieur civil (1). Je vais exposer rapidement les principales indications pratiques qu'elles renferment.

Travaux de MM. Tardy et Thibaud.

Les savantes recherches de MM. Tardy et Thibaud ont eu surtout pour objet la détermination de l'*effet utile* des trompes, c'est-à-dire le rapport de l'effet produit et de l'effet dépensé, ou bien le rapport entre les masses de l'air insufflé et de l'eau dépensée multipliées chacune par la hauteur due à leurs chutes respectives. Sans entrer ici dans les détails d'expérimentation, il résulte de l'ensemble du travail de MM. Tardy et Thibaud :

1° Que l'effet utile des trompes de 4^{m}.00 à 7^{m}.50 de hauteur a varié de 0.03 à 0.110;

2° Que, toutes circonstances de chute égales d'ailleurs, cet effet croît avec la longueur des arbres, et diminue si on augmente la charge d'eau sur les étranguillons.

MM. Tardy et Thibaud n'ayant pu, dans leurs expériences, abaisser cette charge au-dessous de 0^{m}.40, ni descendre l'extrémité des arbres, n'ont pas indiqué les conditions dans lesquelles on arriverait à l'effet utile maximum.

Toutefois, par la discussion des formules appliquées aux résultats de leurs expériences, ils ont été conduits à un effet utile de 0.16, en n'admettant que 0^{m}.40 de charge sur les étranguillons, et en descendant le tablier au-dessous du niveau du canal de fuite de 0^{m}.32, limite inférieure de la pression accusée par un pèse-vent à eau dans le travail du fer.

Travaux de M. d'Aubuisson.

En 1824, M. d'Aubuisson ayant fait construire une trompe pour ventiler le front d'attaque de la galerie d'écoulement des mines de Rancié, se livra sur cette machine à de nombreuses expériences, desquelles il résulte :

1° Qu'il convient de diviser la veine fluide dans son passage par les étranguillons. Ce résultat n'a d'ailleurs été confirmé que pour des pressions assez faibles de 0^{m}.007 à 0^{m}.036; je l'ai vérifié sur la trompe de la Prade.

(1) Loc. cit., page 119 et suivantes.

2° Que les aspirateurs inférieurs sont inutiles dans le plus grand nombre de cas, et souvent nuisibles; qu'il est plus convenable de percer les arbres de deux ou quatre trous placés immédiatement sous l'étranguillon, ainsi que cela est pratiqué pour les trompes des Alpes.

3° Qu'entre les limites ordinaires du travail des trompes employées aux forges, l'eau dépensée est sensiblement proportionnelle aux tensions du pèse-vent.

4° Que l'orifice d'admission restant le même, l'effet produit par les trompes augmente dans un plus grand rapport que la dépense d'eau.

Suivant M. d'Aubuisson, l'effet utile de la trompe de Rabat, construite d'après celle des Alpes, serait de 0.13 à 0.14.

Cet auteur pense qu'il serait convenable de multiplier les arbres dans une trompe destinée à produire un puissant effet. Il conseille toujours de placer l'orifice de sortie sous le tablier, afin de faciliter le dégagement de l'air; enfin il partagerait l'opinion de MM. Tardy et Thibaud, de descendre les arbres et le tablier au-dessous du niveau du canal de fuite. Mais il redoute les difficultés des réparations sur une trompe noyée de $0^m.90$ à $1^m.00$.

D'après ses observations, un porte-vent de $0^m.10$ de diamètre ne perd que $0^m.0003$ de tension par mètre courant, en supposant qu'il n'y ait pas de coudes prononcés; d'un autre côté, le vent de la trompe d'essai se serait montré encore chargé de vésicules d'eau, après un parcours de $387^m.00$. Aussi conseille-t-il toutes les dispositions nécessaires pour dessécher le vent, et, avant tout, l'éloignement de l'homme et du tablier.

Travaux de M. Richard.

M. Richard, dans son ouvrage sur le Traitement direct du fer, s'est livré à des recherches nombreuses et à de judicieuses observations sur les trompes de l'Ariége. Cet auteur s'est principalement occupé à déterminer par l'expérience et par le calcul, la quantité d'air injecté au feu entre des limites suffisamment étendues de température et de pression. Les tables qu'il a dressées à cet égard, reproduites aux notes et pièces justificatives sous le numéro 8, peuvent être d'une grande utilité dans les recherches sur le travail des forges.

Dans le calcul de ces tables, l'auteur a admis que l'air des trompes était toujours saturé. Je tâcherai de démontrer plus loin jusqu'à quel point l'état hygrométrique de l'air des trompes l'autorisait à faire cette hypothèse.

Toutefois, M. Richard a insisté avec raison sur ces faits : que la tension de l'air n'est pas proportionnelle aux degrés du pèse-vent ; qu'elle diminue avec la hauteur du baromètre ; qu'enfin, la température augmentant, deux causes conspirent pour que le pèse-vent donne des indications doublement inexactes; savoir, la dilatation de l'air et l'absorption de vapeur d'eau qui entraînent l'augmentation dans la tension, tandis qu'en réalité le poids, ou la quantité de l'air a diminué.

M. Richard s'est également occupé de l'effet utile des trompes. A cet égard les résultats de ses recherches se rapprochent sensiblement de ceux de MM. Tardy et Thibaud. Il a aussi établi quelques données relatives à la dépense des trompes : d'après lui, la trompe de Montgaillard, qui a 9 mètres de chute, emploie 150 litres d'eau par seconde. Celle de Rabat, dont la chute n'est que de 7 mètres, en dépenserait 203, et celle de Niaux 237, la tension étant à son maximum, 17 à 18 degrés. Des jaugeages directs que j'ai faits sur le fuyant de la trompe de Niaux, dont la chute est de 8^{m},20, au moyen d'un déversoir rectangulaire en cuivre, à minces parois, m'ont donné.

Le pèse-vent marquant	5 degrés, dépense par seconde.	0 mèt. c. 134 lit.
——	10	0 mèt. c. 191
——	16	0 mèt. c. 295

Je ferai remarquer ici avec M. d'Aubuisson, que ce dernier volume est au moins deux fois plus considérable que celui nécessaire pour mettre en mouvement une machine à pistons ordinaire, mue par une roue à augets bien établie, et pour laquelle on a d'ailleurs 0.24 pour rapport de l'effet à la force.

CHAPITRE IV.

MARTEAU.

Marteau. — Paichère. — Ceütre. — Roue. — Bras. — Palettes. — Arbre. — Bogue. — Cames. Manche. — Hurasse. — Tacoul. — Soucheries. — Sous-massés. — Marteau. — Enclume. — Deme. — Rebat.

Marteau.

Afin de compléter ce qui concerne le matériel de la forge catalane, je vais donner une description rapide de la manière dont y est établi le *marteau*.

Les *fig.* 1 et 2 de la *Pl.* IV indiquent la disposition de l'ensemble des pièces principales qui composent le mouvement de la roue et la batterie du marteau, aussi bien que les détails de ce dernier et de l'enclume.

Le marteau est mis en mouvement par une roue verticale à palettes droites sur laquelle l'eau agit à la fois par son poids et par le choc. Ce mode d'action convient assez au genre de travail du marteau, ainsi qu'à la manière dont sont fixées les pièces de la batterie. Par ce qui précède on a vu combien tout le matériel de la forge catalane est resté à la fois simple et vicieux. C'est sous l'empire de l'ancienne routine, et surtout en raison de la fréquence des chutes élevées, que la roue à palettes persiste encore dans la forge catalane, bien qu'elle entraîne une consommation exagérée d'eau motrice, qui souvent provoque des chômages.

Paichère. Ceütre.

La roue reçoit l'eau motrice du coursier A, *fig.* 1, que l'on nomme *paichère*, au moyen d'une buse BC, le *ceütre*, inclinée de 75 à 80°. Cette pièce a une section transversale quadrangulaire, qui, à l'extrémité B, a $0^m.38$ sur $0^m.45$, et $0^m.22$ sur $0^m.28$, au point C, où elle rencontre la circonférence décrite par les palettes. A partir de ce point jusqu'à la hauteur de l'axe de la roue, le ceütre vient mourir en bec de flûte, suivant la courbe EF; et au point F il rachète le coursier circulaire FG.

Par cette disposition, la roue se trouve embrassée, suivant sa circonférence, de F en G, par le coursier et par le ceütre, tandis que deux joues latérales *a.b.* l'encaissent par ses côtés. Entre la roue et le coursier, on laisse un jeu de $0^m.04$ à $0^m.07$.

La *roue*, montée sur un arbre O de $0^m.52$ à $0^m.60$ d'équarrissage, se compose d'une croix MNPQ, fixée à l'arbre, et reliant quatre segments *s.s.* Cette croix est formée de deux madriers, joints à mi-bois sur champ, et solidement établis sur l'arbre qu'ils traversent. Ces madriers, nommés les *bras*, ont en longueur le diamètre de la roue, qui varie de $2^m.80$ à $4^m.20$. Leur largeur est égale à celle de la roue; qui est de $0^m.36$ a $0^m.43$. Leurs extrémités servent de palettes. Roue. Bras.

Ces dernières ont la largeur de la roue; leur longueur varie de $0^m.31$ à $0^m.35$; elles sont légèrement évidées, suivant la face qui reçoit le choc de l'eau, et portent une arête de $0^m.01$ de saillie. Ces palettes sont le plus souvent au nombre de 20; elles sont fixées à queue d'aronde sur les segments *s.s.* Palettes.

Les vides *v.v.v.v.* compris entre les bras, les segments et l'arbre, présentent accès à l'eau, qui, venant battre contre les joues, est rejetée sur les bras qu'elle heurte en sens inverse du mouvement. Afin d'éviter cet inconvénient, sur les conseils de M. d'Aubuisson, aux forges de Cabre et de Guillhe, on a rempli ces vides *v.v.v.v.*; le mouvement de la roue a gagné à cette modification. Ainsi établies, ces roues ne donnent pas, suivant M. d'Aubuisson, au delà de 0.21 à 0.22 pour rapport entre l'effet et la force. M. Richard établit ce rapport à 0.19.

L'*arbre* O, *fig.* 2, est équarri dans le voisinage de la roue; mais, sur le reste de sa longueur, il est arrondi suivant un diamètre moyen de $0^m.52$ à $0^m.56$, de manière à pouvoir facilement recevoir les cercles destinés à le consolider, et la bague, ou *bogue*, en fonte A, qui reçoit les *cames b.b.b.b.* Ces cames sont formées de plaques de fer dur; on les enchâsse dans la bogue, sur laquelle elles sont maintenues par un talon en fonte, Arbre. Bogue. Cames.

ou mieux en fer. Elles dépassent le rayon de la bogue de 0m.09 à 0m.11, suivant l'état du manche et la levée du marteau.

Manche. Le marteau, *fig.* 2, est relevé par sa queue. Son *manche*, en hêtre, en frêne, ou en platane, a 4m.50 à 4m.80 de longueur. Il est consolidé par des frettes en fer. Il reçoit sur sa longueur une pièce en fonte H, la *hurasse*, portant deux boutons *p* qui s'engagent dans des coussinets, et sur lesquels tourne le manche.

Hurasse.

La hurasse divise ordinairement le manche de manière à donner au marteau une levée de 0m.35 à 0m.47. L'extrémité du manche, qui reçoit le choc des cames, est garni d'un morceau de bois en hêtre, le *tacoul*, maintenu par une bride mobile. Les dimensions du tacoul déterminent la levée de la tête du marteau, aussi le change-t-on suivant le travail, cinglage, ou étirage.

Tacoul.

La charpente qui supporte la hurasse comprend une grille placée horizontalement à 2m.00 sous le sol de la forge. Cette grille sert de semelle à des pièces jumelles NN, les *soucheries*, qui y sont solidement établies dans une position verticale. Elles sont d'ailleurs reliées entre elles par des pièces transversales. Dans l'intervalle qui les sépare, sont deux pièces jumelles QQ, les *sous-massés*, qui reçoivent les coussinets des boutons de la hurasse. Ces sous-massés sont établis et consolidés au moyen de coins en bois et en fer que l'on chasse avec force entre les soucheries et les pièces transversales.

Soucheries.

Sous-massés.

Dans un assez grand nombre de forges, les soucheries et la grille sont remplacées par de gros quartiers de granit, ou de gneiss, enfouis au sol.

Marteau. Le *marteau* R, autrefois en fer, est maintenant en fonte. Il pèse de 600 à 670 kilogrammes. Le plus souvent il est d'une seule pièce; d'autres fois, il porte à son nez une rainure en queue d'aronde dans laquelle on fixe une panne de 50 kilogrammes, en fer aciéreux à la surface.

Enclume. Deme. L'*enclume* S en fer est fixée à 0m.05 de profondeur, par un tenon *t*, sur une pièce en fonte *r*, la *deme*, qui elle-même est solidement enchâssée sur coins en bois et en fer, dans un fort billot, ou dans une pierre T de granit, ou de gneiss, enfoncé au sol de la forge.

Rebat. Afin d'accélérer la chute de la tête du marteau, qui, pour un bon travail, doit battre de 100 à 125 coups par minute, on place sous la queue du manche un *rebat s.s.* qui se compose d'une pierre, ou d'un billot armé d'une plaque de fer sur laquelle porte la queue du manche.

Les martinets dégauchisseurs, et les finisseurs, que l'on voit dans plusieurs forges, sont montés absolument de la même manière.

Je parlerai plus loin du travail du fer sous le marteau, quand je m'occuperai des manœuvres du traitement. Je vais donner quelques détails sur le personnel des ouvriers forgeurs.

CHAPITRE V.

PERSONNEL DE LA FORGE.

Personnel. — Foyer. — Maillé. — Escolas. — Piquemines. — Miaillous. — Salaire des forgeurs. — Fargarde. — Garde-forge. — Commis.

Personnel. Le *personnel* d'une forge catalane se compose d'une brigade de huit ouvriers forgeurs, quatre maîtres, le foyer, le maillé, les deux escolas, et quatre valets d'un garde-forge et d'un commis. La brigade est divisée, quant aux attributions et aux manœuvres, ainsi qu'il suit :

Foyer. Le *foyer*, chef de la brigade, est chargé de tous les détails qui concernent le personnel, il en a la responsabilité; il monte et entretient le creuset, surveille l'allure de la trompe, la qualité du vent; il préside au chargement du feu. Il doit en outre, sur deux opérations, étirer le fer provenant de l'une d'elles; il est servi par son valet.

Maillé. Le *maillé*. Il a dans ses attributions tout ce qui regarde le travail mécanique du fer; il monte la batterie du mail, surveille et dirige l'allure du marteau, entretient la roue motrice et les outils. Il conduit le cinglage de la loupe, et doit en outre, sur deux opérations, alterner avec le foyer pour l'étirage du fer provenant de l'une d'elles; il est servi par son valet.

Escolas. Les deux *escolas* (1), ou fondeurs, sont ceux des ouvriers dont le tra-

(1) Ils sont ainsi nommés du mot patois *escoula* (écouler), parce que ce sont eux qui percent le chio pour l'écoulement des scories.

vail, en tant que forgeurs, est le mieux défini : ils sont alternativement chargés de la conduite du vent et du feu, en un mot, du traitement du minerai pendant toute une opération; en outre, ils dirigent et surveillent la chauffe des pièces à étirer; chacun d'eux est assisté par un valet.

Pique-mines.

Les valets du foyer et du maillet, ou *pique-mines*, aident leurs maîtres respectifs, soit dans l'entretien du feu et du mail, soit dans le travail du fer sous le marteau; ils doivent en outre concasser (*piquer*) sous le mail le minerai à traiter, de manière que les plus gros fragments ne dépassent pas le volume d'une noix, et en séparer par le criblage les menues parties (*greillade*).

Miaillous.

Les valets d'escola, ou *miaillous*, servent leurs maîtres dans la conduite du feu, surtout dans le chargement de la greillade et du charbon.

On voit, d'après ce qui précède, que la brigade est en quelque sorte divisée dans le travail en deux parties qui, à chaque opération, alternent au feu et au marteau : d'une part, le foyer, un escola et leurs valets; d'autre part, le maillet, l'autre escola et leurs valets.

Salaire des forgeurs.

Le *salaire des ouvriers forgeurs* est fixé, par quintal (1) de fer marchand, à $0^{fr.}.45$, pour chacun des quatre maîtres. Les pique-mines ont chacun $0^{fr.}.225$; en outre ils reçoivent de leur maître la nourriture à l'exception du pain. Enfin les valets d'escola reçoivent 6 francs par semaine et sont nourris par leurs maîtres. Ce salaire est le même pour la plupart des usines de la montagne; pour celles éloignées de l'arrondissement de Foix, il s'élève à $0^{fr.}.50$ par quintal pour chaque maître, et $0^{fr.}.25$ pour chacun des pique-mines.

Fargade.

En dehors de cette rétribution, la brigade reçoit un boni, ou *fargade*, de 6, 9 ou 12 francs, si le travail de la semaine s'est élevé à 80, à 90 ou à 100 quintaux. Sur ce boni, chacun des miaillous à 5 centimes par franc; le reste est divisé par parties égales entre les maîtres et les pique-mines.

(1) Le quintal usité dans les forges était le quintal poids de table, dont la valeur $= 40^{kil.}.079$. Il se divisait en 100 livres, et la livre en 16 onces. La livre $= 0^{kil.}.40079$; l'once $= 0^{kil.}.02504$. Par arrêté du préfet de l'Ariége du 24 octobre 1839 le quintal poids de table, a été remplacé par le poids de 40 kilogrammes que nous appellerons quintal de forge (*Q. F.*).

Garde-forge. Le *garde-forge* est chargé de l'emmagasinement des matières premières et des produits ; il doit veiller à ce que le feu soit convenablement pourvu de minerai et de charbon. Il est payé à l'année, à raison de 500 francs.

Commis. Enfin le *commis*. Il est chargé de la haute surveillance, de l'approvisionnement de l'usine, de la confection des commandes, de l'écoulement des produits et de tous les détails de comptabilité. Il reçoit de 800 à 1 200 francs par année.

CHAPITRE VI.

MANŒUVRES DU TRAITEMENT. — CONDUITE DU FEU.

Défournement du massé. — Cinglage. — Massoques. — Massouquettes. — Étirage. — Chargement du feu. — Mise en feu. — Conduite du feu. — Principe du massé. — Silladou. — Percer le chio. — Donner la mine — Balejade. — Fin du feu — Observations sur la conduite du feu. — Conduite du vent.

Pour indiquer avec suite les différentes périodes de l'opération par laquelle on fabrique une loupe, ou *massé* (1), nous prendrons un feu en activité au moment où les ouvriers vont sortir le massé pour le porter et le cingler sous le mail. Nous aurons à suivre deux genres d'opérations distinctes, qui marchent simultanément, le traitement du minerai d'une part, d'autre part la chauffe et l'étirage de la loupe.

Défournement du massé.

Au moment où le massé est terminé, le valet du foyer enlève avec la pelle, Pl. IV, *fig.* 4, les charbons ardents qui le recouvrent, et les jette sur la plate-forme du contrevent ; puis le foyer, aidé de ce valet, soulève la loupe au moyen d'un levier, ou *pal*, *fig.* 14, qu'il introduit entre les latairoles et qu'il appuie sur le restanque. Le massé, une fois détaché du fond et des côtés du feu, est enlevé du creuset par tous les ouvriers armés de pals, ringards, *fig.* 1, et de crochets, ou *piquots*, *fig.* 3,

(1) Le mot *massé* est indistinctement employé dans les forges pour désigner soit la loupe, soit l'opération par laquelle on obtient la loupe, opération que l'on nomme également *feu*.

et dirigé près de la tête du mail. Là, à l'aide de masses, l'escola et son valet compriment les parties mal soudées à la surface, et surtout sur les bords; puis la loupe est renversée sur la supérieure *ab*, Pl. V, *fig.* 5, placée sous le mail, sur un lit de brasque et de scories dont on a recouvert l'enclume, et soumise au cinglage.

Cinglage.

Cela fait, le maillé, l'escola sortant du feu, et leurs valets soignent le travail sous le marteau, pendant que le foyer, l'escola qui va tenir le feu et leurs valets s'occupent du creuset.

Massoques.

Reprenons le travail sous le mail. Après quelques coups de marteau donnés pour aplatir le massé, on le coupe en deux segments égaux *m.n.* Pl. V, *fig.* 3, au moyen du *gros taillaire*, Pl. IV, *fig.* 8.

Massouquettes.

Ces deux segments *m.n.* portent le nom de *massoques*. Elles sont successivement cinglées et étirées avec les *moilles*, *fig.* 9 et 10, en parallélipipèdes rectangulaires, puis divisées sur le milieu de leur longueur en deux parties égales que l'on nomme *massouquettes*, et qui sont successivement étirées et travaillées sous le marteau avec les *tenailles*, *fig.* 9 et 11. Pendant le cinglage de la massoque *m*, celle *n* est recouverte de charbons pour empêcher un refroidissement trop avancé. Les massouquettes obtenues de la massoque *m* sont immédiatement mises au feu un peu au-dessus et en arrière du nez de tuyère qu'elles recouvrent en partie. Elles sont dans une position inclinée vers la cave de 30 à 45 degrés, et reposent sur les bords de la plie. Il importe de ne pas avancer la pièce à chauffer en avant de la tuyère; on s'exposerait à oxyder le fer sous l'action du vent, ce qui n'arrive que trop souvent par la négligence et souvent même par le mauvais vouloir de l'escola, jaloux de son collègue dont il diminue ainsi le produit.

Chauffe et étirage.

Cela posé, retournons au travail du feu, ayant soin d'indiquer en temps utile les différentes périodes de l'étirage sur lesquelles presque tous les escolas se règlent pour la conduite du feu et du vent.

Chargement du feu.

Quand le massé est sorti du feu, le valet du foyer continue à enleve les charbons qu'il enferme, puis il détache et brise avec un ringard les écailles qui adhèrent aux faces du feu, et qui en engorgent les angles et le fond. Le feu se trouve ainsi préparé à faire son gîte et à recevoir une nouvelle loupe. Le foyer, d'après l'examen de la forme du massé, de l'état de chauffe de ce dernier et des faces du feu, maintient ou change la pose de tuyère; puis les valets du foyer et de l'escola rejettent au feu les charbons enflammés et de nouveaux charbons menus qu'ils tassent fortement avec la *pelle* et le *bascou*, *fig.* 7, de manière à remplir le creuset jusqu'à la hauteur de la tuyère, Pl. V, *fig.* 1. Alors le foyer, à l'aide de la *pelle*, Pl. IV, *fig.* 5, en bois, ou en fer, partage le feu parallèlement aux porges en deux parties *a.c.* et *b.c.*, telles que le plus souvent *a.c.* est égale au double de *b.c.* Quelquefois il l'incline légèrement vers l'angle des porges et de la cave. Puis, assisté des autres ouvriers, il tasse du charbon dans la partie comprise entre la pelle et les porges, et du minerai en morceaux entre la pelle et le contrevent. Il élève peu à peu cette pelle dans un même plan sensiblement vertical, ayant soin de tasser fortement les charbons, et fait ainsi un mur de minerai *c.d.* à $0^m.15$ ou $0^m.20$ au-dessus de l'ore. Le minerai est répandu de manière à former un dos d'âne *d.f.g.* dont l'arête *f.* vient buter contre la cave d'une part, et d'autre part s'appuie sur le plan incliné de la banquette.

Des deux plans inclinés que forme le minerai, celui *d.f.* qui regarde les porges est recouvert d'une couche de brasque parfaitement tassée et talussée, sans doute afin de forcer les produits gazeux de la combustion à pénétrer et à se tamiser au travers du minerai. L'espace M, compris entre le mur de minerai *c.d.* et le foyer, est rempli de charbon. Toutefois, au commencement de l'opération, et à peu près pendant deux heures, on ne charge le charbon que sur une hauteur moyenne de $0^m.60$ au-dessus du nez de tuyère, et suivant la ligne *m.n.*, Pl. XI, *fig.* 2.

Mise en feu.

Le chargement terminé, après avoir mis en chauffe la première massouquette, l'escola donne pendant quelques minutes un bon coup de vent pour dégager et aviver le feu; puis il fixe la trompe de 6 à 7 degrés, afin d'agir lentement sur la partie *b.c.* et sur le mur *c.d.* de minerai, et amener peu à peu l'agglutination sans provoquer de chute.

A partir de ce moment, l'escola et son valet sont exclusivement occupés à chauffer les massouquettes, à charger convenablement le feu de charbon et de minerai en poussière (*greillade*) qu'ils jettent sur la surface *a.b.* formée par le charbon. Toutefois, afin que cette greillade ne crible pas au travers des charbons et ne descende pas trop rapidement, on a soin de la mouiller légèrement d'abord, puis, lorsqu'elle est répandue sur le feu, d'y jeter plusieurs écopées d'eau que l'escola, ou son valet, puise dans la *nave* avec la *coupe*, Pl. IV, *fig.* 8 *bis*.

Le travail continue ainsi durant une heure à une heure un quart. Alors, après avoir soulevé les cors de la trompe de manière à avoir une tension de 8 à 10 degrés, l'escola doit s'occuper de l'état et surtout de la position dans laquelle se trouve le noyau de la loupe, *principe du massé*. En effet, du moment où le feu étant suffisamment chaud, la greillade arrive sous le vent, elle y donne naissance à un noyau de fer métallique encrassé de scories (*carrails*), présentant successivement les formes x et y, Pl. V, *fig.* 4. D'abord, ce principe occupe la partie du feu comprise sous le nez de tuyère; peu à peu, la température augmentant, il descend en grossissant par l'élaboration de la greillade, des bourres et battitures (déchets sous le mail) que l'escola a jetées sur le feu. On conçoit qu'il convient que ce principe ne reste pas trop élevé dans le feu; car en grossissant, ou bien il engorgerait la tuyère, ou bien trop exposé au vent, il en subirait l'action oxydante. D'un autre côté, il est également convenable qu'il ne descende pas trop vers le fond; car dans ce cas, il s'empâte de scories grasses, et donne un fer mal soudé, gras et pailleux, difficile au marteau. Aussi un bon escola met-il tous ses soins à examiner si le principe descend bien, s'il se place convenablement. Car il arrive aussi que le vent portant mal dans le feu, le principe se forme loin du centre du creuset, au voisinage de l'une des faces. Pour observer le principe, l'ouvrier sonde avec une tige de fer recourbée, Pl. IV, *fig.* 6, le *silladou*, soit par la tuyère, soit par le chio, soit aussi par l'avant du feu.

Principe du massé.

Silladou.

Sous l'action d'un vent de 8 à 10 degrés, l'escola continue à nourrir le feu de greillade et de charbon. Du moment où le principe lui paraît convenablement établi, environ sept quarts d'heure après la mise en feu, il en facilite la descente en perçant au bas du chio avec un ringard, et donnant ainsi écoulement aux scories qui remplissent le fond du creuset.

Percer le chio.

Dès lors, il élève la tension de 11 à 11 $\frac{1}{2}$ degrés, et après une demi-heure environ d'une allure assez chaude, il enfonce la *palinque*, ringard, *fig.* 1, entre l'ore et le minerai; et, s'en servant comme d'un levier appuyé contre l'ore, il avance doucement sous le vent le minerai de la partie inférieure *b.c.*, Pl. V, *fig.* 1. Cette manœuvre se nomme *donner la*

Donner la mine.

mine. Il donne dans le commencement le minerai qui lui paraît le mieux préparé et qui généralement se montre vers l'angle de l'ore et de la cave. Pour provoquer la descente du principe, il recommence une ou deux fois à percer bas le chio. Il donne légèrement la mine sur toute l'étendue de l'ore, jusqu'au moment où l'étirage des massoques est terminé, ce qui a lieu, suivant la façon du fer marchand, de trois heures à trois heures trois quarts après la mise en feu; alors commence la période de l'opération nommée *balejade*.

De ce moment l'escola est entièrement maître de la conduite du feu. Il élève la tension du vent de 13 à 14 degrés; il donne plus souvent la mine, perce plus souvent le chio et charge plus fréquemment le charbon et la greillade, jusqu'à ce que cette dernière soit entièrement épuisée. Il lui arrive, si l'élaboration marche bien, suivant lui, *si le feu mange bien la mine*, de briser et de rejeter par portions sur le feu, comme greillade, les scories des deux ou trois premières coulées. Mais il ne doit pas recourir à ce moyen, si le feu chauffe mollement; il ne doit en user qu'avec discrétion même sur un feu en bonne allure, car il rendrait le fer pailleux et diminuerait le rendement. Balejade.

Après quatre heures et demie de travail, le minerai placé contre l'ore est entièrement descendu dans le feu, et l'escola doit le rechercher aux angles et l'avancer sous le vent. Alors il lève entièrement les cors et donne la tension maxima à laquelle est réglée la trompe, ce qui varie dans chaque forge, suivant la nature du minerai et du charbon, entre les limites 14 à 18 degrés. Un bon ouvrier, marchant en fer ordinaire, ne va pas au delà de 15 degrés. A mesure que l'opération avance, il donne plus fréquemment la mine, perce souvent le chio, et tasse avec soin le charbon sur la loupe, qui placée sous le nez de tuyère serait exposée à en subir l'action oxydante. On s'aperçoit facilement de cette action par la couleur que prend tout à coup la flamme, de rouge bleuâtre qu'elle était, elle passe au rouge orange, ou au blanc jaunâtre. Ce phénomène d'oxydation de la loupe se manifeste souvent par le chio, quand l'escola le laisse ouvert, après l'écoulement des scories. Les forgeurs disent alors que le feu *rime*, ou que le *fer se mange*.

Vers la fin de l'opération, cinq heures et demie après la mise en feu, l'escola recherche autour du massé les parties à souder et à réduire. Fin du feu.

Il sonde la surface de la loupe avec le ringard, abat les parties trop saillantes et cherche à lui donner une forme régulière. Quelques escolas, trop jaloux de faire des massés bien arrondis, prolongent souvent l'opération aux dépens de la quantité, et quelquefois de la qualité du fer.

Pendant la dernière heure, les pique-mines ont concassé sous le mail le minerai nécessaire à l'opération qui va suivre; ils l'ont criblé pour en séparer la greillade qu'ils mouillent et mettent en un tas à la portée du feu. Cette opération terminée, le valet du maillé a placé sur l'enclume un lit de brasque et de scorie pour recevoir le massé que l'on va sortir du feu.

Tels sont dans leur ensemble les détails d'une opération dans une des forges de l'Ariége, opération qui dure, terme moyen, six heures, et qui produit le plus souvent 145 kilogrammes de fer marchand, avec emploi de 470 kilogrammes de minerai, et 510 kilogrammes de charbon : soit 100 kilogrammes de fer avec 312 kilogrammes de minerai et 340 kilogrammes de charbon.

Observations sur la conduite du feu.

En rapprochant ces détails, on remarque que le travail d'un massé se divise en deux parties bien distinctes. Premièrement, celle où l'escola, obligé de surveiller et de conduire la chauffe des pièces à étirer, modère l'action du vent, nourrit le massé presque exclusivement avec la greillade. En second lieu, la balejade, pendant laquelle, libre de tous soins à donner à la chauffe des pièces, cet ouvrier pousse la fonte avec activité en augmentant la tension du vent, et ramène sans cesse sous la tuyère le minerai du contrevent.

La première opération, l'étirage, ou la fabrication, se prolonge de trois heures à trois heures et demie, et quelquefois quatre heures, suivant la façon du fer marchand et suivant le rendement du feu. La seconde, la balejade, dure de deux heures à deux heures et demie; cette durée dépend beaucoup de l'habileté de l'escola. En effet, si le travail du fer sous le mail se prolonge, et que cet ouvrier ne sache pas, ou n'ose pas disposer du vent, et attaquer franchement la mine du contrevent avant la fin de l'étirage, il y aura perte de temps et augmentation dans l'emploi du charbon.

Conduite du vent.

D'après ce qui précède, la trompe dans une opération soufflerait sous une pression :

	degrés.				heures.		
de	6	à	7	pendant.	1	à	1 1/4
de	8	à	10	. . . .	3/4	à	1
de	11	à	12	. . . .	1 1/4	à	1 1/2
de	13	à	14	. . . .	1	à	1 1/2
de	14	à	16	. . . .	1 1/2	à	2

Ces tensions, d'après les tables de M. Richard, répondent aux limites $5^{kil.}.50$ à $8^{kil.}.60$, ou $3^{m.c.}.30$ à $6^{m.c.}.30$ d'air à la température de 15 degrés, sous la pression barométrique $0^{m}.76$.

Ces chiffres ne peuvent indiquer ici que des limites et des termes moyens; car dans le travail des forges la manœuvre qui offre aux ouvriers le plus de vague, c'est la conduite du vent bien entendue et mise en harmonie avec l'état du creuset, avec la nature du minerai et du charbon. Or, si on songe que l'escola use fort rarement du pèse-vent, qu'il règle la conduite de la trompe par l'allure du feu, allure que le plus souvent il ne sait pas, ou ne peut pas apprécier exactement, on peut comprendre les nombreuses variations que présentent la conduite combinée de la fonte et du vent, et partant l'allure et le rendement des feux.

Toutefois, quelques ouvriers intelligents, s'aidant d'une longue pratique du feu, parviennent, par l'observation attentive de toutes les circonstances que présente l'allure de la forge, à mettre la conduite du vent et du traitement en harmonie avec les exigences du creuset. Tous ne conduisent pas le vent de la même manière. Les uns, ainsi que nous l'avons vu, se règlent sur la marche du travail au marteau, augmentant progressivement le vent de 6 à 14 degrés. Cette méthode convient au cas où l'ouvrier ne connaît pas encore entièrement le vent, la mine et le charbon qu'il emploie, le feu dans lequel il travaille; ou bien quand le minerai doit être attaqué avec ménagement. D'autres escolas, plus habiles et plus maîtres du feu, attaquent pendant deux heures environ avec un vent de 6 à 9 degrés, puis subitement, sans s'inquiéter de la chauffe des pièces, marchent sous une pression de 12 à 13 degrés, jusqu'à la dernière heure, pendant laquelle ils emploient 14 à 16 degrés. Mais cette marche, qui convient dans le cas où on a un bon minerai, riche, convenablement fusible, en même temps que solide au feu, exige plus d'habileté et d'action de la part de l'escola. Elle donne, toutes circonstances égales d'ailleurs, des produits plus homogènes; elle permet de traiter plus de minerai dans le même temps, et le plus souvent avec économie de combustible. Nous reviendrons plus tard sur cet objet.

M. Richard (1), afin d'indiquer dans leurs détails les manœuvres du traitement pendant un feu, a donné un procès-verbal d'une opération entière. Mais par cette marche, bonne sous plusieurs rapports, il n'a pu faire connaître que les faits de cette opération, et la manière propre à l'escola qui la suivait. Il est vrai que cet auteur fait sentir cette lacune; car il y indique que l'escola a forcé l'emploi du vent, et par suite a donné lieu à une augmentation dans la consommation du combustible. D'après ce procès-verbal le vent a soufflé :

degrés.		heures.	minutes.
à 8	pendant.	1	13
à 10	. . . .	1	9
à 14	. . . .	0	42
à 16	. . . .	0	46
à 18	. . . .	2	13
Durée totale du feu. . . .		6	3

L'escola a commencé à percer le chio, après deux heures de travail; il a donné le minerai après deux heures un quart. L'étirage a duré trois heures vingt-cinq minutes : après trois heures cinquante minutes, tout le minerai de l'ore était descendu au feu. Enfin, il n'y avait plus de greillade après quatre heures dix minutes de travail. L'opération a donné 151 kilogrammes de fer avec emploi de 487 kilogrammes de minerai et $544^{kil.}.70$ de charbon; soit pour 100 kilogrammes de fer 321 kilogrammes de minerai et 359 kilogrammes de charbon.

(1) Loc. cit., page 254 à 267.

CHAPITRE VII

INDICATIONS SUR L'ALLURE DU FEU.

Couleur et forme de la flamme. — Température du feu. — Écailles. — Forme et couleur de la loupe. — Formation du principe. — État des scories. — État de la tuyère. — Élaboration à l'ore. — Emploi de la greillade. — Emploi du combustible. — Œil de tuyère. — Reculement du bourec.

Nous avons parlé de l'attention que l'ouvrier doit porter sur toutes les circonstances que présente l'allure du feu. Les principales sont :

1° La couleur et l'allure de la flamme ;

2° Le mode d'échauffement des parois et du fond du creuset ; les écailles ;

3° La formation du principe ;

4° La forme et la couleur du massé, à sa sortie du feu ;

5° L'état des scories ;

6° L'état et la couleur de la tuyère ;

7° La manière dont se comporte le minerai à l'ore, et dont le feu soutient la greillade ;

8° L'emploi du charbon ;

9° L'œil de tuyère et le reculement du bourec.

Couleur et forme de la flamme.

Dès le principe de l'opération, on aperçoit sur la surface du minerai au contrevent une flamme rouge bleuâtre qui se soutient de trois quarts d'heure à une heure et demie, s'affaiblit et disparaît du moment où le minerai a fait prise à la base *b.c.* et le long du mur *c.d.* Cette indication permet à l'escola de suivre les progrès de l'action du feu sur le minerai en élaboration, et de régler le vent de manière à attaquer franchement le fondage. La flamme qui sort de la surface AB formée par le charbon est d'un rouge bleuâtre avec reflet jaunâtre; elle doit, en bonne allure, sortir de toutes les parties de cette surface, sans se porter de préférence sur aucun point. Il arrive que la flamme perce souvent au-dessus de la tuyère et contre la face des porges; cela indique un vent trop vif et trop rude. Alors on augmente le reculement du bourec. Nous avons déjà examiné le cas où la flamme passe à la couleur rouge orange, par suite de l'action oxydante du vent sur le massé.

Température du feu.

L'état d'échauffement des faces du feu doit être observé avec soin. En général, il faut que toutes les parties du feu soient fortement chauffées; c'est une des conditions essentielles de bonne allure et de bonne qualité des produits.

Les parties qui doivent surtout être portées à une haute température, sans laisser le reste en souffrance, sont : le fond, la cave, et la portion de l'ore voisine de la cave. L'ore doit être portée au rouge cerise, jusqu'à la hauteur du nez de tuyère; à hauteur des porges, au rouge sombre.

Écailles.

Les *écailles* que forment la brasque et les scories dans les angles morts, sur le fond et sur tous les points en souffrance, servent parfaitement à l'observation du feu. Elles indiquent le gîte que s'est fait le massé. Quand l'allure est bonne et que le massé a belle façon, il ne faut toucher au gîte qu'avec une grande réserve. C'est ainsi que dans les forges du Vallespire, où on travaille à la petite catalane, on enlève la loupe le plus souvent sans défourner et sans toucher au feu. Les écailles sont de deux sortes : les bonnes écailles, celles qui forment un bon gîte au massé. Dans le feu, elles se présentent d'un rouge cerise prononcé; leur surface a un aspect lisse et vernissé; elles se détachent facilement au ringard : sorties du feu et refroidies, elles sont poreuses, spongieuses et légères. Les mauvaises écailles proviennent d'un feu en souffrance; sur le point où elles se forment et s'attachent au feu, elles sont d'un rouge sombre; leur surface est rugueuse. Elles se détachent difficilement des parois et surtout du fond; sorties du feu et refroidies, elles sont compactes, dures et très-pesantes.

Nous avions indiqué plus haut combien il importait au travail que l'escola suivît la formation, la marche et l'assiette du principe de la loupe. Ce dernier descend au point où le vent fait le gîte du feu. Il convient qu'il le place sur le milieu du creuset, cependant un peu vers la cave. C'est par la pose de la tuyère et par la manière dont l'escola donne la mine que l'on parvient à corriger la tendance à un mauvais principe, qui entraîne le plus souvent un massé mal fait. Si le principe ne descend pas de son propre mouvement, l'escola doit l'aider en perçant bas au chio, en faisant rapidement écouler les scories et en diminuant la quantité de greillade au feu. Ces moyens ne suffisent pas toujours si le fond du feu chauffe mal; alors il faut recourir aux remèdes ci-dessus indiqués. Dans le cas où le principe, au contraire, descend trop rapidement et trop bas, il faut modérer le vent, le rendre plus rasant, et dans le commencement charger en greillade et contenir les scories haut dans le creuset. Enfin, il peut arriver que le principe se place mal, près d'une des faces du feu. Il convient, dans ce cas, de l'arracher et de provoquer la formation d'un second mieux assis.

Formation du principe.

Les bons ouvriers s'attachent à examiner la forme du *massé* à sa sortie du creuset. Sa couleur doit être rouge-blanc, et sa surface lisse et vernissée. Si le feu chauffe également, et que l'escola l'ait convenablement entretenu de minerai, il doit présenter la forme d'un sphéroïde assez imparfait, creusé au point de la surface qui correspond au nez de tuyère. Dans un creuset en souffrance le massé est d'un rouge-cerise pâle; sa surface est rugueuse, noire sur les points saillants. Dans le cas où le feu chauffe inégalement, ou bien si l'escola donne inégalement la mine, la forme du massé est irrégulière, et présente des protubérances et des cornes. Souvent avec ces défauts, on fait du fer, et du bon fer. Alors, s'ils dépendent du feu, il convient de continuer, et d'empêcher le foyer de céder à la manie qui domine tous les ouvriers de faire des changements à la tuyère et au creuset. Les anomalies dans la forme du massé tiennent assez souvent à ce que la partie supérieure des porges s'incline vers le feu; mais ce défaut doit être corrigé par le foyer, en reculant la

Couleur et forme du massé.

tuyère, et mieux, en forçant le reculement du canon de bourec, quand cela peut suffire. Enfin, le massé est quelquefois froid à sa partie inférieure, et alors assez difficile à détacher du fond. Dans ce cas, le feu chauffant mal, la partie inférieure s'encrasse de mauvaises écailles. Ce vice peut tenir à plusieurs causes. Ou bien le siége du feu se fait trop bas, sous une tuyère trop plongeante; ou bien la tuyère trop horizontale, rasante, laisse le fond du feu en souffrance. Il peut aussi arriver que le défaut vienne d'une tuyère trop déclinée vers la cave. Dans ce dernier cas, l'état de la flamme et la couleur des latairols l'indiquent suffisamment. Si le vice provient d'une tuyère trop rasante, la surface du massé est raboteuse, et la cavité formée par la tuyère, n'y est pas bien définie; la flamme d'ailleurs, perce à la surface du feu, et se porte de préférence au contrevent. Enfin, dans le cas d'une tuyère trop plongeante, le massé est creusé à sa surface, la flamme perce vers les porges, et se présente d'un blanc jaunâtre.

État des scories.

Les *scories* offrent un moyen des plus efficaces d'observer l'allure du feu. Remarquons ici, que quand l'escola a percé le chio, au fur à et mesure que les scories sortent du creuset, il les arrose d'eau avec son écope, ou coupe; ce qui les boursoufle. Cette manœuvre les rend d'autant plus friables et plus légères, qu'elles sont de bonne allure. En général, les scories de la forge catalane se présentent d'un noir bleuâtre; la cassure en est sèche et inégale. Celles provenant d'un bon traitement coulent facilement du chio; leur couleur à l'état liquide est d'un blanc légèrement rougeâtre, elles ne donnent que peu d'étincelles au contact de l'air, la couleur de la surface est miroitante et d'un noir bleuâtre; enfin, elles ne sont pas magnétiques, ou du moins elles ne le sont qu'assez faiblement; ce qui, nous le verrons plus tard, tiendrait moins à leur nature qu'à quelques parcelles ou grenailles de fer qu'elles entraînent. Les scories de mauvaise allure coulent péniblement; elles sont d'un rouge cerise; visqueuses; étincellent au contact de l'air en raison des parcelles et grenailles de fer métallique qu'elles charrient. Elles sont d'un noir foncé; pesantes; leur cassure est sèche; leur surface ne miroite pas; elle est, comme à l'intérieur, d'un noir sombre sans reflet bleuâtre. Enfin ces scories sont quelquefois plus ou moins magnétiques, soit à cause de leur nature, soit surtout en raison de la présence de grenailles métalliques.

Les scories des premières coulées, provenant, en presque totalité, du traitement de la greillade, sont souvent chargées de fer. L'escola les brise et les remet au feu avec la greillade. Mais, pour que le feu supporte les scories et ne souffre pas, il faut que l'allure soit chaude et bonne; sinon, dans un feu médiocrement chauffé, on s'expose le plus souvent, par addition de scories, à le refroidir, à empâter le fond du creuset, à arrêter le placement convenable du principe, et à rendre le fer pailleux. En général, même en bonne marche, il faut user de scories avec discrétion, en jeter peu à la fois et toujours associées à de la greillade. L'addition des scories, exige un feu bien chauffé, surtout avec du charbon dur et fort, qui supporte un vent assez soutenu.

État de la tuyère.

L'*état de la tuyère* et sa couleur sont de bonne indication. L'escola doit souvent les observer. En bonne marche, l'œil de tuyère est clair, d'un blanc éclatant; il est net et dégagé de scories et de crasses. Si le feu chauffe mal, et que l'allure souffre, l'œil de tuyère paraît rouge-cerise, il s'encrasse facilement de scories grasses, quelquefois chargées de parties métalliques. L'ouvrier doit avoir soin de le dégager au moyen du silladou, qui se compose d'une verge en fer, crochue par une de ses extrémités, Pl. IV, fig. 6.

Élaboration du minerai.

La manière dont le feu attaque le minerai du contrevent, l'état de ce minerai, son agglutination sur tel ou tel point, le plus ou moins d'adhérence qu'il affecte avec les pièces de l'ore, sont autant de remarques à faire sur la marche du feu. Le minerai se fixe à l'ore et souffre, soit parce que la tuyère plonge trop dans le feu, soit que la déclinaison vers la cave pèche par excès ou par défaut, soit enfin, que la conduite du vent, l'œil de tuyère, le reculement du bourec ne soient pas en rapport avec la nature du minerai et du charbon. Il peut arriver aussi, que la tuyère ne s'avance pas assez dans le feu, ou bien que le mur du minerai *c.d.*, Pl. V, fig. 1, soit trop éloigné du vent. Ces vices entraînent la présence de scories grasses; le massé ne se fait pas, ou se fait mal à l'ore, enfin, le fer devient pailleux. Les défauts contraires tendent à précipiter la marche du traitement à l'ore. Ils donnent des scories grasses, chargées de grenailles, petillant à l'air; le massé se fait à l'ore, sans se porter vers les porges qui se recouvrent d'écailles. Le fer peut être bon, mais le rendement est faible.

Emploi de greillade.

La marche du traitement de la greillade présente de bonnes indications. Le minerai, suivant sa nature plus ou moins terreuse, donne, quand on le pique sous le mail, une quantité plus ou moins abondante de minerai menu. Un bon minerai marchand, donne terme moyen, en poids $\frac{5}{12}$ de greillade, et $\frac{7}{12}$ de minerai en noyaux, tandis qu'un minerai terreux donne jusqu'à $\frac{6}{12}$ et $\frac{7}{12}$ de greillade. Le quantité de greillade ne dépend pas seulement de la qualité du minerai, elle varie avec la manière dont ce minerai se comporte au feu, avec la nature du charbon, et suivant le travail de l'escola. C'est ainsi qu'un minerai riche exige plus de greillade, et de la greillade plus pauvre qu'un minerai de qualité médiocre. Un charbon fort supporte, toutes circonstances de traitement égales d'ailleurs, plus de greillade qu'un charbon léger. Enfin, suivant que le feu attaque plus ou moins le minerai au contrevent, suivant que l'escola s'occupe plus ou moins de ce minerai, et le conduit avec plus ou moins de rapidité, on doit donner au feu des quantités de greillade fort variables. Nous verrons plus loin, que la greillade qui entre dans le creuset pendant une opération, dépend aussi de la nature des produits que l'on se propose d'obtenir. Il résulte de ce qui précède, qu'il convient de piquer le minerai, suivant le travail reconnu à l'escola; et que ce dernier, d'après la manière dont le feu soutiendra la greillade, devra faire des observations aux piquemines. Un feu qui demande trop de greillade conduit à des scories grasses, à du fer pailleux, et à un rendement médiocre. D'un autre côté, si le feu mange peu de greillade, on a souvent des scories trop sèches, et un massé mal soudé. Toutefois, il y a moins d'inconvénients à marcher avec défaut qu'avec excès de greillade, bien que dans le premier cas il y ait souvent augmentation dans l'emploi du combustible.

Emploi de charbon.

Cet emploi, quand il est exagéré, doit devenir l'objet de recherches de la part des ouvriers. Il a plusieurs causes, parmi lesquelles figurent en premier lieu un vent trop fort, un minerai pauvre et réfractaire, un feu qui ne chauffe pas. Ce qui peut provenir d'un vice de construction du creuset, ou d'une tuyère mal placée. Les indications qui précèdent, suffisent pour faire apprécier le mal et appliquer le remède.

On consomme aussi trop de charbon, parce que la tuyère, quoique bien placée, n'est pas avancée au feu et percée d'une manière convenable à la qualité du charbon que l'on emploie. Souvent aussi parce que le *bourec* n'est pas au *reculement* voulu par la qualité soit du minerai, soit du combustible. En général, le reculement du bourec doit diminuer avec l'état réfractaire du minerai et avec la légèreté du charbon. D'un autre côté, avec un charbon fort on tient la tuyère avancée au feu et l'œil ouvert, tandis qu'avec un charbon léger on recule la tuyère et on rétrécit l'œil. Quelques foyers, pour ne pas toucher à la tuyère, se contentent avec raison de faire varier le reculement du bourec avec la qualité du charbon.

Œil de tuyère.

Reculement du bourec.

Telles sont, en général, les indications au moyen desquelles on doit observer, conduire et corriger l'allure du feu.

CHAPITRE VIII.

DÉTAILS SUR LE ROULEMENT D'UNE FORGE.

Approvisionnement de matières premières. — Consommation. — Produits. — Détails économiques. — Avantages et inconvénients du traitement direct.

Approvisionnement de matières premières.

Toutes les forges de l'Ariége traitent exclusivement le minerai que l'on extrait des mines de Rancié, situées dans la commune de Sem, canton de Vicdessos, arrondissement de Foix.

Le chargement d'un feu se compose généralement de 485 kilogrammes de minerai qui rendent, terme moyen, 148 kilogrammes de fer en barres, avec emploi de 405 kilogrammes de charbon : soit pour 100 de fer 327 de minerai et 335 de charbon.

Ces chiffres sont les moyennes de plusieurs pesages directs que j'ai faits en forge de 1835 à 1838; mais en 1838, plusieurs chantiers ayant été ouverts dans des massifs de minerai vierge, nouvellement mis à nu, la qualité du minerai, généralement médiocre de 1832 à 1838, s'améliora sensiblement. Dès lors le rendement moyen des forges s'accrut, et pendant 1839 les moyennes du travail furent, pour 100 de fer marchand, 305 à 312 de minerai et 324.90 de charbon.

Dans les pesages, j'ai été loin de trouver constamment les chiffres portés ci-dessus. En effet, les mines de l'arrondissement de Foix s'approvisionnent en grande partie de charbon par le roulage qui apporte le minerai aux forges voisines de points d'où l'on tire le combustible (montagnes de l'arrondissement de Saint-Girons, de la Haute-Garonne, des Hautes-Pyrénées et de l'arrondissement de Limoux (Aude)). Par suite de cette espèce d'échange, les usines rapprochées du minerai payent chèrement le charbon; aussi y cherche-t-on à traiter le plus de minerai avec le moins de combustible. Par des motifs d'économie réciproque, les forges éloignées de Vicdessos cherchent à obtenir le plus de fer avec le moins de minerai. Enfin quelques usines de la haute vallée de l'Ariége et du canton de Lavelanet, roulant sur leurs affouages, tiennent plus à l'économie du minerai que du charbon. De là, une grande différence dans les résultats des pesées faites aux différentes forges de l'Ariége. Aussi, en rapprochant les centres de production, on a :

Consommation.

AUX FORGES DE		1837.		1840.	
		MINERAI.	CHARBON.	MINERAI.	CHARBON.
La vallée de Vicdessos, pour	100 de fer.	324	320	310	302
Vallée d'Ax.	*Id.*	320	361	303	345
Environs de Foix. . . .	*Id.*	324	325	310	306
Canton de Lavelanet . .	*Id.*	315	349	303	345
Saint-Gironnais.	*Id.*	311	337	301	315

Ces résultats viennent également de pesées faites à l'usine. Bien que pendant huit années j'aie relevé avec soin les détails de roulement des forges de l'Ariége, je n'ai jamais pensé que des données, suffisamment approchées de la vérité pour établir des documents statistiques, pussent servir à la recherche de rapports précis entre la consommation des matières premières et la quantité des produits. On sait en effet que dans toutes les forges on pèse rarement le minerai à employer, on ne mesure que celui que l'on charge à l'ore. Quant au charbon, il est divisé par feu dans les parsons dont les dimensions diffèrent d'une forge à l'autre. Ceux que j'ai mesurés varient de $1^{m.c}.850$ à $1^{m.c}.950$. M. Richard établit une moyenne de $1^{m}.900$ sur des variations de $1^{m}.843$ à $2^{m}.014$ (1).

Toutefois, citons les moyennes fournies par les états statistiques :

			kilog.		kilog.	
Pour	1834	on a	324.50	de minerai ,	323.90	de charbon.
	1836		328.00		320.50	
	1837		332.00		322.40	
	1838		326.40		312.41	
	1839		311.00		319.00	
	1840		307.00		315.00	

L'ensemble de ces documents permet d'apprécier toute l'importance d'une amélioration dans la qualité du minerai.

Je joins ici le relevé exact du travail de forges en bonne allure pendant la campagne de 1841.

A Niaux-Vieux, on a fait par feu 168 kilogrammes de fer avec emploi de $510^{k}.20$ de minerai et $460^{k}.04$ de charbon : soit pour 100 de fer, $300^{k}.30$ de minerai et $273^{k}.80$ de charbon.

A la forge de la Ramade, chaque feu a donné 165 kilogrammes de fer avec 510 kilogrammes de minerai et 459 kilogrammes de charbon : soit pour 100 de fer $300^{k}.99$ de minerai et $278^{k}.10$ de charbon.

La forge de Celles a fait 900 feux qui ont donné en moyenne $165^{k}.50$. On y a employé pour 100 de fer 302 kilogrammes de minerai et 297 kilogrammes de charbon. Mais ces rendements sont loin d'être d'une pratique encore étendue ; ils tiennent à des conditions de conduite du feu dont nous parlerons plus tard.

Les *produits* du traitement direct sont de deux sortes :

Produits. 1° Un fer dur, nerveux, légèrement aciéreux, d'un travail assez difficile à la lime et au marteau, excellent pour toutes les pièces de résistance et de frottement, et pour la cémentation ;

2° Un acier naturel, dit fer fort, qui casse à blanc. Il présente une variété, le fer cédat, qui casse à noir et à violet ; elle est recherchée

---

(1) Par arrêté du préfet de l'Ariége du 3 avril 1840, le parson doit cuber $1^{m}.800$ Il a $2^{m}.00$ de longueur, $1^{m}.00$ de largeur et $0^{m}.90$ de hauteur. Cette mesure se subdivise en 9 mesures de 2 hectolitres, qui répond au sac ancien, 1/9 de l'ancien parson, ou 1/3 de l'ancienne charge.

dans le commerce pour l'agriculture. C'est une qualité supérieure d'acier naturel, mais qui trop souvent passe au fer fort ordinaire pour que l'on en fasse un produit à part. On connaît dans le commerce la variété dite fer fort lié; c'est un fer aciéreux.

La fabrication de l'acier naturel avait autrefois quelque importance. Telle qu'elle était pratiquée elle exigeait un surcroît dans l'emploi du combustible. On a été contraint de la délaisser pour le travail en fer ordinaire du commerce et de cémentation. Le développement rapide des fabriques d'aciers lui a d'ailleurs porté un coup funeste, de telle sorte qu'aujourd'hui la production du fer fort est le plus souvent un accident dans la fabrication, et ne figure que pour un vingt-deuxième du produit total des forges.

Détails économiques sur le roulement.

Pour compléter les documents qui précèdent, et avant d'aborder les questions relatives aux matières premières, j'ajouterai quelques détails sur le roulement annuel d'une forge.

Pendant les campagnes 1839 et 1840, 49 feux de forge en activité, existant dans l'Ariége, ont produit en 38 200 feux, 58 550 quintaux métriques de fer à 43fr.50 l'un pris à l'usine : soit, terme moyen, 779 feux, et 1 194 quintaux métriques par forge en activité. On a eu 2 150 quintaux de fer fort à 48 fr., ou un vingt-troisième de la production totale. Ces moyennes ne donnent pas une idée exacte du travail des forges en général; car les usines de l'arrondissement de Foix, et surtout de la vallée de Vicdessos, auxquelles le roulage apporte du charbon, font par campagne de 900 à 1 000 et souvent 1 100 feux, tandis que celles alimentées par leurs affouages ne font pas au delà de 300 à 500 feux.

Examinons le cas d'une forge de Vicdessos, ayant fait 1 000 feux pendant la campagne de 1840, et marchant à raison de 150 kilogrammes de fer par feu. On aura pour le revient en forge de 100 kilogrammes de fer forgé :

	fr.
310 kilog. de minerai à 2 fr. les 100 kilog.	6.20
302 kilog. de charbon à 8fr. 20.	24.76
Main-d'œuvre.	5.95
Garde-forge et commis, 1 500 par an.	0.93
Entretien de l'usine, 1 200 fr.	0.80
Intérêt à 5 p. 100 de la valeur de l'usine, 25 000 fr.	1.03
Intérêt à 6 p. 100 du fonds de roulement, 29 000 fr.	0.98
Savoir : pour achat de minerai. . . . . 3 000 fr.	
pour achat de charbon. . . . . 25 000 fr.	
Salaire des ouvriers. . . . . 1 000 fr.	
Prix de revient de 100 kilog. de fer.	40.65
Prix de vente à l'usine en 1840.	43.00
Bénéfice net.	2.65

La forge faisant 1 000 feux, et ayant marché à 153 kilogrammes de fer par feu, on aura pour la production annuelle 153 000 kilogrammes; ce qui, d'après les détails qui précèdent, établirait un bénéfice net de 3 595fr..50. Ce chiffre peut être dépassé si, ce qui arrive rarement, le maître de la forge a des avances et peut acheter des charbons à un prix avantageux. Mais dans ces dernières années le bénéfice réel ne l'a pas atteint, en raison du haut prix du combustible et de la qualité inférieure du minerai.

Avantages et inconvénients du traitement.

Ce qui précède montre combien la méthode directe, par la simplicité de son matériel et de son roulement, se prête avantageusement aux exigences topographiques de nos contrées montagneuses, fréquemment accidentées par les cours d'eau torrentiels, où les forêts, disséminées sur une grande étendue, se prêteraient difficilement à la concentration d'une grande force productive. Elle convient également à un pays où les fortunes sont médiocres et où les capitaux s'engagent avec peine dans les opérations industrielles. Enfin elle offre l'avantage de produire, avec un emploi de charbon au plus égal, sinon inférieur, au chiffre de consommation, des différents traitements usités avec le combustible végétal (1). Elle donne à la fois des fers estimés pour pièces de résistance, pour cémentation, et pour l'agriculture, ainsi que des aciers naturels qui seraient recherchés, si on voulait en étudier et en fixer la production.

Mais cette méthode, dans l'état actuel du traitement, présente des inconvénients; elle est limitée dans son application aux minerais riches et fusibles. Les produits manquent souvent d'homogénéité; le fer s'empâte de taches aciéreuses et de grains d'acier qui le rendent difficile à la lime et au marteau. Il contient aussi des parties scoriacées qui le chargent de cendrures. L'influence du travail de l'ouvrier dans la conduite du traitement y est trop marquée. Par suite, en dehors des variations que cette circonstance introduit fréquemment dans l'allure du feu, il en résulte, de la part du maître de forge, qui ignore l'art de la fabrication, un abandon forcé à ses ouvriers de tous les détails du traitement. Aussi, profitant de la position qui leur est ainsi faite, ces derniers dominent le plus souvent du poids de leurs habitudes routinières toute tentative d'amélioration, et imposent un salaire exagéré, si on le compare à la rétribution de la main-d'œuvre dans les différents centres de production du fer en France.

(1) La fabrication de 100 kilog. de fer marchand emploie :

DÉSIGNATION DU TRAITEMENT.	CHARBON.	HOUILLE.
	kil.	kil.
Par le traitement direct usité en Corse.	520	»
Id. du Vallespire.	335	»
Par l'affinage toscan.	365	»
Par l'affinage de la Comté, de la Haute-Marne et de la Meuse. .	351	»
Par la méthode mixte champenoise.	155	140

SECONDE PARTIE.

MATIÈRES PREMIÈRES.

SECONDE PARTIE.

MATIÈRES PREMIÈRES.

CHAPITRE PREMIER.

MODE DE GISEMENT ET RECHERCHE DE MINERAIS DE FER.

Matières premières. — Minerai de fer. — Considérations générales sur la constitution géologique de l'Ariége. — Haute chaîne. Terrains primitifs et de transition. — Mines de fer à la limite des terrains primitifs et dans les terrains modifiés. — Basse chaîne. Terrains primitifs, de transition et formations secondaires. — Ophites. — Mines de fer de la basse chaîne, au voisinage des roches d'éruption, granit, ophite, et dans les terrains modifiés. — Mines de fer associées aux amphibolites de l'est. — Gisement. — Division en trois sections. — PREMIÈRE SECTION. — Terrains primitifs. — DEUXIÈME SECTION. — Terrains de transition. — *Premier groupe.* Sa consistance. — Gîtes rapportés aux amphibolites de l'est. — Gîtes rapportés au granit. — Gîtes rapportés aux ophites. — Bassin ferrifère de Rancié et de Larcat. — Limites topographiques. — Constitution et limite géologiques. — Mines comprises dans les roches calcaires. — Mode de gisement. — Nature du minerai. — Fer carbonaté. — Altération du fer carbonaté. — Mine noire. — Fer hydroxydé compacte, hématite concrétionnée. — Altération de la forme primitive du gîte. — Variétés minérales résultant de l'action des eaux souterraines. — Mode de terminaison des gîtes. — Mines comprises dans les formations schisteuses. — Nature et allure du minerai. — Mines d'Urs et de Luzenac. — Mines de Montségur et de Montferrier. — *Second groupe.* Sa consistance. — Les roches encaissantes sont pyriteuses. — Mode de formation originelle. — Déplacement postérieur. — Causes de la texture caverneuse. — TROISIÈME SECTION. — Terrains secondaires. — Division en deux groupes. — Premier groupe. — Second groupe. — Résumé. — Recherche et exploitation.

La forge catalane emploie, comme matières premières, le minerai de fer, le charbon de bois et l'air atmosphérique, insufflé le plus souvent par une trompe. Matières premières.

Minerai de fer.

Je m'occuperai d'abord du minerai, et j'examinerai successivement toutes les questions qui se rattachent au gisement, à la recherche, à l'exploitation et à l'historique des mines de fer dans l'Ariége.

Un examen détaillé m'en a paru suffisamment justifié par l'importance qu'acquiert tout ce qui peut amener à la connaissance et à la bonne exploitation des mines de fer dans une contrée où la fabrication de ce métal est la principale branche d'industrie.

Considérations générales sur la constitution géologique de l'Ariége.

Afin d'aborder plus facilement les considérations générales relatives au mode de gisement des mines de fer dans l'Ariége, j'ai cru devoir indiquer dans la carte, Pl. VI, la nature, la position et les limites respectives des terrains qui constituent le sol de ce département. J'y ai fait figurer l'extrémité sud-est de la Haute-Garonne, sur laquelle j'ai étendu mes travaux. Cette carte, au point de vue de classification géologique des terrains, renferme plusieurs lacunes; mais, sous le rapport de leur délimitation topographique, son exécution présente un degré d'approximation suffisant pour l'objet qui nous occupe. Je me suis attaché à l'indication la plus complète des terrains qui ont été modifiés au voisinage des roches d'éruption.

Haute chaîne. Terrains primitifs et de transition.

En jetant un coup d'œil sur l'ensemble de cette carte, on remarque que la haute chaîne des Pyrénées, dans l'Ariége, comprend, vers l'est, de puissants massifs primordiaux (granit et gneiss), composant les montagnes du Capsir, des cantons de Quérigut, d'Ax, des Cabannes et de Vicdessos, jusqu'aux sources du Salat. Là ils font place à des formations étendues de terrain de transition (schiste argileux, grauwack et calcschiste), qui s'épanouissent en partie contre les montagnes granitiques du bassin de Luchon, de la vallée d'Aran et de la Maladette. Au voisinage des limites des massifs primordiaux, et dans l'intervalle qui les sépare, on peut souvent observer de nombreux affleurements, ou îlots, de roches ignées (granit, pegmatite, eurite et leptinite). Ce phénomène, trace évidente de l'éruption, se remarque surtout dans la vallée d'Auzat et sur les hautes montagnes de Vicdessos, de Siguer, d'Aston et du bassin de Luchon.

Mais le fait ici le plus important consiste en une zone plus ou moins puissante de terrains modifiés, qui constamment borde les limites des roches d'éruption. Sans entrer dans les détails des modifications, je me bornerai à signaler l'existence constante de pyrites de fer dans les terrains modifiés, surtout au voisinage des roches ignées. En outre, je ferai remarquer que la presque totalité des gisements ferrifères (*voir* la carte Pl. VI) de la haute chaîne se trouve, ou bien à la limite des massifs granitiques, ou bien sur la zone occupée par les terrains de transition modifiés. Telles sont, dans le premier cas, les mines de Puymorens, de la Saraute, d'Auzat, etc....., et, dans le second cas, celles de Freychet, d'Alzen, de Rivernert, de Gouaux, etc.....

Mines de fer à la limite des terrains primitifs et dans les terrains modifiés.

Au pied de la haute chaîne, à la partie moyenne du versant nord, les terrains de transition et les formations granitiques dont nous venons de parler font place à des masses de terrains primitifs, de transition et secondaires groupées avec assez d'irrégularité au premier abord, mais présentant un ordre général de direction et de succession, si on les examine par rapport à la direction de la chaîne. Au voisinage des roches granitiques, on observe également des phénomènes de modifications sur les terrains de transition et sur les formations secondaires. En ce qui regarde la nature des terrains et leurs caractères minéralogiques, les modifications varient d'une formation à l'autre. Ainsi les zones de transition présentent des micaschistes, des schistes feldspathiques et siliceux, des calcschistes plus ou moins dolomitiques et grenatifères; tandis que les massifs secondaires donnent des schistes noirs, très-durs, des calcaires dolomitiques avec couseranite, mésotipe et soufre natif, et une grande variété de brèches calcaires. Mais ici encore le caractère le plus permanent est la présence des gisements et des pyrites de fer.

Basse chaîne. Terrains primitifs, de transition. Formations secondaires.

Toutefois, l'observation des faits est ici plus complexe. En effet, vers les limites de ces terrains, et suivant une direction assez variable, on remarque de nombreux affleurements de diorites, de lertzolite et d'amphibolites (feldspath, pyroxène et amphibole avec épidote), roches fort variables de nature et d'aspect, que je désignerai ici sous la dénomination d'*ophite*. A leur voisinage, les modifications des terrains apparaissent souvent sur une grande échelle. Ces roches s'observent surtout près des limites des terrains primordiaux, à la ligne de contact des terrains de transition et des formations crétacées qui constituent, avec les terrains tertiaires, le pied de la chaîne, et souvent aussi près de la séparation des terrains crétacés supérieurs et inférieurs. Je n'ai point encore suffisamment étudié l'ensemble des faits relatifs à

Ophites.

l'apparition du granit d'une part, d'autre part des roches d'ophite pour pouvoir ici assigner exactement l'action que chacune de ces deux périodes géologiques a pu exercer isolément sur la constitution et sur le relief actuel des Pyrénées (1). Toutefois, dans l'état actuel des observations géologiques, il paraît difficile d'affirmer que les modifications tiennent exclusivement, soit à l'action du granit, soit à celle des ophites. Mais dans quelles limites ces actions ont-elles successivement influencé la nature et la position des terrains, et concouru à l'origine des gîtes ferrifères ? c'est ce qu'il est encore difficile de déterminer exactement, surtout dans le cas, assez fréquent d'ailleurs, où les ophites sont voisines des limites des terrains primitifs. Toutefois, l'action des ophites paraît avoir agi avec énergie.

Mines de fer de la basse chaîne au voisinage des roches d'éruption, granit, ophite, et dans les terrains modifiés.

Quoi qu'il en puisse être, le point ici le plus important est la présence de pyrites, et surtout de gisements ferrifères, au voisinage et sur la ligne des points d'affleurement de ces dernières roches, aussi bien qu'à la limite des massifs granitiques, et dans la zone des terrains de transition modifiés. Telles sont les mines de fer de Camurat (2), Cadarcet, Nescus, Rabat, les Balmes, Bernadoux, Col-d'Arreon, etc., etc.

Mais parmi les gisements qui, pour leur position, peuvent se rapporter aux roches d'ophites, il en est de fort importants qui, d'après l'inspection des limites respectives des terrains, paraissent, ainsi que nous venons de l'indiquer, pouvoir procéder, soit des terrains primitifs, soit des roches d'ophites. Les principaux sont les mines de Rancié, de Larcat, de Château-Verdun, du Pech-des-Cabannes, d'Urs, de Luzenac (Ariége), et de Milhas (Haute-Garonne).

Mines de fer associées aux amphibolites de l'est.

Enfin, sur la partie orientale de la haute chaîne, aux montagnes d'Ax, de Quérigut et d'Orlu, on remarque plusieurs affleurements de roches d'amphibole fibreuse, quelquefois associée à du pyroxène, au voisinage desquelles s'observent des gisements ferrifères. Je citerai principalement les mines de la soulane d'Andorre et de Bouthadiol.

(1) L'examen de la nature des ophites et du rôle qu'elles ont joué dans la formation des Pyrénées est l'objet de recherches de la part de M. Durocher, ingénieur des mines, déjà connu dans le monde savant par ses beaux travaux géologiques et minéralogiques sur les îles Feroë et sur le Diluvium scandinave.

(2) Je m'occuperai ici des mines de fer voisines de l'Ariége qui ont alimenté, ou qui peuvent alimenter les forges de ce département.

Ces nombreux rapprochements de position et de voisinage des roches d'éruption et des zones de terrains modifiés pyritifères d'une part, d'autre part des gîtes ferrifères, m'ont paru de la plus haute importance pour l'appréciation des faits qui se rattachent à la connaissance du mode de gisement, par conséquent à la recherche et à l'exploitation des mines de fer. Ils semblent confirmer l'opinion, sinon de contemporanéité, du moins de rapport d'origine de la plupart de ces mines, soit avec les terrains primordiaux, soit avec les roches amphiboliques et les ophites dont je viens de signaler l'existence et la position depuis la haute chaîne jusqu'aux limites des terrains secondaires qui forment la base du versant des Pyrénées dans l'Ariége. Afin de les présenter avec méthode, je grouperai les mines de fer par ordre de formations géologiques, et suivant leur mode de gisement, et j'examinerai successivement dans trois sections les terrains primitifs, ceux de transition et les formations secondaires.

Gisement. — Division en trois sections.

PREMIÈRE SECTION.

TERRAINS PRIMITIFS.

Les mines de fer voisines des limites des terrains primitifs, et comprises entre ces limites, sont, en allant de l'est à l'ouest, celles de la Coumo de Seignac, de Cazenave, de Ferrières, près Foix, de la Saraute, près Saurat, de Gourbit, d'Auzat, de Saleix, d'Aulus et de Vincaret, près Seix, etc..... Elles se présentent, tantôt en filons de fer carbonaté rhomboïdal, gris ou blond, qui se perd dans la roche encaissante, tels sont les gîtes d'Auzat et de la Coumo de Seignac; tantôt en amas de fer hydroxydé compacte plus ou moins chargé de quartz ferrugineux carrié, ou concrétionné, telles sont les mines de la Saraute, de Saleix et d'Aulus. Ces dernières paraissent provenir de l'altération du fer carbonaté sous l'action combiné des forces électrochimiques et des eaux d'infiltration. Cette altération paraît ici s'être toujours effectuée sans déplacement ultérieur du minérai par voie de dissolution. L'allure de ces gisements est mal soutenue, car tous pourraient être pris pour des amas assez irréguliers, à l'exception de celui de la Coumo de Seignac, qui offre un filon entre toit et mur de granit, sur une étendue de 40 à 50 mètres.

Les minerais carbonatés offrent, par leur nature, peu de ressource; car ils sont toujours chargés de pyrites de fer et de cuivre plus ou moins arsenicales. C'est ainsi que la mine de la Coumo-de-Seignac fut explorée comme mine de cuivre. Ces pyrites sont perdues dans la pâte métallique, ou bien se présentent en cristaux bien définis. D'un autre côté, ceux d'entre ces gîtes qui présentent de l'hydroxyde y sont assez rarement privés de pyrites; ainsi à la mine de la Saraute, bien que le carbonate de fer ait fait place à de l'hydroxyde chargé de quartz, on remarque en abondance des cristaux dodécaédriques et cubiques de fer sulfuré, et des épigénies d'hydroxyde donné par ces cristaux dont le centre est encore à l'état de fer sulfuré.

La direction moyenne des gîtes se rapproche le plus souvent de plans perpendiculaires ou parallèles à la ligne limite des terrains primitifs, ce qui paraîtrait établir postériorité d'origine par rapport à l'époque d'apuration de ces terrains. On observe, à la montée du port de Suc, au quartier de Bernadoux, un minerai d'hématite rouge intimement associé à la lertzolite et se rapportant à cette roche, bien qu'il soit à la limite de cette dernière et du granit. Il en est de même d'un gîte semblable aux métairies de Suc.

DEUXIÈME SECTION.

TERRAINS DE TRANSITION.

Les mines comprises dans les limites de terrains de transition occupent de préférence deux positions distinctes : 1° le voisinage de la limite des terrains primitifs, des amphibolites et des ophites; 2° la zone des terrains modifiés. Cette distinction nous servira à diviser ces mines en deux groupes.

1er groupe. — Sa consistance.

Le premier groupe, le plus important de tous, comprend les mines de Bouthadiol, d'Engaudu, d'Enpinette et de la Soulane-d'Andorre, liées aux affleurements d'amphibolites de l'est; celles du Sarrat-d'Andorre, de Puymorens, voisines de la limite du granit des montagnes d'Aston et du Puymorens, et celles de Milhas; celles de Labastide-de-Serou, de Nescus, de Guinot, de Boites, de Bessoles, près Massat, liées aux roches d'ophite. Vient ensuite, pour compléter ce groupe, l'ensemble du bassin ferrifère, qui s'étend sans interruption de Vicdessos par Sem, Lercoul, Gesties, Miglos, Larnat, Bouan, Larcat, Château-Verdun, Pech-de-Gudannes aux Cabannes; enfin les mines d'Urs et de Luzenac; celles de Montségur et de Montferrier.

L'importance de ces dernières mines de Vicdessos aux Cabannes nous conduit à les examiner séparément; ce qui d'ailleurs est suffisamment motivé par la simultanéité de rapport de position entre les gîtes ferrifères qui les composent d'une part, les ophites et le granit d'autre part (*voir* la carte Pl. VI et la Pl. VII).

Gîtes rapportés aux amphibolites de l'est.

Parmi les mines liées aux affleurements des roches amphiboliques de l'est, celles de la Soulane-d'Andorre paraissent sans importance. Elles proviennent de l'altération de l'amphibolite et donnent un fer hydroxydé chargé de roche amphibolique en décomposition. Celle de Bouthadiol paraît plus importante. Elle est située près de la limite du granit qui forme le bassin de Quérigut et la formation de transition modifiée qui constitue le massif des montagnes du Roc-Blanc. Cette formation se compose d'alternances de micaschistes, gneiss, schistes siliceux et de dolomies grenatifères. C'est à la ligne de séparation d'une pseudo-couche de gneiss et d'une assise de dolomie, que se fait jour une roche d'amphibole fibreuse, intimement associée à du fer spéculaire et à du fer oxydulé magnétique. Au contact de l'amphibole et du minerai, le gneiss se charge d'amphibole, et la dolomie devient grenatifère, à tel point que souvent la sallebande vers le toit de gneiss est d'amphibole fibreuse, et que celle voisine du mur calcaire est de grenat almandin, tantôt en cristaux dodécaédriques, tantôt en pâte amorphe. Le gîte affleure sur une grande étendue; sa direction moyenne est N. 75° O. vertical. Son allure est fort irrégulière; elle présente des renflements de 2 à 3 mètres, qui disparaissent subitement et passent à des étranglements où le minerai se charge d'amphibole lamellaire et de pyrite cuivreuse; quelquefois il se réduit à de simples placages au toit. Souvent, et surtout vers le mur, le minerai devient grenatifère, d'autrefois il empâte des rognons ou des appendices du toit de gneiss. En quelques points les eaux d'infiltration ont agi au mur; elles y ont créé des cavités remplies d'argile et de blocs arrondis. Au voisinage de ces cavités le minerai se charge de fer hydroxydé.

L'ensemble des faits qui précèdent nous paraît indiquer suffisamment le mode de remplissage de bas en haut de l'amas de Bouthadiol, et sa contemporanéité avec l'amphibolite à laquelle il est associé.

Gîtes rapportés au granit.

Les mines de fer du premier groupe, qui se rattachent à la limite du granit, sont, en premier lieu, celles de Puymorens. Elles se composent de couches de fer oxydulé magnétique, interposées entre des schistes modifiés compactes. Ces couches ne persistent pas, elles se perdent en amande, et souvent ne sont que de vrais rognons. Elles ne passent pas subitement aux schistes; leur voisinage est toujours annoncé par des couches schisteuses chargées d'oxydule de fer. La direction varie de E. O. à S. 45° E. Le pendage est de 30° à 50° sud. En général, dans le voisinage de ces mines, le minerai et les schistes encaissant saffectent une direction parallèle à la limite du granit. Le minerai ne se compose pas exclusivement de fer oxydulé; en quelques points ce dernier est altéré en partie et donne un mélange d'oxydule et d'hydroxyde de fer.

Les mines du Sarrat-d'Andorre, situées près du port de la Cabanne, au faîte de la chaîne, sur le versant espagnol, sont exploitées pour les forges du Sarrat et d'Encamp (Andorre). Elles sont à la limite du granit, dans des schistes et des calcaires modifiés recoupés par de nombreux filons de quartz. Les deux gîtes aujourd'hui exploités sont situés sur le versant de la vallée de Ransol. Ils fournissent un fer hydroxydé compacte, manganésifère, qui provient de l'altération du fer spathique dont on observe encore des restes empâtés dans les roches calcaires, qui, en quelques points, encaissent le minerai. La direction est pour l'une des mines de S. 70°. E. magnétique, plonge O, et pour l'autre S. 68° O. magnétique, plonge O.

A Milhas, près d'Aspet, on remarque à la limite du granit, dans des schistes modifiés pyriteux, au lieu dit *las Escallières*, un amas de fer micacé sans importance.

Parmi les mines liées aux roches d'ophites, dans les terrains de transition, celles de Labastide, Nescus, Guinot, Boites, Bessoles, et surtout Bernadoux, sur la montée du port de Suc, donnent un fer peroxydé rouge plus ou moins quartzifère. Il est généralement très-riche. A Nescus et à Guinot sa cassure est d'un gris d'acier. A Labastide il se charge de deutoxyde noir de manganèse. Il se présente le plus souvent en amas parallèle aux couches qui l'encaissent. D'autrefois, comme à Bernadoux et aux métairies de Suc, il est intimement associé à la pâte de la Lertzolite, qui là forme des mamelons fort élevés, et se présente en amas irréguliers. Le fer peroxydé rouge paraît la variété la plus permanente au voisinage des ophites.

Gîtes rapportés aux ophites.

Le bassin ferrifère qui comprend les mines de Sem, Lercoul, Miglos, Larnat, Larcat et Château-Verdun, forme, de Vicdessos au Pech de Saint-Pierre, situé à 2 kilomètres au sud-est des Cabannes, suivant la direction S. 70° à 75° O., une zone dont la longueur n'a pas moins de 19,000 mètres, et dont la largeur varie de 2,000 à 4,000 mètres. Il est borné au nord et à l'ouest par une langue de calcaires secondaires modifiés, suivant une ligne qui recoupe successivement les vallées de Vicdessos, de Sem, de Siguer, de Miglos et de l'Ariége, et court du quartier de las Rouges, près Vicdessos, au Pech de Saint-Pierre par le pic de Rancié, les villages de Siguer, de Nourjeat, le col de Baychon, le village de Larnat, la chapelle Saint-Barthélemy, le château de Gudannes et le moulin des Cabannes. Sa limite sud-est est appuyée au massif granitique des montagnes de Siguer et d'Aston, et s'étend de la Sapinière de Goulier au Pech de Saint-Pierre, par le col de Grail, l'église de Siguer, le quartier du roc de Gestiès, le col d'Oulan, l'église d'Aston et le roc de la Bouscarre (Pech de Gudannes).

Bassin ferrifère de Rancié et de Larcat.

Limites topographiques.

Les coupes, Pl. VII, *fig.* 1, 2 et 3, indiquent la constitution géologique de ce bassin. Sa limite sud-est, fixée par le granit d'Aston, est appuyée sur une zone de micaschiste et de schistes siliceux, soyeux et maclifères, qui, au voisinage du granit, et notamment au massif d'Andron, comprennent des îlots de pegmatite et d'eurite granitoïde. Le passage aux schistes soyeux, siliceux et maclifères, que l'on peut voir aux cols de Grail, d'Oulan et au roc de la Bouscarre, marque la vraie limite sud-est dudit bassin ferrifère. Ces schistes font place à des alternances

Constitution et limites géologiques.

de schiste argileux, quelquefois stéatiteux, de calcaire gris compacte, grenu et esquilleux, passant souvent au calcaire ferrifère. Ici le calcaire domine, et le schiste auquel il passe par l'intermédiaire du calcschiste, lui paraît subordonné. Ces terrains sont limités au nord-ouest par le granit des Treis-Seignous auquel est appuyée une langue de calcaires gris et blancs saccaroïdes, de brèches calcaires et de schistes argilo-calcaires plus ou moins carbonifères, alternant avec des brèches, que je crois devoir rapporter aux terrains secondaires modifiés. En quelques points, à la limite de ces terrains et de ceux de transition, on observe des affleurements d'ophite, notamment à las Rouges, près Vicdessos, à Teillet, à Lercoul et près de Miglos. De Vicdessos à Miglos, le bassin ferrifère s'appuie sur la limite des terrains secondaires, mais au delà il recoupe la formation de transition, suivant le col de Baychon, la chapelle Saint-Barthélemy et le château de Gudannes, en laissant à gauche les schistes de transition soyeux et maclifères qui contournent le granit des montagnes de Tabes.

En considérant dans son ensemble le bassin ferrifère, on voit que les terrains s'y présentent plus ou moins modifiés, les schistes et les calcaires voisins de ceux-ci y sont fréquemment pyritifères. C'est souvent à la présence des pyrites en décomposition que, comme à Lercoul (Petit-Bouichet), ces calcaires doivent l'aspect ferrugineux qu'ils affectent à l'extérieur. Les alternances calcaires composent la majeure partie du bassin. Elles se perdent en amande dans les couches schisteuses, et offrent de fréquents étranglements, suivis de renflements considérables. Au voisinage des gisements ferrifères les schistes sont talqueux, doux au toucher, et souvent pyriteux; les calcaires s'y présentent gris, compactes, à cassure esquilleuse et grenue; le plus souvent ils sont ferrifères, ou bien chargés de veinules de fer carbonaté blond et de fer hydroxydé. Quelquefois ils y sont subcristallins et d'un blanc sale. Je n'y ai reconnu que des encrines qui rarement paraissent au voisinage du gîte.

Mines comprises dans les roches calc. Mode de gisement.

C'est presque exclusivement dans les alternances calcaires que les gîtes se présentent à la fois plus nombreux, plus riches et plus étendus. Telles sont les mines de Rancié, de Lercoul, de Miglos et la plupart de celles de Larcat et du Pech de Gudannes. L'allure de ces mines est fort irrégulière, tantôt elle se présente parallèle aux couches calcaires, tantôt elle s'incline plus ou moins sur ces couches.

Leur direction oscille de E. O. à S. 45° O ; le pendage est très-variable, mais le plus souvent il suit celui des couches et plonge sud. Les variations dans la puissance des gîtes sont plus frappantes. Dans leur ensemble, les mines encaissées dans les calcaires, présentent des gîtes en chapelet. Les renflements et les rétrécissements se succèdent avec rapidité. En outre, la masse métallique est souvent recoupée par des calcaires ferrifères, tantôt en masses intercalées, affectant le plus souvent parallélisme avec le gîte, tantôt en appendices ramuleux, irréguliers, partant du mur et du toit, et les reliant quelquefois. De telle sorte que souvent une mine pourrait être représentée par l'ensemble de plusieurs couches métallifères divisées par des appendices et des fragments irréguliers de strates de calcaires ferrifères. D'autrefois les gîtes présentent des branches irrégulières, inclinées sur la direction générale, qui offrent assez l'aspect de filons croiseurs. Ce phénomène se remarque surtout au mur.

La terminaison des gîtes dans la longueur et dans la profondeur sera indiquée plus bas.

Nature du minerai.

Si on examine la nature du minerai par rapport à l'étendue du gîte, à la forme et à la position des calcaires encaissants, on remarque deux variétés principales : le fer carbonaté et le fer hydroxydé compacte, plus ou moins manganésifère.

Fer carbonaté.

Le fer carbonaté est d'un blond ferrugineux, assez rarement rhomboédrique ou lamellaire, le plus souvent à petites facettes. On l'observe au voisinage des roches calcaires, surtout au toit et à la limite des roches intercalées. Il se présente en veinules et petits amas irréguliers au toit et au mur, jusqu'à une profondeur de 2 à 6 mètres. Il est associé à des carbonates de manganèse, de chaux et de magnésie. On ne le rencontre guère que là où les eaux d'infiltration ont eu difficile accès, à l'aval des étranglements et aux points où les gisements présentent une faible inclinaison. Au voisinage des calcaires il est chargé de carbonate de chaux dont la teneur diminue à mesure que l'on s'avance dans la masse métallique. Mais il est rare de le rencontrer en masse considérable dans un état d'entière conservation. L'action des forces électro-chimiques et des eaux d'infiltration en a modifié rapidement la nature. Les carbonates métalliques se décomposent, les oxydes se suroxydent et s'hydratent. On a, d'une part, du fer peroxydé hydraté et du deutoxyde noir de manganèse; d'autre part, du carbonate de chaux, de l'acide carbonique, dont une partie se combine avec le carbonate de magnésie pour donner un bicarbonate soluble. C'est l'acide carbonique, ainsi mis en liberté, qui quelquefois remplit le fond de certaines mines de fer, et en rend les abords dangereux.

Altération du fer carbonaté.

Suivant l'abondance des eaux d'infiltration, les phénomènes de décomposition du fer carbonaté donnent lieu à des produits différents quant à la nature et à l'aspect. Si ces eaux sont peu abondantes, l'altération du carbonate s'opère sans déplacement des parties métalliques. La chaux carbonatée est entraînée en grande partie, la magnésie disparaît à l'état de bicarbonate, il ne reste que les oxydes métalliques à l'état de suroxydes hydratés. Souvent alors ces derniers conservent la forme rhomboédrique ou lamellaire du fer carbonaté, et donnent des épigénies fortement colorées en noir par le deutoxyde de manganèse, que l'on nomme mine noire. Dans le cas où la mine est épigène les mineurs la désignent sous le nom de mine à gra-de-gabach (grain de blé noir).

Mine noire.

Fer hydroxydé compacte, hématite concrétionnée.

Mais si les eaux d'infiltration sont abondantes, surtout si elles agissent sous une forte pression, non-seulement elles activent la décomposition, mais aussi elles donnent lieu à des phénomènes de déplacement fort remarquables. Les eaux agissent par voie de dissolution, soit sur les carbonates, soit sur les oxydes métalliques qu'elles entraînent et déposent à l'état d'oxydes hydratés stalactiformes, géodiques et concrétionnés. Mais en même temps ces eaux exercent leur action à la fois érosive et dissolvante, soit à l'intérieur, soit sur les parois du gîte, et y creusent des cavités irrégulières qui se remplissent ultérieurement des oxydes hydratés métalliques. De là ces belles hématites brunes concrétionnées, et ces variétés de manganèse bacillaire que l'on recherche à Rancié. Le manganèse oxydé noir s'est déposé surtout à l'état pulvérulent. Il n'est point associé avec le fer hydroxydé aussi également et aussi intimement que dans les mines noires épigènes. Il n'y est pas non plus en aussi grande quantité. Souvent on le rencontre associé à de l'argile; il forme des couches concentriques et alternant avec le fer hydroxydé sur les concrétions et sur les stalactites. D'autrefois il prend l'aspect argentin et tapisse, soit d'une couche, soit de dentrites ramuliformes, l'inté-

Altération de la forme primitive du gîte.

rieur des géodes d'hématite. Il arrive fréquemment que sur l'intrados des voûtes des chantiers creusés dans la mine noire on remarque, à l'état de formation, des stalactites de manganèse oxydé argentin (1).

L'érosion des roches encaissantes par les eaux d'infiltration se manifeste surtout au mur, là où elles ont le plus facile accès. On remarque que leur surface se présente lisse et bosselée, comme les parois des grottes de Niaux, d'Ussat, et de Bédeillac. Les bosselures viennent de l'inégalité de résistance des différentes parties de la roche calcaire à l'action dissolvante des eaux. En général les calcaires argileux et ferrifères ont plus persisté que les calcaires gris compactes. Aussi arrive-t-il souvent que des rognons de calcaires résistants ont été détachés par suite de dissolution des parties voisines, et donnent de véritables blocs roulés qui se montrent au mur, surtout à la partie inférieure des mines. Ces blocs sont empâtés dans les argiles provenant des parties inattaquables par les eaux. On remarque à la mine de Becquey (Rancié) de véritables couloirs de blocs et d'argile entraînés par les eaux entre le mur du gîte et un massif de minerai vierge. Ces argiles, identiques au résidu que donnent les calcaires encaissants attaqués par un acide faible, sont le plus souvent chargées de manganèse oxydé noir entraîné par les eaux. Elles se rencontrent dans les fissures du minerai, dans les géodes, et le plus souvent entre les massifs de fer oxydé hydraté et les parois du gîte. C'est surtout au mur qu'on les observe. Elles y forment une espèce de sallebande argileuse, sur laquelle repose le minerai hydroxydé qui ne passe jamais aux calcaires encaissants, et s'en trouve toujours séparé. Fréquemment on voit sur ces sallebandes d'argile des faces lisses recouvertes de stries, et dans les massifs-vierges de fer oxydé hydraté des fentes, poils et fissures qui attestent déplacement de la masse ferrifère. Ce phénomène s'explique par l'agrandissement progressif des dimensions de l'intérieur du gîte sous l'action incessante et soutenue des eaux souterraines.

(1) J'ai reproduit artificiellement les géodes, couches et dentrites de manganèse argentin au moyen des suintements d'eau chargée de deutoxyde noir porphyrisé et d'un peu de carbonate de chaux.

Variétés minérales résultant de l'action des eaux souterraines.

A ces phénomènes d'altération et de déplacement, nous ajouterons la formation par voie aqueuse, dans l'intérieur du gîte, de chaux carbonatée lamellaire, plus ou moins ferrifère, et quelquefois manganésifère, de chaux carbonatée concrétionnée, stalactiforme et rhomboédrique. Ces variétés se rencontrent surtout sur les parois du gîte; on les trouve aussi dans les fissures et dans les cavités géodiques du minerai et à la surface de l'hématite stalactiforme et concrétionnée en formation actuelle.

En outre, on rencontre, mais plus rarement, du quartz hyalin et du quartz ferrugineux, carié, quelquefois pulvérulent et en poussière impalpable. Ce quartz ne viendrait-il pas de la décomposition d'hydrosilicate d'alumine qui se rencontre en veinules et en petits filons? Quelquefois la poussière en est reliée par une pâte subcristalline de chaux carbonatée. Il est presque toujours aux parois des géodes d'hématite concrétionnée.

En résumant ce qui précède, on voit que dans les mines encaissées dans les formations calcaires, la nature primitive du minerai paraîtrait être du fer carbonaté manganésifère, ramené en partie, ou en totalité, à l'état d'oxydes hydratés de fer et de manganèse par l'action des forces électrochimiques et des eaux souterraines. Ces dernières auraient en outre modifié la forme primitive des parois du gîte. Cette dégradation des parois est souvent très-avancée sur le mur. Il arrive assez fréquemment que les eaux y creusent de vastes cavités inclinées sur l'allure moyenne et se rapprochant de la verticale. Tels sont les bras du tartier, du Bellagre, et le puits de la mine du Poutz à Rancié, que l'on pourrait prendre pour des croiseurs.

Mode de terminaison de gîtes.

Ici seulement nous pouvons aborder le mode de terminaison des gîtes en longueur et en profondeur. En examinant attentivement les points exploités où le minerai s'est présenté à l'état de carbonate, ou de mine noire, sans avoir éprouvé de déplacement, la section transversale du gîte se présente en amande généralement peu allongée; de telle sorte que le flock du gîte est bien prononcé et tend à le faire considérer comme une masse debout, ou stockwerk, qui aurait été rempli de bas en haut par du fer carbonaté. Cette opinion serait appuyée d'ailleurs par la terminaison inférieure en coin assez allongé. En raison de la position des couches, il est assez rare que l'axe moyen du flock s'écarte de plus de 25 à 35° de la verticale.

Mais dans le cas où, par suite de l'action des eaux souterraines, il y a eu déplacement du minerai et érosion des parois du gîte, la terminaison dans la longueur tend à se présenter dans une position verticale et en gradins, si le gîte est à la fois incliné et étendu. Les parois, et surtout le mur, s'étendent dans le sens de la largeur; et, comme l'action des eaux s'exerce inégalement et à la fois sur toute la hauteur comprise entre les affleurements supérieurs et le thalweg de la vallée, il en résulte, sur les points attaqués, des renflements successifs, qui dans leur ensemble donnent au gîte une allure en chapelet, et quelquefois par gradins droits, ainsi que nous l'avons vu plus haut pour la limite en longueur. Cette disposition peut s'observer sur le gîte de Rancié. La terminaison en longueur par gradins droits y est très-développée à l'étage de la Craugne (*voir* Pl. VIII). Enfin, quant à la terminaison en profondeur, l'action des eaux en modifie considérablement l'allure originelle, surtout si le gîte se trouve au-dessus du thalweg de la vallée, et lui donne une forme sensiblement arrondie en cul-de-sac.

Ce qui précède sur l'allure générale des gîtes montre que, dans tous les cas, l'axe du flock s'écarte assez peu de la verticale, et explique pourquoi les mineurs des Pyrénées ont toujours eu une tendance marquée à marcher en s'enfonçant.

Mines comprises dans les formations schisteuses.

Passons aux mines comprises dans les formations schisteuses. Elles sont peu nombreuses et en général peu abondantes. D'un autre côté, elles donnent assez rarement un minerai de bonne qualité, riche et exempt de pyrite. Les gisements principaux sont à Larcat, au quartier des Vignes, à Nourgeat, près Miglos. Leur direction, leur inclinaison et leur allure sont sensiblement celles des schistes encaissants. Leur terminaison en longueur et en profondeur se perd suivant un coin allongé entre les schistes.

Nature et allure du minerai.

La seule variété de minerai que l'on y rencontre est l'hydroxyde de fer manganésé, en raison de l'accès facile des eaux au travers des roches de schistes. On ne peut constater la présence originelle du fer carbonaté que par des épigénies rhomboïdales où le carbonate est remplacé par l'hydroxyde de fer. D'ailleurs ce carbonate se rencontre aussi plus ou moins altéré dans les mines dont les roches encaissantes sont du calcaire d'une part, et du schiste d'autre part. Ce minerai se présente souvent chargé du quartz carié et pulvérulent, surtout au voisinage des roches encaissantes et principalement au toit et aux limites du gîte. Cette circonstance paraît tenir à la nature même de ces roches, sur lesquelles les eaux ont une faible action, surtout si elles sont acidulées par des traces d'acide sulfurique provenant de la décomposition des pyrites, ainsi que nous le verrons plus loin.

Il arrive quelquefois, comme à Gestiès, que l'une des roches encaissantes est de calcaire et l'autre de schiste. Dans ce cas le minerai, au voisinage de ces roches, participe de leur nature, quant à sa qualité et à son allure. C'est ce qui a également lieu quand, dans les mines comprises entre calcaires, la roche schisteuse se présente en certain point au contact du minerai. Ainsi, à Rancié, à la mine du Bellágre, la roche calcaire ayant passé à du schiste stéatiteux subordonné, on eut au voisinage de ce dernier du minerai assez pauvre, quartzifère et pyriteux.

Les pyrites de cuivre et de fer sont assez rares dans le fer carbonaté compris dans les calcaires, mais, au voisinage des schistes, ils se montrent souvent en abondance. Aussi arrive-t-il que dans la période de transformation du fer carbonaté en hydroxyde, elles persistent en partie et sont reprises en sous-œuvre par la pâte de fer hydraté. Alors elles peuvent donner des épigénies comme cela a lieu quelquefois; ou bien, complétement garanties de l'action des eaux, elles persistent à l'état de fer sulfuré.

Mines d'Urs et de Luzenac.

Le premier groupe des mines des terrains de transition, comprend en outre les gîtes d'Urs, de Lassur et de Luzenac. Ils sont compris dans une zone de calcaires ferrifères qui s'étend des roches de Roquelaure, près d'Urs, jusqu'au pain de sucre de Luzenac, et que l'on pourrait considérer comme un lambeau détaché du bassin des Cabannes. Cette opinion semble d'ailleurs corroborée par la présence du fer spéculaire et du fer micacé qui se trouvent à la fois au Pech de Saint-Pierre, extrémité est dudit bassin et aux mines dont il s'agit. Ces dernières présentent au milieu de calcaires ferrifères, souvent pyriteux, des filons, venules, nids, amas et placages de fer oligiste, spéculaire et micacé.

Ces variétés de minerais se remarquent aussi dans les mines du bassin de Vicdessos, Lercoul, Miglos et Larcat, mais en petite quantité. Le fer micacé s'observe en nids dans les calcaires ferrifères encaissants, tandis que le fer peroxydé est associé à l'état d'hématite rouge avec les hématites brunes concrétionnées de Rancié. Mais, au Pech de Saint-Pierre, avec les fers carbonaté et hydroxydé, on a du fer spéculaire et du fer micacé en filons, nids, vénules et placages.

Nous placerons ici les mines des Haussets, près Bordes de Castillon, et de Montcoustans, près Cadarcet, qui, comme celles du bassin de Vicdessos et des Cabannes, paraissent avoir à la fois des relations de voisinage avec le granit et l'ophite. Ces mines n'ont aucune importance. Elles sont comprises dans des schistes modifiés pyriteux, et donnent de l'hydroxyde compacte. La mine de Cadarcet présente un filon assez réglé, mais le minerai empâte des cristaux de galène cubique, qui le rend d'un emploi difficile. Ces mines sont d'ailleurs dans les conditions de gisement de celles ci-dessus décrites, comprises dans les terrains de schiste; tandis que celle des Haussets se rapporte au groupe suivant.

Mines de Montségur et de Montferrier.

Viennent les mines de Montségur et de Monferrier. Elles sont situées à la limite nord des terrains granitiques de Tabes, au voisinage d'affleurements de pegmatite isolés dans les schistes modifiés. Elles présentent les mêmes circonstances et les mêmes conditions de gisement et de nature de minerai que celles de Larcat et de Rancié. Nous indiquerons seulement qu'à Montségur les roches encaissantes sont exclusivement calcaires, tandis qu'à Montferrier elles se composent de schistes et de calcschistes modifiés. Leur direction moyenne est S. 75 à 85° E.

2e groupe.

Sa consistance.

Le second groupe des terrains de transition se compose des mines qui occupent la zone des terrains de transition modifiés sans se rattacher directement aux roches de soulèvement. Telles sont les mines d'Ascou, du port de Paillères, de Waitchis, de la Canallette, sur Montségur; de Saint-Genès, du Carbou, sur Miglos; de Costo-Secco, près Sinsat; de la Sapinière de Larcat, de la Fajole, près Miglos; de Cazenave, de Gourbit, de Frechet, près d'Aulus; d'Alzein et Monredon, de Rivernert, des Ourtigous, près Massat; de Saint-Martin-de-Soulan, de Bentaillou, commune de Sentein, du col d'Albe, de la Herdère, près Canejean; de Bauzen (vallée d'Aran), d'Artigues et de Gouaux-de-Luchon (Haute-Garonne).

Les roches encaissantes sont pyriteuses.

Ces mines sont situées au milieu de calcschistes, de micaschistes, de schistes siliceux, éclatants et maclifères, tous chargés de pyrites de fer. Les pyrites y sont soit en cristaux, soit amorphes; et dans ce dernier cas, elles sont quelquefois si intimement associées à ces roches que l'on ne peut en constater la présence que par l'augmentation de densité, et par l'odeur sulfureuse qu'elles dégagent à la cassure et au choc. Je vais indiquer rapidement les phénomènes d'altération que présentent ces pyrites sous l'action des agents ordinaires de dégradation et de décomposition des roches, pour en conclure le mode d'origine des gîtes ferrifères indiqués ci-dessus.

Mode de formation.

On sait que, sous l'influence simultanée des forces électro-chimiques, des infiltrations souterraines et de toutes les circonstances météorologiques qui activent la désagrégation et la décomposition des roches, les éléments des pyrites de fer donnent naissance à un sulfate neutre. Si les eaux d'infiltration sont peu abondantes et insuffisantes pour dissoudre et entraîner ce sel à l'extérieur au fur et à mesure de sa formation, il s'entasse dans les fissures et dans les cavités des roches qu'il rend vitrioliques. Ce phénomène se remarque surtout aux montagnes de Perles et de Waitchis. Mais dans le cas d'infiltrations abondantes, le sulfate, dissous par les eaux et entraîné à l'extérieur, se décompose au contact de l'air. Il donne un sel acide, soluble, qui fournit des eaux acidulées, comme celles d'Aston, de Sentein, de Waitchis, d'Alos, etc., et un sous-sel basique, qui lui-même s'altère rapidement et dépose de l'hydroxyde de fer.

Les dépôts ferrugineux, provenant de la décomposition des roches pyritifères, affectent différents modes de gisements, suivant l'abondance des infiltrations, suivant la nature et le relief extérieur des terrains, suivant aussi la teneur des parties argileuses et manganésifères entraînées par les eaux.

Tantôt ils remplissent les fentes et les cavités des roches, et donnent ainsi des amas, vénules et pseudo-filons remplis par le haut. Tantôt ils ne forment que de légères croûtes dans les fissures et à la surface des roches. Ce cas se présente très-fréquemment; il résulte à la fois d'une grande abondance d'eau, d'une décomposition lente et d'une faible teneur en pyrites. D'autres fois, il forme à la surface du sol des mamelons arrondis progressivement formés par les dépôts successifs de fer hydroxydé. Tels sont les gîtes de Gouaux et d'Artigues (Haute-Garonne).

L'hydroxyde de fer de formation récente est mou, spongieux, mais peu à peu il durcit à l'air et prend un état compacte. La présence de roches calcaires accélère la prise par association d'un suc de chaux carbonatée qui se concrétionne et fait ciment dans la pâte ferrifère. D'autres fois, les effets de décomposition s'exerçant sur des schistes argileux tendres, les eaux se chargent d'une notable quantité de parties argileuses qui s'opposent à l'agrégation de l'hydroxyde de fer, et donnent lieu à des dépôts d'ocres, comme aux montagnes de Miglos, d'Axiat et de Waitchis. Dans le cas de voisinage de roches manganésifères, les réactions chimiques donnent un suroxyde de manganèse terreux, noir, ou argentin, qui s'oppose aussi à l'agrégation facile du fer oxydé, si les eaux ne sont chargées de suc calcaire. On a alors des ocres manganésés, tels que l'on en voit à Costo-Secco, près Sintat, au Carbou, sur Miglos, et à la serre de Waitchis. Dans cette dernière localité, on remarque un dépôt abondant d'ocres plus ou moins manganésés.

Déplacement postérieur.

Le fer hydroxydé récemment déposé, nous l'avons dit, est tendre, à texture spongieuse, par la pression il exprime de l'eau acidule. Mais en dehors de causes indiquées ci-dessus, qui peuvent hâter son agrégation, s'il est déposé dans les fentes et cavités des roches, les eaux souterraines viennent agir en sous-œuvre sur cet hydroxyde, ainsi qu'elles agissent sur les oxydes provenant de la décomposition des carbonates, et avec d'autant plus d'intensité qu'elles sont légèrement acidulées et sous une forte pression, et donnent naissance à du fer hydroxydé compacte, stalactiforme, concrétionné et géodique, plus ou moins chargé de manganèse oxydé noir, ou argentin. Ici se reproduisent, suivant la nature des terrains encaissants, les phénomènes de gisement que nous avons développés plus haut.

Il arrive souvent que l'on y rencontre des cristaux et des épigénies de pyrites, aussi bien que du quartz carié, pulvérulent et concrétionné.

Causes de la texture caverneuse.

Quelques gîtes présentent du minerai d'une structure caverneuse, en quelque sorte scoriacée. Cela paraît tenir aux causes qui suivent. Souvent il arrive que les eaux ferrugineuses entraînent des matières végétales, qui à la longue sont empâtées dans la masse de fer oxydé, ainsi que cela a lieu pour les plantes et les mousses qui croissent à la surface des mamelons de Gouaux et d'Artigues. Ces matières végétales passent insensiblement à l'état d'hydroxyde de fer sans qu'il y ait altération apparente dans leur structure. Toutefois, le grillage répand une forte odeur bitumineuse, et donne une couleur noire, qui passe au rouge hépatique si l'action du feu est soutenue au contact de l'air. Ces faits tiennent évidemment à la présence de résidus des végétaux empâtés. Ces résidus disparaissent dans la profondeur, mais la pâte ferrifère présente des ampoules et des boursouflures dues sans doute au dégagement de gaz provenant de la décomposition et de la destruction des débris organiques. Les parois de ces ampoules sont le plus souvent irisées. D'ailleurs ces boursouflures, qui donnent au minerai un aspect caverneux et scoriacé, ne se remarquent plus sur le fer hydroxydé compacte provenant de l'action ultérieure des infiltrations.

Les faits que je viens de développer me paraissent avoir présidé à la formation originelle des mines qui composent le second groupe des terrains de transition. Parmi ces mines, plusieurs fournissent, ou ont fourni du fer oxydé hydraté compacte de bonne qualité; ce sont celles d'Ascou, de la Canalette, de Frechet, d'Alzen, de Montredon, de Rivernert, des Ourtigous, de la Herdère et du col d'Albe. Quelques-unes sont en formation actuelle, ce sont celles de Gouaux, d'Artigues et de Bentaillon.

La mine de Camurat (Aude), comprise entre des schistes noirs modifiés, rentre dans le second groupe. La modification des schistes qui l'encaissent, paraît tenir au voisinage des grands pitons d'ophites du Soula de Prades.

TROISIÈME SECTION.

TERRAINS SECONDAIRES.

Division en 2 groupes.

Les terrains secondaires offrent peu de mines importantes. Quelques-unes d'entre elles paraissent se rapporter au soulèvement des ophites, celles de la Garrigue de Rabat, celle de Sourt, de Portet et du col d'Aréou, près d'Aspet. Elles formeront un premier groupe. Le second groupe comprendra les autres mines des terrains secondaires, qui toutes se présentent en rognons, en fragments concrétionnés, ou en grains de fer hydroxydé, quelquefois manganésifères. Ce sont les mines de Péreille, Roquefixade, du Pech de Foix, de Coumo-Torte, de Rimont, de Lescurre, de Mercenac et de Latoue (Haute-Garonne).

La mine de Rabat présente une association intime de l'ophite et de pâte ferrifère. Sur les affleurements elle est comprise entre un toit de calcaires gris compactes et un mur d'ophite. Mais dans la profondeur elle est intercalée dans l'ophite, et aux lignes de contact il y a fusion entre cette roche et le minerai. La direction et l'inclinaison de la masse métallique, de l'ophite et des calcaires, sont S. 18° E. plonge 37° S. Ici il y a, sinon contemporanéité du minerai et de l'ophite, du moins relations intimes entre les modes d'origine. Cette mine donne un fer peroxydé rouge, le plus souvent terreux. Il conserve rarement sa couleur rouge, qui passe au noir par suite de la présence du deutoxyde de manganèse. La variété rouge est de bonne qualité, mais la noire est plus ou moins chargée de pyrites, qui souvent se découvrent à l'œil nu. 1er groupe.

La mine de Sourt se compose d'un amas de fer peroxydé rouge quartzifère, irrégulièrement associé aux roches de calcaires qui l'encaissent, et que souvent il empâte. Ce gîte est à la limite des terrains crétacés et de transition.

Celle de Portet n'offre rien d'important.

La mine du col d'Arréou est inabordable. Elle ne présente d'autre circonstance de gisement que sa proximité de l'ophite.

Les mines du second groupe n'ont jamais présenté d'importance. Elles se composent le plus souvent de rognons et de fragments concrétionnés de fer hydroxydé compacte, isolés dans les calcaires crétacés supérieurs, et participant de la nature de ces roches. Les rognons trouvés aux environs de Vernajoul sont de bonne qualité. A Latoue on trouve l'hydroxyde quartzifère en rognons dans des argiles ferrugineuses; ces rognons sont manganésifères et passent quelquefois au manganèse oxydé noir subcristallin (Château-de-Latoue). A Péreille, à Roquefixade, au Pech de Foix, à Coumo-Torte, on observe des couches de calcaires marneux 2e groupe.

rouges, empâtant de l'hydroxyde en grains et en petits fragments concrétionnés. Les notions établies jusqu'à ce jour sur le gisement de ces minerais ne nous permettent pas d'en aborder sérieusement le mode d'origine. Toutefois, si on examine que la plupart de ces mines sont voisines de lignite et des marnes alumineuses et pyritifères, ne pourrait-on pas, du moins pour quelques-unes d'entre elles, admettre pour cause originelle la décomposition des pyrites? La présence presque constante de fer oxydé concrétionné au voisinage de ces marnes semble corroborer cette opinion.

Résumé. — Origine et gisement.

En résumant ce qui précède sur le gisement et sur le mode d'origine des différents groupes des mines de fer de l'Ariége et de l'extrémité sud-est de la Haute-Garonne, on voit :

1° Que les gîtes, liés de position et d'origine aux roches primitives, se présentent en filon, en stockwert, ou en amas remplis par le bas. Le minerai, originellement à l'état de carbonate, sous l'influence des agents de dégradation, passerait à l'état de fer hydroxydé. Toutefois, il y a quelques cas de fer oxydulé et de fer micacé, qui passent aussi, mais plus lentement, à l'état d'oxyde hydraté. Telles sont les mines de la Coumo-de-Seignac, de Sarrat-d'Andorre, d'Auzat, de Saleix, d'Aulus, de Ferrières, près Foix; de la Sarraute, de Milhas, de Puymorens, de Montségur et de Montferrier, etc., etc.

2° Que les mines liées de position et d'origine, soit aux amphibolites de l'est, soit aux ophites, se présentent en amas et stockwert remplis par le bas. Le minerai paraît avoir été originellement, pour les amphibolites, du fer peroxydé compacte à l'état de fer spéculaire, associé à du fer oxydulé et en partie altéré, comme à Bouthadiol et à la Soulanne-d'Andorre; pour les ophites, du fer peroxydé rouge, plus ou moins quartzifère à l'état d'amas, de stockwert et de filons; tels sont les gîtes de Bernadoux au port de Suc, de Nescus, de Guinot, de Boites, de Bessoles, des Balmes, de Sourt et de Saint-Antoine. Quelquefois le minerai se charge de manganèse oxydé, comme à Labastide-de-Serou et à Rabat.

3° Que les mines du bassin de Vicdessos aux Cabannes, celles d'Urs, de Lassur, de Luzenac, des Haussets et de Montcoustans, bien que liées de position à la fois au granit et aux ophites, paraissent, quant à leur origine, devoir être rapportées au granit, et cela, d'après leur mode de gisement d'une part, et d'autre part, d'après la nature originelle de leur minerai et d'après les modifications ultérieures qui ont affecté, soit le minerai, soit les roches encaissantes. Cette opinion est celle d'un savant géologue, M. Dufrénoy (1), du moins pour le gîte de Rancié (2).

4° Que les gîtes compris entre les limites des terrains modifiés doivent leur origine à l'altération des pyrites dont ces terrains sont chargés, et, par conséquent, quelle que soit leur allure, qu'elles ont été remplies par le haut.

5° Enfin, que dans les terrains crétacés inférieurs les mines s'y présentent le plus souvent en grains, en rognons et en fragments concrétionnés, et que pour quelques-unes d'entre elles, comme le Pech Coumo-Torte, Lescurre et Mercenac, l'origine des fragments concrétionnés pourrait se rapporter à la décomposition des pyrites des marnes voisines des gîtes de lignite secondaire.

Recherche et exploitation.

Pour aider tant la recherche que l'exploitation actuelle et la reprise des gîtes abandonnés, nous ajouterons :

1° Que dans les terrains anciens et au voisinage des roches ignées, les mines à l'état de filon, ou de stockwerk, ont leur flock sensiblement voisin de la verticale; que leur direction se rapproche assez de celle des terrains encaissants; que le minerai se présente souvent chargé de pyrites, dont la teneur augmente dans la profondeur.

2° Que dans les terrains de transition, les gîtes liés au soulèvement du granit sont sensiblement parallèles aux couches qui les encaissent; que leur flock ne s'écarte pas au delà de 25 à 35° de la verticale. Si les gîtes sont dans les calcaires, deux cas peuvent se présenter, suivant la nature du minerai. Si on rencontre du fer carbonaté, on peut dans l'assiette des chantiers être assuré de l'adhérence du minerai aux roches encaissantes, et, dans les recherches, il convient toujours d'obliquer à droite et à gauche sur la direction moyenne, car les parois du gîte n'y sont pas

(1) *Annales des mines*, t. V, p. 344.

(2) La nature plus ou moins dolomitique des calcaires au voisinage du gîte que l'on remarque sur plusieurs points aux mines de Rancié et de Larcat, tend à confirmer l'opinion du remplissage originel de bas en haut.

définies. La terminaison en amande indique la fin du gîte. Dans le cas où le minerai se présente à l'état d'hydroxyde, il faut, dans les recherches, s'attacher aux sallebandes d'argile, et, dans l'organisation des travaux d'exploitation, ne pas compter sur l'adhérence du minerai aux parois. La terminaison du gîte en longueur et en profondeur y est indiquée par des sallebandes d'argile. Si les mines sont dans des roches de schiste leur allure est comme celle des précédentes, mais leur terminaison est en coin allongé souvent à l'état quartzeux ; si cet état persiste, il faut laisser les recherches. Dans le cas de présence des pyrites ; il arrive le plus souvent que la quantité en augmente dans la profondeur (1).

(1) Ces considérations sur les gisements des minerais de fer s'appliquent aux mines des Pyrénées, de la Haute-Catalogne et du Haut-Aragon, et en grande partie à celles du Canigou, des Corbières (Aude) et de la Montagne-Noire (Aude et Tarn).

CHAPITRE II.

HISTORIQUE DES MINES DE FER; RESSOURCES QU'ELLES PRÉSENTENT; TRAVAUX EXÉCUTÉS ET A EXÉCUTER; LEUR NATURE ET LEUR COMPOSITION.

Division en trois sections. — PREMIÈRE SECTION. — Terrains anciens. — Mine de la Coumo-de-Seignac. — Mines d'Auzat et de Saleix. — Mine d'Aulus. — Mines de Saurat. — La Saraute. — Carlong. — Mines de Cazenave. — Mines de Ferrières. — Mine de Vincaret.— Mine de la Soumère. — Mines de Bernadoux et des métairies de Suc. — Mine des Mouillés. Mines de Gourbit. — DEUXIÈME SECTION. — Terrains de transition. — Premier groupe. — Mine de Bouthadiol.— Empinet et Engaudu.—Puymorens. — Mines du Sarrat d'Andorre. Montségur. —Montferrier.— Mines de Luzenac , Urs et Lassur. — Pech de Saint-Pierre. — Pech de Ferrières. — Pech de Gudannes. — Mines de Larcat. — Mines de Bouan et Larcat. — Mines de la Sapinière de Larcat et du roc de Miglos. — Mine de la Dèse. — Mines de Miglos. — Montagut. — Carbou. — Mines de Gestiès. — Mines de Lercoul. — La Canal. — La Bède et la Tire. — Bénazet. — L'Usclado. — Bouischet. — Mine de Nagoth. — Mine de Vicdessos. — Mine de Saint-Antoine. — Mines du Col-du-Four. — Mines de Boites et de Bessoles. — Mine de Montcoustants. — Mine de Labastide-de-Serou. — Mines de Nescus et de Guinot. — Mine de Milhas. — Deuxième groupe. — Mine du port de Paillhès. — Mines d'Ascou. — Mine de Camurat. — Mine de Waitchis. — Mine de la Canaletto. — Mine de Saint-Genes. — Mines de Cazenave et d'Axiat. — Mines de Sinsat et de Bouan. — Mine de la Fajole. — Mine de Norgeat. — Mine de la Houlette. — Mine de Gourbit. — Mine de la Font Sainte.— Mines d'Alzen et Montredon. — Mines de Rivernert. — Mine de Saint-Martin de Soulan. — Mine des Balmes. — Mine des Ourtigous. — Mine de Frechet. — Mines des Haussets.— Mines des Monts Crabères.—Tuc de Sarrant. — Portillon d'Albe.—La Herdère. Canéjan. — Mines de Bauzen. — Mines de Gouaux et d'Artigues. — TROISIÈME SECTION.— Terrains secondaires. — Premier groupe. — Mine de Sourt. — Mine de Rabat. — Mine de Porté. — Mine du col d'Aréou. — Second groupe. — Mine de Péreille. — Mine de Coumo-Torte et de Lescure. — Mines d'Arbas et de Saleich. — Mines de Latoue.

Après avoir indiqué le mode de gisement des mines de fer, je vais examiner pour chaque mine sa situation, ses ressources, les travaux faits, ceux à y entreprendre et la nature du minerai.

Division en trois sections.

Je diviserai ces mines par ordre des terrains dans lesquels elles se trouvent, en trois sections, ainsi que je l'ai fait dans le chapitre qui précède, par rapport aux modes de gisement (1).

Les mines de Rancié, à cause de leur importance actuelle et à venir, seront l'objet de plusieurs chapitres spéciaux.

Quant à la nature des minerais, je l'indiquerai dans un de ces chapitres; toutefois, je mentionnerai la composition des variétés étrangères à Rancié dans l'article spécial à la mine où elles se trouvent.

PREMIÈRE SECTION.

TERRAINS ANCIENS.

Mine de la Coumo-de-Seignac.

La mine de la Coumo-de-Seignac est située à la haute chaîne d'Aston, au nord-ouest du pic de la Serrère. Elle se compose d'un filon de fer carbonaté rhomboïdal, blond, dont les affleurements s'observent sur 40 à $50^{m}.00$ de longueur. La puissance varie de $0^{m}.40$ à $1^{m}.20$. Sa direction est N. 45 à 65° O. magnétique; le pendage passe de l'est à l'ouest. La roche encaissante est du granit imprégné de fer carbonaté. Ce filon renferme une grande quantité de pyrites de fer et de cuivre empâtées dans le fer carbonaté; les pyrites de cuivre abondent aux affleurements et paraissent dans la profondeur être remplacées par celles de fer. En 1829, le sieur Avy de Limoux établit sur ce gîte des recherches pour cuivre; il y pratiqua deux galeries d'allongement de 7 à 8 mètres. Le minerai qu'il en retira, convenablement trié, ne renfermait pas au delà de 4 à 5 p. 0/0 de cuivre. Nous en avons conseillé l'abandon.

Mines d'Auzat et de Saleix.

A un kilomètre au sud-est d'Auzat, au pied de la montagne de Bassiès, on rencontre, perdu dans le granit, un amas de fer carbonaté gris, qui présente peu de ressource. En 1827, le sieur Paul Cambon, de Vicdessos,

(1) Dans l'indication successive des mines, j'irai toujours de l'est à l'ouest.

chercha à employer ce minerai à la forge d'Aulus. Mais il résistait au feu, il était réfractaire et eût exigé un grillage préalable; il fut bientôt abandonné. La mine de Saleix, située au pied de Bassiès, n'offre aucune importance.

Au sommet de la montagne de Lacorre, sur le versant des Agnessères, on remarque, près de la limite des terrains anciens, un gîte en amas de fer hydroxydé compacte, très-chargé de quartz ferrugineux. Cette mine, d'après Diétrict, fut autrefois exploitée pour la forge d'Erce. On l'y associait avec du minerai de Vicdessos. Mine d'Aulus.

Aujourd'hui cette mine n'offre qu'un minerai pauvre et trop chargé de quartz pour être avantageusement traité.

On remarque en outre sur le versant des Agnessères plusieurs anciens miniers de fer. La tradition rapporte que ces mines étaient exploitées vers le onzième siècle et qu'elles alimentaient de petites forges à bras dont on voit les traces au plateau des Agnessères, au-dessus de Castel-Minier et de l'emplacement des anciennes usines à plomb, dont la destruction se rapporte à l'an 1010 (voir les anciens minéralogistes).

Au-dessus de Saurat, à 6 kilomètres au sud-ouest de ce village, on rencontre dans le granit la mine de la Saraute. On y voit des travaux faits à différentes époques. Diétrict cite des tentatives d'exploitation faites avant sa visite (1684). Plus tard, en 1824, des habitants de Saurat s'associèrent pour en extraire et en faire travailler le minerai à Lesparten. Mais ils durent bientôt abandonner leurs travaux, par suite de la mauvaise qualité du minerai. En effet on y rencontre du fer carbonaté et surtout de l'hydroxyde compacte, pauvre, quartzifère, empâtant des pyrites dodécaédriques abondantes. Les travaux exécutés se composent d'une descenderie de 12^{m}.00 à 15^{m}.00 dans le gîte dont la puissance moyenne est de 0^{m}. 80 à 1^{m}.00. Mines de Saurat. La Saraute.

En se rapprochant du village de Saurat, au-dessus et à l'ouest de Carlong, on rencontre l'ancienne mine, dite de Carlong, ou Caillardet, située à la limite du granit et du terrain crétacé. Elle a été ouverte anciennement, puis réouverte, et délaissée en 1818. Elle donnait de l'hydroxyde pauvre, quartzifère et peu abondant. Aujourd'hui elle est entièrement obstruée par les éboulements. Carlong.

Mines de Cazenave.

Il existe à la limite du gneiss, entre Allens et Cazenave, d'anciens miniers, cités par Diétrict et déjà abandonnés lors de sa visite. Ils sont entièrement obstrués. Au voisinage, sur Cazenave, on observe des scories de forges-à-bras.

Mines de Ferrières.

A 4 kilomètres au sud de Foix, au pied du port d'Albiès et sur le village de Ferrières, on observe les traces d'anciens miniers sur lesquels il n'existe aucune donnée historique.

Mine de Vincaret.

En 1829 Pierre Morel a mis à nu dans le granit à Vincaret, près Seix, un amas de fer peroxydé rouge, quartzifère, qui m'a paru offrir peu de ressource.

Mine de la Soumère.

Sur la même limite granitique entre Rogale et le Col-Dret d'Alos, près de la Soumère, on remarque à la limite du granit des nids de fer oxydé riche. Ce point serait à examiner.

Mines de Bernadoux et des métairies de Suc.

A la moitié du port de Suc, au quartier de Bernadoux, on observe des affleurements d'hématite rouge, intimement associée à la lertzolite. Elle se présente en amas et placages à la limite du granit et de la lertzolite, et quelquefois dans le granit. Cette mine est très-riche, fusible, de bonne qualité. La tradition rapporte qu'elle a servi à alimenter, à Bernadoux, une forge ancienne dont on voit encore des vestiges. Elle fut l'objet de quelques recherches de la part de M. Casimir Vergnies en 1809. En 1835 et 1836 j'y fis faire avec M. Édouard Vergnies quelques travaux qui furent délaissés. Ces gîtes ne présentent pas de suite. Le minerai extrait fut essayé à la forge de Guilhes par parties égales avec celui de Rancié; on eut sous tous les rapports des résultats avantageux. Peut-être y aurait-il lieu d'y ouvrir quelque recherche.

Il y a aux métairies de Suc, sur la berge droite de la vallée, un placage d'hématite rouge, perdu dans un ravin.

Mine des Mouillés.

Au-dessus de Carniès, vallée de Rabat, au quartier de Goutti des Mouillés, j'ai visité, en 1836, avec MM. Arispure et E. Vergnies, un gisement de fer hydroxydé, provenant de la décomposition d'un affleurement d'amphibolite perdue dans le granit. Le minerai y est pauvre; il empâte du quartz, du mica et de l'amphibole altéré, et n'offre pas de ressources sérieuses.

Mines de Gourbit.

Au-dessus de Gourbit, au Pla del Minier, on voit dans le granit des affleurements ferrifères, composés de fer hydroxydé et de fer oligiste quartzifère empâtant du mica. Il ne paraît pas avoir de suite. Sa teneur moyenne semble assez pauvre. D'ailleurs la qualité du minerai ne m'a pas paru d'un traitement avantageux.

DEUXIÈME SECTION.

TERRAINS DE TRANSITION.

Je réunirai dans un premier groupe les mines dont l'origine se rapporte aux roches ignées. Celles qui viennent de la décomposition des pyrites formeront un second groupe. 1er groupe.

La mine de Bouthadiol, ainsi que nous l'avons dit, se trouve dans la vallée de Bouthadiol, canton de Quérigut, à la limite d'une roche de gneiss. Elle fut mise à découvert en 1837 par le sieur Rolland, pharmacien de Quérigut, et depuis exploitée en recherche, et demandée en concession par une société. Le minerai extrait est en majeure partie du fer spéculaire plus ou moins chargé de fer oxydulé, d'hydroxyde, avec gangue de grenat et d'amphibole. Ce minerai est riche. Il a donné à l'essai, par voie sèche, jusqu'à 63.23 p. 0/0 de fer métallique. La teneur moyenne est, d'après deux essais que j'ai faits, 54.60 p. 0/0. L'allure irrégulière du gîte, les variations dans la qualité, et la présence de pyrites cuivreuses, à la vérité en petite quantité, ne permettent pas d'asseoir une opinion sur l'avenir de cette mine. La texture du minerai est serrée; elle est difficilement attaquée par l'exposition à l'air. Elle aurait besoin d'être associée à une mine douce pour donner un travail avantageux et une qualité de fer convenable. Mine de Bouthadiol.

Les mines d'Empinet et d'Engaudu se présentent à la limite du granit, aux montagnes de ce nom, dans la haute vallée d'Orlu. La mine d'Engaudu n'a aucune importance. Celle d'Empinet donne aux affleurements du fer hydroxydé très-chargé de gangue. Il conviendrait d'en découvrir les affleurements. Empinet et Engaudu.

Puymorens. Les mines de Puymorens sont situées à 5 kilomètres environ au sud-ouest du col de ce nom. Elles ont été anciennement exploitées par glanage sur les affleurements, ainsi que l'attestent les déblais qui couvrent une grande partie de la montagne des mines.

Le 3 septembre 1624 elles furent concédées par lettres patentes du roi d'Aragon au sieur Pierre Costa, aïeul de dame Barutell. En 1673, une sentence du conseil souverain du Roussillon reconnut le sieur Barutell propriétaire de ces mines, et plus tard, le 10 mai 1722, un accord à l'amiable fut passé entre le sieur Barutell et les habitants de la vallée de Carol, en vertu duquel le sieur Barutell fut reconnu propriétaire des mines de Puymorens, et les habitants de ladite vallée obtinrent le privilége d'en extraire le minerai moyennant trois sols par charge de 120 kilogrammes. Depuis cette époque, les propriétaires ont fait exploiter ces mines par les habitants des villages de Pórta et Portet, et retiraient une rente annuelle des maîtres de forges qui l'employaient. Le sieur Sans, de Barcelone, propriétaire actuel, n'en a jamais retiré d'autres revenus (1). Le minerai est porté aux forges d'Encamp, des Escaldes et de Molls (Andorre), de Fornaus, Baga, Castella, Rives et Bour, dans la Cerdagne espagnole. Dans ces derniers temps, les seuls habitants de Portet qui exploitent, sont les sieurs Joseph Durand et Juan Garreta. La mine exploitée par ce dernier est la seule qui ait de l'importance. On peut estimer l'extraction annuelle à 720.000 kilogrammes à 0 fr. 42 c. p. 100 kilogrammes sur le carreau de la mine. Les travaux se composent de deux galeries de 60 à 80 mètres chacune, qui recoupent aujourd'hui six couches de fer oxydulé, dont la puissance varie de $0^m.40$ à 1^m.

Le minerai qu'elles fournissent est généralement fort riche. M. l'ingénieur Vène a trouvé qu'il renferme 90 p. 0/0 de fer oxydulé avec gangue argileuse manganésifère.

(1) L'administration des mines a provoqué la régularisation de l'exploitation de ces mines.

J'en ai fait trois analyses dont voici les résultats :

DÉSIGNATION.	1	2	3
Perte au feu	12.40	2.20	9.20
Peroxyde de fer	73.60	»	60.00
Oxyde magnétique	»	81.60	»
Oxyde rouge de manganèse	3.00	3.60	4.00
Alumine	6.00	5.60	4.80
Silice et quartz	5.20	6.00	5.20
	100.20	99.00	98.40
Richesse du fer p. 100	52.60	60.50	55.20

La densité moyenne = 4.263.

Ces analyses ont porté sur des variétés de minerai marchand. On voit par les analyses (1) et (3) que souvent l'oxydule est passé en totalité à l'état d'hydroxyde. L'analyse (2) se rapporte à une variété de fer oxydulé compacte, sans altération apparente.

Ce minerai, en raison de sa richesse, du défaut de gangue fusible et de sa texture compacte, est assez difficile à traiter. On le divise par le grillage préalable et l'exposition à l'air. Je me suis assuré, par des essais suivis en 1837 et 1838 aux forges d'Urs, du Castelet et d'Orlu, qu'il s'associe avantageusement avec le minerai de Rancié, surtout si ce dernier est chargé de gangue. Plus tard je rendrai un compte détaillé de ces essais, auxquels j'avais été engagé par les ressources de ces mines, par leur position sur un des versants de la haute vallée de l'Ariége, et surtout par la richesse du minerai en présence de la qualité, alors médiocre, de celui de Rancié. Un jour, je l'espère, ce minerai arrivera dans nos forges par une route carrossable, et aidera à leur approvisionnement.

Mines du Sarrat d'Andorre.

Les mines du Sarrat d'Andorre, situées au haut de la vallée de Ransol, sont la propriété de don Roussel et don Picard. Elles alimentent les forges d'Encamp et du Sarrat. Elles donnent du fer oxydé hydraté compacte de bonne qualité. Ces mines sont exploitées par des mineurs de Rancié. Aujourd'hui elles offrent peu de ressource, et des travaux de recherche bien entendus sont à entreprendre.

Montségur.

A un kilomètre à l'ouest du village de Montségur on observe des affleurements ferrifères qui n'ont point encore été explorés, et sur la valeur desquels nous ne saurions nous prononcer.

Montferrier.

Les mines de Montferrier sont à 5 kilomètres au-dessus du village, au quartier du minier. Il y a deux excavations fort anciennes, dont l'entrée est occupée par des monceaux de scories d'une forge biscayenne dont le marteau a été porté à la forge de Villeneuve-d'Olme où on le voit encore. Leur exploitation a été reprise à différentes époques, et récemment en 1828. Elles donnent un fer hydroxydé, plus ou moins pyriteux, ainsi que l'attestent les débris de minerai que l'on trouve à l'entrée des excavations. Je n'ai pu en visiter les travaux qui sont inaccessibles.

Mines de Luzenac, Urs et Lassur.

Le mamelon situé près de Luzenac, et le rocher de Roquelaure, compris entre Urs et Lassur, offrent des filons, nids et placages de fer oligiste, spéculaire et micacé, que j'ai essayé avec succès en 1837 à la forge d'Urs. Ce fer est d'un grain très-serré, il doit être grillé et exposé à l'air, puis associé, dans le rapport de 1 à 2, au minerai de Rancié. Il y a quelque chance de succès dans des recherches que l'on y poursuivrait.

Ces mines ont été autrefois exploitées pour les besoins des forges du Lordadais. Dietrict prétend que les anciens seigneurs de Gudannes en auraient fait fermer les travaux.

Pech de St-Pierre.

La montagne de Saint-Pierre, située à 3 kilomètres au sud-est des Cabannes, renferme un filon et quelques placages de fer spéculaire et micacé, dont parle Dietrict. Mais la qualité en est viciée par la présence de pyrite de cuivre. D'ailleurs ils n'offrent aucune importance.

Pech de Ferrières.

Les mêmes indices s'observent au Pech de Ferrières, près d'Albiès, au sud-est de Gudannes. Je ne puis rien dire sur leur importance, car je n'y ai remarqué que quelques affleurements de fer spéculaire et micacé.

Pech de Gudannes.

Les mines du Pech de Gudannes font partie, ainsi que celles de Larcat, de l'ancienne baronnie de Château-Verdun. Elles sont une des plus anciennes exploitations de l'Ariége ; et, s'il faut en croire la tradition, les premiers règlements de Rancié (1414), auraient été basés sur les errements alors adoptés aux mines de Château-Verdun. En 1293, Raymond-Roger-Bernard, comte de Foix, copropriétaire de la terre de Gudannes, céda tous ses droits, sur les mines de fer, à ses coseigneurs (1). En 1629, des lettres patentes sont accordées par le roi, pour la propriété des mines, aux coseigneurs de Château-Verdun. Le 8 mai 1670, les commissaires du roi en la réformation, maintiennent messire de Salles, baron de Gudannes, coseigneur $\frac{2}{3}$ de la baronnie de Château-Verdun, seigneur d'Aston, en sa propriété, suivant la sentence arbitrale de 1293. Plus tard, le président de Lahage réunit sur sa tête tous les droits de ses coseigneurs, ainsi que le droit de six deniers de Leude, ou d'Aleu, par quintal (41 kilog.) pour les mines qui se vendaient à l'étranger sur ses terres.

Dietrict, lors de sa visite, n'a trouvé chez le président de Lahage aucun renseignement historique concernant ces mines.

La montagne est sur une grande quantité de points accidentée par des affaissements d'anciens travaux souterrains, et par des entrées de mines abandonnées de temps immémorial. On remarque le minier del Tribou, qui s'enfonce sous le parc de Gudannes ; celui de Madame et de la Guinette ; celui de Plat et celui du Camp, qui s'enfonce sous la forge de Château-Verdun et sous le vieux château de Leudres. Dietrict (pages 157 à 163) dit que, lors de sa visite, le Camp était noyé et encombré. D'après une notice sur les mines du Pech, extraite des titres du président de Lahage, on exploitait, en 1692, le minier de Madame et de la Guinette, où se trouvaient deux roues, mises en mouvement par une dérivation de la rivière d'Aston. En 1705, 1715 et 1720, M. de Gudannes

(1) La sentence arbitrale, passée le mercredi après la Saint-Pierre-aux-Liens, de l'an 1293, en présence d'Almérique, vicomte de Narbonne, porte : « Que toutes mines qui sont, ou seront dans ladite baronnie, en quelles terres, fiefs et portions du comté de Foix, seront en commun et par indivis entre ledit comte et co-seigneurs ; sauf et excepté les mines de fer et d'acier qui appartiendront en seul auxdits co-seigneurs, sans que ledit comte y ait part, ni portion, sans qu'il puisse prendre aucun péage, ni droit de leude sur lesdites mines, sur les revenus d'icelles dans toute la Comté ».

passa une police avec un sieur Goujon, pour l'établissement d'une galerie d'écoulement. Les mines du Pech auraient été abandonnées en 1723. Je n'ai pu les visiter. Les mines supérieures sont obstruées par des éboulis. Celles inférieures sont noyées. Deux anciens mineurs de Larcat, François Vidal, âgé de quatre-vingt-six ans, et Jean Bernadac, âgé de quatre-vingt-quatre ans, m'ont dit avoir appris de leurs pères, qui avaient travaillé au Pech, que les miniers du Camp et de Madame s'avancent sous la forge et sous le parc, et qu'ils offrent de grandes masses de bon minerai; que le sieur Goujon y amena des mineurs allemands pour établir des pompes d'épuisement; enfin que les mines du Camp et de Madame furent celles que l'on exploita au Pech en dernier lieu, parce que le minerai s'y montrait abondant, et partant, avait fait délaisser les mines supérieures moins riches.

Dietrict propose la reprise de ces mines par un système de travaux dont la base serait une galerie d'écoulement débouchant dans la vallée de l'Ariége. C'est là un grand travail que je ne conseillerais pas tant qu'il y aura du minerai à Rancié. Dans le cas de nécessité de reprise des mines du Pech, je pense que dans le principe il serait plus convenable de reprendre l'ancienne galerie d'écoulement commencée par le sieur Goujon, et qui doit dégorger dans la rivière d'Aston.

Mines de Larcat.

Au nord-ouest, et en regard du Pech, se trouvent les mines de la montagne de Larcat, également exploitées de temps immémorial. Toute cette montagne est couverte d'anciens miniers et de vastes affaissements qui attestent l'étendue et l'importance des travaux souterrains qui y ont été établis. On sait que pendant longtemps, et jusqu'en 1797, elles alimentaient 3 et jusqu'à 5 forges. Le village est situé environ au tiers de la hauteur de la montagne; et toute la partie du versant à l'amont dudit village paraît avoir été explorée. Au-dessous du village, on voit moins de traces d'exploitation qu'à la partie supérieure. Sans doute que la présence du sol cultivé a empêché d'y asseoir des travaux.

Ces mines, abandonnées en 1797, furent reprises en 1808, puis en 1827 par le sieur Astrié, propriétaire actuel du domaine de Gudannes. Un ancien mineur de Goulier, Listrou, dirigeait les ouvriers de Larcat. Ses efforts, mal conçus sans doute, ne produisirent aucun résultat, et les travaux de nouveau abandonnés furent repris par les habitants de

Larcat en 1837 et 1838, époque à laquelle j'ai visité et exploré plus de quarante anciens miniers sur la seule montagne de Larcat. Alors on rouvrit les miniers des Clausels, de la Gardelle et du Camp. Le minerai découvert soit en éboulis, soit en place, permet de penser qu'une reprise bien entendue des travaux de Larcat pourrait offrir des avantages.

La presque totalité des gîtes est comprise dans des formations calcaires; tels sont les miniers principaux, dits : del Ferrier, de la Baraque, des Coteraux, des Faillots, del Camp, de la Balmo, de la Gardelle et des Clausels. Il en est de même de 14 exploitations dont on voit les traces à l'aval et au sud-est du village, aux quartiers de Tonnai et des Vignes. Mais vers l'est, au quartier de Costo-secco, on passe à des formations de schistes modifiés, où on ne rencontre que des minerais pyriteux, tandis que les mines désignées ci-dessus donnent du fer hydroxydé et de la mine noire de bonne qualité.

La direction moyenne de ces gîtes varie de S. 42° E. à N. 85° E. Leur pendage est variable, mais s'écarte rarement au delà de 25° de la verticale.

Relativement à la reprise de ces travaux, je n'ai d'autres données que celle des mineurs François Vidal et Jean Bernadac, qui m'ont assuré que jamais, à Larcat, les mineurs, abandonnés à eux-mêmes, ne firent de travaux d'art; que partout ils s'arrêtaient au moindre obstacle; qu'en plusieurs points des ressources ont été délaissées sous les remblais en présence d'autres ressources de plus facile exploitation. Je sais combien il faut se défier de ces dires d'anciens ouvriers, qui d'ailleurs s'enfonçaient quelquefois bien profondément. Toutefois j'observerai qu'à Larcat la grande abondance des gîtes a pu souvent provoquer l'abandon de mines encore productives. La tradition des mineurs rapporte que l'on aurait laissé du minerai aux Clausels, à la Gardelle, et surtout aux miniers situés au niveau et au-dessous du village, comme ceux de Tonnai. L'identité de constitution géologique de la montagne de Larcat et du Pech de Gudannes me porte à penser que des explorations convenablement dirigées à la base de la montagne, entre les limites des assises calcaires, et perpendiculairement à ces assises à l'aplomb des anciens grands miniers, pourraient amener des résultats avantageux. Dietrict est également d'avis d'attaquer sous le village. François Vidal rapporte que son père lui montra au bas du quartier de Tonnai, le point où le sieur Goujon conseillait de s'établir. Ce point, compris sur la première rampe du chemin de Larcat, est celui que plusieurs fois j'indiquais sur les lieux aux mineurs de ce village. En outre, je dois à l'obligeance de M. Roques, curé de Larcat, entre autres renseignements intéressants, les données qui suivent et qui paraissent corroborer cette opinion. C'est qu'au pied de la montagne de Larcat, sous le Roc de Carrul, à la fontaine de Bauzil, il y a sous la prairie d'anciens miniers, situés sur la ligne du Pech à Larcat, qui furent abandonnés par suite de l'invasion des eaux souterraines. Les deux anciens mineurs ci-dessus nommés, disent avoir entendu répéter qu'elles offraient des ressources abondantes.

L'hypothèse d'abandon de ressources dans les anciennes mines s'appuie aussi sur ce qu'en aucun temps l'exploitation des mines de Larcat ne fut régulièrement établie. Elle fut toujours abandonnée aux habitants de ce village, qui ne s'y tenaient qu'autant que les neiges les empêchaient d'aller en forêt faire du charbon pour les forges de Château-Verdun. C'est ainsi que, durant l'hiver, ces mines offraient quelques ressources à une population malheureuse, et réduite aujourd'hui à la plus affreuse misère. Une ordonnance récente, du 12 avril 1841, a régularisé la concesssion des mines de Larcat et du Pech de Gudannes, en faveur du sieur Jérôme Astrié, propriétaire de la forge et des forêts de l'ancienne baronnie de Château-Verdun. En provoquant cette ordonnance, l'intention de l'administration locale, que je représentais, lors de l'instruction de l'affaire, a été d'assurer sur ces mines des travaux permanents d'exploration bien entendue. Je ne doute pas que l'administration des mines ne fasse tous ses efforts pour maintenir à cet égard les conditions du cahier des charges de la concession.

Mines de Bouan et Larnat.

Près des villages de Bouan et de Sinsat, Dietrict cite une mine encaissée dans les schistes, et qui a fourni, par une exploration faite sous ses yeux, du fer carbonaté et hydroxydé quartzifère avec pyrite cuivreuse. Cette mine court suivant E. O. Dans ces derniers temps, 1840, elle a été l'objet de recherches auxquelles on n'a pu donner suite à cause de la présence de pyrites cuivreuses.

Dans les environs du village de Larnat, on remarque plusieurs mines anciennement ouvertes. Les plus remarquables sont celles de la Gineste, del Campet et de Prat-Long. La Gineste est à 500 mètres à l'est du village, et se compose d'un placage de fer oxydé hydraté empâtant du fer micacé. Le Campet est abandonné depuis plus de 100 ans. Sur les débris qui en obstruent l'entrée, on remarque du fer hydroxydé pyritifère. Autrefois la mine en a été portée à la forge d'Orlu, et n'a jamais été redemandée. Il en est de même du Prat-Long. Ces mines sont dans des schistes pyriteux dont la direction est S. 20° E., plonge 10° E.; elles paraissent sans importance.

A la Sapinière de Larcat, on observe quelques affouillements anciens, pratiqués dans les schistes. On y a mis à découvert du fer hydroxydé avec pyrites cuivreuses. Aux environs de ces mines on remarque des scories de forges à bras. Mines de la Sapinière de Larcat et du Roc-de-Miglos.

Près du roc de Miglos, on remarque également dans les schistes des excavations anciennes, et des scories de forges à bras. La tradition rapporte que ces mines ont alimenté une forge biscayenne, située près de là, au quartier de Sirobail, ou Sirval. La plus importante de ces excavations est la mine de la Dèse, qui donnait un fer hydroxydé quartzifère. Mine de la Dèse.

Sur le versant méridional des montagnes de Larcat et Larnat, on voit, sur une grande étendue, des déblais provenant d'anciennes exploitations. C'est aux quartiers de la Campo-Dessus et de la Campo-d'en-Bas, occupés surtout par des formations calcaires, que l'on remarque ces déblais. Ils sont plus rares dans les terrains schisteux. La direction des gisements qui restent à découvert varie de S. 45° O. à S. 80° O. Mines de Miglos.

La tradition et d'anciens titres témoignent que les mines de Miglos ont alimenté l'ancienne forge de Sirval et celle dont on voit encore l'emplacement à Miglos. D'ailleurs la montagne de Miglos est couverte de scories de forges à bras.

La grande quantité d'exploitations anciennes aux montagnes de Miglos a donné lieu à des recherches à différentes époques.

En 1835, des fouilles furent pratiquées à la Campo-Dessus par le sieur Edouard Vergnies et par la compagnie Garrigou et Salvain. Ces tentatives furent suivies d'une recherche que j'ai conseillée et fixée en recoupement d'affleurements d'hématite que l'on mit à découvert suivant S. 46°O. à la Campo-d'en-Bas. La compagnie Garrigou et Salvain y pratiqua pendant les années 1835 et 1836, un percement de 70m.00 de développement, marchant en recoupement des couches et des gîtes ferrifères. A la distance de 59m.00, on recoupa une ancienne exploitation. Ces travaux restèrent inachevés et furent abandonnés en 1836 par la compagnie, découragée par l'insuccès des tentatives faites sur d'autres points, et notamment aux quartiers de Montagut, de la Houlette et du Carbou.

Montagut.

A Montagut elle mit à découvert un amas de mine noire, épigène, légèrement pyriteuse, qui n'eut point de suite.

Carbou.

Au Carbou les anciens avaient foncé un puits incliné sur un amas de fer hydroxydé, quartzeux, qu'ils avaient abandonné. La compagnie Garrigou et Salvain y pratiqua une galerie de recoupement à travers schistes qui n'offrit aucune ressource sérieuse.

Mines de Gestiès.

Sur la montagne de Gestiès, au quartier du roc de Gestiès, il y a une ancienne mine, que firent rouvrir en 1836 et 1837 MM. Vergnies et Rousse de Siguer. On y a établi dans le calcschiste une galerie de 20m.00 à 25m.00 dans le but de recouper le gîte. On est tombé dans d'anciens travaux ouverts sur l'affleurement. Les fragments de minerai que l'on y rencontra indiquaient une hématite de bonne qualité. L'exploration en a été abandonnée en 1837. La galerie de recoupement avait été percée à un niveau trop élevé. J'ignore si l'abondance du gîte permettrait de s'établir plus bas.

Il y a au-dessus de Gestiès plusieurs affleurements de fer hydraté et notamment près du Col-d'Axiat, sur le chemin de Miglos, près de la limite des calcaires secondaires. J'ai remarqué en ce point sur l'emplacement d'un four à chaux détruit d'assez gros fragments de bonne hématite.

Les mines de Gestiès, ainsi que celles de Miglos, ont été l'objet de différentes demandes en concession auxquelles il n'y a pas encore eu lieu de donner suite.

Mines de Lercoul.

Dans la commune de Lercoul, sur le versant oriental du massif du mont Rancié, se trouvent plusieurs gîtes de minerai de fer, connus sous le nom de Lercoul. On y remarque plusieurs anciens miniers, compris, comme Rancié, dans des formations calcaires, auxquelles sont subordonnés des schistes. Les principaux sont ceux de la Canale, de Bénazet, de la Bède, de la Tire, du Bouischet, et de l'Usclado. La direction de ces gîtes varie de E. O. à S. 42° E. L'inclinaison s'éloigne peu de la verticale.

Ces mines ont été anciennement exploitées. En 1784, Dietrict y a vu travailler vingt-cinq mineurs, surveillés par un jurat, et sous la police du consul de Siguer. Dans le commencement du dix-neuvième siècle, l'exploitation fut suspendue à la Canale, à la Tire, au Bouischet et l'Usclado par les eaux d'infiltration. Plusieurs tentatives de reprise de ces mines furent faites de 1812 à 1830 par les habitants de Lercoul, jusqu'à ce qu'elles furent concédées aux sieurs François et Alexandre d'Orgeix, par ordonnance royale du 31 mai 1833. Une société entreprit la réouverture de la Canale et de la Tire.

La Canale.

A la Canale une descenderie de 170^m.00 fut pratiquée dans les éboulis des anciens. Elle ne servit qu'à l'exploitation de soles et de placages. On laissa un peu de minerai sur le bas.

La Bède et la Tire.

Aux miniers de la Bède et de la Tire on fit une galerie d'écoulement de 110^m.00 qui n'a donné que de médiocres résultats. Ces gîtes furent recoupés à leur partie inférieure.

Bénazet.

Le minier de Bénazet n'offrit que des placages et soles laissés par les anciens. Les éboulis en recouvrent le fonds.

L'Usclado.

La mine de l'Usclado, rouverte en 1840, n'a présenté que des placages et un peu de mine que l'on mit à découvert en perçant par une galerie de 9^m.00 les éboulis du fond.

Bouischet.

Au quartier du Bouischet, situé à la limite sud de la concession, sous le col de Grail, il y a trois recherches. En 1833 et 1834 une recherche improductive a été poussée au petit Bouischet dans des schistes carburés pyritifères. Plus tard, en 1838 et 1839, une galerie de 50^m.00 environ fut avancée au nouveau Bouischet en recoupement d'une formation de calcaires dont l'aspect ferrifère extérieur n'était dû qu'à la décomposition de pyrite de fer. Ce travail n'a rien produit.

Enfin on a repris à différentes époques l'ancien Bouischet. Les travaux y avaient été peu fructueux jusqu'en 1840. A cette époque une galerie de 14^m.00, pratiquée à l'avancée du gîte, mit à découvert un renflement de 3 à 4^m. de puissance, sur une longueur de 6^m.00. J'ai visité plusieurs fois ces travaux en 1840 et 1841. Le renflement paraît s'avancer suivant S. 46° E. Il plonge de 75° S. O. Il convient, tant que les eaux le permettront, de s'enfoncer dans le gîte, afin de s'assurer de son allure et de ses ressources ; puis, s'il y a lieu, d'établir à un niveau convenable une galerie d'exploitation et d'écoulement.

Les mines de Lercoul, tenues en exploration, ont fourni annuellement de 2 à 6 mille quintaux métriques de fer hydroxydé compacte, manganésé, et de mine spathique épigène. Ces minerais sont de bonne qualité, en général un peu plus chargés de gangue calcaire que ceux de Rancié. Ce qui a toujours lieu quand les gisements dans roches calcaires n'ont pas une grande étendue, surtout en largeur.

L'exposé qui précède montre avec quelle discrétion il convient de se livrer à la reprise d'anciennes exploitations par des travaux isolés. Mieux vaut, dans le cas de plusieurs miniers voisins, pousser un percement en recoupement de la partie inférieure des gîtes. Cette indication repose sur les notions générales que nous avons exposées dans le chapitre précédent.

Mine de Nagoth.

En regard des mines de Rancié, dans la vallée de Sem, au milieu de la forêt de Nagoth, on voit les traces d'une ancienne exploitation abandonnée de temps immémorial. La tradition rapporte qu'elle fut délaissée à la suite d'un éboulement qui fit périr les mineurs qui y travaillaient. A en juger par les débris que l'on rencontre sur les effondrements, on en aurait tiré de la mine noire épigène. Malgré les demandes, autrefois faites par quelques habitants de la vallée de Vicdessos, de rouvrir ces mines, je suis porté à penser qu'il sera plus convenable sous tous les rapports, et surtout plus économique, de continuer jusqu'à bonne fin le système d'exploration de l'avancée du gîte de Rancié, tel qu'il a été adopté et suivi jusqu'à ce jour. Les mines de Nagoth font partie de la concession de Rancié.

Mine de Vicdessos.

Au quartier de Las Rouges, à un kilomètre au nord-nord-ouest de Vicdessos, sous la vigne appartenant au sieur Deguilhem, il y a des affleurements de fer hydroxydé compacte de bonne qualité.

Mine St-Antoine.

Au pied du roc de Saint-Antoine, au-dessus de l'usine de ce nom, on remarque un amas peu important de fer peroxydé rouge, pyritifère, compris entre un affleurement d'ophite et les terrains de transition supérieurs.

Au nord, et à 4 kilomètres de Massat, on rencontre l'ancienne mine du Col-du-Four. Elle fut ouverte vers 1760 pour la forge de Canadelle. On en obtenait de l'hydroxyde compacte (Dietrict). Elle fut abandonnée par suite d'appauvrissement du gîte, d'après les renseignements que j'ai pris sur les lieux.

Mines du Col-du-Four.

A 5 kilomètres au sud-est de Massat se trouvent les anciens travaux des mines de Bessoles. Ils se composent de plusieurs puits et galeries noyés depuis longtemps. Je n'ai pu en visiter l'intérieur. Ils fournissent du fer peroxydé rouge qui paraît de bonne qualité. Dietrict les trouva également noyées en 1784. Elles alimentaient la Canadelle. De 1786 à 1789 elles furent reprises par M. de Sabran, puis abandonnées par suite des mouvements politiques. Je n'ai aucune opinion sur les ressources qu'elles peuvent offrir.

Mines de Boites et de Bessoles.

Près de ces mines, dans la vallée de Boites, le nommé Jean Punsot, en 1830, mit à découvert un filon d'hématite rouge veinée de quartz. Le filon marque N. 85° O. vertical. Sa puissance n'est que de $0^m.20$ à $0^m.30$. Ses sallebandes sont de quartz ferrugineux carié avec pyrites. M. Ducos, propriétaire de la forge de Lesparten, fit approfondir en 1831 une galerie d'allongement de $6^m.00$, au front de laquelle le filon s'est perdu.

Dans la forêt de Montcoustans, à 4 kilomètres au sud-est de Cadarcet, le sieur Sarrazi, de Foix, mit à découvert, en 1838, un filon et un amas irrégulier de fer hydroxydé riche, et assez abondant, mais chargé de galène cubique (plomb sulfuré). J'en ai conseillé l'abandon. Essayé à la forge du Mas-d'Azil, il a donné un fer cassant à chaud et à froid.

Mine de Montcoustans.

A gauche de la route royale de Foix à Labastide, près des métairies des Naudé et des Rousses, j'ai observé un amas assez puissant de fer peroxydé rouge, compris entre des grès rouges rapportés à l'étage supérieur de transition. Ce minerai est veiné de quartz et chargé de manganèse oxydé noir. L'analyse m'a donné la composition suivante:

Mine de Labastide-de-Serou.

Perte au feu et oxygène	19.00	— densité = 3.79
Peroxyde de fer	24.60	
Oxyde rouge de manganèse	40.00	
Alumine	1.00	
Silice et quartz	13.80	
	98,40	

Cette analyse montre que ce minerai doit plutôt être considéré comme manganèse ferrifère. Je n'y ai pas trouvé de traces de cuivre, ni de sulfate de strontiane que l'on rencontre à quelques kilomètres dans la même formation. Ce manganèse a été employé avec succès aux verreries de Pointis. On peut en attendre des applications avantageuses dans le travail du fer et de l'acier.

Mines de Nescus et de Guinot.

Au sud de La Bastide sont les gisements de fer peroxydé rouge de Nescus et de Guinot, dans une formation semblable à celle de la mine précédente. Celle de Nescus traverse le chemin de La Bastide à ce dernier village; elle n'a pas été attaquée. Celle de Guinot a été l'objet de quelque recherche. Le minerai s'y présente quelquefois pyriteux et presque toujours quartzifère. Je crois qu'il y aurait lieu d'examiner ces mines dont la composition est la suivante :

Perte au feu.	1.20	— densité = 4.27
Peroxyde de fer.	87.00	
Gangue de quartz.	11.70	
	99.90	
Richesse en fer p. 100.	60.29	

Mine de Milhas.

Sur le village de Milhas, près d'Aspet, on rencontre dans des micaschistes pyriteux un amas de fer micacé avec pyrite. En 1819 le sieur Mouis le mit à découvert et l'exploita pour une mauvaise forge qu'il avait construite à Milhas. Les résultats négatifs que l'on en obtint au feu en amenèrent l'abandon immédiat.

2e groupe.

Les mines comprises dans les terrains de transition modifiés et provenant de la décomposition des pyrites sont :

Mine du port de Pailhès.

Au clos de la Feno-Morto, au pied du port de Pailhès, en 1797 M. de Savignac, propriétaire de la forge d'Ascou, fit ouvrir une recherche antérieurement délaissée par M. de Rochechouard. Cette mine se compose de fer hydroxydé quartzifère de mauvaise qualité. Sa direction est S. 55° E. Elle n'offre pas de ressource. En 1809, cette recherche fut reprise, puis abandonnée, par le sieur Bernadac, propriétaire de la forge de Mijanés.

Au Pas del Coumal, montagne d'Ascou, dans des schistes ferrugineux dont la direction est S. 65° E., on trouve cinq excavations au voisinage desquelles on voit des scories de forges à bras. Je la visitai en 1837; M. Roussillon les avait fait ouvrir; je pus voir les restes d'anciennes mines d'où on avait extrait du fer hydroxydé compacte, concrétionné et manganésifère. Ces mines ne paraissent présenter que peu de ressources. On pourrait s'en assurer à peu de frais. Mines d'Ascou.

A trois kilomètres à l'est de Prades, suivant la direction N. 88° O. vertical, se montre un filon de 0m.60 de puissance, mis à découvert en 1829 par les sieurs Abat et Roussillon. On y a fait une recherche de 25m. 00 à 30m.00 qui est aujourd'hui noyée. Les travaux sont éboulés; ils donnaient une bonne hématite brune maganésée. Les schistes qui encaissent le gîte sont carburés et manganésifères. Mine de Camurat.

On signale plusieurs mines de fer hydroxydé à la montagne de Waitchis. La plus remarquable de celles reconnues fut indiquée dans une excursion que je fis en 1835 Elle se présente à la serre de Waitchis en amas compris entre des schistes noirs et des calcaires schisteux, et donne plusieurs variétés d'ocres plus ou moins manganésés. La composition moyenne de ces ocres est indiquée par les analyses suivantes : Mine de Waitchis.

Perte au feu et oxygène	40.40	35.20
Oxyde de fer	20.00	20.00
Oxyde rouge de manganèse	17.00	18.20
Chaux	2.20	3.60
Silice gélatineuse	19.20	21.20
	98.80	98.20
Richesse en fer p. 100	13.87	13.87

Le manganèse s'y trouve à l'état d'oxyde noir terreux. Suivant la teneur de fer oxydé et de manganèse, l'ocre varie dans sa couleur; il est employé dans la peinture. En 1836 et 1837, nous l'avons employé avec succès comme fondant pour les minerais de Puymorens, aux forges d'Orgeix et d'Orlu. Nous l'avons aussi ajouté comme minerai manganésé aux mines de Rancié. Nous parlerons plus loin de ces essais.

A deux heures au sud de Montségur, on trouve l'ancienne mine de la Canaletto; cette mine est près de la limite du granite porphyroïde Mine de la Canaletto.

de Tabes. Elle est comprise entre des schistes micacés ferrugineux. Sa direction et celle des schistes sont S. 45° E. Elle fut autrefois exploitée pour des forges à bras dont les scories couvrent les environs, puis pour une forge biscaïenne dont on voit l'emplacement à une demi-heure au-dessus de Montségur. On a cessé de l'exploiter vers 1740. En 1837, des habitants de Montségur la rouvrirent et retrouvèrent les pics des anciens. Ils en ont tiré du fer hydroxydé compacte de bonne qualité que l'on a traité à la forge de Quillan. A défaut de moyens pécuniaires, ils l'abandonnèrent bientôt. Les travaux se composent d'une descenderie irrégulière de 30^{m}.00 à 35^{m}.00 de profondeur et de 1^{m}.50 de puissance moyenne.

Mine de St-Génès.

Sur la métairie de Saint-Génès, sous le pic de Mont-Fourcat, et dans les bois de Labesse, on trouve dans les schistes modifiés plusieurs amas, vénules et filons d'hématite riche, qui ne paraissent pas offrir des ressources abondantes.

Mine de Cazenave et d'Axiat.

A la limite du granite, dans des micaschistes modifiés, aux communes de Cazenave et d'Axiat, au pied de Tabes, on voit d'anciens miniers sur lesquels la tradition se tait complétement. Seulement au voisinage du gîte de Cazenave on voit des scories de forge à bras.

Mine de Sinsat et de Bouan.

Près des villages de Bouan et de Sinsat, surtout au roc de Viala, on remarque quelques gîtes peu importants de fer hydroxydé compacte, pyriteux et quartzifère perdus dans les schistes modifiés. Leur direction moyenne est de S. 70°. E.

On en rencontre également aux montagnes de Miglos, quartier du Carbou, dont la valeur est insignifiante.

Mine de la Fajolle.

Au-dessus du hameau de Baychon, commune de Miglos, M. E. Vergnies a attaqué en 1836 un amas de fer hydroxydé, ayant encore l'aspect hépatique et présentant des ampoules et boursouflures irisées. Cet amas fut exploré par une galerie de 10^{m}.00 qui découvrit un fer hydroxydé caverneux, géodique, associé à de l'ocre rouge et à du manganèse noir terreux. Ce minerai empâte souvent des fragments des schistes encaissants, et des vénules de quartz carié d'un jaune sale. Après quelques mois de travail, on abandonna les travaux, le minerai se présentant trop pauvre.

Mine de Nourgeat.

On remarque dans la sapinière de Miglos et surtout à la limite des terrains de transition et secondaires quelques gîtes peu importants, semblables à celui de la Fajole. Au-dessous de cette sapinière, au sud-est du hameau de Nourgeat, se trouve un filon de fer oxydé quartzifère, compris entre des schistes. Cette mine avait été attaquée en 1812, puis abandonnée à la suite de plaintes de maîtres de forge qui prétendaient que le minerai en était pyriteux. En 1834 elle fut reprise par M. E. Vergnies, et l'essai du minerai fait à la forge de Cabre n'a pas été satisfaisant. Quand j'ai visité cette mine en 1835, elle offrait un filon de $8^m.00$ à $10^m.00$ de longueur, ayant $0^m.60$ de puissance, mal réglé. Le minerai se chargeait de quartz au voisinage des schistes. La mauvaise qualité du minerai en provoqua l'abandon dès 1835.

Mine de la Houlette.

A la Houlette sur Axiat, la compagnie Garrigou et Silvain poursuivit entre les schistes un filon d'hydroxyde quartzifère qui n'a présenté aucune ressource.

Mine de Gourbit.

Au pied du col de Cimo-d'Amount, au planel de la Feno, on rencontre plusieurs trous desquels on a tiré du fer hydroxydé quartzifère, pauvre. Ils ne présentent pas de ressource. On voit au voisinage des scories de forges à bras.

Mine de la Fount-Santo.

Sur la haute montagne de Rabat, au pied du pic des deux Roses, près de la Fount Santo, on voit une ancienne exploitation de fer hydroxydé dans le micaschiste, suivant N. 55°. E. Le minerai paraît peu riche; toutefois, l'état où j'ai trouvé cette mine en 1840 ne permet pas de juger de ses ressources.

Mines d'Alzen et Montredon.

Le plateau de transition modifié, sur lequel se trouvent les villages d'Alzen et de Montredon, renferme plusieurs gîtes de minerai de fer dont la plupart ont été exploités anciennement pour des forges à bras dont on voit les traces sur un grand nombre de points, surtout à la Croix-de-Blanc, à la forêt d'Alzen, à la Baloussière et à Freychinet. On cite la forge de Ferranès, comme marchant encore de 1680 à 1700 avec le minerai d'Alzen. Ces mines se présentent à Montredon dans les calcschistes et dans les schistes modifiés aux environs d'Alzen. Leur direction moyenne est N.75°.E. Elles présentent un fer hydroxydé compacte, quelquefois à l'état d'hématite, et assez souvent empâtant des pyrites de fer, des pyrites et concrétions cuivreuses.

On remarque sur le chemin de Montredon à Alzen un ancien minier assez important. Aux quartiers de Maou et Sauvaget, il y a beaucoup d'affleurements de calcaires ferrifères. Au Camp j'ai vu de bonne hématite. Au Sabuc et à Ratez on avait mis à découvert à mon passage du fer hydroxydé concrétionné de bonne qualité. Sur les indications que j'avais faites sur les lieux, M. Lafont d'Estaniel ouvrit quelques recherches qu'il abandonna bientôt, j'ignore pour quels motifs; sans doute parce que le minerai se serait trouvé légèrement pyriteux. Un jour, je l'espère, des tentatives sérieuses seront faites sur ces gîtes qui, sans paraître très-importants, ont quelque valeur là où ils se trouvent, près de la route royale de Foix à Saint-Girons.

Mines de Rivernert.

A 3 kilom. à l'est de Rivernert, on rencontre les ouvertures d'anciens miniers autrefois exploités pour des forges à bras dont on remarque les scories sur la montagne de Rivernert, dans les bois d'Esplas et de Castelnau, ainsi qu'à la forge détruite dont on voit l'emplacement à l'aval du village. Ces mines et ladite forge appartenaient au seigneur de Rivernert. Les débris de minerai que l'on rencontre sur ces miniers paraissent pyriteux. Les travaux en ont été récemment repris. Le minerai essayé aux forges de Lacour et du Maz a donné du fer rouverin.

Mine de St-Martin-de Soulan.

En 1840, des travaux ont été faits vers le sommet de la montagne de Soulan, au sud du village. Le minerai extrait était de bonne qualité, j'ai cru devoir conseiller la continuation des recherches.

Mine des Balmes.

A 2 kilomètres au nord-ouest de Massat, on remarque dans un schiste fendillé, tourmenté, ferrugineux, un fer hydroxydé ayant encore l'aspect scoriacé et boursouflé. C'est surtout aux métairies de Vercuset, d'Aubignan et des Balmes. Dans cette dernière localité, on mit à découvert en 1837 un filon de fer hydroxydé qui n'offre pas de ressource.

Mines des Ourtigous.

Au sud-est de Massat, on voit les anciens miniers de Caichonet, de la Terrasse et des Ourtigous. Les deux premiers sont abandonnés depuis longtemps. On voit près du hameau des Ourtigous, sur l'Arac, un filon d'oxyde de fer très-chargé de quartz, se dirigeant S. 55° E., et dont la puissance varie de $0^{m}.15$ à $0^{m}.30$. On y a pratiqué une galerie d'allongement de $25^{m}.00$, qui n'a indiqué aucune ressource. Il y a au voisinage d'autres filons qui ne promettent pas d'être productifs.

La vallée de Fouillet, qui débouche dans celle d'Aulus, renferme plusieurs gîtes ferrifères provenant de la décomposition des pyrites dans les schistes modifiés. Le plus important est celui qui est situé près de la crête de la montagne de Frechet. La direction est N. 38° E., vertical; sa puissance moyenne est de 1m.10. Il a été exploité vers la fin du dernier siècle pour la forge d'Aulus. Quelques habitants d'Erce y ont travaillé sur les affleurements à plusieurs reprises. En 1837 et 1838, on y a pratiqué une galerie de 7m.00 qui a recoupé le filon sur lequel on a poussé un percement de 7m.50. En 1840, à ma dernière visite, on avait repris les affleurements. On extrait pour les forges d'Aulus, d'Oust et de Lacour un fer hydroxydé compacte, manganésifère. L'analyse a donné pour sa composition moyenne : Mine de Frechet.

Perte au feu et oxygène. . . .	8.85	densité = 3.955
Peroxyde de fer.	77.60	
Oxyde rouge de manganèse. . .	2.10	
Argile et quartz.	11.43	
	99.98	
Richesse en fer p. 100.	53.87	

En février 1840, j'ai dirigé des essais à la forge de Lacour sur le traitement d'un mélange à parties égales de ce minerai avec celui de Rancié; les résultats obtenus ont été satisfaisants. On continue à l'employer avec avantage aux forges d'Oust et d'Aulus. En raison de son état compacte, et aussi à cause de la présence, assez rare d'ailleurs, de pyrite, il convient de lui faire subir un léger grillage, de l'étonner et de l'exposer à l'air.

A 3 kilomètres de Bordes-de-Castillon, sur la rivière d'Orles, on voit la mine des Haussets, mise à découvert en 1813 par le sieur Lecour pour la forge d'Engoumer. Il y a deux trous pratiqués sur deux amas, ou veines, de fer hydroxydé pauvre, très-chargé de quartz. Ces mines n'offrent pas de ressource. Mine des Haussets.

A l'extrémité ouest de la haute chaîne de l'Ariége, sur le massif des monts Crabères, on trouve plusieurs gîtes de fer hydroxydé provenant de la décomposition des pyrites. Au quartier de Bentaillou, commune de Sentein, toute la montagne est couverte d'une croûte de fer oxydé, Mines des monts Crabères.

Tuc de Sarrant. Portillon d'Albe.

et les eaux des ruisseaux y sont acidules. On cite les mines du Tuc-de-Sarrant et du Portillon d'Albe qui ont été exploitées à la fin du dix-huitième siècle pour la forge de Fos (Haute-Garonne). Sur le versant occidental des monts Crabères, on trouve les mines anciennes de la Herdère et de Canejean (vallée d'Aran); elles ont alimenté des forges à bras et une forge biscaïenne, située au-dessus du village de Canejean, et dont le marteau s'y voit encore devant la maison de don Juan Bénouze.

La Herdère. Canejean.

Mines de Bauzen.

Vis-à-vis Canejean, sur la berge gauche de la Garonne, au-dessus du village de Bauzen, il y a quelques gîtes de fer oxydé qui n'ont aucune importance.

Mines de Gouaux et d'Artigues.

Enfin aux montagnes de Gouaux et d'Artigues-de-Luchon, au quartier de Bardaous (les Bourbes), on remarque en plusieurs points, sur un terrain de schistes pyriteux, éclatants, des mamelons de fer hydroxydé venant de la décomposition des pyrites, et de formation contemporaine. Ces mamelons, adossés à la pente de la montagne, sont sans cesse lubrifiés par les eaux ferrifères, qui y déposent des couches concentriques de fer oxydé. Ces couches, molles et à texture spongieuse à la surface, prennent dans la profondeur un état de plus en plus compacte. Toutefois, la texture caverneuse persiste souvent en raison de la présence de débris des végétaux empâtés à la surface des mamelons par les couches successives. A la base, le minerai empâte des débris de schiste.

La composition moyenne est donnée par les analyses qui suivent :

	(1)	(2)
Perte au feu	23.20	41.00
Peroxyde de fer	68.80	51.00
Oxyde rouge de manganèse	1.60	0.60
Chaux	2.00	0.80
Alumine	1.80	1.00
Silice gélatineuse	2.20	5.60
	99.60	100.00
Richesse en fer p. 100	47.67	35.00

L'analyse (1) se rapporte à un minerai compacte pris dans l'intérieur de la masse. Je n'ai trouvé aucune trace de soufre, de phosphore, ni de cuivre. L'analyse (2) fut faite sur une croûte de la surface; le lavage a donné des traces d'acide sulfurique.

On remarque des traces d'ancienne exploitation sur l'un des mamelons des Bardaous pour la forge de Fos. M. Casimir Vergnies se propose d'en essayer l'emploi avec les mines riches de Rancié, à la forge de Guran.

TROISIEME SECTION.

TERRAINS SECONDAIRES.

Le premier groupe comprendra les mines qui se rapportent aux roches de soulèvement. Les mines provenant de la décomposition des pyrites, celles en rognons et en grains composeront un second groupe. 1er groupe.

La mine de Sourt, située sur la rivière de Celles, se compose d'un amas de fer peroxydé rouge, irrégulièrement associé aux roches qui l'encaissent. Elle était anciennement connue. En 1836, MM. Léo et Victor Lamarque la firent exploiter pour des essais à la forge de St-Paul. Bien que les résultats n'en aient pas été satisfaisants, il conviendrait de s'en assurer par de nouveaux essais. Le minerai est chargé de quartz et souvent de la roche encaissante. Mine de Sourt.

La mine située à la Garrigue de Rabat a été anciennement exploitée. Mine de Rabat.

En 1834 elle fut rouverte par des habitants de Rabat qui y trouvèrent des lampes des anciens. Ils pénétrèrent par les affleurements dans des vides anciens, excavés en allongement du gîte, et dont la puissance moyenne a de 2m.00 à 3m.00. En 1835, les mines furent demandées en concession par M. Bergasse. Ce dernier obtint une autorisation de recherche dont il ne fit aucun usage. Le minerai se présentant ébouleux et les travaux devenant dangereux, je crus devoir faire interdire une exploitation non-seulement illicite, mais qui soulevait de la part des maîtres de forges du voisinage des plaintes réitérées. En effet, ainsi que je m'en suis assuré par deux attaques au nitre, la variété rouge du minerai, la plus rare, était pure; mais la variété noire renfermait de 0,50 à 1,80 p. 100 de fer sulfuré. Les pyrites y sont d'ailleurs visibles à l'œil nu, surtout aux points de contact du minerai et de l'ophyte qui l'encaisse. Des essais qui furent faits aux forges de Rabat, de Lacombe et de Niaux sur un mélange de $\frac{3}{12}$ à $\frac{1}{12}$ de minerai de Rabat sur $\frac{11}{12}$ à $\frac{9}{12}$ de Rancié, donnèrent un fer rouverin qui crevait sous le mail au rouge cerise sombre. J'assistais à quelques-uns de ces essais. La variété rouge donna toujours de bon fer; tandis que la noire produisit du fer rouverin. Il importait de reconnaître si le fer oxydé rouge dominait dans la profondeur, ce qui était cependant peu probable d'après l'allure générale des pyrites. Mais l'étendue du gîte reconnue par les affleurements qui courent sur 50^{m}.00 à 60^{m}.00, et par sa puissance moyenne, 2^{m}.00 à 3.^{m}00, sa position au centre de plusieurs forges, engageaient à faire quelques tentatives. M. Bergasse ne voulant pas faire de recherches suivies, une société rivale s'établit en 1839 à la Garrigue, et, d'après mes conseils, recoupa le gîte sur une puissance de 6^{m}.00, après avoir traversé 27^{m}.80 d'ophyte. Cette roche encaisse la masse métallifère au toit et au mur; souvent il y a pénétration réciproque. Une descenderie a été ouverte sur 10^{m}.00 dans le minerai qui se présente toujours noir et chargé de pyrite cubique, surtout au voisinage de la roche qui l'encaisse. Quelquefois on remarque des veines et placages de fer peroxydé rouge perdu dans la variété noire. De nouveaux essais ont été faits à la forge de Lacombe; nous avons opéré sur du minerai légèrement grillé, et depuis plusieurs mois exposé à l'air, l'addition de $\frac{1}{12}$ n'a rien changé à la qualité du fer et au rendement.

Un essai pour fer fait sur le fer oxydé rouge a donné 58,61 p. 100 de fer.

Mine de Porté.

Au sud-ouest de Porté (Haute-Garonne) on voit dans des schistes et calcaires secondaires les traces d'une ancienne exploitation dont l'entrée est entièrement obstruée. D'après les apparences extérieures, elle doit offrir peu de ressources. Les débris de minerai que j'ai pu recueillir sont chargés de quartz.

Mine du col d'Aréou.

Au nord du col d'Aréou, et à 6 kilomètres à l'est d'Aspet, se trouve l'ancienne mine d'Aréou. C'est un amas irrégulier dont la puissance varie de 0^{m}.40 à 3^{m}.00. La mine est encaissée entre des brèches secondaires, sa direction est N. 55° E. plonge 45° E. Elle a été anciennement exploitée pour les forges biscaïennes dont on voit les traces à Pujos, à la Rézole et à Escugnos; puis pour la forge d'Arbas. En 1690 (Dietrict) elle fut abandonnée à la suite d'un éboulement. Depuis, et jusqu'en 1785, on la reprit et on la traita à la forge d'Arbas avec le minerai de Rancié. Seule elle donnait un fer pailleux, ce que l'on attribuait à un excès de carbonate calcaire qu'elle renferme. Je n'ai pu pénétrer dans les travaux qui sont inaccessibles.

2ᵉ groupe.

Les mines provenant de la décomposition des pyrites, les mines en rayons et en grains sont les suivantes :

Mine de Péreille.

On trouve à Péreille, à Roquefixade, au Pech de Foix, à Cadarcet, etc... plusieurs mines en grains, souvent avec un ciment argilo-calcaire. La plus connue est celle de Péreille, qui fut essayée à la fin du dix-huitième siècle au haut-fourneau alors établi à la forge de Villeneuve-d'Olme : ces minerais ne pouvant pas être utilisés dans le traitement direct, je ne m'y arrêterai pas davantage.

Mine de Coumo-Torte et de Lescure.

Sur plusieurs points du département, et notamment à Coumo-Torte, près Vernajoule, à Cadarcet, à Lescure et à Taurignan, on rencontre du fer oxydé hydraté compacte de bonne qualité, en placages, en rognons isolés et en fragments concrétionnés. A Coumo-Torte, M. de Tersac en a fait arracher sous mes yeux plusieurs quintaux qui, traités avec la mine de Rancié, à la forge de Saurat, ont donné un résultat avantageux. Il n'y a pas d'exemple d'un gisement suivi.

Mines d'Arbas et de Saleich.

Aux environs d'Arbas et de Saleich on rencontre à la surface et dans les schistes marneux secondaires du fer hydroxydé en rognons presque toujours pyriteux. Près de Saleich, ce minerai a alimenté plusieurs forges à bras.

On l'a essayé à la forge d'Arbas (Dietrict, p. 278), mais on était obligé de le trier avec soin à cause des pyrites.

Mines de Latoue.

En 1837, M. de Latoue mit à découvert, sous le jardin du château qu'il habite, des rognons de manganèse oxydé, sub-cristallin, souvent ferrifère. Ces rognons étaient empâtés dans des sacs d'argile ferrugineuse, perdue au milieu des calcaires secondaires. Après quelques travaux faits contre mon avis on abandonna ce gîte.

Plus tard, en 1839, le sieur Adoue de Saint-Gaudens découvrit à 2 kilomètres à l'ouest du village de Latoue, au quartier de Castera, du fer hydroxydé, compacte, quartzifère, légèrement manganésé. Le minerai paraît riche, mais sa présence en rognons isolés dans de l'argile forte, en rend l'extraction fort coûteuse. D'ailleurs je crois que le gîte offre peu de ressource. En outre, il est chargé d'argile qui se lave très-difficilement. On en a fait, en 1841, l'essai à la forge de Guran, les résultats n'en sont que médiocrement satisfaisants. Aussi en visitant ces mines en 1841, j'ai cru devoir conseiller la cessation de toute recherche.

En résumant ce qui précède, on voit que des mines mentionnées il n'en est qu'un très-petit nombre qui offre quelque ressource. Il n'y en a qu'une seule (Puymorens) en exploitation. Cinq sont en recherche, ou en exploitation irrégulière; ce sont celles de Bouthadiol, de Larcat, de Lercoul, de Rabat et de Frechet. Ainsi, dans l'état actuel des choses, on ne doit compter que sur les mines de Rancié pour l'approvisionnement des forges de l'Ariége.

CHAPITRE III.

DOCUMENTS HISTORIQUES SUR LES MINES DE RANCIÉ ET SUR LE COMMERCE DU MINERAI DE FER DANS LE COMTÉ DE FOIX.

Charte solennelle de Roger-Bernard (1293). — Charte de Gaston 1er (1304). — Traité d'échange de charbon et de minerai avec le comte de Couzerans (1347). — Transaction de 1435. — Ordonnance de 1403. — Règlement des mines de 1414. — Lettres-patentes de Gaston IV (1437). — Lettres-patentes de Henri IV (1610), de Louis XIII (1611) et de Louis XIV (1659). — Jugement des commissaires députés en la réformation (1680). — Transaction de 1688. — Ordonnance des États de Foix (1696). — Ordonnance du 18 mars 1719. — Arrêt du conseil d'État du 19 décembre 1719. — Création d'un premier fonds spécial de Rancié. — (1720). — (1721). — (1722). — (1723). — Règlement de 1731. — Police. — Aménagement. — Recherches. — Vente et prix du minerai. — Nomination d'un inspecteur à la surveillance des mines (1733-1740). — Du traité d'échange. — (1691-1726). — (1770). — (1732). — (1742). — Police de l'échange (1771-1779). — (1780-1781). — (1792). — Nombre des mineurs et chiffre d'extraction en 1784. — Exploitation ancienne.

On ne possède aucun document historique sur l'origine de l'exploitation des mines de Rancié. Si l'on en juge par l'importance et l'étendue de leurs affleurements et par la permanence du voisinage des gîtes ferrifères et de forges à bras dans les Pyrénées, il est permis de penser qu'elle doit remonter à une époque reculée. La haute Ariége est d'ailleurs limitrophe des montagnes de Catalogne ; et l'on sait que dans cette province, comme sur tout le littoral de la Méditerranée, l'art du fer y fut apporté de l'Asie Mineure (1), et des îles de

(1) Diodore, Agricola, marquis de Courtivron.

la Méditerranée (la Crète , la Sicile , et peut-être la Corse et l'île d'Elbe) (1), par les colons, qui de l'Orient vinrent s'établir sur les côtes occidentales. Les relations entre les deux versants des Pyrénées, si elles n'existèrent pas après cette époque, se sont du moins établies lors de l'occupation des Maures, du sixième au onzième siècle.

Les documents que l'on possède ne remontent pas au delà de la fin du treizième siècle. Ils attestent par leur teneur et dispositif que, déjà à cette époque, les mines de Rancié avaient de l'importance et qu'elles étaient exploitées depuis longtemps.

Charte solennelle de Roger-Bernard (1293).

En 1293, Roger Bernard, comte de Foix, donne aux habitants de la vallée de Vicdessos, par une charte solennelle, plusieurs priviléges, tels que celui de nommer leurs consuls, de n'être jugés que par ces derniers, et, selon leurs usages, de défendre leurs frontières, de faire la paix avec leurs voisins, d'avoir à volonté des fours, selon leurs besoins; et par un article spécial (2), il leur concède à tous et à chacun le droit de tirer du minerai de fer (*petra ferrea*) des minières (*mineriis*) de la vallée, de couper les arbres et charbonner dans les forêts.

Charte de Gaston Ier (1304).

En 1304, le comte Gaston renouvela la charte faite par son prédécesseur, à la suite d'une contestation au sujet d'une opposition que l'on avait mise à l'exploitation des mines. Les habitants de la vallée réclamaient contre le payement d'un droit de leude sur le minerai, payement qu'ils regardaient comme contraire à leurs priviléges. Gaston leur assure la libre jouissance des mines et du minerai entre les limites de leur territoire, sans droit de leude ni subside (3).

En 1347, Gaston-Phœbus, comte de Foix, avec les habitants de la vallée de Vicdessos d'une part, et d'autre part Roger Bernard de Commenge, comte de Couzerans, passent un traité solennel d'échange de minerai et de charbon entre la vallée de Vicdessos et les forges du Cou-

(1) En visitant les mines de l'île d'Elbe en 1839, je fus frappé des nombreux rapprochements que l'on peut faire entre les habitudes des mineurs et des muletiers de ces mines et de celles de Rancié. Ces rapprochements ne touchent pas seulement à la distribution du travail, mais encore au nom des outils, surtout aux habitudes routinières et aux anciens usages.

(2) *Voir* les pièces justificatives, § 1er.

(3) *Voir* les pièces justificatives, § 2.

zerans. Déjà à cette époque les bois étaient rares dans cette vallée et ne pouvaient plus suffire aux besoins des usines à fer, ainsi que le constate le texte du traité d'échange, traité d'après lequel on donnait deux sacs de charbon pour 122 livres ($49^k.65$) de minerai. En outre, dans le Couzerans on payait de trois à six sols tolosans aux voituriers pour les 30 livres ($12^k.21$) de minerai, complément du quintal de 152 livres ($61^k.86$).

Traité d'échange de charbon et de minerai avec le comte de Couzerans (1347).

Une contestation s'élève entre le sénéchal du comte de Foix et les habitants de la vallée. Le premier voulait faire transporter le minerai en dehors des limites de la vallée ; les habitants de leur côté lui opposaient leurs libertés, franchises et priviléges, et prétendaient que le minerai ne pouvait être porté, soit au Pas-de-Sabart (point de jonction des vallées de Vicdessos et de l'Ariége), soit ailleurs.

Transaction de 1355.

En conséquence, le 17 janvier 1355, le sénéchal, accompagné du trésorier et du procureur du comte, se rend devant l'église de Vicdessos où s'étaient assemblés les consuls et le peuple. Là, après avoir écouté les réclamations écrites (*cartellum*) des consuls, et après délibération, le sénéchal affranchit les habitants de la vallée de Vicdessos du payement de leude, et prestation, dans le comté et dans son ressort, pour eux et pour leurs marchandises, à l'exception du droit de leude sur le minerai (1) qu'ils transporteront hors du comté. Il s'engage au nom du comte de Foix et de ses successeurs, à ne permettre l'entrée des mines à aucun autre qu'eux. Le minerai à vendre sera exposé sur la place de Vicdessos, dite Pré-de-Vic (2).

Cependant les chartes et transactions ci-dessus indiquées ne traitaient en aucune façon de la police des mines et de la conduite des travaux. Aussi en 1403, Arnaud de Panderause, sénéchal, ordonne que tous les voituriers portant de la mine passeront par le chemin de Vicdessos, pour assurer la perception du droit de leude, et pourvoir aux abus commis par les minerons. Plus tard, en 1414, des plaintes nombreuses

Ordonnance de 1403.

(1) Le droit de leude du minerai était alors fixé à 6 deniers toulousains par trois quintaux (de 150 livres) de minerai. En 1561, il était de 2 liards, et en 1786 de 7 sols par 152 livres. Ce droit fut supprimé en 1789.

(2) *Voir* les pièces justificatives, § 3.

Règlement des mines de 1414.

fondées sur l'état des chantiers, sur la mauvaise qualité du minerai et sur les fraudes des mineurs et muletiers, engagèrent Raimond de Mauléon, sénéchal du comte de Foix, à s'occuper de l'exploitation et de la police de Rancié. En conséquence, le 7 août 1414, il assembla devant l'église de Foix, les nobles, les consuls et les prud'hommes des marchands de Foix, Tarascon, Ax, Vicdessos, etc., et après les avoir consultés, il statua qu'à l'avenir (1) :

1° Les consuls et les baillis de Vicdessos nommeraient à vie quatre préposés assermentés (jurats) aux mines, payés sur les amendes qu'ils infligeraient aux mineurs.

2° Les jurats, le jour de la Saint-Jean-Baptiste, assigneront et marqueront aux mineurs leurs chantiers qu'ils visiteront toutes les semaines.

3° Les mineurs ne pourront prendre que huit deniers pour chaque quintal de minerai. Ils feront autant de voyages que leur en commanderont les préposés.

4° Les jurats sont tenus d'entretenir sur chaque place des mines des poids justes pour la vente du minerai. Ils visiteront la mine extraite avant qu'on la vende. Si elle est jugée mauvaise, ils la jetteront par la montagne, *comme on l'a anciennement pratiqué.*

5° Pour favoriser les habitants de la vallée dont les prédécesseurs ont veillé à la conservation des miniers, ils seront préférés à tous acheteurs. Mais ils ne devront pas abuser de cette préférence pour accaparer et monopoliser le minerai.

6° Le prix de la mine transportée dans la vallée sera de 16 deniers les 150 livres.

Ce dispositif, quelque explicite qu'il fût, donna lieu à de nombreuses réclamations et à de fréquentes discussions entre les habitants de la vallée de Vicdessos et les étrangers intéressés au commerce de la mine. Les premiers abusaient sans cesse de leurs privilèges ; ils choisissaient le minerai pour les forges de la vallée sur le Pré-de-Vic ; ils excluaient les muletiers étrangers, ou bien ils exigeaient d'eux pour l'achat de la mine un prix exagéré. Enfin les mineurs ne livraient au commerce que

(1) *Voir* le texte du règlement de 1414 aux pièces justificatives, § 4.

du minerai médiocre. De leur côté les voituriers étrangers à la vallée refusaient l'achat à un prix exagéré, et, pour éviter toute discussion sur le Pré-de-Vic, ils allaient faire leur chargement sur la place du minier, et descendaient, non par le chemin du bourg de Vicdessos, mais par celui dit de Cavallère, qui se dirigeait de Sem vers Laramade.

Lettres-patentes de Gaston IV (1437).

Déjà en 1437, le 12 octobre, le comte Gaston IV intervient par des lettres-patentes qui ordonnent aux voituriers de ne descendre des mines que par le chemin de Vicdessos.

Lettres-patentes de Henri IV (1610), de Louis XIII (1611) et de Louis XIV (1659).

Ces discussions provoquèrent des demandes réitérées, tendant à faire retirer aux habitants de la vallée les franchises et priviléges à eux concédés par les chartes de 1293 et de 1304. Mais ces derniers soutinrent leurs droits, et, après la réunion des états de Foix, de Béarn et de Navarre à la couronne de France (2 août 1589), et postérieurement, ils obtinrent des rois de France Henri IV, Louis XIII et Louis XIV, des lettres-patentes aux dates respectives de mars 1610, de mars 1611 et d'octobre 1659. Ces lettres portaient confirmation pleine et entière de tous priviléges, franchises, libertés, immunités et exemptions anciennement concédés aux habitants de la vallée par les comtes de Foix (1).

Jugement des commissaires députés en la réformation (1680).

Transaction de 1688.

Mais les habitants de la vallée abusèrent de nouveau. Les commissaires et syndics des états de Foix, sur les plaintes des maîtres de forges et voituriers du Couzerans, du pays de Foix, de l'évêché de Mirepoix, adressèrent requête aux commissaires députés en la réformation des domaines de la généralité de Montauban. Par suite, et par un jugement du 17 septembre 1680 des commissaires en la réformation, les voituriers eurent droit de descendre le minerai par tous chemins que bon leur semblerait sans crainte d'être troublés par les habitants de la vallée. Ce jugement fut reconnu par une transaction du 7 août 1688, entre les délégués des états de Foix et du conseil politique des consuls, des syndics et échevins de Vicdessos.

Ordonnance des États de Foix (1696).

Battus sur le fait du transport obligé de la mine à Vicdessos, les habitants de la vallée arrêtaient l'extraction et livraient du minerai à un prix exagéré. En 1696, le 18 janvier, une ordonnance des commissaires des

(1) *Voir* le texte aux pièces justificatives, § 5.

états de Foix fixèrent le prix du minerai à quatre sols les 150 livres. La préférence pour chargement fut accordée à la vallée jusqu'à 9 heures du matin, et à partir de 2 heures du soir. Entre ces limites de temps, la préférence fut pour les voituriers étrangers. Mais bientôt, à la suite de nouveaux griefs des mineurs qui s'obstinaient à extraire de mauvais minerai en quantité insuffisante aux forges, sur la requête des commissaires et syndics généraux des états de Foix, le conseil du roi entendu, le roi y étant, sur le rapport de M. le duc d'Orléans, régent, une ordonnance du 18 mars 1719 prescrit les mesures suivantes :

Ordonnance du 18 mars 1719.

1° Les voituriers transportant du minerai devront passer par le chemin de Vicdessos.

2° Le chemin du minier à Vicdessos sera entretenu aux frais de la vallée; celui de Vicdessos à Sabart aux frais du reste de la comté de Foix. Le chemin de la Cavallère sera rompu à la diligence des consuls de Vicdessos, sous les ordres du sieur intendant de Roussillon et pays de Foix.

3° Les jurats, ou préposés, seront nommés, comme ci-devant, par les consuls et baillis. Ils assigneront aux mineurs leurs chantiers, le jour de la Saint-Jean, veilleront à l'état de ces chantiers, à la qualité du minerai. Dans le cas où le minerai serait de mauvaise qualité, ils ne le jetteront plus en bas de la montagne, mais le feront *enterrer*, après l'avoir vérifié sur place du minier. Ils puniront les mineurs par des amendes dont un tiers sera à leur profit, et les deux tiers restant seront affectés à l'entretien du minier et des chemins.

4° Il sera fait sur la place du minier deux tas, ou monceaux de minerai. Les premier, troisième et cinquième voyages des minerons seront mis au tas de droite à l'entrée du minier; les voyages pairs seront mis à l'autre tas de manière que ces deux tas soient égaux. Le premier sera vendu aux habitants de la vallée, le second aux forains, ou étrangers. Les voituriers chargeront suivant l'ordre de leur arrivée.

5° Il y aura sur la place de la mine des balances avec poids exacts de 150 livres du pays, dont le prix est fixé à quatre sous, et pas au delà.

6° Il sera établi à la diligence des consuls, en un lieu apparent, sur le passage des voituriers, un bureau de vérification du minerai. La vérification sera faite sans frais, sans retard, et sans décharger les mulets.

7° Il est enjoint au sieur intendant du Roussillon et comté de Foix, aux consuls et baillis de veiller à l'exécution des mesures ci-dessus.

Puis, sur réclamations nouvelles de la part des habitants de la vallée de Vicdessos, intervint, le 19 décembre 1719, un arrêt du conseil d'état du roi, qui accorde au sieur intendant d'Andrezel, le droit d'ordonner des corvées pour confection et réparations des chemins des mines, de nommer des inspecteurs aux chemins. Cet arrêt ordonne et détaille toutes les mesures nécessaires pour assurer la prompte réparation des chemins. Il prescrit qu'à l'avenir les jurats seront nommés et renouvelés chaque année, huit jours après la Saint-Jean, par les consuls de Vicdessos qui recevront leur serment. Il permet aux mineurs de faire des tas particuliers du minerai par eux extrait, pourvu toutefois que les voituriers de la vallée et étrangers, soient chargés par ordre d'arrivée sans aucune préférence... Enfin il permet aux consuls de prendre un sol par 150 livres (61 kilogrammes) du minerai qui sortirait de la vallée, et qui passerait par Vicdessos, à condition par eux de compter du produit par devant le sieur intendant, pour être employé tant à l'entretien des chemins, qu'aux autres dépenses nécessaires pour la meilleure administration de la mine et pour l'augmentation du commerce du fer dans la vallée.

Arrêt du conseil d'État (19 déc. 1719).

Création d'un premier fonds spécial de Rancié.

La perception de ce nouveau droit d'un sol par quintal éprouva des difficultés, car le 16 octobre 1720, le sieur d'Andrezel, intendant de Roussillon, après ordonnance de référé au conseil du roi, enjoint au commis établi à Sem de surseoir à la perception, et de se contenter de tenir un contrôle sur son registre-journal des voitures.

(1720)

Le roi étant en son conseil a reçu les syndics généraux du Languedoc et du pays de Foix, les propriétaires de forges et députés du commerce de ces deux provinces. Sa majesté ordonne que tous les voituriers portant de la mine pourront passer par tel chemin qu'il leur plaira; elle veut que la perception du sol perçu sur le minerai sortant de la vallée, soit et demeure supprimée, et que les consuls de Vicdessos taxent le prix du minerai d'après celui des denrées et les besoins du commerce des fers.

Ordonnance du 18 janvier 1721.

En 1722, le 22 juin, sur la demande des consuls et baillis de la vallée, le sieur intendant d'Andrezel les autorise à faire désormais la taxe du minerai pour eux et pour les étrangers, à condition que pour ces derniers

(1722)

la taxe ne pourra être portée à plus de deux sols par quintal au-dessus du prix fixé pour les habitants de la vallée. Les consuls devront consulter les jurats pour la taxe, et, suivant les besoins du commerce, fixer un prix égal pour tous.

Cette mesure, à l'avantage de la vallée, fut prise en considération des fournitures de bois faites par elle, sur ses forêts, pour l'aménagement des mines.

(1723) Le 17 septembre 1723, les consuls de Vicdessos, vu l'augmentation des denrées, élèvent le prix du minerai de 5 sols à 5 sols et 4 deniers par quintal pour les habitants de la vallée, et à 7 sols et 4 deniers pour les forains.

Malgré tous ces arrêts et ordonnances, l'exploitation des mines était négligée; le commerce du minerai et du fer était en souffrance. Par suite de la mauvaise volonté des mineurs et du laisser-aller des jurats, il n'y avait aucune règle suivie pour le choix et le prix du minerai, pour les heures de travail, pour l'extraction et pour la répartition et l'entretien des chantiers et des galeries. En conséquence, le 19 août 1731, les consuls, syndics et échevins de Vicdessos présentèrent au procureur du roi un règlement général qui fut approuvé par arrêt, en conseil d'État, du 16 octobre 1731 (1).

Règlement de 1731

Les dispositions principales de ce règlement sont :

Police. 1° Les jurats devront chaque jour commander vingt hommes d'office, qui répareront les mines et ne feront qu'une *volte*, ou charge de mineur, de 60 à 70 kilogrammes. Ils avertiront les consuls des réparations faites, ou à faire. Ils visiteront tous les jours les mines et chantiers avec des prud'hommes mineurs, avant l'entrée de l'office, ou corps des mineurs. Ils feront entrer tout l'office, savoir : du 1er mars au premier novembre, de 8 heures du matin à 7 heures du soir; et du 1er novembre au 1er mars, de 9 heures du matin à 4 heures du soir. Ils veilleront à la conservation des piliers, des chantiers réservés, et feront rejeter le mauvais minerai.

Aménagement.

Les jurats régleront chaque jour le nombre des voltes à faire, d'après

(1) *Voir* aux pièces justificatives, § 6, le texte du procès-verbal des consuls et du règlement général de 1731.

l'état des mines, et auront attention de suffire aux besoins des voituriers.

2° Afin de rendre la mine bonne et abondante, il est permis à tous de faire telles recherches qu'ils voudront pour découvrir de nouveau minerai dans les miniers communs, à la charge par eux de faire visiter, reconnaître leur découverte, et en autoriser l'exploitation par les jurats. Ces derniers devront en informer les consuls, qui aviseront, selon l'occurrence et le besoin du minerai, à y faire travailler un plus grand nombre de minerons.

Recherches.

3° Il est permis à tous habitants de la vallée de faire des recherches en dehors des miniers communs et à neuf manches de pioche des ouvertures déjà faites. Suivant les usages anciens, ils auront la propriété de leurs découvertes. Nul étranger à la vallée ne pourra travailler aux mines sans le permis écrit des consuls.

4° Toute la mine extraite sera portée et vendue sur la place du minier de l'Escudelle, et non ailleurs.

Vente et prix du minerai.

5° Les voituriers seront chargés par ordre d'arrivée. La mine leur sera livrée à 4 sols la volte de 150 livres pour les habitants de la vallée; et à 6 sols pour les étrangers. La mine se vendra 6 sols à Vicdessos et aux forges.

6° Il est défendu d'acheter du minerai sans avoir des mulets sur la place du minier. Les habitants de Sem ne pourront charger par jour et par mulet que 2 quintaux de minerai, s'ils le portent hors de la vallée, et 6 quintaux s'il est destiné aux forges de Vicdessos. Il leur est défendu de faire aucun magasin, ou entrepôt de minerai, à moins qu'il ne soit destiné aux forges de la vallée, ou à l'échange de charbon avec la Gascogne.

7° Il est défendu à tous voituriers de charger par jour et par mulet plus de deux quintaux de minerai s'ils ne la portent aux forges de Vicdessos, ou de Gascogne. En outre il n'est permis aux voituriers d'avoir des mineurs affidés *(couillas)*, s'ils portent la mine aux forges situées hors de la vallée.

8° En cas de contravention, les jurats amèneront, suivant les anciens usages, les coupables à Vicdessos, au pont de l'Oratoire, où les consuls iront prendre ces derniers pour les conduire à la maison de ville.

Les peines infligées par les consuls étaient l'amende et la prison.

Nomination d'un inspecteur à la surveillance des mines (1733-1740).

Ce dernier règlement, on le voit, s'occupe plus particulièrement de la police et de l'entretien des mines, ainsi que des attributions des jurats. Malgré ces mesures, les consuls n'eurent pas toujours lieu d'être satisfaits des jurats. Ainsi en 1733 et 1740, le conseil politique de la vallée, composé des consuls et échevins, dut nommer un consul inspecteur à la surveillance des mines pour la répression des abus dans l'extraction, dans le monopole et dans la qualité du minerai.

On voit pour la première fois, dans le règlement de 1731, que les mineurs de Rancié sont divisés par escouades, ou brigades, réparties dans différents ateliers, ou chantiers; que de tout temps ils ont travaillé pour leur compte et vendu directement le minerai qu'ils avaient extrait.

L'ensemble des chartes, arrêts et ordonnances qui précèdent, la sollicitude que les comtes de Foix avaient pour la vallée de Vicdessos et la libéralité avec laquelle ils la traitaient, permettent de juger de l'importance qu'avait déjà la mine de Rancié vers la fin du quatorzième siècle et de celle qu'elle dut avoir antérieurement.

Deux faits ci-dessus relatés eurent une grande influence sur l'extraction du minerai et partant sur la fabrication du fer. Je veux parler du traité d'échange de 1347, et de la transaction de 1355. Il est assez probable qu'antérieurement l'exploitation des mines de Rancié dut être à peu près limitée aux besoins des usines de la vallée, et qu'elle ne prit une grande extension que du moment où les habitants consentirent à laisser porter le minerai au Pas-de-Sabart, et à la place de la mine de Tarascon, pour l'approvisionnement des forges de la comté de Foix, du Lordadais, et de l'évêché de Mirepoix, qui étaient principalement alimentées par les mines de Château-Verdun. En 1667, d'après le procès-verbal de la réformation, les mines de Rancié alimentaient, à l'exception des 5 forges de Château-Verdun, les 44 forges alors en roulement dans le pays de Foix, le Couzerans et le diocèse de Mirepoix.

On voit une lutte constante entre les habitants de la vallée et les étrangers intéressés au commerce du minerai et du fer. La première, forte de ses privilèges et franchises, défend avec ténacité tout empiétement de la part des derniers sur le commerce du minerai; tandis que ceux-ci, s'autorisant avec raison du mauvais état des chantiers, de la qualité médiocre du minerai, cherchent à affaiblir les droits de la vallée. Nous verrons cette même lutte se reproduire et persister. Le règlement de 1731 vint pendant quelque temps attester des efforts faits par les consuls pour établir l'exploitation sur un bon pied. Sans doute ce règlement eût été à peu près suffisant pour maintenir la règle et le bon ordre. Mais les jurats, comme tous les mineurs, n'ont jamais eu, et n'auront pas de longtemps, la moralité nécessaire pour que chez eux l'esprit de justice l'emporte toujours sur l'intérêt particulier. Cette considération, et la difficulté de surveiller les jurats, sont les causes principales des abus et l'un des vices les plus essentiels des règlements de Rancié (1). Toutefois celui de 1731 resta en vigueur jusqu'au 10 messidor an XIII (1805). A cette époque un nouveau règlement, rendu nécessaire par suite des mouvements politiques, fut donné aux mines de Rancié. Je l'examinerai plus tard, après avoir traité de l'historique de l'échange du minerai et du charbon, et de son influence sur l'exploitation, sur le commerce du minerai de Rancié, et partant, sur la fabrication du fer.

L'extraction du minerai n'était pas la seule cause de contestation entre la vallée et les étrangers ; le commerce d'échange de minerai et de charbon fut souvent l'objet de sérieuses discussions. Nous avons vu en 1347, le comte de Foix passer, au nom de la vallée, avec le comte de Couzerans, un traité d'échange de minerai et de charbon. Ce traité comprenait les cinq forges d'Aulus, d'Erce, d'Oust, d'Alos et d'Ustou. Puis vint la transaction de 1355, par laquelle la vallée stipula avec le sénéchal du comte de Foix les conditions auxquelles elle laisserait passer le minerai au delà du pas de Sabart, et à la place de la mine de Tarascon. Or tandis que, de 1691 à 1726, la vallée, par suite du traité de 1347, passait des actes d'échange avec le comte de Foix, les vicomtes de Massat, d'Alos, de Roquemorel, de Pointis, le comte d'Erce, tous propriétaires de forges du haut Couzerans, et plus tard avec MM. de Montgremier pour la forge d'Arbas, et M. de Bonnac pour celle de Mijanèse (1770), en vertu de la transaction de 1355, des tiers étrangers établissaient des entrepôts de minerai à Tarascon, à Foix et à Ax, pour

Du traité d'échange.

(1691-1726)

(1770)

(1) Cette opinion était émise par Lapeyrouse en 1786.

l'approvisionnement des forges du comté de Foix, du Lordadais, et de l'évêché de Mirepoix. Tant que les charbons du Couzerans furent abondants, l'échange se fit avec facilité, on n'avait guère à réprimer que les accords tacites et particuliers entre les voituriers et les fermiers des
(1732) forges. C'est ainsi que, le 13 février 1732, le conseil politique de la vallée a défendu aux voituriers qui portaient de la mine en Gascogne, de ne payer de leude à fort fait qu'aux commis nommés par les consuls (1). Mais lorsque les charbons furent rares et éloignés, la police du transport éprouva de graves difficultés. En outre, les propriétaires de forge du Couzerans, pour se débarrasser d'une fourniture de charbon qui devenait onéreuse pour eux, et désastreuse pour leur bois, cherchèrent à s'affranchir de l'échange en s'approvisionnant de minerai près de tiers marchands, ou entreposeurs à Tarascon et à Foix.

Un tel état de choses excita la sollicitude, à la vérité fort intéressée, des consuls de Vicdessos, presque tous maîtres de forges. Le conseil politique réclama ; et le sieur intendant du Roussillon, par ses jugements
(1742) contradictoires de 1722 et 1742, força les comtes de Massat et de Sabran à continuer l'échange. Plus tard, en 1771, ledit conseil politique ayant porté de nouvelles réclamations, fondées sur la nécessité de régler
Police de l'échange (1771-1779). la police de l'échange, le Parlement de Toulouse, par deux arrêts des 14 mai 1771 et 22 juin 1779, ordonna à tous les propriétaires des forges de Couzerans de ne prendre le minerai de Vicdessos que par voie d'échange avec du charbon, suivant l'usage. En outre, le jugement de 1771 porte règlement de police (2), concernant tous les détails relatifs au commerce d'échange. Toutefois, ce commerce reçut bientôt après deux échecs successifs. Deux arrêts du conseil d'État de 1780 et
(1780-1781) 1781, autorisèrent MM. de Montgremier et de Sabran à acheter libre-
(1792) ment le minerai marchand. Puis, en 1792, quand les biens des maisons seigneuriales, abandonnés, ou confisqués, passèrent entre les mains d'un grand nombre de propriétaires, l'échange du minerai et du charbon

---

(1) Chaque année les consuls nommaient soit aux mines, soit dans les communes, des préposés chargés de veiller sur l'échange, sur la répartition des voituriers aux différentes forges, et sur la qualité, le poids et la mesure du minerai et du charbon.

(2) *Voir* le texte aux pièces justificatives, § 7.

en nature ne fut plus praticable et devint un véritable commerce, le plus souvent exercé par des tiers.

J'ai dû insister, et m'étendre sur les détails historiques de l'exploitation de Rancié et du commerce du minerai, non-seulement afin de pouvoir exposer avec clarté l'état actuel de ces mines, mais encore indiquer les causes principales du développement de la fabrication du fer dans l'Ariége, et les faits d'économie industrielle, dans ces contrées, du treizième au quatorzième siècle.

Nombre des mineurs. Chiffre d'extraction en 1784.

De tous les documents qui précèdent, aucun ne s'explique sur le nombre des mineurs employés à Rancié, et sur le chiffre de l'extraction. Dietrict (1) porte, en 1784, le nombre des mineurs à environ 300. Alors le minerai se vendait sur la mine 5 sols et demi aux habitants de la vallée, et 7 sols et demi aux étrangers. Cet auteur estime que les mineurs gagnaient de 16 à 18 et jusqu'à 24 sols par jour, en faisant quatre voltes de 150 livres. Selon lui, les forges du pays de Foix et du Couzerans fabriqueraient annuellement 26,740 quintaux de fer avec emploi de 236,520 quintaux du pays, soit 96,363 quintaux métriques de minerai. D'après Lapeyrouse (2), il y aurait eu en 1785, communément 250 mineurs qui auraient annuellement extrait de 4 à 500,000 quintaux du pays. Les 21 forges alors existantes dans le comté de Foix en auraient consommé environ la moitié. Ces évaluations sont trop vagues pour que nous nous y arrêtions davantage.

Exploitation ancienne.

Relativement au mode d'exploitation anciennement suivi, l'absence de toute disposition à cet égard dans les règlements, le texte même de ces derniers, l'état des affleurements et des excavations, enfin les habitudes actuelles des mineurs, tout porte à penser qu'à Rancié, comme à Château-Verdun, comme dans tous les anciens miniers des Pyrénées, les mineurs sont restés les maîtres à peu près exclusifs de l'exploitation. Ils se groupaient en brigades, ou partis de quatre à vingt, suivant l'importance du gîte qu'ils avaient attaqué, et se divisaient, comme aujourd'hui, en perriers, ou piqueurs abattant la mine, et gourbatiers, ou

(1) Mémoire sur les forges dans le comté de Foix, 1786.

(2) Traité sur les mines et les forges du comté de Foix, 1785.

charrieurs. Les premiers étaient le plus souvent les anciens mineurs. Le transport du minerai se faisait, comme maintenant, au moyen de hottes (gourbils) surmontées d'une corbeille dans laquelle est la mine. Ils portaient ainsi une volte de 60 à 70 kilogrammes par des sentiers tortueux, sur un trajet de 400 à 600 mètres, éclairés chacun par une petite lampe ancienne à bec ouvert, dans laquelle ils ont toujours brûlé de l'huile d'olive qu'ils tirent encore d'Espagne.

Cela posé, je vais aborder successivement : le mode de gisement et la composition des minerais, l'exploitation et l'exposé des travaux d'aménagement, l'administration de Rancié et les améliorations à introduire au régime actuel des mines.

CHAPITRE IV.

CONSTITUTION GÉOLOGIQUE DE RANCIÉ, MODE DE GISEMENT ET COMPOSITION DES MINERAIS.

Constitution géologique de Rancié. — Mode de gisement. — Recherche analytique sur la composition du minerai. — Mode d'analyse. — Fer carbonaté. — Fer hydroxydé manganésifère. Mine noire. — Fer oxydé hydraté compacte. Hématite brune. Mine ferrue. — Fer peroxydé (oligiste). Hématite rouge. — Recherche analytique des minerais marchands.

La montagne qui renferme les mines de fer, le mont Rancié, forme une partie du versant oriental de la petite vallée de Sem.

Constitution géologique de Rancié.

La hauteur de son sommet au-dessus du niveau de la mer, est de 1598 mètres (1); son pied en est à 994, et à 324 au-dessus de la route de Tarascon à Vicdessos, ou du hameau de Cabre.

En parlant plus haut de la constitution géologique du bassin ferrifère qui s'étend de Vicdessos aux Cabanes, j'ai indiqué que ce bassin est compris dans les schistes et calcaires de transition modifiés, que la limite nord-ouest est formée en grande partie par le granite des Tres-Seignoux sur lequel s'appuie une zone étroite de calcaires, de schistes et de brèches secondaires modifiés par le granite et par les ophites qui s'y font jour à Vicdessos, Lercoul et Miglos (*voir* la carte, Pl. VI, et les *fig.* 1, 2 et 3, Pl. VII). C'est près de cette limite que se trouve le gîte métallifère de Rancié. Il en est tellement rapproché, que la galerie d'é-

(1) D'Aubuisson.

coulement pratiquée au pied de la montagne, à 35 mètres au-dessus du niveau du village de Sem, la recoupe à une faible distance du point où ce percement a rencontré le massif de minerai. Elle y est marquée par des schistes noirs carburés pyritifères, associés à des brèches de calcaires gris, jaune sale et rosacés. La stratification y est très-tourmentée et y présente tous les caractères du contact des terrains de transition et de la formation secondaire, dont la ligne passe par le sommet de Bertié, recoupe la galerie Becquey, le versant nord de la crête de Rancié, et descend par Lercoul au hameau de Souillac, près du village de Siguer. Ces faits établis, je suis porté à considérer le gisement de Rancié comme compris dans les calcaires de transition dont il marque la limite dans sa partie inférieure. Cette opinion est celle de M. Marrot, ingénieur des mines (1). M. Dufresnoy (2) rapporte le gîte métallifère de Rancié aux calcaires cristallins supérieurs au calcaire schisteux secondaire qui, selon lui, appartiendrait à l'étage du lias.

La montagne de Rancié est presque exclusivement composée de calcaires gris compactes, à texture serrée et grenue, à cassure esquilleuse et inégale. Ces calcaires comprennent des couches subordonnées de schistes auxquels ils passent par l'intermédiaire de schistes calcaires. Au voisinage du gîte métallifère ces calcaires deviennent subcristallins, souvent ferrifères, et quelquefois dolomitiques et pyriteux. Les schistes s'y présentent talqueux et le plus souvent pyrifères. La direction des couches varie de N. 65° E. à S. 45° E. Leur inclinaison moyenne est 70° à 75° sud.

Mode de gisement.

Le gîte métallifère coupe le versant méridional du sommet à la base, suivant une hauteur verticale de 600 mètres environ. Les affleurements y sont indiqués sur toute cette hauteur par d'anciens affaissements (*voir* le plan et la coupe de Rancié, Pl. VIII). La direction du gîte varie de O. E. à S. 45° E., vrai. Les variations ne se font pas seulement remarquer sur un même niveau, mais d'un niveau à un autre. Son inclinaison est fort variable; mais en moyenne elle est de 73° sud. La longueur développée du gîte suivant cette inclinaison, n'a pas moins

(1) Mémoire sur le gisement de Rancié, *Annales des Mines*, t. IV, 1828.

(2) Mémoire sur la position géologique des minerais de fer des Pyrénées. *Annales des Mines*, t. V, 1824.

de 680 mètres. Sa puissance, qui oscille constamment entre des limites dont la supérieure s'élève jusqu'à 15 et 25 mètres, peut être estimée en moyenne à $9^{m}.50$.

Les coupes horizontales des mines de Becquey et de l'Auriette, Pl. VIII, indiquent combien cette puissance est variable. Elles montrent que le gîte de Rancié, que l'on peut considérer comme un stockwert (masse debout) tantôt parallèle, tantôt incliné aux couches encaissantes, se compose d'une série de renflements et d'étranglements successifs qui lui donnent une allure en chapelet. La *fig.* 1, Pl. VII, fait voir qu'il en est de même suivant l'inclinaison.

La masse métallifère de Rancié présente dans son plus grand développement tous les caractères sur lesquels je me suis appuyé pour rendre raison de l'état primitif du minerai (fer carbonaté rhomboïdal et à petites faces), de ses modifications successives sous l'influence des agents de décomposition et de dégradation, enfin des altérations dans la forme et dans l'allure originelles du gîte. Plus qu'ailleurs on y observe :

1° La décomposition et le déplacement du fer carbonaté à l'état de fer hydroxydé compacte, concrétionné, stalactiforme, qui donnent ces belles hématites que les amateurs viennent chercher à Rancié.

2° Le passage insensible et l'adhérence du fer carbonaté aux parois de calcaires ferrifères qui l'encaissent, et surtout aux calcaires intercalés.

3° La présence au milieu de la masse de calcaires empâtés, tantôt isolés, tantôt se ramifiant et partant des parois. Les masses calcaires isolées se présentent le plus souvent parallèles aux parois. On en voit plusieurs exemples à l'entrée de l'Auriette et du Poutz, et surtout au voisinage des anciens vides de Chassepot et à la mine de la Roque.

4° Les traces de l'action érosive des eaux sur les parois du gîte, action qui s'est manifestée par de profondes attaques des parois et surtout du mur, et qui a donné à la masse cette forme en pseudo-gradins droits (voir *fig.* 1, Pl. VII, et la coupe Pl. VIII). La figure I indique une de ces branches creusées au mur et postérieurement remplies par les eaux, que l'on rencontre au Poutz, au Tartier et au Bellagre. La coupe Pl. VIII montre au niveau de la mine de la Craugne un vaste gradin vertical qui n'a pas moins de 90 à 100 mètres de hauteur.

5º Ces argiles manganésées et ces variétés de manganèse oxydé terreux, argentin, subcristallin, botroïde, stalactiforme, bacillaire, que l'on observe surtout dans les géodes des hématites et au voisinage des sallebandes d'argile, provenant de l'action dissolvante des eaux sur les roches calcaires.

6° Enfin ces blocs calcaires arrondis et roulés, empâtés dans les argiles que l'on rencontre principalement au mur (mines de l'Escudelle et de Becquey), et qui viennent de l'action des infiltrations sur les parois et surtout au mur.

J'ai précédemment renvoyé au chapitre des mines de Rancié l'examen des différentes variétés de minerai que donnent les gîtes dont l'origine paraît pouvoir être rapportée au granite. Je vais indiquer succinctement le mode suivi dans l'analyse chimique de ces minerais.

Recherche analytique sur la composition du minerai.

En raison de la présence du deutoxyde de manganèse dans la presque totalité des variétés à analyser, et surtout à cause des recherches que je faisais sur la composition des différents produits du travail des forges, j'ai dû recourir à la détermination par voie humide de tous les éléments du minerai.

Mode d'analyse.

La marche générale que j'ai suivie consiste à fortement calciner cinq grammes de minerai porphyrisés pour déterminer par perte de poids l'eau hygrométrique, celle de composition associée aux hydrates métalliques, et l'acide carbonique des carbonates terreux. Une attaque sur cinq autres grammes, bien porphyrisés, par l'acide muriatique a donné un résidu insoluble de silice et de quartz, et le plus souvent de silice gélatineuse..... La liqueur muriatique dont on avait chassé par évaporation l'excès d'acide, a précipité par l'ammoniaque le peroxyde de fer et l'alumine avec les précautions usitées pour ne pas précipiter de la chaux, soit par un excès d'ammoniaque, soit par le contact de l'air. Dans le plus grand nombre de cas, et surtout quand le minerai paraissait chargé de manganèse, j'ai dû recourir au succinate d'ammoniaque, afin de m'assurer que je n'entraînais pas du manganèse..... Le fer et l'alumine précipités, filtrés et pesés, ont été séparés par une attaque à la potasse au creuset d'argent. Quand le résidu de silice gélatineux était abondant, j'ai recherché la silice entraînée avec l'oxyde de fer et l'alumine, en dissolvant dans la potasse humide et sursaturant légèrement par un acide faible....... Il restait dans la liqueur muriatique, la chaux, la magnésie et le manganèse..... La chaux était précipitée par l'oxalate d'ammoniaque et successivement dosée à l'état de carbonate et de chaux caustique....... Le manganèse était précipité à l'état de sulfure par le sulfhydrate d'ammoniaque. Le précipité était réuni, promptement filtré et lavé, puis attaqué avec ménagement par l'acide muriatique étendu. L'oxyde de manganèse était ensuite précipité par le carbonate de potasse, ou de soude, et dosé à l'état d'oxyde rouge..... La liqueur ne renfermait plus que la magnésie et un excès de sulfhydrate d'ammoniaque que l'on chassait en faisant bouillir et en filtrant. On évaporait ensuite à siccité et on faisait rougir le résidu pour chasser les sels ammoniacaux; puis on sursaturait par un excès d'acide sulfurique que l'on chassait ensuite par l'évaporation à siccité. On dissolvait, et dans la liqueur chargée de sulfates alcalins et de magnésie, on versait un excès d'acétate de baryte. La liqueur était filtrée, évaporée à sec et rougie fortement dans une capsule de platine. Le résidu était repris par l'eau bouillante, qui enlevait les sels alcalins. On reprenait la magnésie par l'acide sulfurique, et on la dosait à l'état de sulfate. J'ai également dosé la magnésie précipitée à l'état de phosphate ammoniaco-magnésien, que l'on faisait réunir à une douce chaleur. J'ai admis, d'après Henry Rose, qu'il renfermait 40 p. 100 de magnésie.

L'analyse du carbonate de fer non altéré s'est faite de la même manière, seulement j'ai ajouté de l'acide nitrique dans la liqueur muriatique et évaporé à siccité pour m'assurer de la suroxydation des protoxydes métalliques.

Dans le cas d'un mélange de carbonates et d'oxydes hydratés métalliques, j'ai dosé l'acide carbonique pendant l'attaque muriatique en le recevant dans une dissolution de chlorure de barium.

La plupart des analyses qui seront mentionnées ont été vérifiées par deux opérations contradictoires.

Trois variétés de fer carbonaté rhomboédrique et lamellaire ont donné :

Fer carbonaté.

	(1)	(2)	(3)
Densité	3.270	3.420	2.850
Carbonate de fer	85.00	86.20	60.50
Carbonate de manganèse	9.61	10.72	1.52
Carbonate de chaux	3.00	»	28.80
Carbonate de magnésie	2.39	2.01	»
Alumine	»	»	2.10
Silice et quartz	»	0.60	6.60
	100.00	99.53	99.52
Richesse en fer, p. 100	40.16	40.47	28.49

L'analyse (1) se rapporte à un fragment de carbonate, blond, rhomboédrique, détaché d'une masse assez voisine du toit calcaire. L'analyse (2) appartient à un morceau de la même masse plus éloigné de la roche encaissante. La variété (3), *anis des mineurs*, a été prise au milieu de calcaires lamellaires auxquels elle paraissait associée, et au voisinage d'un amas de calcaire ferrifère intercalé dans le gîte. La difficulté de traitement du carbonate sans grillage préalable, le fait rejeter comme minerai marchand.

Fer hydroxydé manganésifère. Mine noire.

Les analyses qui suivent se rapportent à des variétés de fer hydroxide manganésien (mine noire), ou fer carbonaté décomposé, ou en décomposition.

	(4)	(5)	(6)	(7)
Densité	3.50	3.53	»	3.69
Fer carbonaté	44.20	»	»	»
Peroxyde de fer	30.00	61.60	77.00	81.50
Oxyde de manganèse	4.96	6.10	6.20	9.60
Chaux	5.00	8.10	1.80	0.90
Alumine	»	»	»	»
Silice et quartz	5.60	4.60	6.30	1.10
Magnésie	0.20	1.60	1.18	0.30
Perte au feu	10.01	17.80	8.00	6.60
	99.97	99.80	100.00	100.00
Richesse en fer, p. 100	41.50	42.18	53.39	56.47

Les analyses (4) et (5) se rapportent à des carbonates en décomposition associés à des minerais calcaires. Ces variétés forment de puissants éboulis au fond de la mine de la Craugne. Elles sont peu recherchées dans le commerce à cause de la difficulté du traitement. L'état de décomposition incomplète dans lequel s'y rencontrent les carbonates métalliques, la présence de la chaux, et le peu de matière siliceuse en rendent le travail pénible. Les scories en sont grasses et le fer pailleux. Le grillage préalable, l'immersion et l'abandon à l'eau et à l'air les ramènent à une mine noire douce..... Les analyses (6) et (7) appartiennent à deux variétés de mine noire, très-douce. La première vient des variétés (4) et (5) grillées et exposées à l'air. Celle (6) est une moyenne de trois bonnes mines noires épigènes que l'on recherche à Rancié, et qui dans le traitement s'associent parfaitement avec les fers oxydés hydratés compactes de médiocre qualité. Le rapprochement de ces deux dernières analyses indique l'analogie d'effets du grillage suivi d'immersion, et de la décomposition lente du minerai en place.

Les mines noires, douces, assez rares à Rancié, ont à peu près complétement manqué depuis les grands éboulements de la Craugne (1819). Cependant, elles reparaissent aujourd'hui dans plusieurs nouveaux chantiers ouverts dans des massifs vierges au minier du Pontz.

Fer oxydé hydraté compacte. Hématite brune.

Mine ferrue.

Le fer hydroxydé compacte (mine ferrue, ou ferrude) compose la presque totalité du minerai actuellement extrait de Rancié. D'après le mode de formation de ce minerai, résultant de la décomposition des carbonates, dans le plus grand nombre de cas avec déplacement et dépôt sur les points du gîte errodés par les eaux souterraines, on conçoit facilement que la mine ferrue doit présenter de nombreuses variétés. En effet elle se présente tantôt en pâte amorphe et compacte, tantôt elle est concrétionnée, géodique, ou stalactiforme, et donne l'hématite brune. Quelquefois elle se charge d'argile ferrugineuse plus ou moins manganésifère, ou bien de chaux carbonatée rhomboïdale, concrétionnée, ou subcristalline. La teneur de manganèse oxydé terreux y est fort variable. Enfin on y observe plus ou moins de quartz carrié, concrétionné, assez rare d'ailleurs. Toutes ces circonstances provoquent de grandes variations dans la nature et dans le degré de richesse du minerai hydroxydé compacte.

Une hématite brune associée à de l'hydroxyde compacte a donné :

	(8)		
Perte au feu.	14.60		
Oxyde de fer.	79.10	Densité de l'hématite.	= 4.08
Oxyde de manganèse. .	2.15	Densité de l'hydroxyde compacte	= 3.74
Chaux.	0.70	Richesse en fer, p. 100. . . .	= 54.77
Alumine.	0.30		
Magnésie.	»		
Silice et quartz.	3.40		
	100.25		

Deux variétés composées d'hydroxyde compacte avec quartz carrié blanc, et avec chaux carbonatée subcristalline ont donné en moyenne :

	(9)	
Perte au feu.	18.00	
Oxyde de fer.	67.00	Densité. . . . . = 3.60
Oxyde de manganèse.	1.50	Richesse en fer, p. 100 = 46.45
Chaux.	2.80	
Alumine.	0.60	
Silice et quartz.	10.00	
	99.90	

Une variété, plus chargée d'argile et de chaux carbonatée qui se présenta en abondance de 1834 à 1839 dans les chantiers de l'Auriette, a donné :

	(10)	
Perte au feu.	23.00	
Oxyde de fer.	56.00	Densité. . . . . = 3.38
Oxyde de manganèse.	0.40	Richesse en fer, p. 100 = 38.83
Chaux.	4.20	
Alumine.	1.00	
Silice et quartz.	16.00	
	100.60	

Trois variétés poreuses du voisinage du mur ont donné :

	(11)	(12)	(13)	
Perte au feu.	25.00	19.00	22.10	La densité de (11) = 2.95
Oxyde de fer.	60.00	65.00	61.90	La densité de (12) et (13) = 3.21
Oxyde de manganèse.	traces.	5.20	4.10	
Terres et argiles. . .	15.00	10.80	12 00	
	100.00	100.00	100.10	
Richesse en fer, p. 100.	41.60	45.07	42.98	

Ces mines sont poreuses ; on en rencontrait en 1836 et 1837 en assez grande quantité au chantier de Tarbes, mine de l'Auriette, surtout les variétés (12) et (13), riches en argiles manganésées.

Il arrive quelquefois que dans les calcaires ferrifères encaissants, ou intercalés, on rencontre des nids de fer oligiste micacé que les ouvriers nomment *luzentié*. Il est rejeté par les forgeurs.

Fer peroxydé (oligiste). Hématite rouge.

On voit aussi, mais assez rarement, le fer peroxydé associé à l'hématite brune concrétionnée. Il s'y présente quelquefois compacte, avec un grain d'acier, d'autres fois à l'état d'hématite rouge; enfin, mais rarement, rouge et pulvérulent.

Une hématite rouge a donné :

	(14)		
Perte au feu.	2.20		
Oxyde de fer.	96.00	Densité. . . .	= 4.98
Oxyde de manganèse. . . .	0.61	Richesse en fer	= 66.56
Silice.	1.02		
	99.83		

Telles sont les recherches analytiques faites sur les différentes variétés minéralogiques du minerai de Rancié. Les résultats sont assez concordants avec les analyses de quelques-unes d'entre elles précédemment faites par MM. Berthier, d'Aubuisson, Reverchon, Serres, Tardy et Richard. Je terminerai en indiquant qu'au voisinage des roches schisteuses, qui se font jour entre les calcaires encaissants, le minerai se présente quelquefois avec de la pyrite de fer et de cuivre (marcassine) et plus rarement avec concrétions de cuivre carbonaté (verdé). On en voit plusieurs exemples aux niveaux de l'Escudelle et du Bellagre.

Mais au point de vue de l'art pratique des forges, les données qu'elles peuvent fournir à l'étude du traitement ne sont pas suffisantes. C'est surtout sur les mélanges qui sortent de la mine, et mieux sur ceux employés aux forges qu'il convient de rechercher ces données. En effet, les différentes variétés dont nous venons de donner la composition ne se présentent pas dans le commerce telles que nous les avons indiquées ci-dessus. Cela tient à l'état des chantiers, et au mode d'exploitation, au pic et au coin. Tant que les chantiers sont sûrs, riches et surtout secs, la qualité du minerai ne peut varier qu'avec le soin que le mineur apporte dans le triage sur place lorsqu'il charge sa volte. Mais si les ateliers sont pauvres, s'ils présentent des dangers, enfin s'ils sont envahis par les eaux, le mineur, avec la meilleure volonté, ne peut empêcher l'empâtement des argiles et des terres. Ces causes de diminution dans la qualité du minerai extrait, agissent d'une manière marquée, si les chantiers sont dans les éboulis, généralement entourés de stériles empâtés d'argile, et si la qualité du minerai mis à découvert est déjà médiocre. Leurs effets sont bien moins sensibles si l'on est établi dans du minerai vierge, et surtout quand ce minerai se compose de mines noires; car alors les sallands et les poils d'argiles ne s'y rencontrent pas comme dans le fer hydraté compacte.

Ces circonstances expliquent pourquoi le minerai extrait, que nous appellerons minerai marchand, ou mine marchande, se maintint de qualité souvent fort médiocre durant les années 1831 à 1838. Les grands chantiers ouverts dans le minerai en place à la Craugne n'existaient plus. Déjà même, en 1834, époque à laquelle je fus chargé du service de Rancié, les éboulis riches, provenant de la ruine de ces chantiers, avaient à peu près entièrement disparu; il n'y avait aucun atelier sur minerai vierge.

Deux moyens devaient être simultanément employés pour améliorer la situation des usines, surtout dans un moment où le commerce du fer était en souffrance; l'activité dans les travaux de recherche, et une grande sévérité dans le choix du minerai. Dès lors, il devenait indispensable de rechercher la teneur en fer des minerais marchands. J'entrepris ce travail pendant les années 1835, 1836 et 1837. Les analyses ont été faites sur des mélanges, faits à l'usine, de 500 à 600 kilogrammes de minerai, soit pris au magasin, soit apporté à dessein à la forge. J'ai cru devoir ne pas me borner à un essai pour fer, mais recourir à la détermination de tous les éléments, afin de pouvoir établir exactement les résultats comparatifs de l'analyse et du traitement des minerais marchands à la forge catalane (1).

Recherche analytique des minerais marchands.

Un minerai en roche, représentant le terme moyen du mélange de toutes les bonnes variétés associées dans les proportions fournies par l'extraction de 1835 à 1837, a donné:

(1) *Voir* le mémoire sur la composition des mines marchandes que j'ai présenté au conseil général des mines, le 3 janvier 1838. *Annales des mines*, t. XIV, 1839.

	(15)	
Perte au feu.	12.80	
Oxyde de fer.	68.00	La richesse en fer = 47.15
Oxyde de manganèse.	3.00	
Chaux.	5.60	
Magnésie.	0.70	
Argile.	9.60	
	99.70	

Avec quelque soin dans l'extraction, il est toujours possible d'obtenir que le minerai en roche ait cette teneur. Mais il est fort rare qu'il ne soit pas associé à du minerai en petits fragments et à l'état terreux. L'exploitation des éboulis donne, terme moyen, $\frac{8}{13}$ de minerai en roche de toutes qualités; $\frac{5}{13}$ de minerai en petits fragments et à l'état terreux.

Un chantier établi dans le minerai hydroxydé compacte en place ne donne pas au delà de 2 à 2 $\frac{1}{2}$ treizièmes de minerai en greillade dans laquelle il n'entre pas plus d'un tiers d'argile.

Un bon minerai marchand de la forge de Cabre (1837), reposé en magasin depuis plusieurs mois, a donné pour moyenne de deux analyses :

	(16)	
Perte au feu	14.20	
Oxyde de fer.	64.00	Richesse en fer = 44.16
Oxyde de manganèse. . . .	4.00	
Chaux.	5.90	
Argile.	12.60	
	100.70	

Ce minerai renfermait $\frac{8}{13}$ de mine en roche à 47 p. 100 de fer et $\frac{5}{13}$ de minerai terreux, contenant 89 parties en petits fragments, 5 d'humidité et 6 d'argile. Un minerai marchand de vieille forge de Niaux (1837) a donné :

	(17)	
Perte au feu	15.00	
Oxyde de fer.	62.20	Richesse en fer = 44.20
Oxyde de manganèse. . . .	2.30	
Chaux.	6.00	
Argile.	14.00	
	99.50	

Ce minerai renfermait $\frac{8}{13}$ de minerai en roche et $\frac{5}{13}$ de greillade, contenant 77 parties de mine en petits fragments, 9 d'argile, 2 de calcaires stériles et 12 d'humidité. Il exprime la moyenne du minerai marchand de 1835 à 1838.

En 1837, des minerais des forges de Belesta et de Villeneuve ont donné en moyenne :

	(18)	
Perte au feu	19.00	
Oxyde de fer	56.00	Richesse en fer = 38.83
Oxyde de manganèse	1.68	
Chaux	5.10	
Argile	18.00	
	99.70	

Ce minerai renfermait $\frac{6}{13}$ de mine en roche et $\frac{7}{13}$ de greillade contenant 66 parties de minerai en petits fragments, 17 d'argile, 3 de calcaires stériles et 14 d'humidité. Il avait séjourné plus que le précédent au magasin où il s'était essuyé.

En 1837, un mélange intime de mines marchandes réunies aux forges de la Vexanelle, de Guilhe, de la Prade, etc., a donné :

	(19)	
Perte au feu	18.60	
Oxyde de fer	53.40	Richesse en fer = 37.03
Oxyde de manganèse	2.00	
Chaux	8.00	
Argile	18.00	
	100.00	

Il renfermait $\frac{6}{13}$ de minerai en roche, $\frac{7}{13}$ de greillade composée de 64 de minerai menu, 5 de calcaires stériles, 16 d'argile et 15 d'humidité.

Les variétés marchandes (18) et (19) étaient fréquemment portées en forge et donnaient un travail onéreux pour le propriétaire d'usine, qui à chaque feu était constitué en perte de plus de 3 à 4 fr. Les qualités (16) et (17) donnaient un rendement ordinaire avec un bénéfice modéré. Elles étaient assez rares dans le commerce. Toutefois, je m'étais assuré qu'avec une surveillance active à l'extraction, on pouvait facilement, et sans trop exiger du mineur, arriver à les rendre communes. En conséquence, le 3 janvier 1838, dans un travail spécial, je proposais de n'admettre à la vente sur les marchés que les mines marchandes riches à 43 p. 100 de fer métallique.

Mais l'état des chantiers, tous alors dans les éboulis, n'était pas la seule cause de la qualité médiocre du minerai. Bien que le fer fût tombé à un bas prix, 39fr.82 p. 100 kilogrammes, les forges soutenaient leur roulement, le minerai était fort rare et partant fort recherché. Dès lors il y avait falsification par addition de stériles ferrifères, pris sur les montagnes de Sem et de Lercoul, et jusque dans l'intérieur des mines et des ateliers. Je dus recourir à toutes les voies de surveillance et de répression sur les mineurs et sur les voituriers. Plusieurs arrêtés du préfet de l'Ariége vinrent en aide pour fixer les moyens légaux. Mais je dois le dire ici, jurats et mineurs ne faisaient pas plus leur devoir qu'aux époques où ils provoquaient par leur mauvais vouloir les règlements de 1414, de 1731, et les ordonnances de 1719.

Toutefois, je l'ai dit, des recherches actives étaient poussées à l'avancée des mines de l'Auriette, une nouvelle mine, celle du Poutz, était en reprise (1834 à 1838) dans le but de reconnaître de nouvelles ressources. Ces efforts furent suivis de succès, et nous fûmes assez heureux pour mettre à découvert au fonds de l'Auriette, tant au-dessus qu'au-dessous du niveau de ce minier, des massifs de minerai vierge dont l'exploitation a, depuis 1839, sensiblement amélioré la qualité du minerai marchand, et soutenu en bonne allure la presque totalité des forges. J'indiquerai plus loin la consistance des travaux de recherches, desquels il résulte qu'en 1841 et 1842 la teneur moyenne du minerai marchand obtenue par quatre analyses faites sur des mélanges de mines prises aux forges de Vicdessos, de Niaux, de Lacour et du Mas-d'Azil était :

	(20)	(21)
Perte au feu	13.20	14.50
Oxyde de fer	65.50	64.00
Oxyde de manganèse	3.00	6.20
Chaux	5.00	3.50
Magnésie	0.45	0.80
Alumine	1.30	1.20
Silice	11.40	10.50
	99.85	100.70
Richesse en fer	45.39	44.21

Ces variétés donnent un bon travail qui dans quelques usines a été de 100 de fer avec emploi de 305 de minerai et 309 de charbon. La variété (21) renfermait de la mine noire sortie des nouveaux ateliers de l'avancée du Poutz.

M. Richard a recherché la composition du minerai en forge. Il donne comme moyenne la composition suivante, résultant d'analyses faites sur la charge d'un feu (187 kilogrammes).

	(22)
Eau	12.112
Peroxyde de fer	62.474
Oxyde de manganèse	6.213
Chaux	2.790
Magnésie	0.545
Alumine	1.014
Silice	14.715
Perte	0.137
	100.000

CHAPITRE V.

EXPLOITATION ET AMÉNAGEMENT DES MINES DE RANCIÉ.

Exploitation. — Règlement de l'an XIII (5 juin 1805). — Mode d'exploitation. — État général des travaux. — Éboulis. — Travaux d'aménagement et de recherche exécutés de 1812 à 1842. — Résultats des travaux. — Tableau des travaux exécutés à Rancié par l'administration des mines de 1812 à 1842. — Fonds spécial de Rancié. — Nombre des mineurs. — Quantité annuelle de minerai extrait. — Transport du minerai. — Prix du transport en forge.

Exploitation.

J'ai exposé précédemment les différentes phases qu'éprouva l'exploitation de Rancié de 1293 à 1789. Les lois rendues à cette dernière époque, en centralisant l'action gouvernementale, supprimèrent de fait les administrations particulières sur tous les points de la France, et abolirent les priviléges. L'application en fut faite dès 1790 à la vallée de Vicdessos. Le pouvoir de son conseil politique s'effaça devant l'action de l'autorité départementale à laquelle furent dévolues la haute administration et la police de Rancié; et en 1802 l'ingénieur des mines de l'arrondissement de Carcassonne (1) fut chargé du service de ces mines. Le nouvel état des idées et des choses rendit nécessaire un nouveau règlement. En conséquence, le 10 messidor an XIII (1805), des dispositions temporaires furent prises par décision ministérielle.

Règlement de l'an XIII (5 juin 1805).

(1) M. Brochin, nommé ingénieur en chef en 1807, fut remplacé dans le service de l'Ariége par M. d'Aubuisson, nommé ingénieur en chef, en résidence à Toulouse, le 2 mai 1811.

Elles modifient peu l'ancienne exploitation. Les jurats y sont au nombre de quatre, ils ont les mêmes attributions qu'antérieurement ; seulement ils sont réélus par un chaque année par le préfet sur une liste double formée à la pluralité des suffrages du corps des mineurs...... Le prix du minerai est le même pour tous, aucune préférence n'est faite en faveur des habitants de la vallée...... Les mineurs y sont tenus de travailler par brigades, ou partis, et jamais isolément..... Le minerai est marchand sur les places des miniers. Il y est livré et reçu en forges au poids de 60 kilogrammes..... La fixation du prix du minerai est faite par le préfet en assemblée de quatre mineurs délégués par l'office, de quatre maîtres de forges, et sur l'avis de l'ingénieur des mines... Enfin les jurats sont tenus de veiller à la sûreté des mines et des chantiers, à la répartition des mineurs et à la conservation des piliers. Ils règlent, d'après les ordres de l'ingénieur, le mode d'attaque et d'exploitation des massifs vierges.

Mais pendant longtemps encore, rien ne fut changé dans l'exploitation jusqu'en 1811, époque à laquelle M. d'Aubuisson fut chargé, en qualité d'ingénieur en chef, du dix-septième arrondissement des mines qui comprenait le département de l'Ariége.

M. d'Aubuisson ne trouva alors que deux mines, l'Auriette et la Craugne, en exploitation sur dix qui en 1760 étaient encore ouvertes ; ces mines sont, en partant du sommet (*voir* la Pl. VIII), la Roque, la Craugne, la vieille place du Tartier, le Tartier, le Poutz, l'Auriette, la Graillère, la place d'en Haut et l'Escudelle. Le Bellagre situé sous l'Escudelle avait été antérieurement abandonné par suite de la présence des eaux souterraines. En parcourant les parties accessibles de ces miniers, on s'assure bientôt que l'exploitation en a été faite de la même manière que les mineurs d'aujourd'hui attaquent les massifs vierges. Ils s'avancent toujours en descendant, et s'attachent à suivre le minerai qu'ils enlèvent au pic et au coin, et quelquefois à la poudre. Si le minerai est abondant, ils s'avancent ordinairement sur 3m.00 à 4m.00 de largeur, et 2m.50 à 3m.00 de hauteur. Quand le minerai manque au front, ils reviennent attaquer sur de méchants échafaudages les sols et les plafonds. Dans les éboulis, les mineurs, toujours par brigades, s'avancent en s'attachant au minerai qui se présente devant eux ; ils pénètrent dans leurs chan-

Mode d'exploitation.

tiers par des galeries dites Coucières, entretenues autrefois par l'office, à la diligence des jurats, aujourd'hui par des ouvriers spéciaux, pris parmi les bons mineurs et payés partie en argent, partie en minerai. Les bois nécessaires à l'entretien et à l'abattage ont toujours été pris dans les forêts de sapin de la vallée de Sem (1). Autrefois, les mineurs allaient les chercher en forêt au fur et mesure de leurs besoins. Il en résultait de graves inconvénients pour les bois, pour le bon entretien et la bonne exploitation des mines. Aujourd'hui, et surtout depuis 1836, chaque minier a un magasin toujours approvisionné. Un registre d'entrée et de sortie est tenu à la diligence de l'un des jurats. A cette époque, j'ai préparé, sur les ordres de M. l'ingénieur en chef, les bases de proposition d'un règlement sur les bois. Il n'y a pas encore été donné suite par l'administration des forêts.

Etat général des travaux.

On conçoit que sur tous les points où la puissance du gîte s'est développée, la masse métallifère, attaquée sans règle de conduite à différents niveaux, soutenue par des piliers qui le plus souvent portaient à faux, a dû finir comme finit tout stockwerck exploité par chambres et étages, au bout d'un temps plus ou moins long : elle s'est écrasée sur elle-même, et a donné des éboulis au milieu desquels les mineurs ont dû un jour rechercher le minerai.

Éboulis.

Les divers affaissements de ce genre sont ceux de la place d'en Haut et de la Craugne. Le premier eut lieu de 1760 à 1769; cette dernière année, quelques mineurs nomades ayant attaqué un énorme pilier, le seul qui soutînt la voûte de la place d'en Haut et de l'Escudelle, un immense éboulement qui engloutit toute la place de ces miniers donna naissance aux grands vides (2) (*Bouis*) 27.27, Pl. VIII, et y suspendit toute exploitation. Le second écrasement, celui de la Craugne, eut lieu en 1819. On y exploitait une masse de 20^{m}.00 de large sur 88^{m}.00 à 90^{m}.00 de hauteur verticale. D'après les anciens plans levés par M. d'Au-

(1) Une décision du ministre des finances, du 5 octobre 1837, reconnaît les mines de Rancié usagères des forêts de la Vallée.

(2) Ces vides, plus encore que ceux de la Craugne (trou), offrent un spectacle remarquable de destruction et de chaos souterrain. L'entrée ouverte au milieu de débris immenses, vue du dedans, présente un coup d'œil intéressant, surtout par la hardiesse de voûtes naturelles qui n'ont pas moins de 50^{m}.00 à 60^{m}.00 de portée.

buisson, il y avait quinze chantiers étagés. Toute cette masse s'est affaissée sur elle-même en 1819, et années suivantes. C'est seulement en 1833, 1834 et 1835 que les derniers piliers du Goulet-de-Chassepot et de l'Espital, en s'écrasant, donnèrent les vides 5.5 qui n'ont pas moins de 220^{m}.00 de longueur sur 30^{m}.00 à 50^{m}.00 de largeur. Les voûtes qui les recouvrent s'éboulent par parties chaque année, surtout à l'époque de la fonte des neiges. Alors les abords de ces mines présentent de grands dangers.

M. d'Aubuisson écrivait de l'Auriette en 1812 : « Elle ne présente qu'une immense masse d'éboulis au milieu desquels la nécessité de vivre porte 400 mineurs à s'ouvrir de petits chantiers, où ils recherchent, brisent et extraient les blocs de minerai qui y sont enfouis. Ils travaillent sous des voûtes formées de quartiers de roches et des fragments de la couche (métallifère), sans liaison, s'appuyant simplement les uns contre les autres. Sans hyperbole, on peut dire que ces ouvriers ont sans cesse la mort en équilibre sur leur tête, et qu'un rien peut rompre cet équilibre et les anéantir sous des milliers de quintaux de pierres. Ici tous les secours de l'art ne peuvent rien. En bonne police, de tels chantiers devraient être fermés. Mais comment nourrir les mineurs qui y gagnent leur pain ; comment pourvoir de minerai les cinquante forges qui se pourvoient à Rancié (1) ? »

En 1812, les plans des mines en exploitation furent levés, afin de reconnaître l'allure du gîte et d'en étudier l'aménagement.

Travaux d'aménagement et de recherche exécutés de 1812 à 1843.

Alors, on avait à la fois : 1° à régulariser et rendre sûres et de facile accès les galeries d'exploitation; 2° à pourvoir à l'aménagement; à fixer pour l'avenir des ressources par un bon système de recherche.

C'est ainsi que successivement de 1812 à 1819, on améliora les galeries de l'Auriette et de la Craugne; on pratiqua le beau percement de Saint-Louis (4.4 Pl. VIII) qui a 222^{m}.00 courants, et on explora les parages inférieurs de la Craugne. Pendant ce temps, des recherches furent tentées sur la mine de la Roque, et le 7 janvier 1812 le ministre

(1) On compte par année, terme moyen, 242 jours ouvrables, et 61 sinistres, tous arrivés par éboulement. Sur ces sinistres, il y a 1 à 2 morts et 8 à 12 blessures graves. Les accidents sont presque toujours le résultat de la négligence et de la témérité des mineurs.

de l'intérieur, sur l'avis des ingénieurs, autorisait l'ouverture du Bellagre, où, suivant Diétrict (1784), le seul homme de l'art qui eût alors visité Rancié, il y avait d'excellente mine noyée par les eaux. De 1819 à 1825, afin de relier entre elles les galeries d'exploitation de l'Auriette, de la Craugne, de Saint-Louis et l'entrée de la Roque, afin d'offrir ainsi aux mineurs des chances de salut en cas d'effondrement de l'une d'elles, on travailla aux communications entre ces différents niveaux. On eut d'ailleurs, dans l'exécution de ces travaux, le moyen d'en explorer les parties avancées.... Cependant (1820 à 1829), de grands travaux de recherches étaient poussés en reconnaissance et en recoupement de la couche métallifère, au pied du mont de Rancié, à $40^{m}.00$ au-dessus du village de Sem. Après un avancement de 373 mètres courants, une galerie d'écoulement, dite de Becquey, rencontrait le gîte (*voir* le plan, Pl. VIII). Le minerai mis à découvert fut exploré par une galerie d'allongement au mur, par des traverses, par le puits du Bellagre (29), enfin par la cheminée de Becquey (32). L'ensemble de ces travaux permet d'estimer qu'entre les niveaux de Becquey et du Bellagre, le massif de minerai, sur une longueur de $120^{m}.00$, et sur une hauteur moyenne de $31^{m}.00$, n'a guère que $7^{m}.00$ à $9^{m}.00$ de puissance moyenne; encore une partie en est-elle occupée par des stériles, mis à nu sur plusieurs points.

La galerie d'écoulement a permis l'exploration facile des travaux avancés de Bellagre et de l'Escudelle (28-28), où après avoir reconnu quelques petits massifs et placages, on est tombé sur les éboulis des anciens (1831 à 1833). Ici la continuation des recherches fut longuement débattue. D'une part on voulait s'attacher à explorer le gîte de bas en haut par un système de descenderies et de galeries étagées suivant l'allure et les sinuosités du gîte. D'autre part, on crut préférable d'ouvrir aux niveaux de Becquey et de l'Escudelle deux galeries (30) et (33) poussées suivant la direction moyenne de Becquey, S. 45° E. magnétique; puis de s'élever suivant une ligne inclinée à des étages supérieurs. Ce dernier système prévalut et fut ordonné le 18 avril 1832. Mais les indices fournis par les galeries (30) et (33), tels que l'absence de vénules de fer spathique, la texture et la couleur des roches traversées, la présence de débris organiques qui ne se rencontrent point au voisinage du gîte forcèrent bientôt (septembre 1835), sur mon rapport du 16 janvier 1835, à abandonner ces recherches.

La décision du 18 avril 1832 portait également autorisation d'une recherche à l'avancée de l'étage de l'Auriette. Déjà (1833 et 1334), deux tentatives pour relier la galerie de service (21.21.21) à la roche du mur avaient été faites infructueusement et délaissées par suite du glissement permanent d'éboulis boueux sur cette roche. Le 24 janvier 1835, une nouvelle direction fut tentée, et bientôt nous tombâmes sur une masse métallifère (22.22) qui fut explorée en direction et sur une hauteur de 89^{m}.00, tant par les chantiers (22.22) que par la galerie (18.18) qui, suivant nos prévisions (1), après avoir fonctionné comme recherche, sert aujourd'hui de galerie de service. La plupart des chantiers actuels y aboutissent, et notamment les nouveaux ateliers (19) du Poutz, ouverts en 1840 dans le minerai vierge. En outre, elle offre une communication sûre et permanente, en remplacement de la galerie de secours (19.19) qui, poussée au mur dans des éboulis mobiles, bien qu'elle fût l'objet de réparations continuelles, ne fut pas ouverte et viable un trente-neuvième des jours ouvrables de 1834 à 1838..... Pendant ce temps, dans le but de rendre plus facile et surtout moins dangereuse l'exploitation de la Craugne qui se faisait par les grands vides de Chassepot (5.5), une galerie de service général (15.15) fut ouverte (1834 à 1838) au niveau de l'ancienne mine du Poutz sur une longueur de 493 mètres courants. Cette galerie, sensiblement horizontale, et en presque totalité dans la roche du mur, sert à l'exploitation journalière de la Craugne, du Poutz et des parties supérieures de l'Auriette.

Les travaux inférieurs (22.22) avaient mis à découvert une masse bien réglée de fer hydroxydé compacte de 4^{m}.00 à 5^{m}.00 de puissance, courant S. 63° E., qui fut suivie en profondeur au-dessous du niveau de l'Auriette..... L'allure soutenue de cette masse hâta l'époque d'exécution d'un projet d'exploration du gîte sous le niveau de l'Auriette, conçu dès 1837 (2). Les travaux ouverts dans ce but depuis le mois de juin 1840,

(1) *Voir* notre correspondance 1836-1837 avec M. l'ingénieur en chef des mines.

(2) *Ibid.*

sont conduits de manière à servir un jour de galerie d'exploitation. Le 1er mai 1842, ils se composaient de 400m.40 courants de galerie poussés au mur et en grande partie ouverts dans le minerai vierge. Ils sont indiqués sous le chiffre (25.25) à la coupe, Pl. VIII (1).

Résultats des travaux.

Cette galerie relie les parages avancés de l'Auriette qu'elle a déjà recoupés. A la fin d'avril elle a rencontré la limite orientale du gîte. Elle est continuée en recherche par des descenderies à 35° d'inclinaison, ouvertes sur sa longueur, destinées à explorer les limites et l'allure de la mine en place. Le 1er décembre, ces descenderies (25*bis*.25*bis*), au nombre de trois, avaient 75m.00 de développement. On voit dans la coupe, Pl. VIII, comment bientôt quatre galeries de service dont trois, Saint-Louis, le Poutz et la galerie sous l'Auriette en presque totalité dans le roc, reliées entre elles par des communications sûres et permanentes, permettront d'assurer l'extraction et la recherche de bon minerai, et de garantir la vie des mineurs.

Ces avantages ne sont pas les seuls que l'on retirera des travaux tant exécutés qu'en cours d'exécution. En effet, depuis 1835, de nouvelles richesses en minerai sont venues se joindre à la réserve de Becquey (2). Il est assez difficile d'en estimer même approximativement les ressources. Je dirai seulement que les parties mises à nu permettent d'augurer assez favorablement de l'avenir. Qu'il me soit permis d'exprimer ici combien je m'estime heureux d'avoir pu, par ma coopération à ces travaux de 1834 à 1840, contribuer, dans les limites de mes faibles moyens, au bien-être des mineurs et des forges de l'Ariége.

Jusqu'à présent, les massifs de minerai en place mis en exploitation n'avaient pas assez d'importance, ou n'étaient pas suffisamment explorés pour que l'on pût les attaquer avec règle et méthode. Il n'en sera pas ainsi de ceux mis à découvert sous l'étage, et à l'avancée de l'Auriette.

---

(1) Ce percement a été dirigé pendant 1840 et 1841 par le sieur Barbe, conducteur principal des travaux.

(2) J'emploie ici à dessein le mot *réserve*, car malgré les demandes de quelques maîtres de forges de la vallée de Vicdessos, il importe que l'administration des mines conserve précieusement les ressources de Becquey pour de mauvais jours, et qu'elle ne délaisse pas les étages actuellement occupés. Les résultats d'une marche contraire seraient désastreux pour l'Ariége.

Ils sont déjà, sous la direction de M. l'ingénieur Dupont, l'objet de travaux réguliers destinés à en reconnaître l'allure et les limites, et à en assurer la bonne exploitation.

Afin de résumer l'ensemble des travaux faits aux mines de Rancié par les soins de l'administration des mines (1), je grouperai dans le tableau ci-contre l'indication de ces travaux, leur étendue, la date de leur exécution et le nom des ingénieurs qui les ont dirigés. Un conducteur principal, M. Barbe, ancien mineur, nommé par décision du 29 décembre 1323, a depuis cette époque conduit les travaux sous les ordres des ingénieurs des mines chargés du service de Rancié.

(1) L'instruction administrative de l'autorisation des travaux exécutés depuis 1828 a été faite avec une rare intelligence des besoins de l'exploitation des mines, sous la direction immédiate de M. de Cheppe, maître des requêtes au conseil d'État, chef de division des mines.

TABLEAU DES TRAVAUX EXÉCUTÉS A RANCIÉ PAR

INDICATION DES TRAVAUX.	DATE des autorisations.	DURÉE de l'exécution.
Galerie de l'Auriette, réparations.	7 et 31 janv. 1812	1812 à 1815
Galerie de la Craugne, passage Chassepot. . . .	*Id.*	1812 à 1815
Réouverture du Bellagre.	31 août 1812	»
Galerie Baptiste (Craugne).	14 nov. 1814	1814 à 1815
Galerie Saint-Louis.	18 nov. 1815	du 20 mars 1816 au 20 janv. 1820
Galerie d'écoulement, dite Becquey.	25 mars 23 nov. 1819	du 3 mars 1820 au 11 août 1825
Place du marché de la Craugne.	21 octob. 1823	»
Communication de la Roche à la Craugne. . . .	17 juin 1822	1822-1823
Communication de la Craugne à l'Auriette. . . .	*Id.*	1821-1825
Puits du Bellagre.	19 juin 1826	1826-1827
Galerie d'allongement et cheminée de Becquey.	*Id.*	1826-1830
Recherche du Bellagre.	*Id.*	1827-1829
Recherche de l'Escudelle.	1820	1830-1832
Nouvelle recherche de l'Escudelle.	18 avril 1832	1832-1834
Id. inférieure de Becquey.	*Id.*	1832-1834
Galerie sous la Craugne.	»	1830-1831
Galerie-recherche à l'avancée de l'Auriette et communication du Poutz à l'Auriette.	18 avril 1832	1833-1838
Galerie d'exploitation du Poutz.	16 oct. 1834	1834-1839
Galerie sous Chassepot avec blindage.	»	1834
Communication du Poutz à la Craugne.	2 avril 1837	1837-1838
Place du marché du Poutz.	mai 1838 sept. 1839	1837-1841
Galerie de recherche sous l'Auriette en cours d'exécution.	12 sept. 1840 20 oct. 1842	1840-1842
Mise en roche du Poutz en exécution.	11 mars 1841	1841-1842
Longueur totale des travaux.		

L'ADMINISTRATION DES MINES, DE 1812 A 1843.

ÉTENDUE des travaux.	DIRECTEUR général des mines, ou sous-secrétaire d'état des travaux publics.	INSPECTEUR général des mines.	INGÉNIEUR en chef des mines.	NOMS ET ÉPOQUES d'arrivée à Vicdessos des INGÉNIEURS ORDINAIRES DES MINES.
mét. cour. 670	Le comte Molé.	Cordier.	d'Aubuisson.	»
380	»	»	»	»
»	»	»	»	»
65	»	»	»	Dubosc. . . . . novembre 1814
»	»	»	»	Burdin et Delseriès, janv. 1816
222	»	»	»	Thibaud. . . . . . juillet 1820
»	Becquey.	»	»	»
378	»	»	»	Lefèbre. . . . . . . mars 1822
»	»	»	»	Marrot. . . . septembre 1823
68	»	»	»	»
120	»	»	»	»
34	»	»	»	»
287	»	»	»	Drouot. . . . . . . mars 1828
96	»	»	»	Boudousquié . . . juillet 1828
133	Bérard.	»	»	»
55	Legrand.	»	»	Reverchon. . . septembre 1831
54	»	»	»	»
78	»	»	»	J. François. . . . . juin 1834
285	»	»	»	»
493	»	»	»	»
52	»	»	»	»
31	»	»	»	»
»	»	»	»	»
475	»	»	Vene.	Durocher. . . . . . août 1841
29	»	»		Dupont. . . . . . février 1842
3 987				

Fonds spécial de Rancié.

Les travaux qui figurent dans le précédent tableau ont été exécutés au moyen du fonds spécial des mines de Rancié, formé en exécution de l'arrêté du 24 germinal an XI, par le produit du droit de cinq centimes par charge de 60 kilog. de minerai extrait. Ce fonds doit également subvenir aux frais d'entretien des galeries, aux secours pour mineurs blessés, au traitement du conducteur principal et aux diverses dépenses de l'administration des mines, telles qu'achat de registres, frais d'impression, levé de plans, laboratoire, etc.

Afin de compléter ce qui concerne l'exploitation proprement dite, je donnerai quelques détails sur le nombre des mineurs et sur le chiffre d'extraction.

Nombre des mineurs

Le nombre des mineurs ne paraît avoir été fixé autrefois par aucune disposition spéciale. Nous avons vu que Diétrict et Lapeyrouse le portent de 250 à 300 en 1784 et 1785. Depuis, il augmenta graduellement; et, suivant M. d'Aubuisson, il s'éleva à 455 en 1816. On dut alors prendre des mesures pour mettre un terme à cet accroissement abusif. Un arrêté du préfet régla le nombre et le mode d'admission des mineurs. Il fixa temporairement le nombre à 378, en se réservant la faculté de l'augmenter, ou de le restreindre, suivant la consommation. Quant à l'admission aux mines, elle se fit chaque année par voie de remplacement des mineurs morts, ou invalides, sur une double liste de candidats formée par l'ingénieur des mines d'une part, et par les maires de la vallée d'autre part. Le préfet statue d'après ces listes. On a aussi dans quelques cas admis le remplacement par voie de mutation. Mais ce moyen ne devrait être toléré par l'administration que dans des cas réservés, tels que le remplacement du père invalide, ou mort aux mines, par son fils; du frère par le frère, s'ils sont fils de veuve. Dans ces dernières années, l'admission par voie de substitution a donné lieu à de graves abus de confiance qu'il est urgent de réprimer. Tout mineur qui se retire doit perdre sa place, et l'administration peut et doit en disposer, à moins que le retrait ne soit motivé par l'appel au service militaire. Je crois aussi que l'on ne doit admettre que fort rarement pour service rendu par les parents. On a aussi gravement abusé de ce moyen. Je reviendrai sur cet objet d'une haute importance pour conserver l'esprit de corps parmi les mineurs.

En 1838, par arrêté spécial du préfet, vu l'accroissement dans la consommation du minerai, le nombre des mineurs fut porté de 378 à 400.

Quantité annuelle de minerai extrait.

Nous avons vu plus haut qu'antérieurement à 1784 toute donnée manquait pour fixer le chiffre du minerai annuellement extrait. En consultant les registres des jurats et de l'octroi du droit sur le minerai, j'ai pu réunir les documents qui suivent.

ANNÉES.	MINERAI extrait. — Quintaux de 100 kilog.	PRIX du quintal sur les mines.	VALEUR TOTALE.	*OBSERVATIONS.*
		fr.	fr.	
1811	166.824	0.833	138.964	Les chiffres marqués d'un * sont empruntés à M. d'Aubuisson.
1817	130.769	0.911	119.130	
1818	152.498*	»	138.925	L'office a été taxé, terme moyen, à quatre voltes de 1817 à 1837; c'est-à-dire que durant ce laps de temps, chaque mineur a pu extraire journellement quatre voyages de 60 à 70 kilogrammes de minerai.
1819	164.464	»	149.826	
1820	186.120	»	169.555	
1821	158.051*	»	143.984	
1822	151.115	»	137.665	
1823	164.064	»	149.462	
1824	163.000*	»	148.493	
1825	156.000*	»	142.116	Depuis longtemps, le prix de la volte de 60 kilog. se maintient à 55 centimes.
1826	154.310	»	140.296	
1827	171.289	»	155.782	
1828	213.467	»	194.407	
1829	150.183	»	136.816	
1830	145.146	»	132.227	
1831	161.661*	»	147.736	
1832	156.123*	»	142.216	
1833	160.000	»	145.760	
1834	158.161	»	144.084	
1835	161.387	»	147.023	
1836	179.294	»	163.336	
1837	179.220	»	164.065	L'office est taxé à 5 voltes.
1838	244.495	»	222.775	Le nombre des mineurs est augmenté de 22, par suite du roulement soutenu des forges et de la mise en activité de 8 nouveaux feux.
1839	243.846	»	222.143	
1840	248.797	»	226.654	
1841	242.260	»	220.698	

Le minerai est aujourd'hui, comme par le passé, vendu par les mineurs aux muletiers qui le portent, non plus jusqu'à Sabart et Tarascon, mais à Cabre, hameau de Vicdessos, depuis qu'une route carrossable (1778 à 1784) est ouverte de Tarascon à Vicdessos. A Cabre le minerai est vendu à des tiers entreposeurs qui traitent directement avec les maîtres de forges.

Transport du minerai.

Ainsi aujourd'hui le transport par bête de somme est réduit au parcours du trajet compris entre Cabre et le niveau des différentes mines en exploitation. Ce trajet est franchi par des rampes dont la pente varie de $0^m.066$ à $0^m.075$ et au delà, et dont la longueur est d'environ 6100 mètres. Le prix du transport de 100 kilog. des mines à Cabre est de $0^f.666$. A ce chiffre il faut ajouter : 1° le droit sur le minerai $0^f.083$; 2° les frais d'entrepôt et de magasin à Cabre, $0^f.166$. De telle sorte que la valeur du minerai à Cabre est de $1^f.82$ p. cent kilog., c'est-à-dire le double du prix de vente sur le carreau de la mine. Je reviendrai plus tard sur la question de transport.

Le minerai de Rancié alimente exclusivement cinquante-sept feux de forges dans l'Ariége, quatre dans la Haute-Garonne, trois dans les Hautes-Pyrénées, et en partie quatre feux dans l'Aude et quatre dans le Tarn. Il est porté jusqu'à 160, et même 179 kilomètres de la mine. Mais de telles distances ne peuvent se franchir qu'autant que le roulage est assuré d'un retour aux forges de l'arrondissement de Foix, soit en denrées de première nécessité, soit surtout, et le plus souvent, en charbon pour les forges des cantons de Tarascon et de Vicdessos. Par suite d'un aussi long parcours, le prix du minerai rendu en forge s'élève jusqu'à 5 fr. et $5^f.50$ p. 100 kil., et subit ainsi une augmentation de 4 fr. et $4^f.50$. Le prix du transport pour les forges de la plaine est de $0^f.025$ p. 100 kilog. par kilomètre ; il s'élève de $0^f.05$ à $0^f.07$ pour les forges de la montagne, approvisionnées par charrettes, et de $0^f.10$ à $0^f.13$, si elles ne peuvent l'être qu'à dos de mulet.

Prix du transport en forge.

CHAPITRE VI.

ADMINISTRATION ET POLICE DES MINES. — AMÉLIORATIONS DANS L'EXTRACTION ET DANS LE COMMERCE DU MINERAI.

Administration des mines. — Ordonnances de concession. — Règlement général de 1833. — Les attributions des ingénieurs sont incomplètes. — Les mineurs de Rancié détruisent par instinct. — Améliorations à introduire à Rancié. — Nécessité de créer des chefs-mineurs étrangers. — Nécessité d'augmenter les attributions des ingénieurs à Rancié. — Causes de de la position fâcheuse des mineurs. — Fondation d'une caisse d'épargne. — Conséquences de cette fondation. — Nécessité d'un nouveau mode pour régler l'extraction sur la consommation et sur l'état des mines. — Les chantiers ne sont pas entretenus. — Utilité de création d'un mode de transport économique du minerai des mines à Cabre. — Route de Sem. — Couloir et plans inclinés auto-moteurs. — Objections. — Importance et conséquences des résultats.

Administration des mines. — Ordonnances de concession. — Règlement général de 1833.

Le régime administratif actuel des mines de Rancié ne fut fixé qu'en 1833. Jusqu'alors la propriété de ces mines n'avait pas été complétement définie. Les habitants de la vallée de Vicdessos avaient été maintenus dans la jouissance, en vertu des chartes des comtes de Foix, et des lettres patentes des rois de France. Ce ne fut qu'en 1833, qu'aux termes des lois de 1791 et 1810 sur les mines, deux ordonnances royales des 31 mai et 25 septembre, portant règlement général (1), régularisèrent la

(1) *Voir* le texte aux pièces justificatives, § 8. Ce règlement général, dans lequel on observe une connaissance approfondie de l'exploitation et de l'administration des mines, a été l'objet de recherches et de travaux étendus de la part de M. de Cheppe, maître des requêtes, chef de division des mines.

concession des mines de Rancié, en faveur des huit communes composant l'ancienne vallée de Vicdessos (1). Dès 1816, une ébauche de règlement avait, pour la police des mines, essayé et mis en pratique les principales dispositions du règlement de 1833.

En vertu de ce dernier règlement, le directeur général des mines, dans l'intérêt de l'industrie métallurgique, et pour la conservation et la sûreté de Rancié, s'est réservé la haute administration. Le préfet de l'Ariége, sous les ordres du directeur général, et assisté par les ingénieurs, prend toutes les mesures nécessaires pour un bon aménagement et une bonne exploitation. Il surveille les besoins de la consommation, taxe le prix du minerai, et règle la comptabilité des mines, sur l'avis d'un ingénieur en chef, ayant sous ses ordres un ingénieur ordinaire et un conducteur principal.

L'ingénieur est chargé de tous les détails d'administration locale, et de la direction des travaux. Il est assisté par un conducteur.

Les jurats, au nombre de cinq, sont pris parmi les bons mineurs. Ils sont nommés, et renouvelés chaque année par cinquième, par le préfet, sur une liste double de trois candidats, formée d'une part, par les maires de la vallée, et d'autre part, par l'ingénieur des mines. Ils veillent à la conservation des travaux souterrains, et font la police des places de marché au minerai, conformément aux anciens règlements. Ils sont assermentés, et punissent les mineurs d'exclusion des chantiers. Chaque exclusion entraîne au profit des jurats, une amende d'un franc. Leur salaire se compose de cette amende, d'un droit d'un centime, payé par chaque mineur par charge de 60 kilog. de minerai. Enfin ils sont tenus de surveiller la qualité du minerai.

Le fonds spécial des mines, créé par décision du 4 germinal an XI, est maintenu. La perception du droit de 5 centimes sur chaque charge de minerai se fait par voie d'adjudication triennale, donnée par enchères, en présence du préfet.

On le voit, le règlement de 1833 consacre une grande partie des erre-

(1) Auzat, Goulier-et-Olbier, Illier-et-Laramade, Orus, Saleix, Sem, Suc-et-Sentenac, et Vicdessos.

ments, et des vieilles habitudes de l'ancien régime de Rancié. Je conçois qu'il était difficile qu'il en fût autrement du moment que la vallée était reconnue concessionnaire. Je partage aussi l'avis de ceux qui ont cru nécessaire de continuer à Rancié l'action directe de l'administration. Sans cette mesure, les mines, délaissées à la gestion d'une commission municipale, eussent été bientôt en ruine. Puis, autour de cette commission, que de manœuvres fausses et condamnables, s'il est permis d'en juger par ce qui s'est passé de tout temps à Rancié. L'état moral des habitants de la vallée de Vicdessos est aujourd'hui aussi bas que leur misère, et je suis convaincu qu'il serait descendu plus bas encore, si la direction des mines leur eût été abandonnée. Ce qui me surprend dans ce règlement, et ce que je crois de mon devoir de signaler, c'est qu'en se réservant une action tutélaire, une action de surveillance sur la conduite de Rancié, l'administration ait en quelque sorte reculé devant ses droits écrits et qu'elle ait amoindri, au lieu d'étendre, les moyens de ses agents locaux, en présence des exigences de la vallée. Ici je ne prétends pas critiquer, je ne m'en reconnais pas le droit; mais, dans l'intérêt général, je constate.

Les attributions des ingénieurs sont incomplètes.

Après avoir signalé le mal, je crois de mon devoir d'en indiquer le remède.

Les mineurs de Rancié détruisent par instinct.

1° En premier lieu, les mineurs de Rancié n'ont jamais eu aucune règle d'exploitation. Aucun d'eux n'éprouve le besoin de conserver; tous au contraire ont l'instinct de la destruction. Écoutez M. d'Aubuisson, dont certainement personne ne contestera l'attachement aux mines et aux mineurs de Rancié, attachement qui ne s'est pas démenti pendant trente années d'administration : « Les mineurs de Rancié ne savent pas conserver, il faut des soins de chaque instant pour garantir de leurs atteintes les piliers dont l'écrasement menace leur vie et leurs ressources; » et ailleurs : « C'est sur ces débris des voûtes, débris faciles à exploiter, que les mineurs acharnés, comme les oiseaux de proie sur les cadavres dont un champ est jonché, s'empressent à l'envie de terminer la tâche journalière qu'ils ont à remplir, ne s'inquiétant d'ailleurs en aucune manière du danger qui plane sur eux. » Eh bien! c'est à des mineurs de Rancié que la conservation des mines est à peu près exclusivement confiée. Eux seuls, prud'hommes, mineurs, jurats, conducteurs

Améliorations à introduire à Rancié.

statuent, ou plutôt ne statuent pas en matière de conservation, sans qu'il soit possible à l'ingénieur de se faire entendre. Dans l'attaque des massifs vierges de l'avancée de l'Auriette, j'ai inutilement indiqué et réclamé des mesures d'aménagement; au bout de quelques mois il y avait des ruines là où pouvaient être de beaux et bons chantiers. Comme moi, mes prédécesseurs, et après moi, M. Durocher, malgré une volonté énergique, s'y sont inefficacement épuisés. Le remède à cet état de choses c'est d'adjoindre au conducteur d'excellents chefs-mineurs. Il faut avant tout, que ces chefs-mineurs soient étrangers à la vallée et aux Pyrénées; qu'ils aient tout pouvoir en matière de travaux d'art et de mesures de conservation des travaux et des chantiers. Les jurats, réduits à quatre, conserveront la police intérieure et celle des marchés; ils surveilleront l'extraction, la qualité du minerai, l'approvisionnement du bois, etc..., et certes il leur restera assez de travail.

Nécessité de créer des chefs-mineurs étrangers.

Ce moyen, sur lequel j'insiste, après y avoir mûrement réfléchi, me paraît le seul efficace pour garantir la bonne exploitation et l'aménagement bien entendu des masses métallifères découvertes en 1823 à Becquey, et tout récemment sous l'étage de l'Auriette. D'ailleurs l'exécution de tous les travaux d'art, des recherches, sera, de la part des chefs-mineurs étrangers, l'objet d'une surveillance continuelle. Leur introduction aux mines, pourvu qu'ils ne touchent pas au minerai, est un fait accepté depuis 1818 à Rancié (1).

Cause de la position fâcheuse des mineurs.

2° J'ai dit plus haut que la moralité des habitants de la vallée de Vicdessos est descendue aussi bas que leur misère. J'ai surtout voulu désigner les populations des communes attachées soit à l'extraction, soit au transport du minerai.

En raison de leur position topographique, relativement aux mines et aux routes, les différentes communes de la vallée ne sont pas toutes exclusive-

(1) En 1784, Lapeyrouse écrivait : « Après avoir cherché à instruire les mineurs, je crois qu'il serait nécessaire de leur envoyer un ingénieur souterrain qui pût rechercher les abus et les dangers des anciens travaux, tracer le plan des nouveaux, et régler toutes les opérations des mineurs. A cet ingénieur, il faudrait joindre quatre mineurs habiles; il importe sur toutes choses, que ces personnes n'aient aucune part à l'exploitation et qu'elles ne soient pas à la solde des mineurs..... »

ment occupées à Rancié. Les deux communes de Sem, de Goulier-et-Olbier, les plus voisines de Rancié, ont pour elles l'extraction. Sem, qui est sur la route des mines aux entrepôts de Cabre et aux forges de la vallée, fait, surtout aujourd'hui, beaucoup de transport.

Avant l'établissement des entrepôts de Cabre (vers 1810), Vicdessos avait conservé sur une échelle assez importante le transport et le commerce; mais cette ressource lui échappe de plus en plus, et aujourd'hui elle est considérablement réduite. Presque toutes les opérations d'entrepôt et d'expédition se font à Cabre, hameau situé à 1 kilomètre à l'aval de Vicdessos, au point de jonction de la route départementale et des rampes allant aux mines. Enfin, les autres villages se livrent exclusivement aux travaux agricoles. Or, si l'on compare l'état d'aisance des populations de ces villages à celui des familles de mineurs et de muletiers, on est frappé du dénûment général de ces derniers. La misère règne surtout parmi les voituriers de la commune de Vicdessos, et parmi les mineurs de celle de Goulier-et-Olbier. Et cependant ces villages, sur 1387 habitants, n'ont pas moins de 298 mineurs qui, terme moyen, sortent annuellement de Rancié pour 108,000 fr. de minerai. Cet état pénible tient à plusieurs causes parmi lesquelles figurent en premier lieu le désordre et la débauche. A l'exception d'une faible partie des mineurs de Sem, gens aussi actifs qu'astucieux, tous sont plaideurs et se livrent à l'intempérance des aliments. Forts du crédit que leur valait leur position de mineurs, ils ont aliéné leurs biens, et les dettes du seul village de Goulier dépassent de beaucoup la valeur de tous les meubles et immeubles qui le composent. Par suite de cet état de désordre, ils se sont constitués en déficit avec les entreposeurs de minerai; et ces derniers ont profité de leur position pour les contraindre à accepter en échange de mine des denrées de première nécessité (blé, farine, avoine, sel, morue, etc....) plus ou moins avariées.

Les mêmes causes ont amené les mêmes effets sur les muletiers, plus rapidement peut-être, en raison de leurs rapports plus fréquents avec les entreposeurs de mine.

Enfin, les oscillations de la consommation des forges pèsent souvent d'une manière fâcheuse sur le mineur. Nous avons vu de 1834 à 1838 la qualité du minerai disparaître à mesure que la mine était recherchée. Dans cette circonstance le minerai subissait la conséquence immédiate de la rareté, la falsification, et une augmentation exagérée dans le prix de vente. Alors le maître de forges souffrait. Mais quand, comme maintenant, la mine est riche et abondante, le mineur alors souffre à son tour, car le minerai ne se vend pas, ou se vend mal.

Fondation d'un fonds de secours.

3° Sans doute la mission de l'administration ne consiste pas à moraliser le mineur, mais du moins est-ce un devoir pour elle de le tenter, quand quelques-uns des moyens sont entre ses mains.

En premier lieu ne conviendrait-il pas de donner aux mineurs un exemple d'ordre et d'économie en fondant à Rancié un fonds de secours? N'est-il pas permis de s'étonner que dans une mine dangereuse, occupant en permanence près de 420 ouvriers, on n'ait pas encore avisé aux moyens d'y créer un fonds de secours, quand depuis longtemps il a été reconnu que le fonds spécial suffisait à peine à l'aménagement et à l'entretien des mines? Durant mon séjour à Vicdessos j'ai fait tous mes efforts pour arriver à ce but. Mais j'ai dû céder à des résistances qui ne me sont pas venues des mineurs; car je me suis personnellement assuré que plus de 370 sur 400 verraient avec plaisir l'organisation de ce fonds commun. A Rancié il y a, terme moyen, 420 mineurs et autres ouvriers qui travaillent 242 jours par campagne. Le salaire varie, suivant l'âge et suivant la position aux mines, de 3f.50 à 1f.35. On compte par année 61 accidents, provoquant 1 à 2 morts, 8 à 12 blessures graves, entraînant quelquefois incapacité de travail pour la vie; enfin 48 à 53 blessures légères. Une retenue de cinq centimes, soit, terme moyen, le $\frac{1}{59}$ du salaire, faite soit en minerai, soit, en argent, constituerait une rente annuelle de près 5,000 francs. Cette somme est plus que suffisante pour assurer une petite rente viagère à tous les mineurs infirmes et invalides, aux veuves de ceux morts aux mines, et pour secourir les mineurs qui par suite de blessures graves sont longtemps privés de travail.

Conséquences de cette fondation.

Les conséquences d'une telle institution sont d'une haute portée morale que l'administration supérieure, je l'espère, s'empressera de reconnaître. On ne vera plus (j'éprouve de la peine à le dire) ces malheureux mineurs de Rancié traînant leurs membres mutilés et demandant l'aumône jusque dans les départements voisins de l'Ariége. L'administration pourra disposer des places occupées par des vieillards infirmes, qui, dans l'état actuel des choses, restent attachés aux mines sous peine d'être obligés de tendre la main. Elle aura tous moyens de fixer, ainsi que nous l'avons dit plus haut, un mode complet d'admission aux mines par voie de remplacement des mineurs morts ou invalides. Elle pourra plus facilement rejeter les cas de substitution qui, plus d'une fois, ont donné lieu à des trafics scandaleux, conserver les places des jeunes gens appelés au service militaire, et admettre, dans quelques cas excessivement rares, l'inscription au contrôle des mineurs pour services rendus. Enfin elle donnera à tous un exemple bien nécessaire (1) d'économie et de haute moralité, dont la première elle pourra tirer un parti avantageux à la bonne conduite des mines (2).

Nécessité d'un nouveau mode pour régler l'extraction sur la consommation et sur l'état des mines.

5° J'ai signalé plus haut la fâcheuse influence sur les mineurs et sur les maîtres de forges des oscillations dans la consommation du minerai. Il conviendrait que l'extraction fût réglée de manière à ce que dans aucun cas le minerai ne fût ni trop rare ni trop abondant. Je me suis assuré qu'un approvisionnement moyen de 20 à 25 mille quintaux métriques est suffisant pour garantir les intérêts de tous. Déjà, par ses travaux, l'administration a suffisamment assuré l'état des chantiers et de l'extraction pour que l'on n'ait pas souvent à redouter de longs chômages par suite de dangers dans les mines. En dehors des cas fort rares de neiges abondandes, il resterait à pourvoir aux moyens de régler l'extraction sur la consommation. C'est bien ce que doit faire l'autorité départementale, aux termes du règlement de 1833, mais ce qu'elle ne fait le plus souvent que quand il n'est plus temps. Afin d'éviter les lenteurs, pourquoi ne donnerait-on pas aux ingénieurs une attribution qu'ont eue les jurats de tous temps, et que leur maintenaient les dispo-

(1) Il arrive fréquemment que les fils de veuves ou de mineurs invalides, une fois admis aux mines, se livrent à la débauche et abandonnent leurs parents. Le cas contraire n'est malheureusement aujourd'hui qu'une très-rare exception.

(2) Ces considérations ayant été communiquées sur manuscrit, à MM. Vène et Dupont, ces ingénieurs ont donné suite immédiate à l'instruction de la question de fonds de secours. Ils ont adopté le mode de prestation mutuelle en nature. Tout l'office extrait chaque semaine un voyage de minerai qui, vendu au profit dudit fonds, pourra donner un produit annuel de 4 000 fr. Un projet de règlement rédigé par M. de Cheppe a reçu l'approbation de M. le ministre des travaux publics, sur l'avis du conseil général des mines en date du 25 novembre 1842. Le 25 mai 1843, une ordonnance royale a sanctionné la fondation d'un fonds de secours aux mines de Rancié (Voir le texte aux pièces justificatives, § 8 *bis*).

sitions réglementaires du 5 vendémiaire an XIV, et du 14 mars 1816 ; celles de régler journellement l'extraction ? Ou bien, afin de ménager toutes les exigences, ne conviendrait-il pas que les ingénieurs pussent, au moins temporairement, et chaque mois, fixer l'extraction en se basant, d'après un arrêté spécial du préfet, sur l'approvisionnement des entrepôts, sur l'état et sur la possibilité des chantiers ? Ne sont-ils pas les plus compétents pour une telle opération qui nécessite surtout l'observation attentive de l'état des travaux ? J'insiste sur cette dernière considération, car il n'est jamais arrivé jusqu'à ce jour que, dans la fixation de l'extraction, on ait tenu compte de l'état et de la possibilité des mines. Il y a une question de sûreté de plus de 400 hommes, et l'on ne s'inquiète guère que de fournir à la consommation. J'ai appelé plusieurs fois, l'attention de l'autorité départementale sur cette grave question. C'est ici surtout que l'ingénieur doit être revêtu d'attributions suffisantes. C'est dans cette circonstance que les chefs-mineurs étrangers lui seraient indispensables pour diriger fructueusement les réparations générales des galeries et des ateliers dangereux. Jusqu'à ce jour, ces réparations se font d'une manière dérisoire, ou plutôt ne se font pas. Si parfois elles sont ordonnées, les jurats ne les font pas exécuter. Ne sont-ils pas intéressés à ce que l'on sorte le plus de minerai ? A cet égard, leur mode de rétribution est vicieux, sans parler de l'amende d'un franc qui leur est encore payée (art. 54 du règlement de 1833) par tout mineur qu'ils punissent.

Les chantiers ne sont pas entretenus.

6° Je terminerai ce qui concerne les mines de Rancié par l'indication d'une amélioration qui sera tôt ou tard impérieusement exigée par l'état de l'industrie des fers, et qui mettrait un terme à tous les vices et abus signalés plus haut. Je veux parler de l'établissement d'un mode de transport économique du minerai depuis les mines jusqu'à la route départementale de Tarascon à Vicdessos.

Utilité de création d'un mode de transport économique du minerai des mines à Cabre.

Aujourd'hui, ainsi que je l'ai dit ci-dessus, le minerai descend des mines à Cabre à dos de mulet, et parcourt moyennement 6 100 mètres sur une pente de $0^{m}.066$ à $0^{m}.075$. Le prix du transport de 100 kilog. étant de $0^{f}.666$, on a $0^{f}.11$ pour prix du port de 100 kilogrammes par kilomètre. Ce prix est $2\frac{1}{2}$ fois plus élevé que celui sur route carrossable en montagne, et $13\frac{1}{3}$ fois plus que celui sur plans inclinés auto-moteurs.

En rapprochant ce chiffre des résultats obtenus par le travail des forges en 1840, on trouve :

En 1840, il a été extrait à Rancié.	248 797	kilog. de minerai.
Valant à la mine (0f.911 pour 100 kilog.).	226 654	fr.
Valant à Cabre (1f.577 pour 100 kilog.).	393 099	fr.
Transport de la mine à Cabre.	166 445	fr.

Or, le traitement de 24 879 700 kilogrammes de minerai a donné 8 025 700 kilogrammes de fer à 43 fr. pour 100 kilogrammes pris à l'usine.

En rapprochant ces résultats, on voit que le transport du minerai des mines à Cabre figure pour 2f.08 sur le prix de vente du quintal métrique de fer marchand.

Un tel état de choses a depuis longtemps excité l'attention des ingénieurs chargés des mines de Rancié et des préfets de l'Ariége. En 1818, M. d'Aubuisson proposait un couloir, qui partant du niveau de la galerie royale qu'il avait projetée, eût amené le minerai à Cabre, en rachetant une hauteur verticale de 255 mètres. Le projet de galerie royale ayant été repoussé, sur un rapport motivé du conseil général des mines, la proposition d'un couloir n'eut aucune suite. Plus tard, sous l'administration de M. de Chassepot, un avant-projet de route fut étudié de Vicdessos à Sem. Les 6 août et 12 décembre 1837, le comité des maîtres de forges pria M. Bantel, préfet de l'Ariége, d'ordonner une étude sur les moyens de transporter le minerai à peu de frais dans la vallée de Vicdessos. Conformément aux ordres de M. le préfet, j'étudiai avec M. l'ingénieur Bergis cette question. M. Bergis proposa l'ouverture d'une route carrossable de Vicdessos à Becquey. Cette route, dont le tracé fut fait en 1838, avait 4 695 mètres de développement. L'état estimatif des dépenses s'élevait à 72 000 fr. Elle entraînait une économie annuelle de 47 000 fr. calculée sur une extraction de 185 000 kilogrammes de minerai. On se réservait de racheter la pente entre la place de Becquey et les mines par un ou plusieurs plans inclinés auto-moteurs, quand l'industrie des fers en provoquerait l'établissement. Ainsi, on ménageait, et on n'attaquait que graduellement la position des muletiers.

Route de Sem.

Couloir et plans inclinés auto-moteurs.

Ce projet fut approuvé par le conseil général de l'Ariége (session de 1838) qui en réclama une étude détaillée. Le départ de M. Bergis mit fin à ce travail qui n'a pas été repris...

Dans ces derniers temps, M. Durocher reprit cette question. Suivant cet ingénieur, un couloir, rachetant 250 mètres de hauteur, eût porté le minerai de l'aval de Sem à Cabre, il eût été relié aux mines par des plans inclinés auto-moteurs. Ce projet de couloir, remplaçant la route, est préférable, surtout à cause des neiges. D'après une estime approximative, sa réalisation eût coûté de 120 à 130 mille francs. Il eût entraîné une économie minima de 50 centimes pour 100 kilogrammes de minerai, soit une diminution 124 398 fr. sur l'extraction de 1840.

Afin de donner une idée du développement probable des plans inclinés et des couloirs, on a :

	Distance verticale.	Longueur des rampes
De Cabre à Sem.	290 mèt.	3 821 mèt.
De Cabre à Becquey.	324	3 987
— à la place d'en haut au niveau des recherches sous l'Auriette.	516	5 797
— à l'Auriette.	578	6 100
— au Poutz.	622	6 315

Or, si on remarque, d'une part, que, sur la distance verticale, un premier couloir franchirait environ 250 mètres; d'autre part, que bientôt la majeure partie de l'extraction se portera sous l'étage de l'Auriette (*voir* Pl. VIII), on voit que la question d'exécution se réduirait à racheter une hauteur de 266 mètres par des plans inclinés auto-moteurs, et d'y relier par un couloir l'étage du Poutz, et par un plan incliné celui de Becquey.

Quoi qu'il en soit, en présence des résultats économiques ci-dessus indiqués, la réalisation ne me paraît pas offrir de sérieuses difficultés, quel que soit d'ailleurs le mode d'exécution ultérieurement adopté, car tout se réduit à une avance de fonds dont la rentrée peut s'opérer en quelques annuités.

Plusieurs objections ont été faites à l'encontre de ce projet. La première a été tirée de la prétendue nécessité de conserver la position des muletiers. Elle avait quelque valeur en 1837; ce qui fit songer à l'ouver- Objections.

ture d'une route de Vicdessos à Becquey, malgré l'inconvénient prévu des neiges. Alors, sur 370 bêtes de somme employées au transport, 220, soit les deux tiers, appartenaient à des voituriers non mineurs. Mais depuis, par suite de la ruine de ces voituriers, et surtout de l'occupation du transport et du commerce par les mineurs de Sem, plus des $\frac{4}{5}$ des bêtes de somme sont la propriété des mineurs. Ainsi, l'objection précitée a perdu la plus grande partie de sa valeur.

On a aussi parlé de la position des entreposeurs. Nous venons de voir qu'un grand nombre d'entre eux sont mineurs. Mais cette position est toute récente. Le premier entreposeur n'a pas 28 années d'établissement. D'ailleurs les forges, plus indispensables au bien-être général, roulent depuis bien des siècles, sans que rien les garantisse des effets de la concurrence. Pourquoi consacrerait-on pour la vente du minerai l'exclusion et le privilége, quand rien ne les consacre pour son traitement en forge. Puis, je l'ai exposé plus haut, telles qu'elles sont établies, les opérations des entreposeurs sont non-seulement immorales, mais désastreuses pour la vallée; et tout fait un devoir de faire disparaître un commerce qui ruine le bien-être et la moralité des muletiers, et qui n'offre aucune garantie de la bonne qualité du minerai à la consommation. Ici l'objection tourne en faveur des améliorations proposées.

Enfin on s'est rejeté sur l'avenir probable de Rancié, et on a demandé s'il était encore temps de songer à établir un système de transport économique. J'ai indiqué plus haut qu'il y a des ressources à Rancié; que chaque jour on peut en établir de nouvelles, si, comme je l'espère, on continue activement les recherches. Sans doute, à Becquey, on n'a pas trouvé en 1824 ce que l'on espérait y rencontrer; mais, en présence des résultats récents des recherches de Rancié, rien ne paraît autoriser à reculer devant une amélioration aussi importante que réclament impérieusement les usines, et qui en définitive peut payer en une annuité les frais de premier établissement.

Importance et conséquences des résultats.

Les résultats de cette amélioration ne se bornent pas à soutenir la position des usines de nos contrées, ils mettent à jamais un terme à tous les abus scandaleux qui pèsent d'une manière si déplorable sur les mineurs, sur les muletiers et sur les maîtres de forges.

En effet, supposons que, ce qui, je l'espère, se fera bientôt, soit réalisé par l'administration des mines, tutrice des intérêts des mineurs et de l'industrie du fer ; admettons que son action, ne se bornant plus à l'extraction et à la vente sur les places des mines, se continue jusqu'au lieu où aboutissent les plans inclinés auto-moteurs et le couloir. Qu'arriverait-il ?

1° Le commerce actuel des entreposeurs, si funeste au bien-être de la vallée, disparaît et fait place à l'entrepôt, ou magasin général, depuis si longtemps réclamé, et que j'aurais voulu réaliser dès 1836.

2° Par suite d'une bonne organisation de ce magasin général, on assure la qualité du minerai au maître de forge, on garantit au mineur un payement sûr, d'après un tarif légal, et on donne aux muletiers et autres habitants de la vallée tous moyens de vivre plus avantageusement du transport du minerai aux forges, ce que fait déjà un grand nombre d'entre eux. On fera disparaître ainsi tout germe de cette lutte que nous avons vue se perpétuer pendant plus de six siècles entre les mineurs, les habitants de la vallée de Vicdessos et les consommateurs de minerai, et qui dans ces derniers temps, malgré mes efforts, faillit se renouveler plus vivace que jamais, par la création assez inopportune d'un maître de forge délégué du préfet.

3° La diminution sur le prix du minerai ne s'arrête pas à l'économie dans le transport, elle se compose également du bénéfice actuel des tiers entreposeurs, bénéfice qui s'élève à 0f.10 p. 100 kilog. pour frais d'entrepôt, et qui presque toujours est augmenté par les fausses pesées aux dépens du muletier.

4° On pourra faire disparaître le mode actuel de perception du droit de 5 centimes sur le minerai, mode qui depuis plusieurs années, et surtout aujourd'hui, a donné et donne lieu à des opérations fâcheuses.

5° Les abus qui se pratiquent journellement sur les places des mines disparaîtront par le fait. Il sera facile de régler avec méthode, d'une manière sûre, permanente, et chaque jour, l'extraction sur la consommation, etc.

On le voit, l'établissement combiné d'un mode de transport économique du minerai à Cabre et d'un magasin central, fait disparaître, par le seul fait de sa réalisation, tous les abus qui pèsent sur les mineurs, sur les muletiers, sur les maîtres de forge, et qui peuvent compromettre le bien-être et partant l'état moral de nos contrées.... L'exécution, sous aucun rapport, ne présente aucune difficulté sérieuse.

Il est du devoir de l'administration des mines, gardienne née des intérêts de tous, de prendre au plutôt une heureuse initiative. Elle a un beau rôle à jouer. En aidant la position des mineurs et des muletiers, en servant les intérêts de la vallée concessionnaire, elle peut garantir des conditions de bien-être à tous et multiplier à la fois son influence et son action. Le zèle éclairé de M. Legrand (1), auquel le Midi doit déjà de grands travaux d'utilité publique, est une garantie de la prompte réalisation des améliorations que je viens de signaler.

---

(1) M. Legrand, sur ma demande, appuyée par M. le vicomte de Saintenac, vient de réclamer de MM. les ingénieurs des mines, chargés du service de Rancié, l'étude d'un projet de transport économique du minerai depuis les mines jusqu'à Cabre.

CHAPITRE VII.

CHARBON DE BOIS. — DÉTAILS ÉCONOMIQUES SUR LES FORÊTS ET SUR LES CHARBONS.

Essences des bois dans l'Ariége. — Aménagement. — Ressources forestières dans l'Ariége. — Causes principales de leur diminution. — Nombre exagéré des usines. — Dévastations et défrichements. — Vice du régime forestier. — Rendement en bois de charbonnage par hectare. — Carbonisation. — Détails économiques. — Prix du bois et du charbon de 1807 à 1842. — Poids du charbon de bois. — Absorption d'eau hygrométrique par le charbon. — Causes de déchet en magasin. — Le charbon s'achète en volume.

Le charbon de bois est le seul combustible qui, jusqu'à ce jour, soit employé dans le traitement direct du fer. On l'obtient exclusivement par la carbonisation en meule et en forêt.

Essences des bois dans l'Ariége.

Les essences cultivées, ou plutôt de venue naturelle, dans l'Ariége et les départements voisins, sont :

1° Dans les terrains tertiaires de la plaine (Terre fort) le chêne vert et noir;

2° Sur la zone des terrains crétacés supérieurs, le chêne noir et le hêtre (1). Le chêne noir domine; il est seul sur les crêtes calcaires (Peyrat, le Carlat, Cazavel, Prat, Betchat, le Mas, etc.....);

3° Sur la zone secondaire inférieure, on rencontre le hêtre et le sapin.

(1) Dans les Pyrénées, le hêtre repousse de souche, et donne du taillis de bonne venue.

Le sapin tend à dominer exclusivement, il y étouffe le hêtre (Bélesta, Puivert, Fourjax, Roquefort, etc.);

4° Sur les points occupés par les terrains primitifs, mais surtout par ceux de transition, on voit le hêtre, le sapin, le noisetier, l'aulne et le bouleau (Saint-Lary, Ustou, Oust, Sentein, etc...); le hêtre domine et tend à y étouffer les essences de bois noir (pin et sapin). Le pin est fort rare sur le versant nord des Pyrénées; on ne le rencontre que sur le versant espagnol.

On peut estimer que le rapport général des différentes essences pour charbonnage est : pour la plaine et la basse montagne, $\frac{3}{4}$ de chêne noir, et $\frac{1}{4}$ de hêtre : pour la zone des terrains secondaires inférieurs, $\frac{3}{5}$ de sapin et $\frac{2}{5}$ de hêtre et de chêne; enfin pour la haute chaîne, $\frac{4}{7}$ de hêtre et $\frac{3}{7}$ de sapin, noisetier, aulne et bouleau. On peut admettre qu'en géneral le rapport des essences pour charbonnage est de $\frac{3}{5}$ de hêtre et chêne, donnant un charbon pesant et fort, et $\frac{2}{5}$ de sapin, noisetier, aulne, etc..... donnant un charbon léger et doux.

Dans la plaine et dans la basse chaîne, sur les terrains marneux, le bois est de pousse rapide et gras. Sur les parties calcaires il vient moins rapidement, il y est sec et dur. Dans la zone supérieure de la chaîne les essences y sont toutes de bonne venue et d'une qualité supérieure pour charbon.

Aménagement. Le mode d'aménagement des forêts est, pour les bois noirs résineux, la haute futaie; pour les essences de bois verts, le taillis en général; car le chêne et le hêtre y viennent de souche.

Les bois noirs, pour lesquels la jeune pousse veut de l'ombre, sont exploités par jardinage à l'âge de cent à cent trente ans. Ils donnent du bois de construction; on ne charbonne que les branches et les cimes, si ce n'est sur quelques points de la haute chaîne où l'extraction des bois en grume présenterait trop de difficultés.

Les bois verts sont exploités par coupes réglées sur taillis aménagés à l'âge de quinze à trente-cinq ans. L'âge moyen pour la plaine et la basse chaîne est de quinze à dix-neuf ans, pour la haute montagne de dix-neuf à trente-cinq ans, suivant la nature, la hauteur relative, et l'exposition du terrain.

Ressources forestières de l'Ariége.

Les ressources forestières du département de l'Ariége se composent de quarante-trois forêts domaniales, soixante forêts communales, et de bois et forêts appartenant à des particuliers.

D'après le procès-verbal des commissaires députés de la réformation, en 1668, la contenance des forêts comprises entre les limites actuelles du département était d'environ 185,000 hectares. En 1833 on avait :

Forêts domaniales	40.704
— communales	23.000
— à divers	38.643
	102.347

En 1841, les états de l'administration des forêts donnaient :

Forêts domaniales	40.828
— communales	26.589
— à divers	45.000
	112.417

Sur ces chiffres de contenance, les trois arrondissements sont loin d'être également partagés. Saint-Girons figure pour $\frac{7}{12}$, Foix pour $\frac{4}{12}$ et Pamiers, ou la plaine, pour $\frac{1}{12}$ sur les forêts domaniales ; pour les bois communaux, Saint-Girons comprend $\frac{6}{12}$, Foix $\frac{4}{12}$ et Pamiers $\frac{1}{12}$.

Causes principales de leur domination.

La diminution rapide des ressources forestières de 1668 à 1833 tient à plusieurs causes parmi lesquelles figurent en premier lieu l'esprit de dévastation qui anime la population de la montagne ; le nombre exagéré des usines métallurgiques ; l'accroissement de population et les droits abusifs de pâturage et de dépaissance ; enfin le défaut complet d'un bon système d'aménagement.

Déjà, en 1784, Diétrict, à la vue de ces rochers âpres et dénudés qui recouvrent aujourd'hui les $\frac{93}{100}$ du sol forestier de nos montagnes, écrivait : « L'échange de charbon et de minerai entre la vallée de Vicdessos et le Couserans est la cause d'une énorme consommation de bois à laquelle il est impossible que cette province suffise. Il n'y existe presque généralement que des broussailles au lieu de forêts. Le charbonnier porte la hache partout, et des montagnes fertiles qui devraient être couvertes de belles tiges, n'offrent plus que des buissons de buis, de noisetier, entremêlés de quelques rejetons de hêtre. Plusieurs forges consomment les racines de buis; et c'est dans les champs cultivés qu'on doit aller chercher les arbres pour manches de marteau..... Le peu de jeunes pousses de belle venue non-seulement sont mutilées par les charbonniers, mais endommagées par les bestiaux des nombreuses communautés usagères..... De toutes les forêts il n'y a, je crois, que celles de Gudannes et de Durban où il y ait des gardes. Quelques seigneurs ont essayé de faire des réserves, les paysans y sont entrés à main armée..... etc..... »

Nombre exagéré des usines.

Ce qu'écrivait Diétrict n'est malheureusement que trop vrai aujourd'hui. L'échange, par suite de la transaction de 1347, a été remplacé dès 1789 par le commerce libre du minerai et du charbon. Avec les besoins croissants de la consommation, les forges se sont multipliées, et afin de s'assurer des moyens d'approvisionnement, les unes s'établirent dans les vallées boisées, tandis que les autres s'élevaient au voisinage des mines, ou sur les routes qui y aboutissent. Mais ce mouvement d'usines a été exagéré relativement aux ressources forestières. Aujourd'hui, dans la partie sud-ouest de l'arrondissement de Foix d'une part, d'autre part dans l'arrondissement de Saint-Girons, dans la Haute-Garonne, et dans la partie est des Hautes-Pyrénées, dans les limites entre lesquelles s'exerce surtout le commerce d'échange, on ne compte pas moins de 35 feux de forges là où il n'en existait que 19 en 1781. Et encore, les forges qui roulent sur l'échange font une consommation de charbon qui est à celle des forges en 1781 dans le rapport moyen de 9 : 5.

Du temps où Diétrict visitait l'Ariége (1784), il y avait en roulement 31 forges, dont 21 sur leurs affouages. Elles produisaient annuellement 26,740 quintaux métriques de fer, avec emploi de 101,600 quintaux de charbon. Aujourd'hui (1840), dans l'Ariége, 57 feux de forges, dont 9 seulement roulent en partie sur affouages, ont produit 58,806 quintaux de fer, avec emploi de 180,440 quintaux de charbon.

Pour faire apprécier la valeur exacte de ces chiffres de consommation, je dois ajouter ici que le commerce d'échange de minerai et de charbon s'étend bien au delà des limites entre lesquelles il s'exerçait en 1784, et que d'ailleurs, ainsi que nous l'avons déjà dit, depuis cette époque

16 nouveaux feux se sont successivement établis au voisinage des forêts.

Quoi qu'il en soit, le nombre des usines est exagéré relativement à la possibilité des forêts. Le prix exorbitant du bois de charbonnage en est une preuve irrécusable. Toutefois qu'il me soit permis de dire ici que quel que soit le développement des usines, le prix du bois ne saurait suivre une égale progression. En présence des efforts incessants de la concurrence, le terme de l'augmentation sera bientôt atteint. Je ne poserai pas ici de chiffre limite; car, toutes circonstances de production égales d'ailleurs, ce chiffre varie, non-seulement avec tous les éléments qui agissent sur la valeur des bois, mais aussi avec la marche des affaires, et avec le caractère plus ou moins entreprenant du producteur.

On a souvent attaqué l'administration des mines, comme si d'elle venait tout le mal. Nous verrons plus tard jusqu'à quel point ces attaques sont fondées, et par quels moyens elle peut et doit dès aujourd'hui conjurer le mal dans les limites de ses attributions.

Dévastations et défrichements.

J'ai signalé plus haut les dévastations et les défrichements des habitants des montagnes et l'extension abusive des droits d'usage (marronnage, chauffage, pacage et dépaissance). Ces droits ont toujours été, et seront encore longtemps un obstacle à toute tentative fructueuse soit d'aménagement, soit de repeuplement. Il conviendrait que l'administration des forêts limitât avec sévérité le nombre des bestiaux et surtout des bêtes à laine des usagers, et qu'elle opérât dans le plus bref délai les cantonnements entre les communes et l'état. Quelque difficile qu'en soit l'exécution, surtout dans le cas d'un grand nombre de communes co-usagères, elle l'est moins encore que l'application pratique de moyens de combattre l'instinct de destruction qui pousse sur les forêts les habitants des montagnes, instinct sans cesse aiguillonné par une vieille haine, fruit de luttes de plusieurs siècles entre les propriétaires de bois et les usagers. Il est déplorable qu'en face des intérêts les plus graves, au prix de l'avenir des générations futures, la passion paralyse entièrement l'instinct de la conservation.

Vice du régime forestier.

Mais pour combattre le mal l'administration supérieure des forêts a-t-elle tout fait? Je ne le crois pas. Pendant qu'elle accordait la faculté de défrichement aux dépens même des principales conditions d'hygiène publique (1), elle n'usait peut-être pas de toute son influence pour favoriser le reboisement et les plantations. D'un autre côté, après bien des tergiversations, après de longs et ruineux essais, sans tenir compte des observations judicieuses de praticiens éclairés qu'elle compte parmi ses agents, elle n'a pas encore su imprimer une marche régulière à l'action de l'aménagement des bois. A ce propos, je crois devoir signaler ici un fait qui aurait de la gravité, si l'administration des forêts l'acceptait sans réserve. Je veux parler de la proposition faite par un conservateur des forêts, tendant à aménager nos bois en haute futaie de 100 à 120 ans, en remplacement des taillis de 15 à 35 ans, et à procéder à l'exploitation exclusivement d'après le système de l'école allemande, par jardinage. En premier lieu, ce système ne saurait être d'une application générale, surtout dans des contrées où l'essence principale, le hêtre, revient sur souche; il ne s'applique avec fruit qu'aux bois noirs qui poussent à l'ombre. En Allemagne il n'en est pas autrement; on n'y a jamais jardiné les bois verts. D'ailleurs il nuirait non-seulement au reboisement, mais au repeuplement; car dans la montagne les essences se remplacent périodiquement et cette tendance reconnue ne doit pas être contrariée.

D'un autre côté la haute futaie n'est pas toujours exploitable. En la généralisant on nuit aux revenus de l'état, des communes, et on porte un coup mortel à l'industrie métallurgique, privée de la plus grande partie de ses ressources en combustible. Ne conviendrait-il pas d'étudier un mode d'aménagement en rapport avec les intérêts et les besoins de nos contrées; et, sans imposer à priori, sur tous les bois des Pyrénées un système, au moins vicieux, en tant qu'il serait d'une application trop générale, d'observer, sur chaque point, comme M. Dralet en donna

(1) Le déboisement de la montagne a considérablement modifié les conditions météorologiques et la climaterie du bassin sous-pyrénéen. Les variations de température y sont plus fréquentes et plus subites; les cours d'eau sont moins abondants, moins nourris et plus sujets à de grandes variations; enfin la basse montagne et la plaine sont plus souvent dévastées par l'irruption des nuées électriques chargées de grêle..... Tout moyen qui provoquera le repeuplement de la montagne combattra cette fâcheuse position. Parmi ces moyens, les canaux d'irrigation dans la plaine peuvent tenir le premier rang. On peut en voir un exemple frappant dans la vallée du Tech (Pyrénées-Orientales) dont les versants se repeuplent comme par enchantement de forêts de châtaignier.

l'exemple (1), les meilleures conditions d'assolement? Je crois devoir indiquer ici la cause la plus sérieuse de l'insuffisance des moyens de l'administration des forêts. Depuis le 6 janvier 1801, elle dépend exclusivement du ministre des finances qui a toujours vu dans les officiers forestiers des agents du fisc, et non pas des conservateurs en matière de forêts. Ne conviendrait-il pas que cette administration, dont l'action conservatrice est aujourd'hui impérieusement réclamée, fût, au moins pour les détails qui concernent l'aménagement des bois, attachée au département de l'agriculture (2)?

On peut juger de l'état de nos forêts par les oscillations de leur rendement en bois de charbonnage.

Rendement en bois de charbonnage par hectare.

En 1838, une coupe à Rivernert, taillis de 16 à 17 ans bien soigné, a donné 148 stères par hectare : à Alos, on a eu 121 stères. Dans la commune d'Ustou on a de 50 à 195 stères sur des taillis de 25 ans. On compte dans les communes de Bordes, Castillon et Sentein, sur un rendement moyen de 92 stères sur un taillis d'un repeuplement ordinaire de 25 à 30 ans. Un bois bien fourni de Génat, taillis de hêtre de 20 à 50 ans, a donné en 1841 226 stères pour un hectare et un are, soit 205 $\frac{1}{2}$ stère par hectare. Un bois bien aménagé de Nalzen, taillis de 19 ans, essence de hêtre, aulne et noisetier, a donné 82 stères. Une coupe de Pereilles de six hectares taillis de hêtre de 12 ans a donné 155 stères, soit 25.80 par hectare. A la Roque d'Olme un taillis de hêtre de 15 à 17 ans, de la contenance de 15 hectares, a donné 955 stères, soit 63.60 par hectare. A Alzen, un taillis de 20 ans a donné 26.60 stères par hectare. A Prades on a eu en 1841 45.25 stères par hectare; enfin à Lavelanet un taillis de 12 ans, essence de hêtre, de la contenance de 2 hectares, a donné 120 stères, soit 60 par hectare. Dans cette commune, d'après M. Richard, on a eu 57.60 stères par hectare.

D'après ces variations, il serait bien difficile d'établir le chiffre de possibilité annuelle des forêts de l'Ariége. Aussi je ne l'essayerai pas. Je

(1) Traité du hêtre. Dralet; Toulouse, 1818.

(2) M. Le Play (Vues générales sur la statistique, 1840) place l'administration des forêts entre celles de l'agriculture et des mines, comme se rattachant directement à l'amélioration du territoire.

me bornerai à dire ici qu'en général, vu la rareté des charbons, les bois des particuliers s'étendent, et sont mieux soignés. Depuis 12 ans leur contenance s'est accrue d'environ 7,600 hectares. Ce chiffre témoigne du bénéfice que retire aujourd'hui le propriétaire de bois.

Carbonisation.

L'opération de la carbonisation se fait en meule dont le volume varie avec la difficulté que présente le transport du bois dans la forêt d'un point à un autre. Dans la haute montagne on fait les meules de 10 à 15 et 20 stères au plus. Dans la basse chaîne, et dans la plaine, on varie de 20 à 25, jusqu'à 40 stères. Le bois est coupé en billes de 1^{m} à $1^{m}.10$ de longueur. La durée de l'opération est variable suivant le volume de la meule ; en général elle dure de 5 à 8 jours. Le charbon, après défournement, est ensaché, et transporté à dos de mulet jusqu'aux routes carrossables et de là à la forge.

Détails économiques.

Le rendement en charbon dépend de l'habileté du charbonnier, de l'état de dessiccation, de l'essence et de l'âge du bois. Il varie également, si on opère sur du taillis, de la futaie, ou de gros bois. Je citerai ici quelques exemples résultant de pesées que j'ai faites moi-même, en presque totalité sur les lieux, de 1835 à 1837.

1° Dans les bois d'Ustou, sur une meule de 21 stères de bois de hêtre de 19 ans, après trois semaines de coupe, on a eu les résultats suivants :

Un stère de bois du poids de 445 kilog. a donné $0^{mc}.338$ de charbon, pesant 76 kilog. Le stère de charbon pesait 227 kilog. Soit donc en charbon 17.07 p. 100 du poids du bois. Le stère de bois sur place coûtait $2^{f}.20$. On a donc eu pour prix de 100 kilog. de charbon en forêt :

	fr.
st. 1.315 à fr. 2.20	2.90
Abattage et charbonnage	2.51
	5.41

2° Dans les forêts de MM. Vergnies et Mondini, près Nalzen, un bois de chêne et hêtre a donné :

Poids du stère de bois après six semaines de coupe, 513 kilog.; charbon obtenu, $0^{mc}.400$ pesant 86 kilogr.

Poids du stère de charbon, 231 kilogrammes. Soit donc en charbon

16.76 p. 100 du poids du bois. Ce bois était estimé à 3f.15 le stère sur place : on a employé pour 100 kilogrammes de charbon :

	fr.
m.c. fr. 1.160 à 3.15	3.65
Abattage et charbonnage	1.95
	5.60

3° Dans la forêt de Bélesta, des branches et cimes des sapins d'un mois de coupe, pesant 307 kilogrammes le stère, ont donné en volume 0.373 de charbon, et en poids 16.61 p. 100. Le charbon pesait 150 kilogrammes le stère sur place. Le prix du bois étant de 1f.70 en forêt, on a eu pour prix de 100 kilogrammes de charbon :

	fr.
m.c. fr. 1.96 à 1.70	3.30
Charbonnage	2.00
	5.30

M. Richard cite un rendement de 0.338 en volume et 17.45 p. 100 en poids obtenu sur un charbonnage fait à Lavelanet sur du bois essence de chêne. Ce bois pesait 500 kilogrammes le stère qui a donné 87k.30 de charbon.

Les exemples de rendement ci-dessus cités ne donnent pas les limites extrêmes, qui sont généralement estimées de 15 à 18 p. 100 en poids. Je suis porté à croire que ces limites sont plus étendues. En effet, le rendement et la conduite du charbonnage varient beaucoup suivant l'état de dessiccation du bois. Il convient assez généralement que ce bois ait de deux à trois mois de coupe; mais le séjour des neiges dans les montagnes permet rarement de régler à la fois le temps de la coupe et du charbonnage.

Je compléterai les données qui précèdent par un tableau du prix du bois et du charbon à différentes époques.

Prix du bois et du charbon de 1807 à 1842.

ANNÉES.	PRIX MOYEN du bois de charbonnage en forêt. Le stère.	PRIX MOYEN du charbon en forêt. Les 100 k.	PRIX MOYEN du charbon en forge. Les 100 k.	*OBSERVATIONS.*
	(1)	(2)	(3)	
	fr.	fr.	fr.	
1807	2.80	4.72	9.50	Les chiffres des colonnes (1) et (2) représentent le prix moyen du département. Mais ceux de la colonne (3) donnent le prix moyen aux forges de la vallée de Vicdossos. On aura le prix aux forges d'Ax, à celles des environs de Foix, à celles du Saint-Gironnais, enfin à celles des environs de Lavelanet, en retranchant respectivement du prix de Vicdossos avant 1826 : 2 fr. — 1 fr. — 1 fr. 60 c. — et 3 fr. — Depuis 1826 : 2 fr. 46 c. pour Ax, 1 fr. 86 c. pour Foix. — 2 fr. 15 c. pour Saint-Girons et 3 fr. 84 c. pour Lavelanet. De telle sorte que l'on aura le prix moyen du département en retranchant de celui de Vicdossos la constante 1 fr. 94.
1815	3.00	5.12	8.51	
1816	3.10	5.12	8.51	
1817	3.10	5.12	8.51	
1818	3.10	5.12	8.51	
1819	3.10	5.12	8.51	
1820	3.10	5.12	8.51	
1821	3.10	5.12	8.51	
1822	3.10	5.12	8.51	
1823	3.10	5.12	8.51	
1824	3.10	5.12	8.51	
1825	3.10	5.12	8.51	
1826	3.25	5.34	9.45	En 1826, les fers sont recherchés.
1827	3.25	5.34	9.45	
1828	3.25	5.34	9.45	
1829	3.15	5.20	8.51	
1830	3.10	5.12	7.56	De 1830 à 1835, les forges souffrent de l'état pénible des affaires. Le travail reprend en 1836 et 1837. En 1838, 8 nouveaux feux sont mis en activité.
1831	3.00	5.00	7.56	
1832	3.00	5.00	7.56	
1833	3.00	5.00	7.56	
1834	3.05	5.07	8.27	
1835	3.05	5.07	8.27	
1836	3.05	5.05	8.27	
1837	3.25	5.34	9.45	
1838	3.25	5.34	9.45	
1839	3.25	5.34	9.45	
1840	3.30	5.40	9.50	
1841	3.43	5.48	9.66	1841. Les fers sont recherchés, leur prix s'est élevé de 7 fr. à 9 fr. pour 100 kilog. Quelques achats de charbon ont été faits jusqu'à 10 fr. 55 c. et même 11 fr. 05.
1842	3.63	5.86	9.96	

Poids du charbon de bois.

Le poids du charbon est également fort variable suivant l'essence, suivant l'âge du bois, suivant la partie de l'arbre d'où vient le charbon, enfin suivant l'habileté du charbonnier. Ainsi, le bois de taillis de 15 à 25 ans donne un charbon dur et pesant, de bonne qualité. Le bois refendu venant du débit de la haute futaie, produit un charbon de qualité médiocre. Il convient pour la bonté du charbon de ne pas conduire rapidement l'opération de la cuite, car alors le charbon perd de son poids; il contient d'ailleurs peu de matières volatiles inflammables. Le bois carbonisé vert donne un bon charbon. La qualité varie aussi avec le terrain. Si le bois est de rapide venue, le charbon est plus léger; en général, les charbons durs et forts viennent de bois durs, à texture serrée. Les bois légers donnent des charbons légers et doux.

On considère comme charbons durs et forts ceux de chêne, de hêtre, de buis, de noyer, etc.... et comme charbons doux et légers, ceux de pin, de sapin, de noisetier, d'aulne, de bouleau, etc..... Les charbons d'acacia et de châtaignier tiennent le milieu entre ces deux classes.

Je donne ci-dessous, d'après des pesées faites sous mes yeux, quelques jours après le défournement, le poids du mètre cube de charbon.

Chêne noir de 25 ans.	235	kil. le mètre cube.
Hêtre de 19 ans en taillis.	229	
Hêtre gros et refendu.	218	
Châtaignier jeune	192	
Bouleau.	182 *	
Pin (branchage).	173	
Pin (refendu).	160 *	
Sapin mêlé (gros et branches).	152	
Aulne.	141	

Les deux chiffres marqués d'une * ont été obtenus en mon absence; je ne saurais répondre de leur exactitude.

D'après ces poids, et la composition moyenne des charbons mêlés, on aura :

Charbon fort mêlé (hêtre et chêne).	227	kil. le mètre cube.
Charbon léger mêlé (sapin, noisetier, aulne, etc.)	170	
Charbon du commerce $\frac{4}{5}$ fort et $\frac{1}{5}$ doux. . . .	216	
Id. $\frac{3}{5}$ fort et $\frac{2}{5}$ doux.	205	
Id. $\frac{1}{3}$ fort et $\frac{2}{3}$ doux.	189	

Absorption d'eau hygrométrique par le charbon.

Le poids du charbon ne reste pas le même. Bientôt, au contact de l'air, il se charge d'eau hygrométrique qui varie suivant la nature des charbons, et suivant la manière dont le bois a été carbonisé. En général, les charbons légers absorbent plus d'humidité que les charbons forts; ceux dont la cuisson a été rapide se chargent plus que ceux provenant d'une opération conduite avec mesure.

J'ai essayé, sous ce rapport, trois variétés de charbons de la manière suivante. J'ai fait passer pendant deux heures un courant d'air chaud à 105 degrés centigrades par un tube en tôle maintenu dans une position verticale. Le charbon à dessécher était en petits fragments dans une capsule en tôle polie percée de petits trous.

Un charbon (hêtre, chêne et noisetier) récemment cuit, arrivé de Nalzen et déposé au magasin de la forge de Cabre, a perdu à la dessiccation 11.62 p. 100.

Un charbon de sapin de Bélesta a été pris en meule, et transporté à Vicdessos dans un flacon hermétiquement fermé. Cinq grammes réduits en petits fragments et cinq autres grammes en un seul morceau furent exposés pendant vingt-cinq jours au contact de l'air humide. Les premiers après ce temps pesaient 5g.42 et les autres 5g.37. Ainsi, l'absorption avait été pour les uns de 8.40, et pour les autres de 7.40 p. 100. Exposés à l'appareil de dessiccation, ces charbons ont été sensiblement ramenés à leur état primitif.

Un charbon de hêtre de 15 ans, de très-bonne qualité, dur, à cassure brillante, a absorbé 6g.272 p. 100 d'humiditéaprès quatre mois de séjour en charbonnière.

Enfin un mélange de hêtre, chêne, sapin, aulne et noisetier, représentant le rapport le plus fréquent de ces essences dans les charbons de forge, après deux mois et demi d'exposition en charbonnière, a absorbé 10.56 p. 100 d'humidité.

D'après ce qui précède on voit que l'on peut admettre sans s'éloigner de la vérité que le charbon de forge renferme toujours au minimum 9 à 10 p. 100 d'eau hygrométrique.

Causes du déchet en magasin.

En charbonnière le charbon, et surtout celui venant de bois légers, ou cuits avec rapidité, absorbe de l'air, et des sels terreux s'il est voisin des murs, ou du sol. M. Richard regarde ce phénomène, comme augmentant sensiblement le déchet en magasin, déchet qui est fort variable et que l'on estime de $\frac{1}{12}$ à $\frac{1}{9}$. Par le transport les charbons tendres et légers déchettent moins que ceux venant de bois durs; en magasin c'est le contraire. Quoi qu'il en soit de ces phénomènes d'absorption, j'ai fort souvent entendu les ouvriers et les maîtres de forge émettre l'opinion qu'il était convenable de laisser reposer le charbon, même dans un lieu légèrement humide. Ce charbon, disent les ouvriers, soutient mieux le vent et se mange moins rapidement. Quelques maîtres de forge trouvent qu'il rend alors plus d'effet utile. Quelle est la valeur de cette opinion? Je n'ai pas encore pu l'apprécier. Toutefois il ne faut pas que le charbon soit mouillé, surtout après la carbonisation; car il brûle difficilement et ne chauffe pas.

Le charbon s'achète en volume.

Le charbon, ainsi que nous l'avons vu, s'achète le plus souvent, le maître de forge ne voulant pas acheter de coupes, quand la rareté des charbons ne le force pas à recourir à ce moyen d'approvisionnement. C'est au volume que se pratique alors cet achat. Nous avons vu précédemment que les mesures métriques récemment exigées se composaient d'un cylindre de deux hectolitres et d'un parallélipipède de 1800 litres. Or d'après M. Berthier (1), on voit qu'à poids égaux, le pouvoir calorifique du charbon est sensiblement le même, quelle que soit d'ailleurs son essence. Il suit de là que l'achat au volume ne permet pas, dans le plus grand nombre de cas, de payer le charbon à sa juste valeur. Il est vrai que le prix des charbons légers diffère de celui des charbons forts et durs dans le rapport moyen de 33 à 27, et que d'un autre côté l'achat au poids pourrait entraîner falsification par addition d'eau, de la part des charbonniers et des ouvriers chargés du transport.

(1) Traité des essais par la voie sèche, t. I, p. 286.

CHAPITRE VIII.

COMPOSITION ET CLASSIFICATION DES DIFFÉRENTS CHARBONS. — DE LA COMBUSTION.

Nature du bois. — Composition moyenne du charbon de forge. — Cendres. — Distinction du charbon fort et du charbon doux. — Expériences sur la combustion du charbon. — Description de l'appareil employé. — Mode d'expérimentation. — Résultats. — Conséquences. — Carbonisation à la flamme perdue des feux. — Torréfaction du bois en forêt. — Nécessité d'essais.

Nature du bois.

D'après M. Berthier (1), le bois desséché pendant un an est composé de :

Carbone, ou charbon pur.	0.3848	1.0000
Cendres.	0.0100	
Eau combinée.	0.3552	
Eau hygrométrique.	0.2500	

Composition moyenne du charbon de forge.

L'opération de la carbonisation a pour objet définitif de donner sous le plus petit volume un combustible qui ait le plus de puissance calorifique, et cela en chassant l'eau hygrométrique, et celle de combinaison. Cette opération, qui se pratique par la volatilisation de l'eau, ne peut avoir lieu que par suite d'un dégagement de chaleur que l'on produit aux dépens d'une partie du bois que l'on veut carboniser. Nous avons vu précédemment que la carbonisation, telle qu'elle est faite par les charbon-

(1) Traité des essais par la voie sèche, t. I, p. 241.

niers de l'Ariége, qui jouissent d'une réputation méritée, loin de mettre à nu les 38 parties de carbone, n'en donne en réalité que 15 à 18. Le charbon produit n'est pas du carbone pur, il est chargé des cendres du bois et de matières volatiles, résultant des réactions de l'eau de combinaison sur le carbone pendant la cuisson. Les cendres se composent, d'après M. Berthier, de sels alcalins à base de soude et de potasse; elles contiennent de l'acide carbonique, de l'acide sulfurique, de l'acide muriatique, des traces d'acide phosphorique et de la silice. Les différentes parties d'un arbre n'en contiennent pas également. Les branches en donnent moins que l'écorce, et plus que le tronc. En outre leur composition varie suivant l'essence, l'âge, la partie de l'arbre, et surtout suivant la nature et l'exposition du sol. Plusieurs de leurs éléments peuvent nuire à la qualité du fer. Il serait utile de rechercher l'influence que les cendres exercent dans le travail du fer. Cendres.

L'analyse immédiate de deux charbons renfermant le mélange moyen des différentes essences, faite d'après le procédé ordinaire suivi au laboratoire de l'école des mines, par calcination dans un double creuset, et distillation dans une cornue jusqu'à ramollissement du verre, avec les précautions usitées, a donné :

	(1)	
Carbone.	85.01	100.00
Matières volatiles.	12.97	
Cendres.	2.02	

	(2)	
Carbone.	86.01	100.00
Matières volatiles.	11.67	
Cendres.	2.32	

L'analyse (1) se rapporte à une variété qui renfermait environ $\frac{3}{5}$ de charbons légers (noisetier, aulne).

L'analyse (2) appartient à une variété qui contenait sensiblement $\frac{2}{3}$ de charbons forts (hêtre et chêne).

On peut admettre pour composition moyenne :

Carbone.	85.50	100.00
Matières volatiles.	12.32	
Cendres.	2.18	

Distinction du charbon fort et du charbon doux.

Toutefois cette moyenne générale, basée sur les deux rapports les plus constants des différentes essences ne donne pas une idée exacte des limites extrêmes. J'ajouterai : un charbon de sapin (branchage) de Bélesta et un charbon de hêtre de l'âge de 25 ans, coupé dans la forêt de Génat, ont donné :

	(3) sapin.	(4) hêtre.
Carbone..	87.43	81.52
Matières volatiles combustibles	9.53	16.91
Cendres.	3.04	1.57
	100.00	100.00

Le premier peut être considéré comme type de charbon dur, désigné par les ouvriers sous le nom de *charbon fort*. Le second est le type d'un charbon léger, dit par les ouvriers : *charbon doux*. Ces dénominations sont loin d'être sans importance au point de vue pratique.

Le charbon fort pour brûler d'une manière soutenue exige un vent fort; il donne généralement assez peu de flamme, ce qui tient à sa faible teneur en matières volatiles combustibles. Le charbon doux veut au contraire un vent modéré; il donne une longue flamme. Par suite, toutes circonstances de pression et de volume de vent étant égales d'ailleurs, le charbon doux s'enflamme et brûle entre des limites que n'atteint pas le charbon fort dont la combustion est assez bornée sous le nez de la tuyère. De là vient, ainsi que nous l'avons vu, que le traitement varie avec la qualité du charbon. S'il est doux, l'escola modère le vent; le foyer élargit son feu des porges à l'ore, il retire la tuyère, et augmente le reculement du bourrec. Par suite le feu mange moins de greillade; mais l'élaboration du minerai au contrevent marche plus rapidement et l'escola doit en conduire le fondage avec activité. Avec un charbon fort, il faut un vent soutenu, une tuyère avancée au feu, des dimensions modérées des porges à l'ore, et un reculement médiocre du bourrec. On doit ici faire raser la tuyère plus qu'avec un charbon doux. Le charbon fort supporte la greillade, et souvent les scories grasses, ce que fait rarement le charbon doux. Enfin il convient dans le chargement d'augmenter la distance comprise entre la tuyère et le mur de minerai, *fig.* 1, Pl. V, d'autant plus que le charbon est plus doux. Toutes ces mesures, nous le verrons plus tard, tendent à favoriser la production de fer doux, homogène, avec le charbon doux, et de fer dur, aciéreux, avec le charbon fort.

Expériences sur a combustion du charbon.

La dernière condition, tendant à faire varier la distance de la tuyère au mur du minerai, m'a paru importante à étudier. Son examen dépendait d'ailleurs de recherches, dont je m'occupe depuis longtemps, sur les phénomènes de combustibilité des différentes variétés de charbon (1).

Description de l'appareil employé.

L'appareil qui m'a servi pour cet objet est représenté *fig.* 1, Pl. IX. Il se compose d'un cylindre AB en cuivre très-épais et travaillé à la soudure forte; ce cylindre a 0m.135 de diamètre intérieur, il s'emboîte par l'extrémité B dans un second cylindre BCD, également en cuivre fort, du même diamètre et coudé en C à angle droit. L'emboîtement B permet à la branche CD de tourner dans un plan perpendiculaire à l'axe de la branche AC, et de prendre toutes les inclinaisons par rapport à l'horizon. La *fig.* 1 le représente, les deux axes étant dans le même plan vertical. La branche AA porte, suivant son arête supérieure, trois ajutages hermétiques, et à vis de pression, F, G, H. L'ajutage H est destiné à recevoir un thermomètre gradué sur tige jusqu'à 340 degrés. L'ajutage F reçoit un appareil hygroscopique, représenté *fig.* 1 et 2, Pl. X, renfermant des hygromètres de condensation et d'absorption. Enfin l'ajutage G reçoit un pèse-vent à mercure, et mieux à eau. La branche CD porte un cendrier C à sa partie inférieure, et une grille *ab* dont la somme des vides est égale aux $\frac{91}{100}$ de la section transversale du cylindre. Puis, suivant deux arêtes opposées, ce dernier porte deux séries de tubulures *m.m*... *n.n*...., ayant 0m.045 de diamètre, et distantes entre elles de 0m.051. Les tubulures *m.m*..... reçoivent un verre de Bohême blanc et le plus infusible que j'aie pu me procurer. On peut ainsi sur toute la longueur observer à l'intérieur du cylindre des différents phénomènes d'incandescence et de combustion. Les tubulures *n.n*..... peuvent recevoir indistinctement, soit des verres, soit un bouchon en cuivre, soit un bouton M percé sur son axe d'un trou propre à recevoir à frottement le tube coudé en fer

(1) Ces recherches, qui sont encore incomplètes, et que j'ai dû ajourner par suite des dépenses qu'elles entraînent, ont pour objet la détermination de toutes les circonstances qui accompagnent la combustion, en faisant varier la température, la pression, l'hygrométricité du vent, ainsi que l'essence et la qualité du combustible.

$x.y$. Ce tube, au moyen d'une clef à cadran ef, peut être tourné sur son axe, de manière que son extrémité x, tout en restant au voisinage de l'axe du cylindre CD, peut parcourir, en raison de sa courbure, une longueur égale à $0^m.096$, c'est-à-dire l'intervalle compris entre deux tubulures, plus le diamètre de l'une d'elles. Dès lors, en plaçant le tube xy successivement dans chacune des tubulures, on peut faire occuper à son extrémité x tous les points de la longueur du cylindre CD, à partir de la grille ab.

Ce tube xy est d'ailleurs percé en x de trous de 3 à 4 millimètres, et son diamètre intérieur est de $0^m.009$. En y il reçoit par emboîtement libre, à simple frottement, un autre tube de même diamètre coudé à angle droit, qui porte une ou plusieurs éprouvettes PQ en verre de Bohême. Leur capacité est de 220 centimètres cubes. Chaque éprouvette est munie à ses extrémités de robinets qui permettent de l'isoler sans perdre les gaz qu'elle pourrait contenir. Enfin, l'extrémité D du cylindre vertical porte une pile de diaphragmes en cuivre, indépendants les uns des autres et dont les orifices peuvent varier de $0^m.01$ à $0^m.135$. Dans cet appareil j'ai eu soin de tenir compte des effets de dilatation. Les luts sont tous à l'oxyde de plomb (1).

Mode d'expérimentation.

Jusqu'à présent je me suis borné à l'indication de l'appareil. Remplissons maintenant le cylindre CD, au-dessus de la grille ab, de charbon bien tassé avec le rable, *fig.* 2, et mettons l'extrémité A de la branche horizontale en communication avec une machine soufflante, après avoir enflammé le charbon par le cylindre C. On voit, d'après la description qui précède, qu'après avoir observé sur la branche AB la température, l'état hygrométrique et la pression du vent injecté, et partant son volume, on pourra le long de la branche verticale suivre de l'œil par les tubulures $m, m, m, \ldots$.. la marche de l'inflammation et de la combustion, et de l'incandescence. En outre, au moyen du tube xy et des éprouvettes, on recueillera à une distance voulue de la grille ab les gaz qui tamisent au travers du charbon. Afin de faciliter le passage de ces gaz par le tube xy et l'éprouvette PQ, au moment de l'opération, on diminue convena-

(1) Cet appareil d'un travail délicat et la caisse hygrométrique qui sera décrite plus bas ont été exécutés avec intelligence et talent par MM. Bianchi, opticien à Toulouse et à Paris.

blement l'orifice de sortie au moyen de la pile de diaphragmes, *p.q*, en même temps que l'on renverse l'éprouvette préalablement remplie d'eau saturée de chlorure de sodium que l'on fait écouler lentement.

Je me bornerai ici à indiquer quelques résultats obtenus sur la combustion de quatre variétés de charbon dont j'ai plus haut donné l'analyse.

Les charbons soumis à l'action du vent ont été concassés de la grosseur d'une noix, puis on en a rempli la branche CD. L'air injecté était à + 7° et marquait 34° $\frac{1}{2}$ du pèse-vent. Durant la combustion, on tassait le charbon d'une manière toujours égale avec le rable, *fig.* 2. Afin de faciliter son jeu, il est incliné sur l'axe du manche; en outre il présente une grille étoilée dont la surface des vides est égale à la section transversale de l'appareil. Il peut ainsi, sans inconvénient, rester dans le cylindre pendant l'opération. Après une demi-heure, je me suis assuré que les charbons arrivant sur la grille sont complétement calcinés, qu'ils ont en presque totalité perdu les matières volatiles combustibles, et sont à peu près dans le même état que ceux qui arrivent sous le vent dans un feu catalan, vers le milieu de l'opération. Dès ce moment, j'ai fait fonctionner le tube xy armé de son éprouvette en l'éloignant peu à peu de la grille. La conservation de ce tube est difficile; pour de hautes températures, et surtout pour l'exactitude des observations, il convient qu'il soit en argile très-réfractaire, ou en tôle recouverte d'une couche d'argile. Dans chacune des positions du tube xy, je remplissais deux éprouvettes que je transportais dans un vase plein d'eau saturée de muriate de soude. Au moyen du phosphore et de la potasse caustique, je déterminais les volumes relatifs d'oxygène et d'acide carbonique que renfermaient les gaz recueillis, puis j'observais la flamme que donnait en brûlant le gaz restant dans l'éprouvette (1).

Je ne puis encore donner des nombres suffisamment exacts, je dirai seulement que l'ensemble des différentes opérations a donné les indications suivantes :

---

(1) L'oxyde de carbone brûle avec une flamme bleue légèrement rougeâtre sur les bords. L'hydrogène donne une flamme blanche, tandis que l'hydrogène carboné fournit un jet jaune-orange.

Résultats. 1° De $0^m.02$ à $0^m.05$ de la grille, la teneur d'acide carbonique augmente; au delà elle diminue graduellement, et à $0^m.27$, terme moyen, on n'en a que des traces; il fait place à l'oxyde de carbone, plus ou moins chargé d'hydrogène suivant l'état hygrométrique du vent (1).

2° La quantité d'oxygène diminue d'abord très-rapidement jusqu'à $0^m.05$ de la grille, puis il s'efface graduellement, et ne donne que des traces à la distance moyenne de $0^m.143$.

3° Pour le charbon de hêtre, l'oxygène a diminué assez rapidement d'abord, puis plus lentement, et à $0^m.18$ le phosphore donnait encore des vapeurs blanches, à la vérité très-rares.

4° Le charbon de sapin a brûlé rapidement l'oxygène à la distance de $0^m.075$. Puis ce dernier a disparu et ne donnait que de légères vapeurs blanches à la distance de $0^m.139$.

5° Des deux variétés de charbons mêlés, la variété (1) a perdu son oxygène à $0^m.13$, et celle (2) à $0^m.159$.

Je le répète, ces résultats n'ont pas toute l'exactitude désirable, il me manque une cuve à mercure; puis je n'ai pas encore assez l'habitude de cet appareil qui est incomplet sous plusieurs rapports; mais le coefficient d'erreur étant le même pour chaque opération, et les conséquences que j'ai à déduire ici des résultats, étant indépendantes jusqu'à un certain point des valeurs absolues des distances observées, je me suis décidé à mentionner les observations qui précèdent, afin de rendre plus complet ce que j'ai à dire sur la distinction des charbons doux et fort.

Toutefois, je ferai remarquer que la moyenne ci-dessus indiquée, $0^m.143$, se rapproche sensiblement de l'observation consignée par M. Leplay dans un travail remarquable sur la théorie et sur l'histoire de la réduction et de la cémentation (2). D'après cet ingénieur, un charbon calciné (essence de chêne) à peu près dans les mêmes circonstances que dans l'appareil, aurait pris tout l'oxygène à la distance de $0^m.12$ de la grille. M. Leplay n'a pas recherché si plus loin il y avait encore des traces de ce gaz.

---

(1) Ces résultats concordent avec les faits établis par M. Ebelmen dans ses belles recherches sur la composition des gaz des hauts-fourneaux. *Annales des mines*, t. XX, 1841.

(2) *Annales des mines*, t. XIX, pages 302 à 308 ; 1841.

En outre le traitement direct usité en Corse, et pratiqué sur le minerai de l'île d'Elbe, à la forge de Chiatra (1839), près Cervione, semble corroborer les chiffres indiqués, bien que la combustion y soit dans des circonstances de pression de vent et de limites d'enceinte différentes de celles de l'appareil. En effet, on sait que ce traitement se compose de deux opérations distinctes, la cuisson du minerai (*cotta*), et la formation de la loupe (*masello*). La première opération consiste à réduire et à agglutiner le minerai M, M, Pl. IV, *fig.* 16 et 17, placé derrière le mur de charbon B, B. Pendant sa durée, les ouvriers ont soin de remplir de charbon qu'ils tassent sans cesse avec une perche en bois (*frugone*), l'espace A compris entre le mur BB et la tuyère qui donne un vent de 7 à 10 degrés. Si l'opération a été suivie et que l'ouvrier ait constamment entretenu l'espace A plein de combustible, les charbons du mur B, B que l'on nomme *carbonino*, et qui ont de 0m.12 a 0m.16 de longueur, ne sont pas attaqués par le vent; aussi au défournement, on les jette dans l'eau pour les faire servir de nouveau. La distance comprise entre le nez de tuyère et le mur BB, je m'en suis assuré plusieurs fois, n'était que de 0m.13 à Chiatra, mais dans quelques forges elle s'élève jusqu'à 0m.16. J'ai observé que le carbonino refroidi, sans être impergé d'eau, n'est point attaqué par le feu, si l'opération est bien conduite.

Conséquences.

Cela posé, si on rapproche les résultats obtenus dans l'appareil ci-dessus, on voit que, dans les mêmes circonstances, et avec un vent modéré, les charbons doux brûlent plus rapidement que les charbons forts. Ce fait paraîtrait justifier l'inverse de la pratique des forgeurs, qui consiste à charger le minerai d'autant plus loin du nez de tuyère que le charbon est plus léger. Mais cet éloignement n'est ici motivé que par la nécessité de ne jamais attaquer un charbon doux avec un vent violent, comme aussi de toujours soutenir le vent avec un charbon fort; car avec un charbon léger, un vent trop fort détermine une combustion active près du nez de tuyère, l'élaboration du minerai au contrevent reste en souffrance, tandis que la greillade descend trop rapidement et empâte le fond du feu. En outre, un charbon léger, trop brusquement attaqué, se divise trop rapidement sous le vent. D'un autre côté, si avec du charbon fort on modère le vent, la combustion languit, le feu souffre sur tous les points, et l'allure se refroidit. Un vent soutenu, déterminant dans tous les cas une combustion active sous le nez de tuyère, il convient alors, si on ne veut pas laisser languir l'élaboration à l'ore, de rapprocher le minerai, ainsi qu'on le pratique avec les charbons forts.

Ces considérations sont, ainsi que nous le verrons par la suite, d'une haute importance dans le traitement direct. J'ai dû insister et entrer ici dans quelques détails, afin de préparer aux questions qui touchent à l'élaboration du minerai.

Carbonisation à la flamme perdue des feux.

Pour terminer ce que j'ai à dire sur le charbon de bois, j'ajouterai que des différents procédés de carbonisation essayés, le seul qui se soit maintenu est celui usité jusqu'à ce jour. Il ne donne cependant que 15 à 18 p. 100, bien que le bois renferme jusqu'à 38 p. 100 de carbone. Aussi la rareté du combustible a-t-elle donné lieu à de nombreux essais. Le seul qui jusqu'à ce jour soit devenu d'une application usuelle est le procédé de carbonisation à la flamme perdue de MM. Virlet et Fauveau-Deliar; il consiste dans la torréfaction du bois dans des caisses en fonte, à la flamme du gueulard des hauts-fourneaux.

Il résulte des belles recherches de M. Sauvage, ingénieur des mines (1), que dans le plus grand nombre de cas, le charbon fourni par l'appareil Fauveau est du bois torréfié qui, sous l'action de la flamme, a perdu environ 0,35 de son poids et 0,14 de son volume primitif. Cependant dans quelques forges des Ardennes, M. Sauvage signale un état assez avancé de torréfaction, pour lequel il y a perte de 0,52, ou environ moitié du volume, et de 0,62, ou les $\frac{2}{3}$ du poids, et dont à volume égal le pouvoir calorifique est sensiblement le même que celui du charbon de forêt.

En raison de la faible hauteur de charge en charbon des feux catalans, surtout dans la première période du traitement, je suis porté à penser que cette dernière variété serait la seule que l'on pourrait y employer avec avantage, du moins dans l'état actuel des dimensions du feu et de la pratique des forges. Encore faudrait-il que l'intermittence de la flamme ne fût point un obstache à la carbonisation en caisse par le procédé Fauveau. M. Richard a trouvé (2) que pour une telle application

(1) *Annales des mines*, t. XI, 1837, et t. XVIII, 1840.

(2) Loc. cit., page 63 à 68.

dans nos forges, en admettant de part et d'autre des frais égaux de carbonisation, ce procédé n'était applicable, qu'autant que le prix du transport du bois à la forge ne dépasse pas $1+\frac{1}{2}$ fois celui du bois. Il faut que le transport n'exige pas plus d'une journée de marche. Dans l'Ariége je ne connais que les forges de Manses, de Villeneuve, du Mas-d'Azil qui puissent satisfaire à ces conditions. Cette dernière, construite sur mes indications en 1837, est disposée de manière qu'on puisse au besoin appliquer la flamme de deux feux voisins à la torréfaction du bois. Toute tentative sur cette application ne doit être abordée qu'avec une grande réserve, en raison des modifications d'allure, de traitement et de construction des feux que probablement elle entraînera. Une usine expérimentale eût parfaitement convenu pour de telles recherches.

Torréfaction du bois en forêt.

M. Sauvage a également décrit (1) un procédé de torréfaction du bois en forêt dû à M. l'ingénieur Echement. Il résulte des études de M. Sauvage que ce procédé est économiquement préférable à celui de M. Fauveau, quand le prix du bois est inférieur au triple du prix du transport. Mais cette méthode n'est point encore assez perfectionnée, pour la proposer dès aujourd'hui. Elle n'a pas encore produit la variété de charbon roux, correspondant à la perte des deux tiers du poids, et de la moitié du volume du bois. Si on y parvient, je suis porté à penser qu'il y aurait de grands avantages à en retirer pour nos contrées en économie dans les frais de production du fer. Elle se prête avantageusement à l'approvisionnement non-seulement des forges voisines des bois, mais encore de toutes celles qu'alimente le commerce d'échange.

Nécessité d'essais.

Les recherches à tenter sur la production en forêt et sur l'application au traitement direct de cette variété de charbon roux, me paraissent offrir une haute importance.

(1) *Annales des mines*, t. XVIII, 1840.

CHAPITRE IX.

DU VENT.

Hygrométrie des trompes.

Hygrométrie de la trompe. — Expériences de MM. Tardy et Thibaud. — Expériences de M. Richard. — Considérations générales sur l'hygrométrie de l'air des trompes. — Appareils hygrométriques. — Hygromètre de Saussure — Hygromètres de condensation. — Hygromètre à cuvette. — Hygromètre de Daniel. — Valeur moyenne des tensions correspondantes aux indications de l'hygromètre à cheveu. — Tableau résumé des expériences hygrométriques de 1839 à 1842. — Résultats généraux. — Hygrométrie des machines à piston. — Diminution dans l'état hygrométrique par évaporation spontanée.

Hygrométrie de la trompe.

Nous avons vu précédemment, que selon sa construction plus ou moins vicieuse, la trompe des Pyrénées donne un vent plus ou moins chargé d'eau entraînée à l'état vésiculaire. Par suite de la nature de cette machine, l'air étant non-seulement en contact, mais en grande partie brassé avec l'eau, on s'est préoccupé de l'état hygrométrique du vent des trompes, et on a cherché à expliquer les variations périodiques de l'allure des feux de forges par les oscillations dans la quantité d'eau contenue dans l'air.

Expériences de MM. Tardy et Thibaud.

MM. Tardy et Thibaud, à la suite de leur mémoire déjà cité, sur le travail des trompes, ont consigné les résultats d'expériences hygrométriques faites à deux forges de Vicdessos. Ces résultats sont ;

Trompe de Guilhe, le 16 novembre 1822.

Heure à laquelle on a placé l'hygromètre.	Heure à laquelle on a observé l'hygromètre.	DEGRÉS DE L'HYGROMÈTRE H ET DU THERMOMÈTRE T : dans la trompe. H	dans la trompe. T	dehors contre l'homme. H	dehors contre l'homme. T	en plein air à l'ombre. H	en plein air à l'ombre. T	en plein air au soleil. H	en plein air au soleil. T	Degrés du pèse-vent.	OBSERVATIONS.
matin. h. m.	h. m.	degrés.	degrés.	degrés.	degrés.	degrés.	degrés.	degrés.	degrés.	degrés.	
9.00	9.45	85.00	12.00	»	»	»	»	»	»	»	Il vente S. E.
9.45	10.05	»	»	74.25	17	»	»	»	»	»	Le ciel est serein.
10.05	10.30	»	»	»	»	69.00	18.50	»	»	»	
10.30	10.45	»	»	»	»	»	»	62	37.50	»	
11.15	11.30	91.00	12.00	»	»	»	»	»	»	3.00	
11.40	12.00	90.00	12.00	»	»	»	»	»	»	8.00	Il vente N. O. sec.
12.05	12.15	90.50	12.00	»	»	»	»	»	»	16.50	
12.15	12.30	»	»	72.00	19	»	»	»	»	»	
12.35	12.42	»	»	»	»	63.50	21.50	»	»	»	
12.45	1.00	»	»	»	»	»	»	58	33.00	»	

Trompe de la Vexanelle, le 26 décembre 1822.

11.10	11.20	84.00	9.50	»	»	»	»	»	»	»	Le vent était N. O.
11.20	11.33	33.50	9.50	»	»	»	»	»	»	»	Fort et froid.
11.37	11.45	92.00	6.50	»	»	»	»	»	»	5.50	
11.50	12.00	92.00	6.50	»	»	»	»	»	»	7.50	Ces expériences ont été faites avec l'hygromètre H de Saussure.
12.00	12.10	»	»	86.00	8	»	»	»	»	»	
12.15	12.28	»	»	»	»	62.00	9.50	»	»	»	T représente ici la température.
12.30	1.37	»	»	»	»	»	»	59	11.00	»	

De l'ensemble de ces observations, faites en plaçant l'hygromètre dans le burle, il résulterait que dans les deux trompes de la Vexanelle et de Guilhe il n'y avait pas alors saturation de l'air, c'est-à-dire, que la quantité d'eau que peut contenir l'air à la température de la trompe n'y était pas à son maximum.

Expériences de M. Richard.

Plus tard, M. Richard, regardant avec raison les variations météorologiques, et surtout les oscillations de l'état hygrométrique de l'air comme une des causes du défaut de permanence dans l'allure des feux, fit plusieurs expériences avec l'hygromètre de Saussure.

Le 26 mai 1833 de 10 heures du matin à midi avec un hygromètre nouvellement réglé, il eut à la forge de St-Pierre : à l'ombre, H=65°, T=17°; dans la forge, H=72°, T=13°; près l'homme, H=74°, T=13°; dans l'homme, H=100°, T=13°...... A la forge de Planissolles, il eut dans l'homme : H=100°. Puis en 1835, à trois heures après midi, par un beau temps, il trouva dans la forge de la Mouline, H=74°,50. T=19°. Dans l'homme la pression du vent étant de 8 degrés il eut : H=84°, et T=16°.

Le 10 septembre 1835, à une heure et demie, par un beau temps, le thermomètre lui donna près de la tinne 16°; au burle, 12° 50; dans l'eau de la trompe, 12° 50. L'hygromètre marqua à l'ombre, 48°; dans la forge, 64°; dans le trou du burle, 83°.

Le 18 du même mois, il eut dans la sentinelle :	T= 9°.50	et	H=85°
Le 19 il eut dans la sentinelle avec peu de vent :	T=12	et	H=83
Enfin le 30 il a obtenu :			
A la forge.	T=17	et	H=40
A la tinne d'en haut.	T=16	et	H=71
A l'orifice du canon de bourec donnant du vent (l'auteur n'en indique pas la tension). . . .	T=12	et	H=71
Dans l'eau sortant de la tinne, on avait.	T=12		

Ces expériences comprennent deux périodes, celle de mai 1833, et celle de septembre 1835. La première série indique qu'il y avait saturation aux trompes de Saint-Pierre et de Planissoles. La seconde accuse au contraire un degré inférieur. Cette différence viendrait-elle de ce que l'hygromètre pouvait avoir perdu de sa sensibilité; ou bien de ce qu'il n'y avait pas réellement saturation?

On voit que considérées dans leur ensemble, les expériences de MM. Tardy, Thibaud et Richard ne tranchent pas complétement la question.

J'ai tâché, afin d'en aider la solution, de réunir quelques observations à cet égard.

Avant de les indiquer, je rappellerai succinctement les bases de l'hygrométrie, puis je décrirai les instruments dont je me suis servi.

Considérations générales sur l'hygrométrie de l'air des trompes.

L'hygrométrie est la partie de la météorologie qui traite de la détermination de la force élastique de la vapeur d'eau dans l'air. On sait qu'il y a toujours plus ou moins d'eau dans l'atmosphère. Sa présence est indiquée par la rosée qui recouvre les parois extérieures d'un vase contenant un liquide plus froid que l'air ambiant. C'est l'eau hygrométrique, qui, en été, aux jours d'orage, se dépose sur la surface des vases remplis d'eau fraîche. C'est également elle, qui, en hiver, par suite du refroidissement de l'air extérieur se dépose sur les vitres des appartements chauds, et donne, en s'y congelant, ces dessins variés que tout le monde a remarqués.

La quantité d'eau hygrométrique varie entre des limites très-étendues avec la température et l'état des vents. Pour chaque température elle est également fort variable. La limite inférieure, ou l'absence totale d'eau dans l'air, détermine le point de sécheresse extrême; tandis que celui au delà duquel l'air ne peut plus admettre de vapeur d'eau, ou la limite supérieure, se nomme point de saturation, ou d'extrême humidité. Je rappellerai ici que la vapeur d'eau et l'air n'ayant aucune action chimique réciproque, se comportent comme les gaz. La force élastique de leur mélange est toujours égale à la somme des tensions respectives de la vapeur d'eau et de l'air. On conçoit dès lors combien la tension que donne le pèse-vent peut, dans le plus grand nombre de cas, induire en erreur sur la valeur réelle de l'élasticité propre, et partant du poids de l'air injecté dans un feu de forge. Si on remarque que dans nos montagnes il n'est pas rare, dans une journée d'été, que la température varie de 7° à 35° centigrades; que dans le cas de saturation, la quantité d'eau contenue dans un mètre cube d'air est 82 décigrammes (1) à 7° et 389.10 à 35°; enfin que dans une opération à la forge donnant 160 kilog. de fer, on emploie, terme moyen, par minute pendant 6 heures 5,300 litres d'air pouvant contenir alors de 43 à 202 grammes de vapeur d'eau (2), on concevra toute l'influence que peut exercer l'état hygrométrique de l'air sur l'allure des forges.

Appareils hygroscopiques.

Afin de pouvoir déterminer exactement l'état hygrométrique du vent des trompes, j'ai employé l'appareil indiqué *fig.* 1, Pl. X. Il se compose d'une cloche en cristal épais AB, de 3.645 centimètres cubes de capacité, montée à vis sur un plateau en cuivre que l'on peut à volonté fixer sur le trou de l'homme, au moyen d'une vis de pression C. Le conduit *abc*, recoupé par le robinet V, met à volonté l'intérieur de l'homme et celui de la cloche en communication directe. La partie supérieure de la cloche porte un collier en cuivre D qui reçoit un pèse-vent à mercure PP. Le collier D, le robinet V, et le pèse-vent sont indépendants, ils sont supportés à vis les uns sur les autres. Dans l'intérieur de la cloche on peut voir, sur le siége *hl*, un hygromètre de Saussure, *m.m.m.m.* Enfin à sa partie supérieure se trouve lutté sur l'épaisseur du cristal un hygromètre à capsule. Ce dernier est placé de manière que le thermomètre, ainsi que la partie inférieure de la capsule, soient compris dans la cloche, tandis que les bords et la boule du thermomètre sont à l'extérieur.... On conçoit que cette disposition permet de soumettre ces deux instruments à l'influence hygrométrique de l'air de la trompe, ou de toute autre soufflerie. Le jeu des robinets V et V' donne toute facilité d'observer l'air à l'état de repos, ou en mouvement, et sous tous les degrés de tension que peut donner la machine.... Afin de soustraire les hygromètres à l'action de l'air entraîné à l'état de vésicules, le conduit d'amené *abc* est bifurqué en *b* et présente quatre branches *bc*.... *bc*... inclinées de 30° et portant le vent contre les parois intérieures de la cloche. Sur la hauteur *rr*, on a eu soin de garnir ces parois d'un drap absorbant, plissé de manière qu'il présente le plus d'aspérités et de sur-

(1) Physique de Pouillet, page 735; 1832.

(2) Calculs faits d'après les tables de M. Richard, et les tables d'élasticité de M. Pouillet.

face. Dans le cas de longues observations, ce drap était quelquefois recouvert d'amadou préalablement desséché.

Je me suis assuré qu'avec ces précautions il n'y a plus de trace d'eau vésiculaire.

L'appareil, *fig.* 2, représente la même cloche dans laquelle on a monté sur pied à vis un hygromètre de Daniel M*mn*N; on le fait fonctionner avec ou sans l'hygromètre de Saussure, ainsi que nous le verrons.

Hygromètre de Saussure.

Cela posé, avant que d'indiquer la marche suivie dans les expériences, je vais faire un exposé rapide de la construction et du jeu de ces différents instruments. Les hygromètres se divisent en deux classes; les hygromètres d'absorption et ceux de condensation. Les premiers reposent sur la propriété qu'ont diverses substances d'absorber la vapeur d'eau, et d'éprouver des changements dans leurs dimensions, en raison de la quantité de vapeur observée. L'une des substances les plus sensibles à cet égard est le tissu cellulaire des cheveux, préalablement débarrassé des corps gras qu'il renferme par une légère lessive alcaline. Il a servi à Saussure dans la construction de son hygromètre représenté dans la cloche, *fig.* 1. Cet instrument, ici accompagné d'un thermomètre *tt*, se compose d'un cheveu *xx*, pincé par son extrémité supérieure, tandis que l'autre s'enroule autour d'une poulie *x* à deux gorges. L'une des gorges est occupée par le cheveu, l'autre par un fil de soie soutenant un petit contre-poids *p*, qui dans toutes les positions de la poulie maintient le fil dans une tension égale. La poulie porte d'ailleurs une petite aiguille *yz* servant d'indicateur sur un cadran *ss*.

Si l'air est humide, le cheveu absorbe de la vapeur d'eau, s'allonge, et par suite l'aiguille se porte de gauche à droite. Le contraire a lieu si l'air devient sec. La variation dans la longueur du cheveu dépend de la quantité de vapeur d'eau dans l'air. Cette longueur est un maximum, quelle que soit d'ailleurs la température, s'il y a saturation, et minimum s'il y a sécheresse extrême. On détermine ces deux limites sur le cadran *ss* en laissant l'instrument sous la cloche dans laquelle on met successivement du chlorure de calcium sec, puis de l'eau. Le point donné par le chlorure de calcium est l'extrême sécheresse, c'est le zéro du cadran; l'eau détermine au contraire, en saturant l'air de la cloche, le point d'extrême humidité. L'espace compris entre ces deux limites est divisé en 100 parties que l'on appelle degrés de l'hygromètre.

Ainsi réglé, cet instrument ne donne pas la force élastique de la vapeur d'eau contenue dans l'air. Gay-Lussac a recherché pour la température de 10 degrés les forces élastiques correspondantes aux degrés de l'hygromètre à cheveu; il a trouvé que 20, 30, 40, 50, 60, 72, 90 et 95 degrés correspondent sensiblement aux fractions $\frac{1}{10}$, $\frac{1}{7}$, $\frac{1}{5}$, $\frac{1}{4}$, $\frac{1}{3}$, $\frac{1}{2}$, $\frac{2}{3}$, $\frac{4}{5}$ et $\frac{9}{10}$ de la tension maxima à cette température. Ces fractions varient légèrement entre les limites 0 degré et 35 degrés. Elles ne sont pas les mêmes pour tous les cheveux, surtout s'ils ne sont pas homogènes sur toute leur longueur. En outre, avec l'usage, ces fractions varient également, et croissent à mesure que la sensibilité du cheveu diminue. Après un an, ou dix-huit mois d'usage, la sensibilité du cheveu a non-seulement diminué, mais elle devient paresseuse; et pour être exactes, les observations doivent être prolongées. Un cheveu neuf et bien homogène peut donner une bonne indication en 10 à 15 minutes, mais au bout de trois à quatre mois d'usage, il convient de n'observer qu'après 25 à 35 minutes quand l'aiguille oscille sur place.

Hygromètres de condensation.

Les hygromètres de condensation dont je me suis servi sont l'hygromètre à cuvette de Pouillet et celui de Daniel. Tous deux reposent sur le fait suivant : si dans une chambre chauffée à 15 degrés, par exemple, on place de l'eau dans un vase en verre, et que l'on jette dans cette eau de la glace de manière à la refroidir graduellement, il arrive un moment où la surface externe perd sa transparence et se couvre d'une couche de rosée fine. Ce moment se nomme le point de rosée. Admettons que, lorsqu'il arrive, la température de l'eau soit à 9 degrés, on en conclura, d'après les tables des forces élastiques, que la quantité d'eau contenue dans l'air de la chambre est égale à celle qui saturerait de l'air à 9 degrés. En effet, l'eau déposée vient de ce que les couches d'air ambiant contiguës aux parois du vase, se trouvant comme ces parois à 9 degrés, ont été amenées à l'état de saturation, et ont fait rosée.

Hygromètre à cuvette.

Au lieu d'un vase en verre rempli d'eau, on peut se servir de l'appareil indiqué en O, *fig.* 1. Il se compose d'une cuvette cylindrique en fer-blanc bien polie au dehors, dont le fond est percé de manière à recevoir à frottement la tige d'un thermomètre T. La boule *o* reste dans le milieu de la cuvette. Le poli du fer-blanc permet d'observer le point de rosée. Au lieu d'ajouter de la glace dans l'eau de la cuvette, on peut la remplir d'éther dont l'évaporation abaisse la température. Cet hygromètre, que j'ai construit sur le principe de celui à cuvette de Pouillet, a été placé sur l'épaisseur des parois de la cloche, *fig.* 1. L'évaporation de l'éther s'opère au dehors, tandis que le point de rosée et la température s'observent à l'intérieur.

Hygromètre de Daniel.

J'ai aussi eu recours à l'hygromètre de Daniel, contenu dans la cloche, *fig.* 2. Il se compose d'un tube en verre à double coude portant à ses extrémités deux ampoules M.N. Celle M est à moitié remplie d'éther. La branche qui la supporte renferme un thermomètre T'. Cette ampoule est d'ailleurs en verre azuré pour faciliter l'observation exacte et précise du point de rosée. L'autre ampoule est enveloppée d'une toile fine. On a d'ailleurs fait le vide dans l'intérieur du tube qui est supporté par un pied portant un second thermomètre T.

Si on verse de l'éther sur la boule N, il y a refroidissement surtout dans l'ampoule M où se trouve de l'éther condensé. L'observation du point de rosée et de la température qui y correspond se fait sur la boule M et sur le thermomètre T'. Cet instrument, une fois placé sous la cloche, *fig.* 2, reçoit l'éther sur la boule N, au moyen d'une pipette en cuivre *st*, munie de deux robinets *v.v'* avec réservoir intermédiaire. Par cette disposition, on introduit l'éther sans contact de l'air extérieur avec celui de la cloche.

Ces deux derniers hygromètres donnent immédiatement la quantité d'eau hygrométrique. Je les ai employés tantôt isolément, tantôt avec l'hygromètre de Saussure. Ce qui précède indique suffisamment tout le parti que j'ai pu tirer de l'emploi simultané de deux hygromètres, l'un d'absorption, l'autre de condensation, pour m'assurer du degré d'exactitude et de sensibilité de celui à cheveu, et pour déterminer les fractions de la tension maxima correspondantes aux degrés de ce dernier instrument.

Dans la cloche AB, on substituait à volonté à l'hygromètre à cuvette *o*, soit la pipette *st* de l'appareil de Daniel, soit un tube en cuivre à robinet, semblable à celui qui recouvre le collier D. Par ce moyen, on pouvait dans tous les cas établir au travers de la cloche un courant réglé, ou bien observer l'air à l'état de repos, ce qui est nécessaire pour l'instrument de Daniel, qui d'ailleurs ne me servait que pour m'assurer du degré d'exactitude et de sensibilité des deux hygromètres; et pour régler celui de Saussure.

Je me suis préalablement assuré sur plusieurs trompes, dont l'air n'entraînait pas d'eau vésiculaire, que les indications des hygromètres et thermomètres dans la cloche sont les mêmes que celles qu'accusent ces instruments mis dans l'homme, ou devant le burle. En outre, à chaque série d'expériences faites de 1839 à 1842, j'ai eu soin de faire changer le cheveu de l'hygromètre de Saussure, qui était réglé de manière que de 0 à 35 degrés du thermomètre les fractions de la tension maxima de la vapeur d'eau, et les indications correspondantes de l'hygromètre à cheveu étaient sensiblement :

Valeur moyenne des tensions correspondantes aux indications de l'hygromètre à cheveu.				
	10	de l'hygromètre correspondent à	0.025	de la tension maxima.
	15	—	0.070	
	20	—	0.107	
	25	—	0.125	
	30	—	0.149	
	35	—	0.179	
	40	—	0.210	
	45	—	0.250	
	50	—	0.273	
	55	—	0.323	
	60	—	0.371	
	65	—	0.429	
	70	—	0.479	
	75	—	0.549	
	80	—	0.670	
	85	—	0,750	
	90	—	0.845	
	95	—	0.980	
	100	—	1.000	

Ces résultats sont sensiblement les mêmes que ceux indiqués par Pouillet (1); les différences peuvent tenir à l'état d'homogénéité et de

(1) Physique, page 741.

sensibilité des cheveux. D'ailleurs, ces chiffres étant calculés comme moyenne de 10 à 35 degrés centigrades sont un peu plus élevés que ceux déterminés pour la température de 10 degrés.

Il eût été trop long de citer ici toutes les expériences que j'ai faites de 1839 à 1842 aux forges de la vallée de Vicdessos, des environs de Tarascon, de Bélesta, de Pamiers, du Mas-d'Azil et de Lacour. Je me suis borné à grouper dans le tableau ci-après les principaux résultats, en m'attachant surtout à ceux dont le rapprochement permet de donner une idée exacte de l'état habituel du vent des trompes.

Tableau résumé des expériences hygrométriques de 1839 à 1842.

TABLEAU D'OBSERVATIONS HYGROMÉTRIQUES SUR

DATE des observations.		ÉTAT du vent.	ÉTAT du ciel.	A L'AIR LIBRE				
				HYGROMÈTRE A CHEVEU				hygromètre à cuvette ou de Daniel.
				au soleil.		à l'ombre.		
Années.	Mois et jour.			T	H	T	H	E
(1)	(2)	(3)	(4)	(5)	(6)	(7)	(8)	(9)
				degrés.	degrés.	degrés	degrés.	m.m.
	16 mars.	N. O. grand frais.	Couvert, pluie.	»	»	4.00	98.00	6.39
	»	»	»	»	»	»	»	»
	7 avril.	S. E. sec.	Serein.	8.75	53.50	7.00	72.00	3.93
	9 juillet.	S. S. E. sec.	Couvert.	»	»	28.00	44.00	6.83
1839	10 juillet.	S. O. humide.	Pluie.	»	»	21.00	95.00	17.93
	»	»	»	»	»	»	»	»
	21 août.	S. O.	Orageux.	35.50	93.00	28.50	97.00	26.98
	»	»	»	»	»	»	»	»
	25 nov.	N. N. E. sec.	Serein.	9.20	40 50	5.10	49.20	1.54
	»	»	»	»	»	»	»	»
	25 janvier.	N. N. E. sec.	Serein.	5.50	35.10	1.50	21.00	0.71
	5 février.	S. E. faible.	Serein.	9.50	60.25	4.90	65.00	2.92
	»	»	»	»	»	»	»	»
	23 mars.	O. humide.	Pluie.	»	»	3.25	97.00	6.05
1840	7 juin.	S. O. humide.	Pluie.	»	»	19.00	94.50	15.97
	19 juillet.	S. S. E. grand sec.	Serein.	33.15	37.45	26.00	43.50	6.21
	24 juillet.	N. N. E. sec.	Serein.	31.10	40.25	22.10	45.00	4.86
	12 août.	S. O. calme.	Orageux.	36.10	91.00	32.35	94.00	33.95
	»	»	»	»	»	»	»	»
	7 février.	S. E. faible.	Serein.	8.75	53.00	6.75	81.00	5.17
	»	»	»	»	»	»	»	»
1841	8 mars.	S. E. faible.	Serein.	17.00	32.70	10.00	53.00	2.93
	23 août.	N. E. sec.	Serein.	33.00	35.15	29.15	44.00	7.25
	29 août.	O. S. O. fort.	Orageux.	37.65	93.80	34.00	94.75	37.40
	5 février.	S. E. faible.	Serein.	8.50	53.00	7·00	72.00	3.74
	»	»	»	»	»	»	»	»
	»	»	»	»	»	»	»	»
	»	»	»	»	»	»	»	»
1842	8 février.	N. E. faible.	Serein.	13.00	52.40	7.80	72.50	3.93
	»	»	»	»	»	»	»	»
	9 février.	N. E. faible.	Serein.	15.10	33.50	8.15	59.50	3.10
	»	»	»	»	»	»	»	»
1840	29 mars.	N. E. sec.	Serein.	»	»	5.50	79.00	4.62

LE VENT DES TROMPES DES PYRÉNÉES.

SUR L'HOMME à l'air libre. — Hygromètre à cheveu.		SUR L'HOMME au vent de la trompe.				Température de l'eau sortant de la trompe.	OBSERVATIONS.
		Tension du pèse-vent.	Hygromètre à cheveu.		Hygromètre à cuvette.		
T	H	P	T	H	E′	t	
(10)	(11)	(12)	(13)	(14)	(15)	(16)	(17)
degrés.	degrés.	m.	degrés.	degrés.	mm.	degrés.	
4.00	98.00	0.0225	3.50	100.00	6.27	3.50	Forge de Niaux, trompe en tinne.
»	»	0.0720	3.50	100.00	6.27	3.50	
6.50	79.55	0.0225	5.10	89.00	5.88	5.00	La Prade, trompe carrée.
19.00	53.00	0.0247	12.10	79.00	7.17	9.00	
16.00	95.00	0.0250	11.50	100.00	10.53	10.00	
»	»	0.0740	12.25	100.00	10.92	10.00	Mas-d'Azil. — Tinne.
26.10	98.50	0.0225	24.50	100.00	22.50	21.00	
»	»	0.0670	24.00	100.00	22.45	21.00	Niaux. — Tinne.
5.00	48.00	0.0240	5.00	83.00	4.69	5.00	
»	»	0.0650	5.00	82.00	4.61	5.00	Rabat. — Tinne.
2.10	41.00	0.0600	0.10	67.00	2.23	0.30	
4.10	89.00	0.0270	3.10	95.00	5.99	2.05	Niaux. — Tinne.
»	»	0.0600	2.55	93.00	5.96	2.05	
3.00	100.00	0.0550	2.35	100.00	5.83	2.30	Forge neuve d'Auzat. — Tinne carrée.
13.00	96.00	0.0450	8.10	100.00	8.38	7.25	Caponta. — Tinne.
20.15	63.00	0.0220	20.00	69.50	8.40	19.00	
21.45	66.00	0.0530	21.00	73.20	8.78	21.00	
28.00	100.00	0.0300	29.50	100.00	29.34	29.00	Forge neuve. — Tinne carrée.
»	»	0.0620	31.25	100.00	32.43	29.00	
6.00	83.00	0.0315	5.10	88.00	5.83	5.10	
»	»	0.0585	5.30	88.40	5.85	5.10	
6.20	67.00	0.0505	5.65	84.00	1.69	5.50	La Prade. — Tinne carrée.
26.00	57.00	0.0620	23.45	85.15	15.90	22.00	
31.65	100.00	0.0250	31.50	100.00	33.30	29.65	
6.30	80.55	0.0200	5.40	91.50	6.30	5.00	
»	»	0.0350	5.40	90.00	6.28	5.00	Niaux. — Tinne.
»	»	0.0450	5.65	90.45	6.37	5.00	
»	»	0.0670	5.00	89.90	6.19	5.00	
7.20	75.10	0.0300	5.90	88.40	5.49	4.60	
»	»	0.0650	6.20	89.20	5.43	4.60	Lacombe. — Tinne.
9.05	71.00	0.0325	7.55	89.20	6,72	7.20	
»	»	0.0630	8.05	88.10	6.63	7.20	Rabat. — T. dans la forge à un point sec et aéré.
5.00	89.50	0.0560	5.00	96.00	6.17	4.70	Lacour. — Tinne.

Résultats généraux.

1° Le fait ici le plus saillant, c'est que l'état de saturation n'est pas permanent dans le vent fourni par la trompe des Pyrénées. On voit que les limites extrêmes des indications de l'hygromètre de Saussure H, vérifiées par les valeurs de E', ou de la tension de l'air indiquée par l'hygromètre à cuvette, oscillent entre des chiffres assez voisins de l'état de saturation. Les valeurs extrêmes sont A = 100° et H = 79°. Je regarde comme assez rares et exceptionnelles les deux valeurs H = 67° et H = 69°.50 obtenus par des vents N. N. E. et S. S. E. grand sec. Ces limites, d'après les données qui précèdent, comprendraient des tensions presque toujours supérieures à 0.665 de la tension maxima (E).

Toutefois, les valeurs qui en raison de la climaterie du bassin pyrénéen se présentent le plus souvent, sont comprises entre H = 100° et H = 85°, c'est-à-dire que dans le plus grand nombre de cas on a une tension supérieure à 0.75 = $\frac{3}{4}$ de la tension maxima.

2° On peut remarquer que les chiffres des observations de MM. Tardy et Thibaud sont assez voisins de la limite inférieure; et que dans la seconde série des observations de M. Richard les résultats se tiennent également assez près de cette limite. Cela tient-il à ce que les hygromètres employés par ces observateurs auraient perdu de leur sensibilité; ou bien à ce que les expériences, et surtout celles de M. Richard, ont été faites à une époque (fin de septembre) où dans nos montagnes l'état de l'air est habituellement fort sec? Dans tous les cas, leurs résultats ne me paraissent rien présenter qui permette de ne point les accepter.

3° Les observations des 21 août 1839, 7 juin 1840 et 29 août 1841 font ressortir un fait que nous avons assez souvent rencontré. C'est que pendant l'été l'air des trompes, bien que saturé, renferme à volume égal moins de vapeur d'eau et plus d'air que l'atmosphère extérieure. Cette circonstance tient à ce que dans la trompe l'air prend sensiblement la température de l'eau, et que dans nos montagnes, surtout aux mois de fonte des neiges (juin, juillet et août, si les neiges sont abondantes) l'eau atteint assez rarement une température supérieure à 14 degrés. Cela explique pourquoi en été, toutes circonstances égales d'ailleurs, un feu alimenté par une bonne trompe souffre moins que celui entretenu par une machine à piston, quand l'air atmosphérique est saturé, ou voisin de l'état de saturation. Cette dernière ne reprend sa supériorité sur la trompe que quand la force élastique de la vapeur d'eau E est inférieure à la tension maxima E' à la température de l'eau de la trompe.

4° Dans le cas d'une sécheresse soutenue, ici assez fréquent par les vents de S. S. E. et de N. N. E., la différence entre les tensions E et E' est assez faible.

5° Par les vents d'O. et d'O. S. O., il arrive aussi que l'on a E' plus petit que E.

Pour compléter ces résultats, j'ajouterai que l'influence de la température de l'air des trompes est telle, qu'aux jours d'été on voit l'allure du feu se soutenir aux heures des crues périodiques et journalières provenant de la fonte des neiges de la haute chaîne.

Ce qui précède montre combien les indications du pèse-vent peuvent induire en erreur, en tant que l'on regarderait le poids du vent comme proportionnel aux tensions qu'il indique. Aussi les ouvriers qui emploient cet instrument ne s'en servent que pour des indications de limites et de tensions extrêmes; et les bons escolas se règlent d'après l'observation des circonstances que présente le feu. Toutefois, il serait souvent utile que le plus grand nombre d'escolas eût recours au pèse-vent, pour fixer les conditions de bonne allure que souvent ils recherchent pendant longtemps aux dépens du rendement de l'usine.

C'est surtout dans ce but que M. Richard, frappé de l'énorme différence d'eau hygrométrique et de poids du vent que l'on insuffle suivant l'état de l'atmosphère et suivant les saisons de l'année, a calculé les tables des vents qui figurent dans son ouvrage (pages 201 à 203). Je les ai textuellement rapportées aux notes qui finissent cet ouvrage (1). Elles indiquent non-seulement la tension de l'air avec et sans vapeur d'eau, mais aussi le poids et le volume du vent entre les limites de pression qu'exige le traitement direct, et pour les hauteurs entre lesquelles le baromètre oscille dans l'Ariége, et dont la valeur moyenne est sensiblement $0^m.7132$ pour les usines de la montagne. L'auteur les a calculées dans l'hypothèse d'un état permanent de saturation; par là, il a souvent exagéré le poids de l'eau hygrométrique. Mais pour le but qu'il s'est

(1) *Voir* les pièces justificatives, § 8.

proposé, il n'y a aucun inconvénient, puisque ainsi il met toujours en garde contre l'influence de l'humidité. Quant aux résulats relatifs au volume d'air insufflé par la trompe, ils m'ont paru devoir être, dans le plus grand nombre de cas, au-dessous de la réalité; car M. Richard n'a tenu aucun compte du volume d'air entraîné dans le feu par le pavillon de la tuyère, sous l'influence du courant sortant du canon du bourec, courant qui produit souvent ici un effet analogue à celui qui s'opère aux aspiraux des trompes. Cette omission se justifie par elle-même, car dans l'état actuel de l'aérométrie il eût été bien difficile à cet auteur de tenir compte dans ses calculs de cet effet d'entraînement. Sur les conseils de mon ami, M. A. Paillette, ingénieur des mines (1), je me suis assuré au moyen d'un petit moulinet de Woltmann que la vitesse résultant de cet effet de trompe augmente, le volume d'air étant le même, avec la pression et avec l'angle du pavillon de la tuyère, et qu'elle atteint souvent plus de 2 mètres par seconde.

Les tables de M. Richard rendront, je le crois, d'utiles services dans les recherches générales sur la conduite du vent; mais les indications qu'elles fournissent ne peuvent faire règle, surtout en présence des nombreuses oscillations journalières des conditions météorologiques dans nos montagnes.

En effet, depuis huit ans je me suis assuré qu'aux heures de la période barométrique, il y a de grandes fluctuations dans l'état de l'atmosphère. Pendant les trois cinquièmes de l'année, les vents S. S. E. et N. N. O., le premier soufflant sec et chaud, le second froid et humide, alternent et se croisent en hauteur, de telle sorte qu'aux heures de la période, le N. N. O. souffle bas, domine, relève le S. S. E. Dans les intervalles, au contraire, le S.S.E. s'abaisse, tandis que le N.N.O. souffle dans les régions supérieures. Aussi, souvent dans l'espace de quelques heures le thermomètre, le baromètre et l'hygromètre accusent des variations dont il serait bien difficile, le plus souvent, de tenir compte dans la conduite du feu.

---

(1) M. Paillette, dans ses recherches sur la combustion sous l'influence d'un jet de vapeur à haute pression, s'est servi avec avantage du moulinet de Woltmann pour déterminer la forme de la veine fluide entraînée par le jet de vapeur.

J'ai fait sur le vent fourni par la machine à piston de la forge de Pamiers, quelques observations qui m'ont donné les résultats suivants :

Le 26 décembre 1839, la tension maxima du pèse-vent étant de 0m.0495, j'ai eu :

1° A l'air libre, sur les caisses du piston.	T = 4°.50	H = 64°.00
2° La cloche AB mise en communication avec l'intérieur des caisses.	T = 4°.35	H = 62°.20

Le 14 février 1840 :

1° A l'air libre.	T = 7°.20	H = 78°.00
2° Dans la cloche.	T = 6°.50	H = 74°.40

Le 15 février 1840 :

1° A l'air libre.	T = 8°.00	H = 76°.80
2° Dans la cloche.	T = 7°.65	H = 74°.20

Hygrométrie des machines à piston. Diminution dans l'état hygrométrique par évaporation spontanée.

Il résulte de ces observations un fait précédemment observé par M. Richard à la soufflerie à piston de Berdoulet, c'est que l'hygromètre à cheveu porte toujours une diminution très-sensible dans ses indications aussitôt que la machine soufflante est mise en jeu..... J'avais, avant de connaître ce résultat, observé que dans la cloche hygrométrique, même lorsque la température du vent est supérieure à celle de l'atmosphère (cela a lieu fréquemment en hiver), l'hygromètre à cheveu indique toujours une différence de saturation entre l'air en repos et l'air en mouvement. La différence est toujours en plus pour le cas de repos : en outre elle est d'autant plus marquée que la saturation est moins avancée, et que la pression, et partant la vitesse du vent, est plus forte. J'ai pensé que ce fait, toujours accompagné d'une légère diminution de température, pouvait être attribué à un phénomène d'évaporation développée sous l'influence de l'air en mouvement.

CHAPITRE X.

EAU VÉSICULAIRE DES TROMPES. — DU VENT CONSIDÉRÉ DANS SES PROPRIÉTÉS CHIMIQUES.

De l'eau vésiculaire de la trompe. — Inconvénients. — Moyens de chasser l'eau vésiculaire. — Vannes régulatrices. — Diminution de la vitesse initiale. — Réservoir d'air. — Sentinelle courbe. — Influence nuisible des trompes sur les progrès du traitement. — Préférence aux machines à piston. — Avantages et application du ventilateur. — Du vent dans ses propriétés chimiques. — Sphères, ou zones d'oxydation et de réduction. — De l'air chaud. Essais de M. Richard, 1834-1835. — Résultats. — Discussion des résultats. — Conclusion.

De l'eau vésiculaire de la trompe.

Le vent de la trompe, nous l'avons vu, est chargé non-seulement de vapeur aqueuse, mais aussi d'eau à l'état de vésicules mécaniquement entraînées par le courant. On peut en constater la présence en présentant au burle un miroir, ou bien une surface métallique polie, qui bientôt se ternit sous l'influence du vent. Si on met alors la main à l'extrémité du canon du bourec, on sent un léger picotement qui est dû aux gouttelettes d'eau, car il disparaît avec elles. Les ouvriers disent alors que le vent est vif et grenu. Il arrive même que l'eau entraînée est quelquefois assez abondante pour tamiser au travers du cuir du bourec, et couler le long de la buse. On dit alors que le bourec sue.

Inconvénients

Dans le plus grand nombre de cas, c'est un grave inconvénient, car l'intromission au feu d'une nouvelle quantité d'eau rend l'allure froide, toujours irrégulière, et le fer inégalement aciéreux, mal soudé et pailleux... Il vient le plus souvent d'un vice de construction dans la trompe, soit que le rapport entre les orifices d'admission et de sortie soit défectueux, soit qu'il y ait trop de charge d'eau sur les étranguillons, et que par suite la banquette soit noyée par l'eau de la caisse inférieure, ou de la tinne. Pour le combattre, les ouvriers tâtonnent, et font varier les orifices d'entrée et de sortie, sans aucune règle ni donnée; ou bien ils augmentent ou diminuent la hauteur de la caisse placée à quelques tinnes sur l'orifice de sortie. Au lieu de toucher aux dimensions d'une trompe, je pense qu'il est plus convenable de la régler au moyen d'une vannette à coulisse, en tôle forte, placée contre l'orifice de sortie. On pourrait suivre la hauteur d'eau dans la caisse au moyen d'un tube en verre fort qui, au moyen de deux douilles creuses, coudées et fixées à la paroi verticale, serait mis en communication avec les parties supérieure et inférieure de la caisse.

Moyens de chasser l'eau vésiculaire.

Vannes régulatrices.

J'ai plusieurs fois employé le moyen suivant qui a l'avantage d'agir sans toucher à la trompe. Sur l'une des parois verticales du réservoir supérieur (*paycherou*) on établit une vanne à coulisse composée de planches jointes, et dont le seuil peut varier de hauteur et servir de décharge au canal d'amenée de la trompe. Ainsi, on peut régler non-seulement la dépense de la trompe, mais, ce qui est important, d'après les travaux de MM. Tardy et Thibaud, la hauteur d'eau sur les étranguillons. Ce moyen, appliqué aux trompes de la Prade et de la Ramade, dont l'air était vif et grenu, a donné un vent doux et sec. J'insiste sur l'emploi de cette disposition, combinée avec la vannette de régularisation à l'orifice de la sortie; car j'ai toujours observé que pour une même hauteur de trompe le vent est d'autant plus sain qu'il y a plus de hauteur d'arbre et moins de pression sur les étranguillons. On sait d'ailleurs que cette condition répond, suivant MM. Tardy et Thibaud, au maximum d'effet. Aussi je recommanderai avec ces auteurs d'enfoncer la trompe sous le niveau du canal de fuite, de manière à ce que la banquette soit de $0^{m}.20$ à $0^{m}.30$ au-dessous de ce niveau.

Cette dernière disposition présente d'ailleurs un avantage dont je vais parler. On sait que le vent est d'autant plus sec que le pied des arbres est plus éloigné du pied de l'homme, ce qui a engagé M. d'Aubuisson à conseiller l'emploi de tinnes ovales et allongées. En outre, nous avons vu précédemment que la banquette est placée en dessous du couvercle de la caisse à air de $0^{m}.23$ à $0^{m}.30$, et quelquefois à $0^{m}.35$ pour quelques tinnes. Or, dans le plus grand nombre de cas, l'eau dans la trompe s'élève assez près du niveau de la banquette. De telle sorte que le vent, à peine dégagé de l'eau, n'a guère à s'élever que de $0^m.30$ à $0^m.40$ pour atteindre le pied de l'homme. Là il trouve un conduit qui n'a au maximum que 360 centimètres carrés de section transversale. Il doit y prendre dès l'origine une grande vitesse. On sentira facilement que ces dispositions sont vicieuses en ce que, loin de provoquer le dépôt de l'eau vésiculaire, elles en favorisent l'entraînement; je leur ai substitué avantageusement celles qui suivent.

Diminution de la vitesse initiale.

Afin de s'opposer au transport des gouttelettes d'eau, j'ai cru convenable de limiter la vitesse initiale du vent, et de diminuer le mouvement de remous qui s'opère au passage de la caisse dans l'homme en raison de l'étranglement forcé de la veine fluide. Pour atteindre ce but, j'ai augmenté la hauteur de la caisse à air de manière que les arbres y pénétraient de $0^m.34$ à $0^m.38$, et par suite donnaient en quelque sorte un réservoir d'air en haut de la caisse à vent. En outre, à l'homme vertical de $1^m.40$ de hauteur et de 26 centimètres carrés de section, lequel est coudé sur le burle, j'ai substitué une sentinelle en tôle dont la section circulaire porte 1380 centimètres carrés. Cette sentinelle est verticale sur une hauteur de $1^m.40$, puis elle se replie en col de cygne et se présente au cuir du bourec sous une inclinaison moyenne de 35 degrés, après un développement de $7^m.40$. Elle s'élève de $3^m.35$ au-dessus du niveau de la caisse à air. Sa courbure est ménagée de manière à ne pas avoir de rayon inférieur à 2 mètres. Enfin la section transversale diminue graduellement, et présente un rétrécissement uniforme depuis la caisse à air jusqu'à l'orifice du canon de bourec.

Réservoir d'air.

Sentinelle courbe.

Ces dispositions ayant été prises en 1839 sur la trompe du feu n° 1 du Mas-d'Azil, je m'assurai que le vent grenu avec l'homme droit était entièrement débarrassé d'eau vésiculaire avec la sentinelle courbe, et qu'en outre, dans les mêmes conditions météorologiques, l'état de saturation avait diminué dans le rapport de 79 : 61.

On ne peut trop chercher à se garantir de la présence de l'eau vésiculaire. En effet, si dans quelques cas, assez rares, l'allure du feu s'est soutenue avec un bourec suant, ce n'est qu'avec augmentation dans l'emploi de charbon. Par un vent chargé, l'allure est oscillante et froide, le fer manque d'homogénéité, il est inégalement aciéreux, toujours pailleux et difficile à souder ; ce qui tient à ce que le feu est alors toujours inégalement chauffé, et froid au moins sur quelques points. Enfin, il est d'observation générale que les feux dont l'allure est la plus soutenue et la plus chaude, sont ceux dont le vent est le moins chargé d'eau vésiculaire. Je citerai surtout ceux de Niaux-Vieux, de Cabre, du Mas-d'Azil, de Lacour, etc.

Influence nuisible des trompes sur les progrès du traitement.

L'effet pernicieux de cette eau se fait surtout sentir quand un escola travaille pour la première fois à une forge. Il est obligé de tâtonner, non pour rechercher les limites extrêmes de pression convenable, mais pour modérer le vent plus ou moins chargé, de manière à obtenir une allure soutenue, et un feu chaud, sans exagérer l'emploi du combustible. La quantité d'eau vésiculaire dépendant de l'ensemble des dispositions de la trompe par rapport à la chute, on voit que dans chaque forge cette machine présente des conditions particulières qui lui font en quelque sorte une constitution spéciale. Ce fait présentait à Lapeyrouse et à feu M. Vergnies tant de gravité, que ces judicieux observateurs pensaient qu'il serait convenable d'adopter dans toutes les forges à chutes élevées une construction identique pour la trompe.

Ce qui précède fait suffisamment comprendre combien sont importantes les mesures indiquées plus haut pour combattre l'humidité du vent, et combien, pour l'uniformité et la fixation de la pratique des forges, les machines à piston, ventilateurs, ou autres peuvent être préférables aux trompes... Du moins, dans l'état actuel des choses, conviendra-t-il de prendre à l'égard de ces derniers toutes mesures pour dessécher le vent.

Préférence à donner aux machines à piston.

J'ai dit précédemment, en rapprochant ces deux modes de soufflerie, que si la machine à piston présentait moins de fixité de vent que la trompe, si les frais de premier établissement et d'entretien en étaient plus dispendieux, du moins elle exigeait beaucoup moins de force motrice. Sous le rapport de l'uniformité dans l'allure, elle est également préférable. Enfin de nombreuses observations ont permis d'avancer que, toutes circonstances égales d'ailleurs, elle donne des produits plus homogènes, un fer plus doux et plus facile à souder que celui fabriqué avec le vent des trompes.....

Avantages et application du ventilateur.

Sous le rapport de l'économie de force motrice, de frais d'entretien et de dépenses de premier établissement, le ventilateur me paraît réunir des conditions favorables. Il offre en outre l'avantage de permettre l'adoption de telle disposition d'usine qui paraîtrait la plus convenable, sans avoir à s'inquiéter de l'emplacement de la soufflerie. Dans l'application de cette machine le doute se porte immédiatement sur la faible tension maxima qu'elle donne. Examinons jusqu'à quel point ce doute est fondé.

Il résulte des observations de M. Saint-Léger, ingénieur des mines (1), qu'un ventilateur de $0^m.67$ de rayon, faisant 712 tours par minute, à fourni pendant ce temps $13^k.60$ d'air à 0° (la pression barométrique étant $0^m.76$). La tension de l'air était de $0^m.0132$ de mercure. Ce ventilateur fondait au cubilot 1 200 à 1 500 kilogrammes de fonte par heure; il était mu par une force de deux chevaux. La tuyère avait 33.20 centimètres carrés de surface. Or, une bonne trompe consommant au moins une force motrice de 15 à 18 chevaux, ne donne au maximum par minute que $9^k.50$ d'air à 0° (pression barométrique $0^m.76$) sous une tension de $0^m.810$ de mercure, la tuyère ayant 21 centimètres carrés de surface. Quelque remarquable que paraisse un tel résultat, les belles études de M. Combes et les modifications importantes récemment apportées par ce savant ingénieur au ventilateur (2) permettent d'en attendre davantage sous le rapport du poids et de la tension. On voit donc que déjà relativement à la quantité d'air fournie, le ventilateur a un avantage marqué aussi bien que quant à l'effet utile.

Mais la tension de l'air des trompes est-elle une condition essentielle de bonne allure? La forge de Tarascon, dont la trompe n'a que $4^m.38$ de chute totale, donne d'excellents résultats sous une pression de $0^m.040$, la tuyère ayant une surface de 32 centimètres carrés..... En 1827, M. Victor Vergnies travailla sous une pression de $0^m.022$; il obtint en huit heures 160 kilogrammes de fer. Dans une deuxième opération, il obtint 180 kilogrammes de fer en $6^h.35'$ avec une pression de $0^m.0308$. Il y eut économie d'un dix-septième de charbon sur le travail moyen de

(1) *Annales des mines*, t. VII, 1839 et t. XI, 1837.
(2) *Ibid.*, t. XV et XVIII.

la forge. Le fer obtenu était doux et d'une qualité supérieure. La tuyère avait conservé ses dimensions habituelles..... Le foyer Alexandre Seris, l'un des meilleurs et des plus intelligents forgeurs de l'Ariége, à ma demande, a fait plusieurs feux sous une tension maxima de $0^{m}.0252$; il a obtenu en $6^{h}.25'$ 151 kilogrammes de bon fer..... La tuyère n'avait que 22 centimètres carrés de surface..... Enfin en 1838 et 1840, je fis aux forges de Laprade et de Lacour deux feux sous une pression de $0^{m}.022$, et j'obtins en $6^{h}.30'$ 147 kilogrammes de fer. La tuyère avait 36.50 centimètres carrés de surface. On eut du fer doux, très-homogène et un peu de fer fort. Il y eut une légère économie dans l'emploi du charbon. De tels résultats permettent de considérer dès aujourd'hui comme sérieuse l'application bien entendue du ventilateur au travail direct du fer. J'ai la conviction qu'avec quelques changements dans les dimensions du feu, et surtout dans la pose, dans la forme et dans la section de la tuyère, il sera possible, au moins dans une partie du traitement convenablement modifié, de substituer un jour le volume à la pression du vent, dans le traitement direct du fer (1); mais je reviendrai plus loin sur cet objet.

Du vent dans ses propriétés chimiques.

Considéré dans ses propriétés chimiques, l'air se compose en poids de 0.232 d'oxygène et 0.768 d'azote. L'oxygène est le seul de ces deux corps qui joue un rôle actif dans la combustion. Suivant l'état de la température, et suivant les conditions sous l'influence desquelles elle s'opère, l'oxygène, en se combinant avec le carbone, donne naissance à deux produits gazeux. Le premier, l'oxyde de carbone, se compose de 42.96 parties de vapeur de carbone et 57.04 d'oxygène; le second, l'acide carbonique, renferme 27.36 parties de vapeur de carbone et 72.64 d'oxygène. Les principales propriétés de ces deux corps au point de vue métallurgique sont, pour l'oxyde de carbone, une tendance à passer à l'état d'acide carbonique en absorbant l'oxygène de l'air et d'un grand nombre d'oxydes métalliques, surtout des oxydes de fer, et la propriété d'être inflammable au contact de l'air à une température supérieure à 800 degrés; pour l'acide carbo-

(1) La nouvelle soufflerie de Berdoulet nous permettra bientôt d'expérimenter à cet égard.

nique, la propriété de passer à l'état d'oxyde de carbone, à une haute température. Nous indiquerons plus loin le parti que M. Le Play a tiré de ces affinités pour expliquer les phénomènes de réduction des oxydes de fer dans les feux.

Nous avons vu précédemment que pendant la première période de la combustion, près la grille de l'appareil, Pl. IX, et en présence d'un excès d'oxygène, il se forme de l'acide carbonique, qui plus loin, en présence d'un excès de carbone, à une température élevée, passe à l'état d'oxyde de carbone.

Sphères ou zones d'oxydation et de réduction.

Or, d'après les propriétés ci-dessus indiquées, et les recherches sur la combustion (chapitre VIII), on voit que, sous l'influence du courant d'air insufflé dans une enceinte remplie de charbon, il existe à partir de la tuyère, une sphère, ou zone entre les limites de laquelle l'oxygène, puis l'acide carbonique dominent, et qu'au delà se trouve une autre sphère dans laquelle l'acide carbonique fait place à l'oxyde de carbone. Dans la première, les phénomènes d'oxydation sont prononcés; dans la seconde, au contraire, ceux de réduction dominent. Ces faits, antérieurement énoncés par M. Le Play (1), et récemment justifiés par les recherches de M. Ebelmen, avaient porté M. Richard à assimiler avec juste raison la tuyère à un chalumeau, ayant comme lui son feu d'oxydation et son feu de réduction (2). Plus tard, M. Le Play, dans son mémoire sur la Cémentation, pages 302 à 308, recherchait les limites de la sphère d'oxydation. Par suite d'observations répétées sur l'appareil de combustion, Pl. IX, la zone d'oxydation est, dans les mêmes circonstances d'enceinte, d'hygrométricité et de charbon, d'autant plus étendue que la pression du vent est plus modérée. On a déjà senti toute l'importance qui s'attache à ces considérations pour expliquer les phénomènes d'oxydation et de réduction sous l'influence desquels s'opère au feu catalan l'élaboration du minerai de fer. Je m'occuperai plus loin de cet objet.

Quand l'air insufflé est chargé d'humidité, les réactions chimiques sont plus complexes. Sous l'action des charbons incandescents, l'eau est

(1) *Annales de chimie et de physique*, 1836.

(2) *Loc. cit.*, page 289.

décomposée (1). L'oxygène devenu libre donne des gaz carbonés (oxyde de carbone et acide carbonique). D'après les expériences de M. Dumas, si l'hydrogène se combine avec le carbone pour donner de l'hydrogène carboné, ce ne serait (ce qui est douteux d'après ce qui précède) que dans les régions supérieures des feux, là où la température peut permettre à cette combinaison de se former et de persister. La température d'un creuset catalan, estimée sur la couleur du fer, et d'après les données de M. Pouillet, étant de 1 300 à 1 500 degrés près de la tuyère, il ne paraît pas possible que l'hydrogène carboné puisse y exister, et à plus forte raison s'y former.

Entre quelles limites convient-il que l'air injecté contienne de la vapeur d'eau pour activer les réactions chimiques qui s'opèrent au feu, sans toutefois en refroidir l'allure? Quelle est la température à laquelle il conviendrait d'élever préalablement l'air injecté? Enfin sous quelle pression la vapeur d'eau agirait-elle le plus efficacement? Ces questions d'un puissant intérêt métallurgique, soulevées par M. Guényveau, inspecteur général des mines (2), ne sont point encore assez avancées pour que je puisse me servir ici de quelques résultats isolés dans l'appréciation des phénomènes du feu.

Toutefois, au moyen des tables de vent, M. Richard estime que l'air injecté par une trompe dans un creuset catalan pendant toute la durée d'un feu, est insuffisant pour convertir tout le charbon consommé en acide carbonique. J'ignore jusqu'à quel point cet auteur s'est occupé de la vapeur d'eau dans la combustion. Mais quoi qu'il en puisse être à cet égard, il n'en résulte pas moins des indications que fournissent ses calculs que, même en tenant compte de l'oxygène du minerai de fer, l'allure du feu doit languir dans le plus grand nombre de cas, sous l'influence de l'eau vésiculaire et de la vapeur d'eau que renferme le vent.

Ces considérations conduisent à la question d'application de l'air chaud, pour combattre l'effet de refroidissement résultant d'un excès d'humidité dans le vent des trompes. Il serait difficile d'apprécier à priori l'in-

(1) L'eau renferme en poids 88.90 d'oxygène et 11.10 d'hydrogène.

(2) Nouveaux procédés pour fabriquer la fonte et le fer en barres ; 1835, page 63.

fluence qu'à cet égard exercerait l'emploi de l'air préalablement échauffé dans le traitement direct du fer.

De l'air chaud.

Déjà plusieurs tentatives ont été faites par M. Richard à la forge neuve de Niaux, en juin 1834, puis à la Mouline, en novembre 1835. Le vent de la trompe était porté à une chaleur de 100 degrés environ par son passage au travers d'un récipient en tôle chauffé par la flamme perdue du feu. La tuyère était creuse et à courant d'eau. Les expériences comprenaient : 1° cinq feux faits à Niaux en 1834, aux frais collectifs de vingt-trois maîtres de forge ; 2° vingt et un feux à la Mouline en 1835, aux frais de M. de Tersac, propriétaire de cette forge. D'après le compte rendu de ces essais (1) et le contenu d'une lettre que M. Richard m'a fait l'honneur de m'écrire à la date du 16 novembre 1835, il serait bien difficile de formuler une opinion arrêtée sur les avantages et sur les inconvénients de l'air chaud. Ainsi dans la première série des essais, un premier feu produisit en six heures moins de 120 kilogrammes, avec emploi ordinaire de temps et de charbon; il donna plusieurs plattes de bon fer fort. Par suite de fuites dans l'appareil à air chaud, la pression n'allait pas au delà de 0^{m}.40. Un cinquième feu, fait avec 0^{m}.033 de pression en moins de six heures, donna des massouquettes pesant 186 kilogrammes, et devant donner après l'étirage au minimum 160 kilogrammes de fer en barres..... Dans la seconde série des essais, sept feux, faits avec une tension maxima de 16 à 17 degrés, ont donné un produit moyen de 112 kilogrammes, avec augmentation dans l'emploi du charbon; puis une huitième opération, conduite sous 8 degrés du pèse-vent, par suite de pertes dans l'appareil, dura huit heures, et donna 150 kilogrammes de bon fer avec emploi ordinaire de charbon. Une série de 11 feux, sous une pression maxima de 0^{m}.072, a donné 118 kilogrammes par feu. M. Richard attribue ce faible rendement à des réparations faites mal à propos au feu. Enfin, deux massés à l'air froid donnèrent 104 et 130 kilogrammes avec emploi exagéré de charbon et de temps, tandis que dans les mêmes conditions, mais avec une buse de 0^{m}.040 de diamètre au lieu de 0^{m}.034, le travail à l'air chaud donna

Essais de M. Richard, 1834-1835.

Résultats.

(1) *Loc. cit.*, pages 302 à 316.

avec emploi ordinaire de temps et de charbon, 98 et 120 kilogrammes de fer.

Discussion des résultats.

Considérés dans leur ensemble, les résultats de ces essais présentent un rendement généralement faible. Mais dans les détails ils offrent des faits isolés qui me paraissent, ainsi qu'à M. Richard, avoir une grande valeur, et que d'ailleurs viennent corroborer les résultats d'expériences citées à l'appui de la proposition d'application du ventilateur au traitement direct. C'est ainsi que le cinquième feu de Niaux (1834) sous $0^m.033$ de pression donne avec peu de charbon, en moins de six heures, 186 kilogrammes de bon fer à l'état de massoques; et qu'un huitième feu à la Mouline (1845) donne 160 kilogrammes de bon fer, sous une pression de $0^m.036$, avec économie de combustible.

De tels faits, surtout si on observe qu'ils ont été obtenus par des ouvriers indisposés contre les essais, me paraissent démontrer que le principe d'application de l'air chaud au traitement direct, au moyen de modifications dans la construction des feux et dans la conduite de l'opération, et surtout dans la tuyère, pourrait donner de bons résultats. Je me suis assuré que la majeure partie des autres feux se ressent du mauvais vouloir des ouvriers. Toutefois, je tiens de quelques-uns d'entre eux, que souvent l'élaboration languissait au contrevent et donnait des scories chargées. Cette circonstance ne tiendrait-elle pas à la propriété que possède le vent chaud de brûler près du nez de tuyère, en y développant une chaleur locale, qui le fait précisément rechercher pour le haut-fourneau, pour le feu d'affinerie pendant le fondage de la gueuse, et surtout pour le cubilot? Et par suite n'arriverait-il pas que la combustion, trop activée sur un point du feu, laissât en souffrance les autres parties et principalement la face du contrevent? En effet, en portant à la température de 82 degrés centigrades le vent que j'employais pour mes essais sur la combustion avec l'appareil, Pl. IX, *fig.* 1, j'ai observé que l'oxygène qui, avec l'air froid sur un charbon de sapin, donnait encore des vapeurs blanches à $0^m.139$ de la grille, avait presque entièrement disparu à la distance de $0^m.059$. En outre, dans le cas du vent froid, l'incandescence persiste sur une étendue assez grande, tandis qu'elle paraît fort limitée avec l'air chaud, et par suite de la combustion plus rapide et plus complète de l'oxygène par ce dernier (1), la température se trouvant bientôt trop affaiblie pour permettre à l'acide carbonique de passer à l'état d'oxyde de carbone. En effet, j'ai remarqué qu'avec l'air chaud, l'acide carbonique se montre et persiste au delà de la région incandescente, ce qui ne se présente que dans le cas d'un grand excès de vent avec l'air froid. Ne résulterait-il pas de ces observations, qu'avec l'air chaud, la combustion, et partant l'incandescence, étant trop limitées dans le creuset, non-seulement il arrive que le feu se tient froid sur les points éloignés de la tuyère, mais aussi que l'acide carbonique, même en présence d'un excès de carbone, ne passerait qu'en faible portion à l'état d'oxyde de carbone, si nécessaire à la réduction?

On voit par ce qui précède que, la question de l'air chaud dans son application au traitement direct du fer, est loin d'être résolue. Je pense avec M. Richard, que la coopération de l'ouvrier est ici aujourd'hui trop essentielle à l'allure du feu pour que cette application ne rencontre pas des difficultés sérieuses. Puis, en dehors de la question de main-d'œuvre, il restera toujours à lutter contre la combustion trop rapide de l'air chaud sous le nez de tuyère. On pourrait, je pense, le faire avec succès, et tous les feux d'essai, et notamment ceux n° 5 de Niaux et n° 8 de la Mouline en sont la preuve, en appliquant les dispositions que prennent les forgeurs quand ils travaillent avec des charbons légers et trop inflammables. Ils modèrent le vent, augmentent l'orifice, le reculement du bourec, avancent la tuyère au feu, tiennent cette dernière légèrement plongeante, et son œil plus ouvert et plus écrasé.

Résumé. En résumé, d'après le compte-rendu de M. Richard, et les dires des ouvriers qui ont vu et contrarié les essais, je crois que l'application du vent chaud au traitement direct est praticable, mais qu'elle est loin d'être résolue. Je pense également qu'en fait d'amélioration du traitement, il y a autre chose à tenter et à faire avant d'aborder la question de l'air chaud. C'est ce que je tâcherai de démontrer plus tard.

---

(1) Ces faits sont d'accord avec toutes les observations faites sur l'application de l'air chaud dans les hauts-fourneaux, ainsi qu'avec les expériences précitées et les résultats des recherches de M. Ebelmen.

TROISIÈME PARTIE.

ÉLABORATION DU MINERAI DE FER

DANS LE TRAITEMENT DIRECT.

(AMÉLIORATIONS A INTRODUIRE. — ÉTUDE DES PRODUITS.)

TROISIÈME PARTIE.

ÉLABORATION DU MINERAI DE FER

DANS LE TRAITEMENT DIRECT (1).

CHAPITRE PREMIER

MODE D'OBSERVATION DES PHÉNOMÈNES DANS LE FEU.

Réactions chimiques dans le creuset. — Expériences. — Mode d'observation. — Étude microscopique et cristallographique. — Analyse chimique. — Mode d'analyse. — Scories. — Mélanges d'oxydes. — Mélanges d'oxydes, de fer métallique et de scories. — Fers et aciers naissants. — Fers et aciers aux divers degrés d'élaboration. — Examen des feux en activité. — Division du feu en régions.

Réactions chimiques dans le creuset.

En jetant les yeux sur l'ensemble des données qui précèdent, on voit que, dans le minerai, le fer métallique est loin d'être libre, qu'il y est le plus souvent à l'état de fer peroxydé, associé à de l'eau de combinaison, au deutoxyde de manganèse hydraté, aux carbonates de chaux, de magnésie, à l'alumine, et à la silice plus ou moins chargée de quartz.

On a vu, d'après les propriétés et la composition du charbon et du

(1) Les principaux faits théoriques et pratiques contenus dans cette partie, sont compris dans un mémoire sur l'élaboration du fer, présenté à l'Académie de Toulouse, le 10 août 1837, et dont extrait a été publié à Foix, en janvier 1838, et dans les *Annales des mines*, t. XIII, 3e livraison, p. 535 ; 1838.

vent, que le premier, sous l'influence du second, développe dans l'enceinte qu'il occupe une température élevée, et provoque les réactions chimiques, en même temps qu'il donne naissance à des gaz carbonés, doués de pouvoirs réducteurs sur la plupart des oxydes métalliques, et notamment sur les oxydes de fer.

On sait également qu'à une température graduellement élevée, l'eau hygrométrique, puis celle de combinaison, contenues dans le minerai, se vaporisent; que les carbonates de chaux et de magnésie se décomposent et perdent leur acide carbonique; qu'enfin, la silice et le quartz acquièrent la faculté de donner, avec le protoxyde de fer, la chaux, la magnésie, l'alumine, et surtout avec le protoxyde de manganèse, des verres fusibles et très-fluides au rouge blanc, avant le ramollissement du fer métallique.

On conçoit dès lors qu'en développant sur du minerai de fer une forte chaleur dans une enceinte de forme convenable, au moyen de la combustion du charbon, sous l'influence d'un courant d'air forcé, l'action simultanée de la température et des agents réducteurs, chassera l'eau et l'acide carbonique, et réduira les oxydes de fer, pendant que la liquation entraînera, à l'état de verre (silicate multiple), la silice, la chaux, la magnésie, l'alumine, le protoxyde de manganèse (ce dernier ne se réduisantque très-difficilement à la chaleur du creuset catalan), avec une partie de l'oxyde de fer, ramené à l'état d'oxydation inférieure.

Telles sont, dans leur ensemble, les réactions qui dans le creuset président à l'élaboration du minerai de fer. On voit qu'elles comprennent trois séries de faits bien distincts : le dégagement de l'eau des hydrates et de l'acide carbonique des carbonates, ou la calcination; la réduction des oxydes métalliques; la liquation des terres.

Il est en outre une réaction qui se développe dans certaines conditions, indépendamment de celles qui précèdent, et souvent concurremment avec elles; je veux parler de la carburation, qui dans le feu s'opère principalement sur le fer à l'état naissant, et donne l'acier naturel, ou fer fort.

Dès le début de mes recherches sur le traitement direct, j'ai pu m'assurer que ces réactions, bien qu'inégalement développées sur les mêmes points du feu, sont loin d'être entièrement indépendantes les unes des autres. Dès lors, l'étude de l'élaboration des minerais de fer, pour être rationnelle et complète, devait comprendre, non-seulement l'observation simultanée de chacune d'elles, mais encore l'examen de leurs relations réciproques.

Expériences sur l'élaboration. Mode d'observation.

Afin d'apprécier le rôle que chacune de ces réactions joue dans le creuset, j'ai eu recours au seul moyen d'observation praticable dans une forge catalane, qui consiste à suspendre les feux aux principales périodes de l'opération. Les expériences ont été faites, de 1835 à 1838, aux forges de la Prade, de la Vexanelle, Neuve-d'Auzat, et à celles de Niaux. Elles comprennent :

1° Onze opérations sur des feux en pleine balejade, ou près de leur terme, subitement arrêtées;

2° Un grand nombre de feux, suspendus pendant l'étirage, pour observer la marche et la formation du principe. Sur les onze opérations, trois étaient conduites pour fer fort, les autres pour fer doux; et sur ces dernières, deux avec addition de fondant manganésé, et une avec mélange de minerai de Puymorens.

Quelques opérations furent arrêtées, après avoir essuyé le feu, par l'écoulement complet des scories; d'autres fois, j'ai laissé ces dernières, ou bien je ne les ai fait écouler qu'après un certain temps, afin d'en obtenir par la décantation des cristaux bien définis..... Dès que la température le permettait, le creuset était démoli, et toute la masse intérieure était en quelque sorte disséquée sur place. Des coupes horizontales et verticales étaient faites à la masse et au ciseau, puis relevées de manière à indiquer graphiquement les limites respectives des diverses réactions. Les produits, fer et acier, les charbons, les écailles, les scories et le minerai étaient recueillis sur les différents points de la masse éventrée, et mis immédiatement dans des flacons bien bouchés en dehors du contact de l'air. Leur examen a été fait à la fois par l'observation des cristaux et par l'analyse chimique. La combinaison de ces deux moyens me fut, ainsi qu'on le verra, d'un grand secours dans l'étude comparée de la composition et des formes cristallines que j'obtenais avec les scories par voie de décantation dans le creuset. Souvent, dans l'étude des cristaux et des produits, j'ai eu recours à l'observation microscopique, avec un instrument destiné à l'examen de corps opaques. J'ai eu à déterminer la composition de charbons, de scories, quelquefois associés à du fer

Étude microscopique et cristallographique.

Analyse chimique.

métallique, de mélanges de minerai en élaboration et de fer à l'état naissant, enfin de fers et d'aciers naturels.

Mode d'analyse.

J'ai employé, dans la recherche de leur composition, les moyens qui suivent.

Scories.

Les scories, suivant l'allure, renferment de petites grenailles de fer métallique que l'on sépare en grande partie à la loupe et au microscope de Raspail par le barreau aimanté. Elles ne sont pas magnétiques, à moins qu'elles ne soient riches en oxyde de fer, et alors encore, ne le sont-elles que faiblement. Elles sont facilement attaquées par les acides forts, et donnent un résidu gélatineux. On les traite par l'acide muriatique, et l'on a soin d'évaporer à sec avec addition d'acide nitrique pour suroxyder tout le fer. La marche de l'opération est d'ailleurs la même que pour un minerai de fer peroxydé hydraté. Seulement, la silice gélatineuse étant ici plus abondante, il convient de rechercher celle entraînée avec les différents précipités par les procédés que nous avons précédemment indiqués.

Minerais en élaboration.

Les minerais en élaboration offrent plusieurs cas distincts dans les recherches analytiques. Ils peuvent présenter, après un grillage plus ou moins avancé, un mélange d'oxydes de fer à différents degrés, ou bien une masse légèrement scoriacée, chargée de fer métallique et d'oxyde, ou bien encore une association de scories et de fer métallique.

Mélange d'oxydes de fer.

Dans le premier cas, l'analyse portait sur la détermination d'un mélange d'oxydes de fer à différents degrés. Je me suis servi de deux procédés décrits par M. Henri Rose (1). Le premier consiste à suroxyder les oxydes inférieurs par l'acide nitrique, et à procéder d'ailleurs comme pour les minerais de fer. L'augmentation de poids donne la quantité d'oxygène absorbé pour convertir tout le fer à l'état de peroxyde. Ce procédé est délicat. J'ai dû en contrôler les résultats par le suivant. Il consiste dans une attaque, hors du contact de l'air, par l'acide muriatique fort, mis en quantité strictement nécessaire à la dissolution, dans un flacon préalablement rempli d'acide carbonique. Après dissolution, j'ajoutais de l'hydrogène sulfuré récemment obtenu du sulfure de barium. Aussitôt, le fer était ramené à l'état de protoxyde, il y avait dépôt de soufre,

(1) Traité d'analyse chimique, t. II, pages 74 et 79.

par suite de la décomposition de l'hydrogène sulfuré. On filtre rapidement dans un filtre pesé, et on dose le soufre. On calcule la quantité d'oxygène absorbé par l'hydrogène de l'acide sulfhydrique, en observant que ce dernier renferme p. °/₀ 94.176 parties de soufre et 5.824 parties d'hydrogène qui donne de l'eau avec l'oxygène du peroxyde et le ramène ainsi à un état d'oxydation inférieure On se rappelle d'ailleurs que la composition des oxydes de fer est :

Pour le protoxyde.	0.7723	de fer et	0.2277	d'oxygène	(Fe. *f*)
Pour l'oxyde des battitures.	0.6516	—	0.2474	—	(*f*. F)
Pour l'oxyde magnétique . .	0.7178	—	0.2821	—	(Fe. 3/4)
Pour le peroxyde.	0.6934	—	0.3066	—	(*f*. F)

Mélange d'oxydes, de matières scoriacées et de fer métallique.

Le dosage du fer métallique fut pratiqué par la détermination de l'hydrogène dégagé (1). Pour doser l'hydrogène, je me suis servi d'oxyde de cuivre obtenu par le grillage de planures et placé dans un tube en verre de 0^{m}.72 de longueur modérément chauffé. Avant d'entrer dans le tube, le gaz était préalablement desséché par du chlorure de calcium. L'hydrogène était dosé par l'eau qui résultait de la réduction de l'oxyde de cuivre et qui était reçu dans un second tube en verre rempli de chlorure de calcium bien calciné et préalablement pesé.

Dans le plus grand nombre de cas, j'ai pu obtenir le fer au barreau aimanté et à la loupe, après m'être assuré qu'il n'y avait pas d'oxyde magnétique, dont le dosage était d'ailleurs pratiqué comme je l'ai indiqué plus haut.

Mélange de fer métallique et de matières scoriacées.

Pour doser le fer métallique associé à des matières scoriacées, j'ai rarement pu séparer entièrement ce métal au barreau aimanté; car au microscope on remarque jusque dans les portions les plus infimes des grenailles de fer naissant, des portions métalliques ramuleuses, ayant souvent moins de $\frac{1}{600}$ de millimètre, liées à de petits cristaux de scories, et empâtées dans ces cristaux. Alors, après avoir opéré la séparation aussi complétement que cela était praticable, je dissolvais rapidement le peu de matières scoriacées restant par l'acide nitrique concentré

(1) Cette détermination du fer métallique est due à M. Ébelmen, ingénieur des mines. Elle est décrite (*Annales des Mines*, t. VI), et fut employée par ce chimiste dans son travail sur la réduction des minerais de fer dans les hauts-fourneaux.

qui attaque peu le fer métallique, et mieux par la potasse au creuset d'argent. Sur le résidu sec j'opérais au barreau aimanté, puis j'ajoutais les parties non magnétiques à la liqueur nitrique, ou potassique, et j'attaquais le tout par l'acide muriatique pour déterminer la composition des matières scoriacées.

Fers et aciers à divers états d'élaboration.

Pour l'analyse des aciers et fers aciéreux, j'ai eu recours, pour contrôler les résultats, à plusieurs procédés dont la valeur relative a été indiquée par M. Berthier (1). Dans le cas où je n'avais à rechercher que le charbon, j'ai employé exclusivement l'oxydation par exposition à l'air. J'opérais sur 10 grammes de matières réduites en petits fragments à la masse, ou à la lime. L'opération était conduite lentement, et durait 12 à 20 jours.

J'ai aussi employé concurremment l'iode sublimé, et le chlorure d'argent fondu. L'opération était toujours conduite avec lenteur; je prenais un poids de chlorure d'argent égal à treize fois celui de la matière à analyser. Le chlorure était préparé en rondelles plates de la forme d'une pièce de monnaie sur une épaisseur qui ne dépassait pas deux millimètres. On sait que ces deux derniers procédés ont l'inconvénient de perdre un peu de carbone, s'il y a du silicium dans la matière analysée (2); car au moment de la mise à nu du silicium, l'eau est décomposée avec dégagement d'hydrogène qui doit au moins en partie entraîner du charbon.

Dans le procédé d'oxydation à l'air, comme dans ceux par l'iode et par le chlorure d'argent, on a dosé le manganèse, la silice et les scories par la potasse liquide.

En raison de la facilité du procédé par le chlorure d'argent fondu, je l'ai souvent appliqué, pour la détermination du fer métallique, quand ce dernier dominait dans le mélange avec les matières scoriacées.

Examen du feu en activité.

Cela posé, je vais tâcher d'indiquer les réactions qui s'opèrent au feu, tant sur le minerai placé au contrevent, que sur la mine à l'état de greillade. Pour cela, je prendrai un feu en pleine activité, à la balejade, quand l'escola est exclusivement occupé du traitement. Les *fig.* 1 et 2,

(1) Berthier, *Annales des Mines*. 1833.

(2) *Annales des Mines*, t. III. 1833

Pl. XI, représentent des coupes verticales par un plan parallèle au chio, passant par l'axe du feu. J'ai divisé le minerai au contrevent, ainsi que la partie du feu occupée par les charbons et par la greillade en plusieurs régions. Ce moyen m'a paru le plus propre à fixer les idées et à aider l'intelligence de la marche graduelle et de la succession des réactions qui s'opèrent au creuset. De cette manière, bien qu'elles présentent dans leur ensemble un état de parfaite continuité et de corrélation permanente, j'ai pu assigner à chacune d'elles la partie du feu où elle domine, l'isoler en quelque sorte, pour l'étudier d'une manière plus indépendante et plus complète; mais il ne faut pas oublier que la position des lignes divisoires est facultative; car, dans la réalité, elles varient entre les limites les plus étendues, de la manière la plus irrégulière et la plus bizarre, suivant l'état du feu, suivant la nature du minerai, du charbon et du vent. Toutefois je me suis rapproché de l'état normal d'un feu en bonne allure et bien disposé sous tous rapports.

Division du feu en régions.

CHAPITRE II.

ÉLABORATION DU MINERAI AU CONTREVENT.

Division du chapitre. — Recherches analytiques et minéralogiques sur l'élaboration du minerai au contrevent. — RÉGION Nº 1. — Calcination. — Commencement de réduction des oxydes métalliques. — Oxyde magnétique. — Nature des fragments. — Produits gazeux de la combustion. — RÉGION Nº 2. — Réduction de l'oxyde magnétique. — Commencement de scorification. — Formation du fer métallique à la surface des fragments de minerai. — Produits gazeux. — Composition des fragments. — RÉGION Nº 3. — Réduction plus active. — Liquation des scories. — Appendices ramuleux. — Composition des scories. — Silicate neutre. — Composition du tégument métallique. — Nature des noyaux en élaboration. — Gaz de la région nº 3. — RÉGION Nº 4. — Élaboration active. — Carburation. — Liquation. — Tégument métallique. — Ressuage. — Silicate neutre. — Cristallisation du silicate neutre. — Composition et forme du tégument et des appendices. — Gaz de la région nº 4. — Résumé. — Réduction. — Carburation.

Division du chapitre.

L'étude des réactions qui s'opèrent dans le feu m'a conduit à admettre quatre régions dans l'élaboration du minerai au contrevent (*Voir* Pl. XI, *fig.* 1).

La calcination est l'opération dominante de la région nº 1 ; dans celle nº 2, on observe surtout les phénomènes de réduction des oxydes et l'apparition des pellicules de fer métallique ; la scorification et la liquation des terres, une réduction plus active, et un commencement de carburation marquent la région nº 3 ; enfin, dans celle nº 4, la réduction, la liquation des terres et la carburation s'exercent simultanément avec une grande activité.

J'examinerai successivement dans chaque région les modifications dans l'aspect extérieur, dans la texture, et dans la composition du minerai, ainsi que la nature des gaz de la combustion et des produits obtenus.

RECHERCHES ANALYTIQUES ET MINÉRALOGIQUES SUR L'ÉLABORATION DU MINERAI AU CONTREVENT.

RÉGION N° 1. — *Calcination. — Commencement de réduction des oxydes métalliques. — Oxyde magnétique* (1).

Région n° 1.

Calcination.

A la partie supérieure du minerai au contrevent, on observe des noyaux indépendants les uns des autres. Ils affectent sensiblement la même forme que le minerai brut, mais la texture et la couleur ont changé. Cette dernière a passé du rouge ocracé au noir bleuâtre légèrement métallique. Les fragments manganésifères présentent un fond rougeâtre. Cette nuance tient à l'oxyde rouge de manganèse. La texture est devenue plus compacte et le grain plus serré. Tous les fragments sont magnétiques; ils ont la surface persillée (*Voir* Pl. A, *fig.* 1 et 2) de petites fentes et gerçures provenant à la fois du retrait au feu et de la force expansive de la vapeur d'eau que renferme le minerai. Les fentes ont souvent jusqu'à un millimètre de largeur et 0m.015 de profondeur. Quelquefois elles partagent les fragments, et souvent leur donnent une structure en dragées et bacillaire. L'observation microscopique, avec un grossissement de 80 fois, indique que les gerçures persistent et se multiplient jusque sur les parties les plus infimes. Ces fragments rendent au choc un son sec, semblable à celui des tuiles biscuites et fêlées. Exposé à l'action d'une chaleur que l'on peut estimer à 400° à la surface, et voisine de 600 à la partie inférieure de la région n° 1, et à celle des agents réducteurs, le minerai a perdu l'eau hygrométrique,

Réduction partielle.

(1) La calcination est une opération qui a pour objet de chasser d'une substance, à l'aide de la chaleur seule, les matières volatiles qu'elle renferme. Elle sert souvent à modifier sa cohésion originelle. On nomme *réduction* l'opération par laquelle on enlève à un oxyde sans contact de l'air l'oxygène qu'il renferme.

celle de combinaison, et une partie de son oxygène, pour passer en partie à l'état d'oxyde magnétique (1). La présence de cet oxyde se manifeste par une texture compacte, un grain serré et une couleur noir bleuâtre, surtout à la surface extérieure des fragments, et sur les parois de gerçures, là où l'action réductive a pu se faire sentir. A mesure que l'on descend dans la région n° 1, la couche qu'il forme augmente d'épaisseur. Si le minerai est chargé de fissures, la totalité passe à l'état d'oxydule magnétique avant qu'il se forme du fer métallique; dans le cas où la structure reste serrée, sans gerçure, on a à la fois sur le même fragment du fer métallique à la surface, de l'oxyde de battitures, puis au centre de l'oxyde magnétique; mais cela ne s'observe guère que sur des échantillons de fer peroxydé compacte. On conçoit dès lors combien la présence des fissures est essentielle à une élaboration suivie : aussi les oxydes hydratés sont-ils recherchés pour le traitement direct; tandis que le fer oligiste, ainsi que l'oxydule magnétique, sont rarement employés sans être soumis à un grillage préalable.

Oxyde magnétique.

La densité du minerai, qui était terme moyen de 3.650, a progressivement augmenté. Par suite de la calcination des carbonates et des oxydes, de la réduction partielle de ces derniers et du changement de texture, elle s'est élevée à 4.545 vers la partie inférieure de la région n° 1.

Nature des fragments.

L'analyse d'un mélange de plusieurs noyaux de différentes grosseurs, pris au milieu et au bas de cette région, a donné :

Perte au feu (oxygène et acide carbonique).	1.05	Densité = 4.545
Peroxyde de fer.	49.21	
Oxyde magnétique.	26.95	
Oxyde rouge de manganèse.	4.12	
Chaux et magnésie.	6.00	
Argile et quartz.	12.55	
	99.88	

Les carbonates métalliques et les carbonates terreux ne sont pas encore

(1) Berthier, Traité des essais, t. XI, p. 186.

entièrement calcinés, l'oxyde de manganèse n'est pas encore entièrement à l'état d'oxyde rouge, la silice et le quartz ne se sont pas encore préparés pour former des verres avec les bases; car il n'y a guère plus de silice gélatineuse que dans le minerai brut.

Les phénomènes que nous venons d'indiquer prennent d'autant plus de développement que l'on descend davantage dans la région n° 1; et bientôt, à sa partie inférieure, les noyaux se présentent d'un noir bleuâtre métalloïde, affectant quelquefois l'aspect gras et vitreux. La texture devient plus serrée et plus compacte. On commence à observer à la surface des traces de fer métallique et une tendance à la scorification. Sur plusieurs points on a trouvé les proportions :

(1) 0.6600 de fer et 0.3400 d'oxygène,
(2) 0.5600 de fer et 0.2152 d'oxygène,

qui indiquent la présence d'oxyde de battitures, ainsi qu'il suit :

	(1)		(2)
Oxyde magnétique.	51.77	et	30.12
Oxyde des battitures.	48.23	et	47.40
La densité (*) est d'ailleurs.	4.654	et	4.680

La flamme qui tamise au travers de cette région est d'un jaune bleuâtre; elle entraîne des particules de charbon qui, au contact de l'air, donnent de petites étincelles; j'ai recueilli les gaz qui s'en échappent au moyen de l'appareil ci-contre, *fig.* 3.

Gaz de la région n° 1.

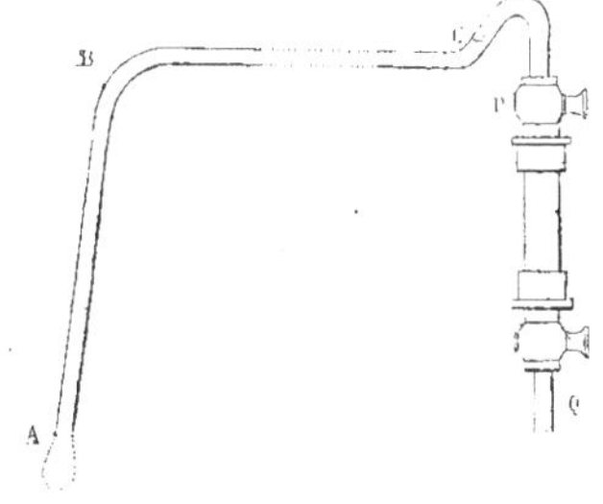

(*) Dans ces recherches les densités ont été le plus souvent prises au moyen d'un aréo-

Il se compose d'un tube recourbé ABC, en fer, de 0^{m}.005 de diamètre intérieur; son extrémité inférieure A porte des trous de 2 à 3 millimètres; à l'autre extrémité C il reçoit une éprouvette PQ. Pour recueillir les gaz, on fait rougir le tube vernissé d'argile réfractaire jusqu'à peu de distance de son extrémité C; puis on descend au feu la branche AB, dans un trou convenablement approfondi avec le ringard au milieu de la région à examiner. Alors on y adapte avec un lut en argile l'éprouvette PQ, préalablement remplie d'eau saturée de chlorure de sodium. Je dois faire observer que la capacité de l'éprouvette est de 320 centimètres cubes, tandis que le tube n'en renferme que 55. En vidant l'éprouvette par son robinet inférieur, on y appelle un mélange des gaz du feu et de l'air restant dans le tube. La potasse et le phosphore ont indiqué la présence d'acide carbonique avec traces d'oxygène. Les gaz restants s'enflammèrent au contact d'un corps en combustion et donnèrent une flamme d'un bleu nuancé de jaune-orange rougeâtre, ce qui indique l'oxyde de carbone associé à de l'hydrogène. La nuance orange, d'ailleurs fort prononcée, semblerait n'indiquer la présence que d'une petite quantité de ce dernier gaz. Il m'a été impossible d'opérer assez exactement pour tenter une analyse; j'étais constamment arrêté par les manœuvres des ouvriers.

RÉGION N° 2. — *Réduction de l'oxyde magnétique. — Commencement de scorification. — Formation du fer métallique à la surface des fragments de minerai.*

Réduction plus avancée.

Au-dessous de la ligne divisoire des régions n° 1 et n° 2, à la surface des noyaux, au voisinage et sur les parois des gerçures, la texture se serre, se fritte légèrement, et paraît scoriacée; une pellicule d'un gris terne se montre à la cassure sans que l'aspect extérieur ait changé,

mètre de Nicholson, modifié de la manière suivante : Le point de repère est formé par une pointe aiguë dont l'affleurement est indiqué par son image réfléchie sur la surface de l'eau. Les poids sont d'ailleurs placés dans une petite cuvette, suspendue suivant la verticale passant par l'axe de l'instrument.

seulement la surface devient rugueuse et plus rude au toucher. Cette pellicule est du fer métallique plus ou moins chargé de matières scoriacées, qui paraissent n'avoir éprouvé qu'un commencement de ramollissement. Ce sont les matières terreuses associées à la partie d'oxyde de fer déjà réduit. En observant au microscope la pellicule métallique, on voit qu'elle se compose d'une agrégation confuse de particules de fer et de matières incomplétement scorifiées, que la température (rouge naissant 500 à 600 degrés (1)) n'a pu faire entrer en complète fusion.

Pellicule ou tégument métallique.

Sous la pellicule, on observe une pâte métalloïde d'un noir bleuâtre, légèrement vitreuse, d'un aspect gras, à texture rugueuse.

Scorification.

En descendant dans la région n° 2, la pellicule métallique augmente d'épaisseur, et, vers le bas, elle donne au micromètre de 1 à 3 dixièmes de millimètre. Elle se présente toujours chargée de matières semi-scorifiées et pâteuses, reliant les particules métalliques qui sont imparfaitement soudées, car elle se brise assez facilement et sans beaucoup de résistance. Elle recouvre une pâte d'un aspect vitreux métalloïde, d'un gris d'acier, légèrement boursouflée, ayant subi dans son ensemble un commencement de scorification. En brisant les noyaux intérieurs, on peut voir encore les traces des principales fissures ainsi que les parties métalliques qui en recouvraient les parois, noyées dans la pâte intérieure.

Composition des téguments.

L'analyse de plusieurs fragments à la partie moyenne de la région n° 2 a donné :

Fer métallique	1.04	
Peroxyde de fer	22.91	
Protoxyde de fer	59.21	Densité = 4.695
Oxyde de manganèse	4.02	
Chaux et magnésie	5.20	
Silice gélatineuse	2.10	
Argile	4.55	
	99.03	

Dans cette analyse on a remarqué des traces de dégagement de chlore

(1) Il résulte des expériences de M. Pouillet qu'entre les différentes couleurs du fer

pendant l'attaque muriatique, ce qui montre qu'il y a encore du manganèse suroxydé. La silice gélatineuse a notablement augmenté, ainsi que l'indiquait l'aspect scoriacé au voisinage de la surface et des gerçures.

L'analyse de fragments à la partie inférieure de la région n° 2, donne :

Fer métallique.	4.15	
Peroxyde de fer.	11.23	Densité = 5.250
Protoxyde de fer.	60.83	
Oxyde de manganèse.	5.50	
Chaux, magnésie et alumine. . .	9.93	
Silice gélatineuse.	8.47	
	100.01	

Toute la silice s'est présentée gélatineuse. Je n'ai pu détacher la pellicule métallique du noyau intérieur assez complétement pour en faire l'analyse et pour examiner si elle est déjà carburée, et en prendre la densité. Le noyau intérieur est magnétique.

Gaz de cette région.

J'ai essayé de recueillir les gaz de la combustion ; cette opération s'est faite assez difficilement, à cause des manœuvres des ouvriers aux abords du feu. Toutefois, en brûlant les gaz recueillis, on a eu une flamme d'un bleu tendre d'oxyde de carbone sans reflet jaunâtre, ce qui paraîtrait indiquer qu'il y a un peu d'hydrogène, et que l'hydrogène carboné n'y existe pas, ou bien qu'il ne s'y trouverait qu'en très-petite quantité. La flamme y est très-chargée de particules de charbon ; la potasse a indiqué la présence d'acide carbonique, mais en quantité moindre que dans la région n° 1.

---

chauffé et la température du thermomètre à air, on a les correspondances qui suivent en degrés centigrades :

Le rouge naissant correspond à	525	Orange foncé.	1 100
Rouge sombre.	700	Orange clair.	1 200
Cerise naissant.	800	Blanc.	1 300
Cerise.	900	Blanc éclatant	1 400
Cerise clair.	1 000	Blanc éblouissant. . .	1 500 à 1 600

Région n° 3. *Réduction plus active. — Liquation des scories. — Carburation* (1).

Déjà, vers le bas de la région n° 2, on remarque que les angles des fragments de minerais se dépriment et s'arrondissent; que la pâte métallique intérieure commence à présenter un aspect scoriacé et légèrement boursouflé; enfin, que les noyaux ont une tendance à se souder entre eux par les angles (*V.* Pl. A, *fig.* 4). C'est que déjà sous l'influence d'une température d'un rouge prononcé (700 à 800 degrés), la soudabilité du fer a été mise en jeu; que dans la masse ferrifère, la silice a commencé à s'unir aux bases pour fournir des silicates. Toutefois, ces silicates ne paraissent exister encore qu'au voisinage de la pellicule métallique. Ils sont magnétiques comme tous les silicates très-chargés de grenailles de fer. Mais au-dessous de la limite supérieure de la région n° 3, ces phénomènes prennent du développement. Les noyaux se soudent entre eux par les angles, sans toutefois changer sensiblement de forme; seulement les parties saillantes sont légèrement déprimées et arrondies. Réduction active.

Peu à peu l'agglutination devient plus marquée; la pellicule métallique se développe et devient un vrai tégument dont l'épaisseur s'élève jusqu'à deux millimètres, et au delà. Le noyau intérieur présente une masse pâteuse, entièrement scoraciée et boursouflée, surtout au voisinage du tégument métallique.

Si on descend dans la région n° 3, où la température paraît se rapporter à la couleur orange foncée (1000 à 1100 degrés), tous les phénomènes ci-dessus décrits marchent avec rapidité; les noyaux et les téguments se déforment et s'arrondissent en amande. En coupant ces noyaux, on observe (*fig.* 5 et 6), d'une manière constante, une masse scoriacée, métalloïde, comprise dans une enveloppe malléable *aaa*,

(1) La carburation au contrevent, établie ici par plusieurs analyses de téguments métalliques, a été énoncée antérieurement, tant dans mon travail du 10 août 1837, que par M. Richard dans son ouvrage (page 294). J'ai su par l'intermédiaire de M. l'ingénieur Bergis, auquel je communiquais mes recherches à cet égard (1835), que dès 1834 M. Richard avait observé et constaté ce fait.

d'un gris terne, ayant souvent l'aspect et le grain d'une fonte blanche. C'est du fer aciéreux, souillé de matières scorifiées, souvent cristallines. La surface extérieure en est maculée par des gouttelettes *ccc* de scories d'un jaune-verdâtre sale, qui exsudent au travers de l'enveloppe par des pores visibles à la loupe et souvent à l'œil nu. C'est une véritable liquation par transsudation. La surface intérieure de l'enveloppe est couverte de rugosités, d'appendices stalactiformes et ramuleux de fer métallique. Ils indiquent parfaitement la manière dont le tégument se nourrit et se développe au moyen du fer qu'il prend au noyau intérieur. A mesure que ce dernier s'élabore, il donne d'une part du fer qui se rend aux appendices métalliques de l'enveloppe, et d'autre part, des scories qui exsudent en gouttelettes à la surface extérieure. Ces appendices ramuleux baignent par leurs extrémités dans une zone de scories boursouflées, d'un brun chocolat, très-fluides et chargées de grenailles microscopiques de fer métallique.

Liquation.

Appendices ramuleux.

Quant au noyau intérieur A, il est d'un noir métallique, vitreux, entièrement scorifié. Sa pâte est chargée de grenailles et remplie de petites cavités sphériques et microscopiques, d'autant plus nombreuses et plus développées que l'on se rapproche davantage de la surface du noyau. Ces boursouflures et ces cavités attestent d'une manière permanente la pénétration, et le dégagement de produits gazeux.

En aidant ces observations de l'analyse du tégument métallique, des scories qui exsudent à la surface de ce dernier, et du noyau intérieur en élaboration, on a pour leur composition respective :

Composition des scories.

1° Les scories en gouttelettes sur la surface extérieure du tégument métallique, ou bien en cristaux obtenus par décantation, soit à l'intérieur, soit à l'extérieur de ce tégument, ont donné pour moyenne de huit analyses :

Silice	33.00	17.34	Oxygène 17.16
Protoxyde de fer	39.87	9.19	
Protoxyde de manganèse	13.00	2.86	
Chaux	7.20	1.61	16.64
Magnésie	2.35	1.16	
Alumine	3.65	1.82	
Grenailles	1.20		
	99.65		

La densité varie de 2.056 à 3.185, mais les nombres les plus fréquemment obtenus dans des expériences répétées, sont : pour les gouttelettes amorphes 2.157, et pour les cristaux, 2.890 à 3.147. Ces variations expliquent jusqu'à un certain point comment le silicate amorphe raye difficilement le verre, tandis que les cristaux rayent profondément le verre et plusieurs qualités d'acier. Elles tiennent non-seulement à l'état d'agrégation moléculaire, mais encore et surtout à la présence dans la pâte d'une quantité plus ou moins considérable de grenailles et de particules métalliques. La densité 2.056 se rapporte à un silicate cristallin, entièrement exempt de fer métallique.

Silicate neutre.

On voit, d'après les résultats des analyses dont la moyenne est indiquée ci-dessus, que la composition de ces scories est telle que l'oxygène de la silice est égale à la somme des quantités d'oxygène respectivement contenues dans les bases, ce qui caractérise un silicate neutre. M. Richard cite, pour composition moyenne des scories d'une opération faite sur 487 kilog. de minerai, les résultats qui suivent, et qui sont presque identiques avec ceux qui précèdent.

		Oxygène	
Silice	35.542		17.415
Protoxyde de fer	41.771	9.511	16.012
Protoxyde de manganèse	12.310	2.701	
Chaux	8.541	2.399	
Magnésie	1.311	0.511	
Alumine	1.905	0.890	
Perte	0.600		
	100.000		

La présence d'un silicate neutre paraît être le résultat nécessaire, normal de l'action réductive sur des silicates basiques, et à une température inférieure, ou égale au blanc soudant (1.300 à 1.400 degrés). La concomitance de ce silicate et du fer métallique va se reproduire constamment, et constitue ici le fait le plus permanent de l'élaboration.

Composition du tégument métallique.

2° Le tégument métallique présente un fer aciéreux chargé de scories subcristallines ; il a donné à l'analyse :

Fer métallique	64.300	69.212	Densité de 5.540 à 5.941
Scories	33.160	29.235	
Carbone	0.072	0.095	

Les scories qui sont associées au fer métallique sont, le plus souvent, en cristaux visibles à la loupe. Elles sont toujours à l'état de silicate neutre.

3° Il en est de même de celles que l'on rencontre à l'intérieur de l'enveloppe métallique, mais elles sont toujours chargées de grenailles ramuliformes microscopiques. Si on les prend au voisinage du noyau intérieur, elles deviennent basiques et riches en fer.

Nature du noyau en élaboration.

4° Enfin le noyau intérieur présente une matière semi-fondue, boursouflée, pâteuse, d'un noir métallique, et d'une structure vitreuse. Il se compose de silicates basiques, riches en fer, donnant à l'analyse :

Silice.	27.50	Densité moyenne = 4.699
Protoxyde de fer.	41.20	
Protoxyde de manganèse.	11.65	
Chaux.	9.60	
Alumine et magnésie.	2.50	
Grenailles.	7.55	
	100.00	

Gaz de la région n° 3.

Les gaz, dans cette région, ont brûlé avec une flamme bleue d'oxyde de carbone. L'acide carbonique n'y paraît être qu'en très-petite quantité; on y remarque la présence d'un peu d'hydrogène.

Région n° 4. — *Élaboration active. — Carburation. — Liquation.*

Liquation et carburation actives.

Nous avons vu à la partie inférieure de la région n° 3, les téguments métalliques se déformer et s'arrondir. Plus bas, en s'avançant dans la région n° 4, sous l'action d'une température blanc-orange (1.200 à 1.300 degrés), on observe que les phénomènes de réduction, de liquation et de carburation y sont très-actifs. Les fragments se déforment et s'aplatissent, souvent même la liquation y provoque des crevasses par lesquelles s'écoule le noyau intérieur, à l'état de silicate basique, c'est-à-dire qu'il y a trop d'oxyde de fer pour que la somme de l'oxygène des bases soit égale à l'oxygène de la silice, comme cela a lieu pour le silicate neutre.

Fragments de minerai réduit.

Ici, les matières scorifiées dont est souillé le fer du tégument se séparent en grande partie sous l'action d'une température élevée. La *fig.* 7, Pl. B, de grandeur naturelle, indique, avec tous les détails de position et d'élaboration, un groupe de fragments détachés de la partie supérieure de la région n° 4; on peut y observer l'état plus ou moins avancé des téguments et des appendices ramuleux. La *fig.* 10, de grandeur naturelle, et dans sa position au feu, indique la forme de fragments déprimés et crevassés dont le noyau a déjà coulé vers les parties inférieures.

Dans les *fig.* 8 et 9, le noyau a entièrement disparu. L'intérieur se trouve rempli, du moins vers le centre, par une masse réticulaire, spongiforme, composée d'appendices ramuliformes de fer métallique, liés à ceux qui partent du tégument. Ils sont, comme ce dernier, chargés de matières scoriacées, amorphes à l'intérieur, et cristallisées sur les parois extérieures. C'est le résultat d'une allure lente et ménagée en fer fort, sur du minerai suffisamment pourvu de fondant.

La *fig.* 11, Pl. C, indique, sur échelle triple, un fragment dont le noyau intérieur n'a pas encore disparu entièrement. Il est isolé vers le centre, mais plus rapproché de la face inférieure *bb*, en raison de la pesanteur; aussi les appendices et les téguments sont-ils toujours mieux nourris et plus développés vers cette face *bb*. Le noyau A porte des boursouflures et des cavités. On remarque que les appendices ramuleux partent, les uns du tégument, les autres de la surface même du noyau A, et qu'ils tendent à se réunir. Ce fait ne s'observe que sur les fragments de plus de $0^{m}.015$ de diamètre, en élaboration soutenue, à la région n° 4, pendant un travail en fer fort.

Dans plusieurs gros fragments, j'ai observé deux téguments concentriques, *fig.* 12, avec un noyau intérieur. Dans leur ensemble, on voit que ces dispositions paraissent provoquées pour faciliter le transport à distance des particules métalliques. La longueur des appendices est le plus souvent de 4 à 8 millimètres, elle va rarement à plus de 10 millimètres. Si la distance à franchir va au delà, si l'allure est ménagée, alors il se forme souvent un second tégument, ou bien le noyau A se rapproche du tégument déjà en formation.

Téguments métalliques.

La *fig.* 6 indique le cas où le tégument se développe sans présenter de pores pour la liquation, ce qui a lieu toutes les fois que le minerai est d'un traitement difficile, s'il est anhydre, et s'il manque de fondant.

En général, la réduction, la liquation et le développement du tégument s'opèrent d'autant mieux que le minerai, dans les régions nos 1 et 2, s'est présenté plus fissuré et plus fendillé, par suite du retrait et de la calcination des hydrates et des carbonates. La formation du tégument languit, au contraire, quand le minerai présente trop de cohésion, ou bien quand les éléments, et surtout la silice, manquent à la formation du silicate neutre.

Dans le premier cas, le tégument se développe également, mais la texture est serrée; la densité s'élève jusqu'à 7.063; il est moins chargé de scories, dont la liquation s'opère avec rapidité, surtout s'il se présente une base, telle que le protoxyde de manganèse, ayant la propriété de donner des verres très-fusibles et d'être irréductible à la température du feu.

Dans le second cas, le tégument est inégalement développé, l'élaboration souffre, et, la liquation ne pouvant se faire, il se charge de matières scoriacées pâteuses. La densité reste entre les limites 4.200 à 5.567. C'est ainsi que les mines ferrues très-riches, et surtout les mines fortes de la Graugne, si elles ne sont chargées d'une quantité convenable d'argile et de chaux, sont d'un traitement si pénible. On sait en effet que les premières manquent généralement de silice, et que les dernières sont chargées de carbonates calcaires dont la calcination paralyse le traitement. Il arrive fréquemment qu'alors les fragments persistent à la région n° 4 avec une faible pellicule, jusqu'à ce qu'arrivés à un point de température élevée, ils entrent en fusion et s'écoulent au bain à l'état de silicates très-basiques, dont la réduction est le plus souvent incomplète.

Au bas de la région n° 4 les téguments sont en grande partie soudés fortement. Le noyau intérieur s'est échappé et a coulé dans le feu à l'état de silicate basique, et la masse métallique se présente pâteuse, ramollie et souvent stalactiforme (*Voir* Pl. C, *fig.* 13), dont la densité moyenne est de 7.071.

C'est alors que, poussées avec la palinque sous le nez de tuyère, les parties réduites vont se souder au massé en traversant le bain de scories qui le recouvre. Là, sous le vent, l'essuiement des matière scorifiées s'achève avec activité. Faisons remarquer ici que les scories du bain sont toujours à l'état basique, qu'elles ont une tendance prononcée à passer à l'état neutre. Ressuage.

L'excès de protoxyde de fer qu'elles renferment cherche à s'isoler et à subir l'action des agents réducteurs. Aussi, les parties métalliques (téguments et appendices ramuleux), carburées à l'ore, éprouvent dans le bain de scories une décarburation rapide, provoquée par l'excès d'oxyde de fer, qui alors se réduit, en cédant son oxygène aux agents de réduction.

Je remarquerai ici que, dans toutes les observations qui précèdent, il y a toujours concomitance et voisinage du silicate neutre et du fer métallique.

Ce silicate s'observe, partout où la réduction est active, à la surface des noyaux, des téguments et des appendices ramuleux. Il n'est pas magnétique ; il est d'un brun chocolat, souvent il a une teinte olivâtre, et quelquefois il se présente jaune serin. Par décantation, il donne les formes cristallines du péridot, qui est lui-même un silicate neutre d'origine volcanique. Silicate neutre.

M. Dufrénoy, sur ma prière et sur les échantillons que je lui ai présentés, a bien voulu en étudier la cristallisation.

Il résulte de ses recherches que les deux formes dominantes (Pl. D, *fig.* 14 et 21), qui paraissent au premier abord différentes, sont : l'une, un prisme à six faces, allongé, surmonté d'un biseau ; l'autre, un octaèdre à base rectangle. La différence apparente tient à l'allongement des cristaux dans le sens de la face T, qui porte, dans le premier cas, à placer cette face verticalement, tandis que, dans l'autre cas, on la regarde comme parallèle à la base de l'octaèdre. Cristallisation du silicate neutre.

M. Dufrénoy a obtenu au goniomètre sur ces deux variétés :

$$TS = \begin{cases} 138°.20' \\ 138°.55' \end{cases} \qquad TK = \begin{cases} 131°.27' \\ 131°.36' \end{cases}$$

Ces angles sont presque identiques avec les angles correspondants du péridot, qui ont pour valeur, d'après Haüy, TS = 138°31′ et TK = 131°49′. Aussi, M. Dufrénoy rapporte-t-il les formes cristallines du silicate neutre à l'espèce péridot; résultat qui, du reste, vient corroborer ceux de l'analyse. Comme dans le péridot, ces cristaux présentent un clivage facile, parallèle aux faces S, T, et surtout à la face K de l'octaèdre.

En dehors de ces deux variétés, on rencontre celles représentées *fig.* 19 à 21. Les cristaux atteignent quelquefois 3 à 5 millimètres de longueur. Si la cristallisation s'opère sur un point, à l'abri des courants gazeux, les variétés cristallines, *fig.* 14 à 17, dominent. Mais quand elle se fait sous le vent, elle est feuilletée et donne les variétés *fig.* 21, qui résultent de l'octaèdre, coupé parallèlement à sa base. Très-souvent, on obtient aussi des prismes très-allongés, bacillaires, aplatis, provenant de la juxtaposition de plusieurs prismes (*fig.* 19 et 20), formés par l'allongement des faces S et T de l'octaèdre.

Si le silicate neutre ne se montre pas au chio, c'est que, lors d'une percée, tous les silicates plus ou moins basiques, qui composent le bain, s'écoulent confusément. Néanmoins en bonne allure, les scories s'en rapprochent très-sensiblement dans leur ensemble. Ce qui d'ailleurs s'observe même sur quelques scories d'anciennes forges à bras. C'est ainsi que la composition moyenne des scories provenant du traitement de 487 kilogrammes de minerai a donné à M. Richard un silicate neutre. J'ai recueilli, par refroidissement lent sur un grand volume, plusieurs scories dans lesquelles le silicate neutre avait cristallisé dans une pâte de silicates basiques et sesquibasiques, qui affectait ainsi la structure pseudo-porphyroïde (1).

Composition et forme des téguments et des appendices ramuleux.

L'analyse des téguments métalliques, dans la région n° 4, a donné :

	(1)	(2)	(3)	(4)
Densité.	6.140	6.215	7.063	7.350
Fer métallique.	76.095	78.675	83.100	87.920
Scories.	23.100	20.400	15.620	3.010
Carbone. . . .	0.605	1.055	1.250	1.600

(1) Ce fait a d'ailleurs de l'analogie avec les différents phénomènes de refroidissement et de structure que présentent plusieurs laves du Vésuve.

L'analyse (1) se rapporte aux fragments (*fig.* 10) obtenus par une allure en fer doux ordinaire. Celles (2) et (3) appartiennent au fer (*fig.* 8 et 9) de la partie inférieure, obtenues par une allure au fer fort. On peut observer que les phénomènes de carburation sont ici très-développés, surtout quand il n'y a plus de noyau intérieur à réduire, et partant plus de silicate basique qui puisse céder son oxygène au carbone combiné.

L'analyse (4) est celle du fer stalactiforme (Pl. C, *fig.* 13), pris à la partie inférieure de la région n° 4, par une allure lente et soutenue.

Dans ces analyses figurent, non-seulement les téguments, mais aussi les parties des appendices ramuleux qui y sont adhérents.

En joignant aux données de l'analyse les indications de l'observation microscopique (1), avec grossissement de 80 à 300 fois, en opérant, suivant le besoin, avec de la lumière, soit directe, soit réfléchie, soit diffuse et éclairant les objets sur toutes leurs faces, soit directement, soit par réflexion, au moyen de loupes et de miroirs, je me suis assuré que, toutes circonstances égales d'ailleurs, les téguments sont d'autant moins chargés de matières scoriacées que l'on descend davantage dans le feu.

Ces téguments présentent dans leur ensemble une pâte vitreuse, translucide, d'un blanc légèrement olivâtre, quelquefois d'un vert grossulaire, dans laquelle sont noyées des particules de fer métallique confusément associées. Ces particules composent une espèce de réseau métallique (*Voir* Pl. D, *fig.* 24) dans l'intérieur duquel se trouvent des parties isolées et fondues dans la pâte de silicate. Au moyen d'un grossissement de 300 à 400 fois, on peut s'assurer que cette pâte est souvent subcristalline : on y observe fréquemment les cristaux prismatiques et bacillaires (Pl. D, *fig.* 19 et 20) du silicate neutre : enfin on remarque que l'agrégation pseudo-réticulaire des particules métalliques persiste jusque dans les détails les plus infimes.

---

(1) Pour détacher et isoler les fragments à observer, sans provoquer de déformation et d'altération sensible, je me suis servi de petits burins, tranches et ciseaux d'horlogerie en acier fondu, ainsi que de petits marteaux à manche élastique, faisant fouet et donnant un coup sec.

Les appendices ramuleux que l'on observe aux *fig.* 7 à 10, et surtout 11 et 12, et qui sont représentés sous un grossissement de 150 à 300 fois aux *fig.* 22, 23 et 24 de la Pl. D, ont été l'objet d'un long examen. L'analyse chimique, aidée de l'observation microscopique, sur des sujets dont la longueur variait de $0^{m}.001$ à $0^{m}.009$, et le diamètre moyen de $0^{m}.0001$ à $0^{m}005$, a montré qu'ils se composent également d'une pâte de silicate neutre, d'un vert olivâtre, translucide, subcristalline, noyant des particules métalliques. Ces dernières sont principalement groupées à la surface; elles affectent dans leur ensemble l'agrégation réticulaire. Sous un grossissement de 300 fois et au delà, on remarque fréquemment le groupement sous forme d'ovules, indiqué *fig.* 22. Les parties métalliques paraissent plus abondantes et plus nourries, soit à la racine des appendices adhérents au tégument, soit aux extrémités des branches de ceux qui partent du noyau intérieur.

Quoi qu'il en puisse être, la permanence des faits ci-dessus indiqués paraît entraîner, non-seulement la formation simultanée du silicate neutre et du fer naissant, par suite de l'action réductive des gaz de la combustion sur les silicates basiques, et la liquation par transsudation au travers des téguments; mais aussi le groupement et la translation des particules de fer naissant suivant des appendices ramuleux, stalactiformes, allant de la circonférence au centre du noyau, et le plus souvent implantés sur le tégument métallique (1).

Gaz de la région n° 4.

Les gaz recueillis ont brûlé avec une flamme bleue sans nuance jaunâtre, qui paraît indiquer la présence d'oxyde de carbone, sensiblement exempt d'hydrogène. La potasse n'a d'ailleurs indiqué que des traces d'acide carbonique.

Résumé.

En résumant les indications qui précèdent, on voit :

1° Dans la région n° 1, sous l'action simultanée de la chaleur et des gaz de la combustion, le minerai perd son eau, les carbonates sont

(1) L'appréciation des phénomènes physiques qui président au mouvement et au groupement des particules de fer naissant m'a paru trop étrangère aux faits purement métallurgiques qui m'occupent, pour que j'aie dû les faire figurer dans le cadre que je me suis tracé. Elle sera l'objet d'un travail spécial dans lequel je me propose de traiter de l'influence des phénomènes thermo-électriques dans l'élaboration des minerais de fer.

partiellement décomposés, tandis que l'oxyde de fer éprouve une action réductive assez prononcée pour le ramener à l'état d'oxyde magnétique, et en partie à l'état d'oxyde des battitures. Bien que la densité se soit élevée de 3.650 à 4.545, et même à 4.690, rien n'annonce dans la texture et dans les résultats analytiques qu'il y ait un commencement de scorification.

2° Dans la région n° 2, la réduction domine; on y remarque l'apparition d'une pellicule de fer métallique et de matières scoriacées et boursouflées au voisinage de cette pellicule; ces faits attestent l'action réductive des gaz de la combustion, qui seuls d'ailleurs peuvent pénétrer dans cette partie du feu et y provoquer des réactions. Partout où il y a du fer métallique, la silice est ordinairement soluble dans les acides.

3° La liquation et la carburation sont les faits les plus remarquables dans la région n° 3, où la réduction devient active. La première s'opère toujours à l'état de silicate neutre, que l'on observe partout où s'exerce la réduction. Bien que la température n'y aille pas au delà de la couleur orange-foncé et que les gaz de la combustion paraissent entièrement dépourvus d'hydrogène carboné, néanmoins l'action carburante sur le fer y est déjà prononcée.

4° Dans la région n° 4, la liquation continue à s'opérer dans les proportions définies du silicate neutre si l'allure est modérée; ce silicate est irréductible à la température du feu, et partant favorable à la carburation qui s'y exerce avec activité, si l'allure est lente et soutenue.

On voit que, dans chacune des quatre régions, les phénomènes, tant de réduction que de carburation, s'opèrent à distance et hors de tout contact du charbon mis en nature entre les porges et le mur de minerai: les gaz seuls de la combustion peuvent pénétrer dans la masse en élaboration. Nous avons vu que, dans les régions n°s 1 et 2, ils se composent d'oxyde de carbone, d'acide carbonique et d'hydrogène; et que dans les régions n°s 3 et 4, ces derniers ne paraissent persister qu'en petite quantité; tandis que l'oxyde de carbone y domine, surtout à la partie inférieure. Ce qui d'ailleurs s'accorde avec les résultats obtenus par

M. l'ingénieur Ebelmen (1) sur la composition des gaz des hauts-fourneaux.

Réduction.

Il serait difficile, en présence de ces faits, d'admettre le contact du charbon comme cause toujours essentielle et exclusive des effets de réduction, ainsi que M. Marot paraît l'avoir admis dans son mémoire sur les forges catalanes (2). Aussi, en 1833, après une visite aux forges de Cabre, M. Boisgirand, doyen de la faculté des sciences de Toulouse, professait l'action directe des gaz, et, dans un mémoire (3) adressé à M. le directeur général le 14 novembre 1835, j'écrivais : « Le minerai » progressivement échauffé perd son eau, se fritte, et subit l'*action im-* » *médiate* des gaz réducteurs... » Les travaux de M. Leplay (4), en indiquant les rôles respectifs de l'oxyde de carbone et de l'acide carbonique en présence d'un excès de carbone, permettent de regarder avec cet ingénieur, ce dernier gaz, comme un des principaux agents de réduction. M. Richard (5), considérant la tuyère comme un chalumeau, admet la réduction par l'oxyde de carbone et cherche à expliquer par là les principales réactions qui s'opèrent au feu. Enfin, M. Ebelmen, dans ses recherches précitées, ne laisse aucun doute sur l'action réductive de l'oxyde de carbone, et sur le rôle que ce gaz joue dans l'élaboration des minerais de fer.

Mais, en dehors du fait de réduction par les gaz en mouvement, nous avons signalé l'action réciproque des scories basiques et des parties métalliques carburées en contrevent. Cette action, d'où résultent à la fois des phénomènes de réduction et d'oxydation par échange d'oxygène, me paraît se rattacher directement au fait de réaction de corps fixes connu sous le nom générique de cémentation.

Ainsi, dans l'élaboration du minerai au contrevent, à l'état de fragments, la réduction paraît résulter, non-seulement de l'action directe

(1) *Annales des Mines*, t. VIII, 6ᵉ livraison, 1835, publiée en janvier 1836.

(2) Vues théoriques sur le traitement direct, 14 novembre 1835.

(3) *Annales des Mines*, 3ᵉ série, t. XVI et XX.

(4) Mémoire à l'Académie des sciences du 18 janvier 1836. — *Annales de physique et de chimie*, 1836.

(5) Loc. cit., page 285 et suivantes.

de gaz en mouvement chargés d'oxyde de carbone, mais aussi d'un fait de cémentation, qui s'exercerait au contact des parties métalliques carburées et de scories basiques, facilement réductibles, ayant tendance prononcée à passer à l'état de silicate neutre, plus irréductible.

D'un autre côté, dans l'observation et l'étude des phénomènes d'élaboration au contrevent, j'ai toujours constaté la présence de parcelles de charbon mécaniquement entraînées par le courant gazeux, et pénétrant à l'intérieur des noyaux de minerai. Ces parcelles doivent non-seulement réagir d'un manière incessante sur les produits gazeux, mais aussi exercer une action réductive au contact des scories basiques, ainsi que nous allons le voir dans l'exposé de l'élaboration de la greillade.

Carburation.

Quant aux phénomènes de carburation du fer naissant, soit à l'ore, soit à la surface du massé, l'appréciation des faits présente de graves difficultés. Quels sont les agents immédiats de carburation? Quel est leur mode d'action? Agissent-ils par l'influence immédiate des gaz, ou bien par voie de cémentation, par contact de solides? Ces questions me paraissent loin d'être résolues par les recherches de MM. Laurens et Leplay. Toutefois, vu l'activité de la carburation à l'ore, loin du contact du charbon en morceaux, par une allure en fer fort, il serait difficile de ne point tenir compte de l'action immédiate des gaz en mouvement, quelle que puisse être d'ailleurs l'influence, soit directe, soit indirecte, des parcelles de charbon entraîné.

CHAPITRE III.

ÉLABORATION DU MINERAI EN GREILLADE.

Recherche analytique et minéralogique sur l'élaboration de la greillade.— Étude de l'élaboration pendant la baléjade. — Division du feu en trois régions.— RÉGION A. — Calcination et réduction. — Gaz de la combustion. — RÉGION B. — Réduction et fusion pâteuse. — Mode particulier de réduction de la greillade. — Pellicule métallique. — Produit gazeux. Composition des charbons. — RÉGION C. — Réduction et liquation active. — Nature du fer à la surface du massé. — Élaboration de la greillade pendant l'étirage. — Résumé. — Permanence des faits qui président à l'élaboration des minerais de fer.

RECHERCHE ANALYTIQUE ET MINÉRALOGIQUE SUR L'ÉLABORATION DE LA GREILLADE.

Étude de l'élaboration pendant la baléjade.

Dans l'exposé des manœuvres du traitement direct, j'ai indiqué que chaque opération se divise en deux périodes bien distinctes : l'étirage du fer, et la baléjade. Pendant l'étirage, le traitement du minerai à l'ore marche lentement sous un vent modéré, l'escola ne charge pas le feu de charbon, il ne le remplit que comme l'indique la *fig.* 2, Pl. XI. Durant cette opération, il entretient le feu de greillade, qui, on le sait, n'a à descendre que suivant une hauteur de 0^{m}.40 à 0^{m}.50, pour arriver sous le vent.

Mais à la baléjade le feu est entièrement rempli de charbon (V. *fig.* 1, Pl. XI); la greillade n'arrive sous le vent qu'après avoir parcouru une hauteur de 0^{m}.90 à 1^{m}.00. Ces considérations font voir que l'élaboration de la greillade présente deux périodes distinctes. Nous allons nous occuper d'abord de l'étude du traitement pendant le commencement de la baléjade, à la fin de l'étirage, et à peu près trois heures et demie après le chargement du feu.

Division du feu en trois régions.

Ainsi que je l'ai fait pour le minerai au contrevent, ici, je diviserai la partie du feu occupée par le charbon et la greillade en trois regions.

Dans la région A, c'est-à-dire à $0^m.20$ au-dessous de la surface du feu, la calcination et la réduction dominent.

La région B, qui descend à $0^m.50$ de la surface, est marquée par des phénomènes de réduction et de scorification.

Enfin, dans la région C, qui comprend le bain des scories, la réduction et la liquation sont développées.

RÉGION A. — *Calcination et réduction.*

Calcination et réduction.

On sait que la greillade, avant d'être jetée sur le feu, est préalablement mouillée; cela est nécessaire pour qu'elle ne se présente pas trop rapidement sous le vent, en se criblant au travers des charbons. Dans la région A, elle s'élabore de la même manière que le minerai en fragments, c'est-à-dire qu'elle se calcine, passe successivement à l'état d'oxyde magnétique et d'oxyde de battitures. Comme les réactions se passent sur de petits fragments, les différentes phases de l'élaboration se succèdent rapidement. Aussi à $0^m.20$, ou $0^m.25$ de la surface du feu, il y a déjà agglutination de la greillade.

Gaz de la combustion.

Les gaz recueillis ont manifesté la présence d'acide carbonique, d'oxyde de carbone et d'hydrogène; ils brûlent avec une belle flamme d'un jaune bleuâtre.

Les charbons (essences diverses étudiées au chapitre 8) que j'ai pris au bas de la région A, à $0^m.25$ sous la surface du feu, ont donné :

Charbon et cendres.	89.78
Matières volatiles.	10.22
	100.00

RÉGION B. *Réduction et fusion pâteuse.*

Réduction et fusion pâteuse.

L'agglutination de la greillade se manifeste à moins de $0^{m}.30$ de la surface du feu; on peut observer alors, comme sur le minerai en noyaux, la présence d'une légère pellicule métallique, et un commencement de scorification. Mais bientôt (Pl. E, *fig.* 25) il y a ramollissement de la greillade à l'état de silicate très-basique, qui empâte les morceaux de charbon. Ce ramollissement est suivi d'une fusion pâteuse qui accélère la descente de la greillade. Cette dernière se présente alors d'un noir bleuâtre, métalloïde; sa texture est rugueuse, dure et boursouflée. A la surface interne des boursouflures et ampoules, on observe constamment la présence d'une pellicule métallique, tapissée extérieurement de cristaux allongés et bacillaires de silicate neutre.

Mode particulier de réduction de la greillade.

Mais ici se présente un autre ordre de faits, qui ne s'est pas rencontré au contrevent. Tous les morceaux de charbon empâtés par la greillade se recouvrent d'une pellicule métallique (*fig.* 26), qui d'abord prend très-exactement l'empreinte de leur relief, tant qu'il n'y a que fusion pâteuse. Ce fait ne s'observe pas seulement sur les charbons, mais aussi sur la surface de tout corps solide infusible que l'on plonge dans la greillade en fusion. Il tient non-seulement à des conditions de contact du charbon et de silicates basiques facilement réductibles, mais aussi à ce que l'air insufflé et converti en gaz réducteur, va se loger de préférence entre la pâte métallifère et le corps immergé, où il rencontre des points de moindre résistance pour s'élever dans le feu. La tendance marquée que possède ici le silicate basique à passer à l'état neutre, développe dans ce cas une réduction d'autant plus active que les morceaux de charbon agissent ici, non-seulement comme corps solides immergés, mais encore qu'ils brûlent sous le vent, développent au voisinage une haute température et y donnent naissance à des gaz réducteurs (1), en

Pellicule métallique.

(1) Le fait de réduction au voisinage d'un corps solide plongé dans les scories basiques se développe, surtout si l'on immerge du fer métallique. C'est ainsi qu'ayant plongé, plusieurs fois dans les mêmes conditions, un ringard et un bâton de porcelaine, ou d'argile infusible, de même forme que le ringard, l'épaisseur du tégument du ringard était toujours beaucoup plus grande et plus nette, souvent même elle était trois ou quatre fois plus déve-

même temps qu'ils peuvent déterminer des phénomènes de réduction par contact des corps fixes.

Du moment où la fusion et la liquidité se développent, la pellicule métallique ne se moule plus en relief sur les charbons ; elle présente des ampoules. L'état boursouflé signale suffisamment l'action réductive des gaz en mouvement, ainsi que l'indiquent les *fig.* 27 à 30 de la Pl. F. En outre, ces gaz s'échappent au travers des scories en fusion, les boursouflent et réduisent les parties qu'ils lèchent sur leur passage. Les traces de ce mode d'action sont manifestes. Les parties réduites se relient, tandis que les enveloppes formées, soit au voisinage du charbon, soit sur les parois des cheminées *cc*, que font les gaz, grossissent en descendant et se soudent entre elles.

On remarque que toujours la face externe des pellicules métalliques est tapissée de cristaux bacillaires, brun-chocolat, de silicate neutre. Ces cristaux, étudiés au microscope avec un grossissement de 200 à 300 fois, ont donné les *fig.* 34 de la Pl. F. Ils se rapportent aux formes cristallines, prismatiques et bacillaires indiquées Pl. D, *fig.* 19 et 20, comme variétés du silicate neutre rencontrées sous le vent. Dans leur ensemble, ils présentent des groupes de cristaux prismatiques et allongés, dont la pâte, d'un vert olivâtre, noie des particules de fer métallique. Ces dernières sont d'autant plus abondantes que l'on se rapproche davantage de la racine des cristaux, ou de la pellicule de fer PP.

Tels sont, dans leur ensemble, les phénomènes qui s'observent dans la région B.

Produits gazeux.

Les gaz qui y ont été recueillis renfermaient de l'acide carbonique, de l'oxyde de carbone et un peu d'hydrogène. La température y est au rouge cerise naissant (environ 800 à 900°). Les charbons (essences di-

loppée que celle du bâton d'argile. Cette circonstance m'a paru d'une haute importance, en ce qu'elle tend à prouver l'influence de voisinage du fer métallique, dans la mise à nu du fer naissant, ainsi que cela s'observe, non-seulement dans l'affinage par attachement, mais aussi dans le groupement des particules de fer naissant suivant les appendices ramuleux étudiés au chapitre qui précède.

verses) qui y ont été recueillis à $0^m.55$ de profondeur, ont donné à l'analyse :

Composition des charbons.

Charbon et cendres.	96.93
Matières volatiles.	3.37
	100.00

Région C. — *Réduction et liquation actives.*

Réduction et liquation actives.

Les phénomènes que j'ai décrits ci-dessus persistent et se développent dans la région C ; la liquation s'y opère toujours à l'état de silicate neutre, tandis que la réduction nourrit sans cesse les pellicules métalliques. La *fig.* 31 représente une pellicule prise sous le vent de $0^m.0007$ à $0^m.001$ d'épaisseur. L'examen microscopique indique, comme pour les téguments, l'agrégation pseudo-réticulaire des particules de fer naissant noyées dans une pâte de silicate neutre. Les pellicules sont tellement associées au silicate qui les tapisse extérieurement, et chargées de particules de charbon, que je n'ai pu en prendre la densité, ni la soumettre à une analyse exacte. Néanmoins la densité du silicate varie de 2.952 à 3.200, suivant qu'il est plus ou moins éloigné de la pellicule, et par conséquent exempt de particules et grenailles métalliques.

Une pellicule, lavée avec soin, n'a donné que des traces insensibles de carbone par le procédé d'oxydation à l'air. Ce résultat est déterminé par l'action oxydante que les silicates basiques exercent incessamment et avec énergie sur les parties carburées.

Les pellicules métalliques arrivées sous le vent, se ramollissent, se soudent, soit entre elles, soit aux matières amenées avec le ringard du contrevent sous le nez de tuyère, et vont nourrir le massé.

La chaleur sous le vent est blanc soudant, c'est-à-dire 1.400 à 1.500°. Je n'ai pu y recueillir des gaz. On y remarque les rudiments de morceaux de charbon, et principalement de charbons forts et durs, qui seuls arrivent dans cette partie du feu. L'analyse a donné sur des fragments à $0^m.15$ au-dessus du nez de tuyère :

Charbons et cendres.	99.95
Matières volatiles.	0.05
	100.00

Si on descend jusqu'à la surface du massé, on y recueille des fragments, *fig.* 32 et 33, de fer ramuliforme, peu malléable, souillé de scories, qui ont donné à l'analyse :

Nature du fer à la surface du massé.

	(1)	(2)
Densité.	7.423	7.042
Fer métallique	94.870	93.216
Manganèse.	0.521	0.025
Silicium.	0.037	0.020
Scories.	4.562	6.319
Carbone	traces	0.420

Ces fragments recueillis sur la loupe proviennent non-seulement de la greillade, mais aussi de minerai du contrevent avancé avec le ringard sous le nez de la tuyère.

L'analyse (1) se rapporte à une allure en fer doux avec un minerai manganésé. Celle (2) a été faite sur une mine de fer peroxydé par une allure ordinaire.

D'après ce qui précède, on voit qu'ici, bien que les phénomènes de réduction et de liquation soient soumis à des conditions mécaniques différentes de celles observées au contrevent, néanmoins la première paraît tenir, au moins en très-grande partie, à l'action des gaz en mouvement. Quant à la liquation, elle s'opère toujours à l'état de silicate neutre, à moins que l'opération ne soit mal conduite et trop précipitée; car alors nous avons souvent constaté la présence d'un silicate sesquibasique. Ici, comme au contrevent, la concomitance et le voisinage du silicate neutre et du fer métallique persistent sur tous les points (*voir* Pl. F, *fig.* 34).

Élaboration de la greillade pendant l'étirage.

L'élaboration de la greillade pendant la première période du feu, l'étirage, présente dans son ensemble les phénomènes indiqués ci-dessus. Mais bien que le vent soit ménagé, la réduction et la fusion de la greillade y sont très-rapides. Aussi, n'avons-nous ici que les deux régions

B et C, sur la hauteur desquelles le traitement marche avec rapidité, et donne des silicates basiques, qui sans cesse lubrifient les pièces en chauffe sur la tuyère, et décarburent en grande partie les portions aciérées, en vertu de leur tendance à passer à l'état neutre.

L'élaboration de la greillade y est incomplète; aussi les premières coulées de scories sont-elles toujours très-chargées, et souvent remises au feu, si l'allure et le charbon le permettent. Néanmoins, la greillade, si elle n'est trop pauvre, sert alors à nourrir le principe.

Résumé.

Dans l'élaboration de la greillade, plus encore peut-être que dans le travail du minerai à l'ore, on peut apprécier et préciser la réduction, tant par l'action directe et immédiate des gaz en mouvement au feu, que par effet de cémentation au voisinage et par contact de corps fixes.

Les effets de carburation par le feu naissant ne peuvent s'y développer sous l'action oxydante des silicates basiques qui y sont toujours dominants. Cette action se manifeste surtout au bas de la région C, dans le bain de scories, par réaction réciproque des silicates basiques sur les parties métalliques carburées pendant l'élaboration au contrevent.

Permanence des faits qui président à l'élaboration des minerais de fer.

Pour compléter ce que renferment ce chapitre et celui qui précède, j'ajouterai que les phénomènes chimiques et physiques, précisés ci-dessus, se reproduisent dans les divers modes de traitement des minerais de fer. C'est ainsi qu'à la suite de mises hors feu, j'ai pu m'assurer, sur échantillons, que les faits de calcination, de réduction et de carburation dans le haut-fourneau sont du même ordre que ceux indiqués pour le traitement direct. Seulement, pour le haut-fourneau, en raison de la température élevée, de la réductibilité du silicate neutre à cette température, et surtout des conditions plus développées de carburation du fer naissant, conditions qui tiennent à la fois à la température et à la forme du feu, on obtient à la fois des produits plus carburés et un silicate moins basique, mais de composition définie et constante, si l'allure est normale. Il est vrai de dire qu'avec l'enceinte du feu catalan, sous l'influence d'une haute température, et en développant les conditions de carburation, j'ai souvent obtenu de la fonte blanche lamellaire et un sesqui-silicate.

D'un autre côté, on sait que la réaction des silicates basiques sur le fer carburé, signalée ci-dessus, se développe d'une manière marquée dans les feux d'affinage, et joue un rôle principal dans le puddlage de la fonte, ainsi qu'on peut s'en assurer directement, surtout pendant la période du puddlage connue des ouvriers sous la désignation de *montée* (1).

Alors, on le sait, la décarburation marche avec rapidité, bien que la fonte soit entièrement recouverte d'un bain de silicates basiques. L'intumescence et le bouillonnement constant du bain soulevé par des bulles de gaz oxyde de carbone qui crèvent à la surface, l'inflammation de ces bulles sous l'action légèrement oxydante du courant du gaz de la combustion, tout atteste la réaction des scories basiques sur le carbone de la fonte.

On voit donc qu'en résumé les faits qui président à l'élaboration des minerais de fer sont du même ordre, quel que soit le mode de traitement. Toutefois, dans le creuset catalan ces faits sont d'observation plus facile, en même temps qu'ils s'y trouvent, quant à l'espèce et au temps, groupés d'une manière plus étroite et plus complète.

J'ai à dessein appuyé sur ces considérations, non-seulement en raison de leur importance au point de vue de la métallurgie générale, mais parce qu'elles me serviront plus loin à l'appréciation et à l'indication des améliorations à introduire dans le traitement direct du fer.

(*) L'appréciation de ce fait m'a toujours paru d'une bien grande importance dans l'amélioration pratique du puddlage. On sait en effet que cette opération a pour but à la fois le départ du carbone par oxydation, ainsi que des silicates et des corps simples à l'état métallique par un effet combiné d'oxydation et de liquation. C'est pourquoi, après avoir fait la sole et le petit autel avec des scories riches, on ajoute au besoin des silicates basiques, souvent de vieilles scories de forge, sous lesquelles l'opération languit, entraîne un déchet considérable et donne du mauvais fer incomplétement affiné. Je ne doute pas que l'addition, avec le chargement en saumons de fonte, d'une quantité convenable de fer hydroxydé riche, surtout manganésifère, préalablement calciné pour éviter les éclats, ne produise d'heureux effets, soit pour la conduite de l'opération, soit sous le rapport de la qualité et de la quantité des produits.

CHAPITRE IV.

PRÉPARATION DES MINERAIS.

Calcination et grillage. — Utilité de ces opérations dans certains cas. — Préparation des minerais compactes, siliceux et anhydres. — Préparation des fers spathiques et calcaires. — Préparation des minerais sulfurés. — Exposition à l'air. — Commencement de réduction. — Ancien recuit. — Grillage du Wallespire. — Préparation à la flamme perdue. — Four d'Engoumer. — Four de Berdoulet. — Four de Niaux. — Four de Nyer. — Vices de ce four. — Dispositions nouvelles. — Four à réverbère. — La préparation à la flamme perdue sera un jour recherchée. — Le grillage préalable est utile dans la production de l'acier. — Changements à l'ore. — Débourbage. — Cassage sous le mail. — Cassage à la main. — Résumé.

Les notions qui précèdent n'ont pas seulement une portée purement scientifique; elles vont nous servir à expliquer les détails de la pratique des forges, et à indiquer les améliorations à introduire dans la construction des forges et dans les différentes parties du traitement. Nous examinerons en premier lieu la préparation du minerai.

Calcination et grillage préalables.

Nous avons vu précédemment que dans la région n° 1, au contrevent et dans la région A, le minerai subit une calcination par suite de laquelle il perd l'eau hygrométrique, celle de combinaison des oxydes hydratés, ainsi que l'acide carbonique des carbonates, en même temps qu'il se fritte et se persille de gerçures et de fentes de retrait. L'étude de la formation des téguments a indiqué combien ces fentes et gerçures influaient sur la marche ultérieure de l'élaboration, en facilitant l'action des gaz réducteurs, et en préparant la réduction d'une partie de l'oxyde de fer, avant qu'il soit engagé dans des silicates basiques, et surtout dans le silicate neutre, toujours difficile à réduire. Ce phénomène s'observe principalement dans le traitement des oxydes hydratés; il y est d'autant plus marqué que la pâte du minerai est moins compacte. Il est moins prononcé sur les fragments de fer spathique, surtout s'ils se présentent chargés de carbonate calcaire, ainsi que cela se rencontre souvent au voisinage des mines spathiques noires, plus ou moins décomposées. Enfin, on ne le remarque qu'incomplétement développé dans le cas de traitement de mines de fer oligiste (spéculaire et micacé) et d'oxydule magnétique presque toujours anhydres.

Or, les mines de l'Ariége offrent à portée des forges non-seulement les fers hydroxydés et les fers spathiques que l'on rencontre à Rancié; mais aussi des hydroxydes très-compactes (Rancié, Freychet, Larcat), souvent chargés de chaux carbonatée (Larcat, Miglos, Lercoul, Col-d'Arean, Le Poutz, etc.); des mines spathiques plus ou moins altérées (Le Poutz, Larcat); enfin des fers oligistes et de l'oxyde magnétique anhydre et souvent silicifère (Puymorens, Urs, Luzenac, Bouthadiol, etc.).

Calcination des mines spathiques et calcaires, et des hydroxydes compactes.

Les mines noires tendres et pulvérulentes, ainsi que les fers hydroxydés poreux et peu compactes, sont suffisamment disposées à recevoir l'action du feu immédiatement; mais pour les minerais spathiques, ou chargés de carbonate calcaire, pour les hématites riches et compactes, le séjour dans la région n° 1 n'est souvent pas assez prolongé. Pour les hydroxydes compactes et surtout pour les variétés anhydres et siliceuses, les réactions au feu dans les régions n° 1 et 2 ne suffisent pas pour préparer les conditions d'élaboration normale sans formation précipitée de silicate trop riche en fer. Il conviendrait donc d'arriver à ce but en recourant à une opération abandonnée aujourd'hui dans l'Ariége. Je veux parler du recuit de la mine, mais modifié dans sa conduite et dans les moyens de réalisation pratique.

Pour les fers hydroxydés compactes et pour les variétés légèrement calcaires, une simple calcination suffit. Mais dans le cas d'oxydes anhydres et siliceux, il convient de les étonner (1) et de les exposer à

(1) Étonner le minerai, c'est le jeter subitement dans l'eau quand il est rouge. On facilite sa désagrégation, et on lui donne une texture fissurée et fendillée.

Calcination et exposition à l'air des fers anhydres (oligistes et oxydulés).

l'air pendant quelques mois. Non-seulement on les désagrége, mais on les amène lentement, et en très-grande partie, à l'état d'hydrates, surtout si on répète deux et trois fois l'opération qui consiste à les chauffer fortement, à les étonner et à les exposer à l'air. Je l'ai fait avec succès aux forges d'Urs et du Castelet sur l'oxydule de Puymorens, que j'ai ensuite facilement traité avec économie de charbon, soit seul, soit associé à du minerai pauvre de Rancié. L'exposition à l'air, prolongée après calcination, convient aux minerais spathiques, ou chargés de chaux carbonatée; ces variétés doivent être préparés, car au feu la chaux laisse le fer entrer en combinaison dans les régions n°s 3 et 4 et plus bas ne l'en chasse que difficilement. Souvent j'ai vu des carbonates de chaux persister jusqu'à la loupe; et il n'est pas rare de voir dans le fer forgé des nids de chaux caustique, qui n'est point entrée en combinaison; elle y forme des pailles et des cendrures que l'on enlève avec peine.

Grillage des minerais sulfurés et arsénicaux.

En outre, nous avons vu que dans un grand nombre de cas les minerais se présentent pyritifères au voisinage des roches ignées et des schistes modifiés. On sait combien la présence de la pyrite (sulfure de fer), même en très-petite quantité, peut compromettre la qualité du fer en le rendant rouverin et cassant au rouge naissant. On sait également que le sulfure de fer sous l'influence de la chaleur, au contact de l'air se décompose, en donnant de l'acide sulfureux; et qu'à l'air humide il s'altère rapidement, s'effleurit et donne du sulfate de fer. Pour obtenir dans la pratique de tels résultats, il convient de soumettre le minerai à un léger grillage (1) répété deux et trois fois, et suivi de l'exposition à l'air et à l'eau. Ainsi, l'on facilite l'action des agents de désagrégation et de décomposition; l'eau entraîne le sulfate de fer. Ce moyen nous a donné d'excellents résultats à la forge de Lacours pour le minerai de Freychet (février 1840). Quelquefois la seule exposition à l'air suffit, si le minerai n'est pas compacte, s'il s'effleurit rapidement, bien qu'il y ait souvent beaucoup de pyrites. Nous l'avons récemment

(1) Le grillage proprement dit consiste à dégager par la chaleur, à l'aide du contact et de l'action de l'air, les corps que la chaleur seule ne pourrait chasser, comme le soufre et l'arsenic.

(février 1842) vérifié le minerai pyriteux de Rabat à la forge de Lacombe.

Dans quelques cas assez rares, la pyrite se présente arsenicale, le grillage et l'exposition à l'air et à l'eau chassent également l'arsenic qui rendrait le fer aigre et cassant. Ainsi, dans un grand nombre de cas déterminés par la structure compacte du minerai, par son état anhydre, par sa nature spathique, ou calcaire, et par la présence du soufre et de l'arsenic, il convient de calciner, d'étonner ou de griller le minerai avec exposition à l'air.

Avant d'examiner les moyens pratiques d'y arriver avec économie, je vais indiquer l'ancien procédé, d'après les descriptions de Ducoudray et de Diétrict, et sur les notes que j'ai prises sur les lieux.

Le recuit s'opérait autrefois dans une enceinte carrée, ovale ou circulaire, construite en briques, ou en pierres sèches, reliées par de l'argile. Cette enceinte avait ordinairement 1m.70 à 2m.30 de hauteur et 2 mètres à 2m.50 de diamètre intérieur. On pouvait y recuire de 120 à 480 quintaux métriques de minerai. Le chargement par 450 quintaux se composait par lits de : Ancien recuit.

1° 0m.50 de gros bois et de fagots;
2° 0m.35 de charbon de bois (environ 600 kilog. d'après Dietrict);
3° 0m.70 de minerai en gros fragments;
4° 0m.23 de charbon (400 kilog. environ);
5° 1m.00 de minerai de grosseur moyenne;
6° 0m.10 de charbon (200 kilog. environ);
7° 1m.50 de minerai menu se terminant en cône.

L'opération était conduite modérément, surtout dans le commencement, afin d'éviter les détonnations et pour ne pas trop coaguler le minerai. Elle durait de huit à douze jours; on recherchait surtout à obtenir une mine friable, gercée, rude au toucher et se cassant facilement au marteau, comme dans la région n° 1. D'après M. Vergnes-Bouischère, le minerai perdait moyennement 14 à 17 p. 100; on employait 3.70 de charbon p. 100 de mine cuite. On évitait toute agglutination du minerai (région n° 3) provoquée tant par la scorification, que par la mise à nu des pellicules de fer, par suite de l'action réductive des gaz de la combustion, et entraînant augmentation dans la consommation du combustible pendant le traitement. Je me suis assuré par l'analyse que le minerai coagulé renferme, comme dans les régions n°s 2 et 3, du fer métallique et du silicate neutre. Ce dernier y est très-chargé de protoxyde de fer. Or le fer engagé dans un silicate étant toujours plus difficile à réduire, il convient de ne pas provoquer par le grillage même, un inconvénient que cette opération doit en partie faire éviter pendant le traitement, en préparant la réduction d'une partie du fer avant la formation du silicate. D'ailleurs, le minerai coagulé, exposé à l'air, ne se modifie pas sensiblement, tandis qu'une mine cuite à point se suroxyde, se divise et s'hydrate en grande partie.

Aussi, les ouvriers préféraient-ils un minerai reposé, après le grillage. C'est ainsi que d'un oxydule très-compacte de Puymorens, j'ai obtenu un fer hydraté, par deux grillages suivis de quatre mois d'exposition à l'air.

Cette opération fut abandonnée de 1790 à 1800, du moment où les charbons, et surtout les bois en nature, devinrent rares. Quelques forges voisines des bois (Estaniel, Tourné, Alos, etc.) le conservèrent pendant plusieurs années. La seule forge de Tourné le pratiquait en 1836; mais alors uniquement pour travailler en fer fort. L'extension donnée à la fabrication des aciers de cémentation, et à l'emploi des fers marchands, l'inutilité de recuire la mine noire et les fers hydroxydés pauvres que donna Rancié de 1795 à 1838, contribuèrent également à la faire disparaître du traitement.

Recuit et exposition à l'air du Wallespire.

Elle est encore pratiquée dans les quatorze forges de la vallée de Tech (Wallespire), dans les Pyrénées-Orientales, qui traitent par la petite catalane les fers hydroxydés compactes et les mines spathiques blanches de la montagne de Batère.

D'une part, la texture compacte et la richesse des hydroxydes; d'autre part, l'état spathique du fer carbonaté blanc, en font une nécessité, impérieusement exigée d'ailleurs par la méthode qui y est suivie et qui donne chaque quatre heures un massé de 110 kilogrammes. On y réunit dans des fours semblables à ceux ci-dessus indiqués, 300 à 400 quintaux métriques de minerai. On y charge par couches alternant avec la mine: 6 stères de bois sec, ou 7.50 stères de bois vert, à 6^f.50 l'un. Le recuit dure trois jours avec le bois vert et deux jours avec le bois sec.

Le minerai reste ensuite exposé à l'air pendant plusieurs mois. Mais ici l'opération est trop brusquement conduite, aussi la mine se coagule et gagne moins à l'exposition à l'air. Cuite à point, elle perd 18 p. 100 qu'elle reprend en presque totalité en s'hydratant en partie, après quelques mois d'exposition à l'air; ce qui a fait dire de tous temps aux ouvriers qu'il fallait faire reposer la mine cuite.

Cette opération faite par le garde-forge coûte 6 fr. de main-d'œuvre et 40 fr. d'achat de bois; soit, terme moyen, 15 centimes par 100 kilog. de minerai grillé. Mais aujourd'hui, dans les Pyrénées-Orientales, comme dans l'Ariége, le bois en nature est devenu fort rare, surtout au voisinage de la plupart des forges, et plusieurs usines se disposent à employer la flamme perdue des feux à la préparation du minerai.

Calcination et grillage à la flamme perdue.

Dès 1817, des essais furent tentés par M. Abadie père, ingénieur de Toulouse, à la forge d'Engoumer, pour préparer le minerai dans un four à réverbère chauffé par la flamme perdue du feu. Le mauvais vouloir des ouvriers les lui fit abandonner.

Four d'Engoumer.

Il y a quelques années (1832 à 1833) de nouveaux essais furent faits par M. Desroche, ingénieur des mines, à la forge du Berdoulet, dans le but d'utiliser la flamme perdue du feu à la préparation du minerai. Le procédé suivi était vicieux; je n'en parlerai pas; il a été abandonné.

Four du Berdoulet (1832).

Plus tard, en 1837, le minerai de Rancié étant devenu pauvre et chargé de calcaire ferrifère, je fus conduit à appliquer la flamme perdue, tant pour la calcination des parties spathiques trop calcaires, que pour la préparation du minerai riche de Puymorens, destiné à être traité avec les mines pauvres de Rancié. Les premiers essais furent tentés à la forge de la Prade, et plus tard aux forges de Niaux. Je dois ici mes remerciements à MM. Deguilhem et Julien Rousse, propriétaires de ces usines, pour leurs bons soins et leur extrême complaisance à mon égard. Le four de Niaux a seul fonctionné régulièrement. Je vais en donner la description, après avoir observé que la flamme qui se dégage du feu est éminemment réductive en raison de la présence d'oxyde de carbone, d'hydrogène et de parcelles de charbon, qui au bas du four de grillage peuvent produire et régénérer des gaz réducteurs. Aussi, dans les appareils alimentés par cette flamme, aussi bien que dans les anciens fours de recuit, on développe à la fois des phénomènes de calcination

Fours de la Prade et de Niaux (1837).

et de réduction, et au besoin des effets de grillage, comme je vais le démontrer.

La forge de Niaux est située contre la route de Tarascon à Vicdessos. Le sol de l'usine est à 5 mètres en contre-bas de cette route, de telle sorte que le minerai peut être jeté de la route dans l'usine. Cette disposition, d'ailleurs commune à un grand nombre de forges, me permit de recourir au fourneau indiqué Pl. XII, *fig.* 1 et 2.

Un massif quadrangulaire en briques AA.... de $6^{m}.60$ de hauteur est établi perpendiculairement aux porges, à $0^{m}.23$ en retrait de l'aplomb du pied de la cave C. Un four vertical et circulaire B.B est construit dans l'intérieur de ce massif; il reçoit la flamme perdue du feu par un rampant courbe *m.m* portant une grille inclinée *n.n*, et un registre de régulation *r.r*. La flamme y est appelée par le simple tirage, sans que le feu soit recouvert autrement que par une petite plaque *q* qui se projette en dehors du feu. Le minerai à griller est chargé par le gueulard C, et déchargé en dehors de l'usine par un plan incliné EF. Les engorgements qui pourraient se faire à l'étranglement D, sont attaqués par la porte de dégagement H.

Pour modérer et détourner la flamme, sans la rejeter au feu, j'ai établi dans le massif une cheminée de dégagement circulaire et verticale IK dont le tirage est réglé par le registre *xy*.

Enfin, des ventouses inclinées *o.o*, munies de vannettes à l'extérieur et ouvertes à différentes hauteurs du massif, dégorgent dans le four, et y jettent, s'il y a lieu, l'air atmosphérique nécessaire à la combustion de la flamme et des parcelles de charbon qu'elle entraîne. La température développée dans toute la hauteur du four ($3^{m}.70$), par suite de ces dispositions, était rouge naissant (800°) à la partie inférieure P; rouge sombre (600°) au ventre et vers le milieu de la cuve.

Le minerai était divisé en fragments de $0^{m}.10$ à $0^{m}.15$ de diamètre; il séjournait dans le four de vingt-quatre à cinquante heures, suivant le degré de calcination qu'on voulait lui faire éprouver. Cet appareil pouvait préparer convenablement 2 500 kilogrammes de minerai par vingt-quatre heures, soit 500 kilogrammes de plus que la consommation journalière du feu de forge dont on employait la flamme.

Le prix du grillage de 100 klogrammes était de $1\frac{1}{2}$ à 2 centimes. Le minerai perdait de 18 à 19 p. 100 de son poids qu'il reprenait par l'exposition à l'air. Si l'on voulait étonner le minerai, on le défournait chaud par la porte H, d'où il tombait dans l'eau; sinon il était retiré par la porte inférieure *f.f* et exposé à l'air pour être remis au feu, s'il y avait lieu. Dans le cas d'un minerai sulfureux, les ventouses *o.o* permettent de régler le grillage, en jetant au four un excès d'air atmosphérique, après y avoir développé une haute température. La vapeur de l'eau jetée au feu aide d'ailleurs le dégagement du soufre et la calcination des carbonates.

On voit que cette disposition se prête avantageusement et économiquement à la préparation des minerais spathiques, hydratés compactes, compactes et siliceux, enfin sulfureux, que l'on doit ultérieurement étonner et exposer à l'air. On règle d'ailleurs le grillage par la vitesse de descente du minerai au four, et par les registres *r.r* et *y.x*. Les ouvriers ne sont nullement incommodés du voisinage du four. J'indiquerai ultérieurement les résultats obtenus par le traitement du minerai ainsi grillé.

Depuis ces applications de la flamme à la préparation du minerai, MM. Escanyé frères, propriétaires de la forge de Nyer (Pyrénées-Orientales), ont établi sur la face de la cave une espèce de four à réverbère, ou rampant, incliné vers le feu de 25 à 30 degrés avec cheminée de tirage.

Appareil de MM. Escanyé frères, à la forge de Nyer.

Ce rampant a environ $2^m.50$ de longueur sur $0^m.60$ de largeur; il est recouvert par une voûte longitudinale semi-sphérique de $0^m.30$ de rayon, dont le plan de naissance est à $0^m.07$ de la sole. Le creuset est d'ailleurs entièrement recouvert d'un chapeau élevé de $1^m.10$ au-dessus de la plie qui force la flamme sous le rampant.

Le minerai piqué sous le mail, est mis au four par l'extrémité supérieure de ce dernier, puis étendu sur la sole avec un râble. Il y reste soumis à une chaleur rouge cerise (800 à 900°), durant une opération de six heures, après laquelle il est poussé dans le creuset et logé au contrevent, au moyen d'une surface gauche inclinée vers cette face du feu. MM. Escanyé ayant pris un brevet d'invention, je n'ai pas cru pouvoir reproduire ici un dessin de leur appareil. Ils sont parvenus à obtenir sous mes yeux un fer doux, homogène, de qualité supérieure, et une économie de $\frac{1}{14}$ de combustible, et de $\frac{1}{12}$ du temps avec le minerai de Las Coumps, mine voisine de leur établissement. Cette mine se compose d'un hydroxyde chargé de carbonate calcaire qui donnait un fer pailleux, et qui par suite ne pouvait être employé sans grillage préalable. On voit d'après cela que les ouvriers ne sont pas toujours fondés à dire que jamais il ne faut charger le minerai recuit, tant qu'il est encore chaud. D'ailleurs, n'est-ce pas une vraie calcination (recuit) qu'il éprouve à la région n° 1, dans le traitement actuel?

L'appareil de MM. Escanyé est incomplet.

L'appareil de MM. Escanyé, qui convient toutes les fois qu'il ne faut ni étonner le minerai, ni recourir à l'exposition à l'air, ou à plusieurs grillages répétés, est conçu avec intelligence; mais son exécution laisse à désirer sous beaucoup de rapports. En premier lieu, aucune disposition n'a été prise, quant à la forme de la voûte et des parois, pour une bonne distribution de la chaleur. Les manœuvres y sont pénibles pour les ouvriers, qui, forcés de charger par l'extrémité du four, reçoivent la flamme. La cheminée de tirage fonctionne mollement; aussi l'escola est-il incommodé tant par la flamme du feu écrasée par le chapeau qui recouvre ce dernier, que par la chaleur de rayonnement qui provient de ce chapeau, ainsi que des parois et de la voûte du four placé trop bas (1).

Modifications.

Il conviendrait de le remplacer dans le cas de préparation sans exposition à l'air par un four à réverbère à une ou à deux soles successives, ou étagées; les parois et les voûtes seraient disposées de manière à donner une bonne température sans surprendre le minerai, ni le coaguler. Le chargement s'opérerait par l'extrados des voûtes au moyen d'une trémie à double coulisse; le four serait établi de manière à pouvoir contenir et préparer le minerai de plusieurs opérations; les manœuvres et la conduite du grillage pourraient se faire par des portes ouvertes sur les parois latérales du massif du four. Pour faciliter l'opération, on pourrait ménager des ventouses, qui au besoin dégorgeraient dans le four de l'air atmosphérique, et s'il y avait lieu de

Dispositions nouvelles.

(1) MM. Escanyé ont éprouvé de la part des ouvriers la plus grande résistance. Ils n'ont pu la vaincre qu'en se faisant forgeurs, et formant eux-mêmes les ouvriers.

la vapeur d'eau, afin de régler à la fois et à volonté la température et le grillage.

Toutefois le four de MM. Escagné a pratiquement démontré devant moi que l'on peut avantageusement, dans certains cas, faire succéder immédiatement la calcination au traitement, ainsi que cela se passe d'ailleurs au feu, pourvu qu'on ne coagule pas le minerai. Bien que les minerais marchands qu'on extrait aujourd'hui de Rancié (fer hydroxydé manganésifère et mine douce) n'aient nullement besoin de grillage, et qu'ils se préparent convenablement au feu dans leur passage au travers des régions n°s 1 et 2, je suis porté à penser que le moment n'est pas éloigné, où dans l'Ariége on utilisera des fours analogues à ceux ci-dessus indiqués pour la préparation du minerai, dans un nouveau mode de traitement direct continu que je décrirai plus bas. On sera d'ailleurs conduit à la préparation à la flamme perdue pour économiser le combustible, soit que la qualité des mines de Rancié ne se soutienne pas, que ces dernières se présentent calcaires et compactes, soit que l'on veuille recourir à l'emploi de minerais autres que ceux de Rancié, tels que ceux de Puymorens, de Bouthadiol, de Freychet, de Gouaux, etc., soit enfin que l'on ait besoin d'obtenir des produits plus homogènes, plus aciéreux, et que dès lors il soit convenable de se mettre dans toutes les conditions de plus facile et de plus complète cémentation.

La préparation du minerai à la flamme perdue sera un jour recherchée.

Ce dernier cas me paraît un des plus importants dans l'application de la flamme perdue à la préparation du minerai. Ainsi que nous le verrons plus loin, le traitement direct du minerai pour fer fort (acier naturel) est aujourd'hui trop délaissé. Il y aura lieu de recourir un jour à ce produit. Or, pour en provoquer la formation, il convient d'assurer toutes les conditions favorables à la carburation du fer naissant, et par conséquent de provoquer la plus complète élaboration du minerai au contrevent.

Grillage préalable appliqué à la préparation des fers aciéreux et des aciers naturels.

Le temps d'une opération étant généralement limité à 6 heures, on conçoit dès lors que l'on gagnera du temps, si, toutes circonstances égales d'ailleurs, on charge au feu du minerai convenablement grillé et déjà arrivé au degré d'élaboration de la région n° 2. D'ailleurs les aciers naturels s'obtiennent principalement, ainsi que je le démontrerai, avec les fers hydroxydés riches et avec les bonnes hématites brunes.

Ces variétés étant toujours compactes, on conçoit combien il devient essentiel de les soumettre à une calcination et à un grillage préalables, tant pour en diviser la pâte que pour en accélérer la réduction. Il convient alors de laisser reposer la mine, avant de la traiter pour en augmenter la division.

Le grillage, dans un grand nombre de cas, aide d'ailleurs à la formation du fer doux en facilitant une élaboration active et soutenue.

Modifications au contrevent pour faciliter la préparation du minerai au feu.

Bien que le minerai actuellement extrait de Rancié soit d'un traitement facile, je me suis pratiquement assuré que pour une élaboration normale, et partant pour arriver à de bons produits, il convient d'augmenter la dimension de l'ore, et de lui donner $0^m.93$ de hauteur et $1^m.10$ de développement par la pose des pièces en fonte x,y,z, Pl. XI, *fig.* 1. La pièce z, brisée de champ, aide le travail de l'escola, et permet de contenir tout le minerai dans le feu dès le commencement de l'opération. Dans plusieurs forges cette disposition que j'ai cherché à faire adopter aux forgeurs, donne d'excellents résultats sous le rapport du rendement et de l'homogénéité des produits.

Débourbage.

L'opération du débourbage n'est pas connue aujourd'hui dans l'Ariége. Elle est néanmoins utile dans le cas de minerai terreux. Les terres de Rancié, résultant du résidu de l'action des eaux sur les roches encaissantes, sont argileuses; elles passent en totalité dans la greillade et donnent au feu des silicates aux dépens d'une partie du fer. Par suite les scories sont grasses, l'allure est mauvaise, le fer pailleux et le rendement médiocre, en même temps qu'il y a augmentation dans l'emploi

Son utilité.

du combustible. On voit combien il serait utile de recourir, dans le cas de mines trop terreuses, au débourbage. Autrefois cette opération était pratiquée sur le minerai grillé destiné à la fabrication du fer fort. Il était important d'isoler les parties argileuses qui se seraient opposées à la formation facile du silicate neutre, et aurait pu donner sous le vent des sous-silicates (scories crues) dont l'action oxydante aurait pu compromettre la carburation.

Le cassage est fait, nous l'avons vu, sous le mail cingleur par les pique-mines. Ces ouvriers brisent sans aucun discernement le minerai qui leur est donné sans choix par le garde-forge. Cependant, dans le plus grand nombre de cas, il conviendrait de conduire cette opération avec intelligence. C'est ainsi que si l'on pique trop un minerai de bonne fusion, il arrive parfois, si c'est un hydroxyde argileux et manganésé, que tout le fondant passe à la greillade, de telle sorte que le traitement souffre sur tous les points du feu. Bien que l'élaboration du minerai à l'ore et de la greillade soient isolées dans la partie supérieure du feu, sous le vent il y a réunion, élaboration simultanée des produits. Il importe donc, sous tous les rapports, d'opérer le cassage de manière à servir dans toutes les phases le traitement du minerai, comme je l'indiquerai dans le chapitre suivant. En général, on doit piquer fortement les parties spathiques, siliceuses et calcaires, ainsi que les minerais compactes ; mais il faut moins diviser les mines douces et les mines ferrues argileuses et manganésées.

Utilité du cassage à la main.

Dans un grand nombre de cas, il serait avantageux de préparer le minerai à la main, comme le font les piques-mines (pesta-vena) dans les forges de la Corse, de l'Italie et du Piémont. La dépense ne s'élèverait pas à 50 cent. par feu, et le bénéfice qui en résulterait serait de beaucoup supérieur.

Résumé.

En résumé on voit :

1° Que la préparation bien entendue du minerai, jusqu'ici tout à fait négligée, peut jouer un rôle essentiel dans le traitement direct.

2° Son utilité ne saurait être contestée, soit dans quelques cas pour fer doux homogène, soit pour avoir de bons aciers naturels.

3° Dans des cas fréquents, motivés tant par l'économie du combustible que par la qualité du minerai pour allure, tant en fer doux qu'en fer fort, il serait utile de recourir à l'emploi de la flamme perdue.

Le choix dans la disposition la plus convenable de l'appareil sera déterminé par la nature du minerai. S'il faut étonner la mine, l'exposer à l'air, et la griller en même temps que la réduire, on pourra employer le four vertical de Niaux, Pl. XII ; tandis que le four à réverbère devra être préféré toutes les fois qu'il ne faudra qu'une simple calcination avec commencement de réduction, et que la préparation et le traitement seront consécutifs.

4° Il convient, sous le double rapport d'économie de charbon et d'une bonne allure, de déverser et d'élever le contrevent de manière à ce que le minerai se prépare plus complétement.

5° Si le minerai est trop terreux, il sera toujours avantageux et souvent économique de recourir au débourbage.

6° Enfin, dans un grand nombre de cas, il conviendrait de régler le cassage de la mine, d'après la nature du minerai et des produits; souvent il serait utile de recourir au cassage à la main.

CHAPITRE V.

CHOIX DES MINERAIS. — FONDANTS. — EMPLOI DU MANGANÈSE DANS LE TRAVAIL DU FER DOUX ET DE L'ACIER NATUREL.

Conditions générales d'allure en fer doux et en fer fort. — Mélange et choix des minerais. — Minerai au contrevent. — Greillade. — Fondants. — Silice. — Scories de forge. — Chaux. — Oxyde de manganèse. — Emploi du manganèse ferrifère pour fer doux et fer de lime. — *Idem* pour fer fort. — Emploi combiné du grillage et du manganèse pour fer dur et aciéreux. — Emploi d'un bain de scories manganésées dans le travail ultérieur et dans le corroyage des aciers. — Importance actuelle de ces applications. — Disparution des cendrures des fers et des aciers.

La préparation du minerai par la calcination, par le grillage et par le débourbage ne suffit pas pour le mettre dans de bonnes conditions d'élaboration, si par sa nature il ne peut donner lieu à la formation facile d'un silicate neutre. C'est ainsi que les mines fortes de la Craugue, de Larcat, de Lercoul sont à la fois trop calcaires et trop pauvres en argile, et que plusieurs variétés de fer hydroxydé sont trop chargées d'argile et de quartz, pour pouvoir produire facilement ce silicate avec les bases métalliques qu'elles renferment. En outre, il arrive fréquemment qu'un minerai de nature propre au traitement, devient d'une élaboration pénible par suite de sa division en fragments et en greillade sous le mail. En effet l'argile et ses parties manganésées se réduisent en poussière, tandis que les parties spathiques et calcaires restent en fragments qui sont chargés au contrevent. Dès lors le traitement souffre sur tous les points; à l'ore les téguments se font mal, les noyaux persistent jusqu'au moment où arrivés au bas de la région n° 4, ils descendent au bain à l'état de silicate basique; tandis que la greillade donne des scories grasses, pâteuses, d'un traitement pénible, de telle sorte que sous le vent, l'affluence des scories basiques y rend l'élaboration plus pénible encore. Aussi le rendement est médiocre, et le fer pailleux. Pour obvier à ces inconvénients, on peut recourir :

1° Au choix et à l'association convenable de minerais de différente nature, soit pour la greillade, soit pour la mine au contrevent;

2° A l'emploi ménagé et bien entendu de greillade et de scories;

3° A l'addition de fondants (silice, chaux et oxyde de manganèse).

Mais le choix et l'emploi de ces moyens dépendant de la qualité et de la nature des produits à obtenir, il est nécessaire que j'expose rapidement les conditions principales que l'on recherche pour obtenir soit du fer doux ordinaire, soit du fer fort (acier naturel).

Conditions générales d'allure en fer fort et en fer doux.

En général, si on veut obtenir des fers aciéreux, il convient de prendre toutes le mesures nécessaires, tant pour développer la carburation à l'ore, que pour continuer et conserver l'action carburante du vent sur le massé, en même temps que l'on se met en garde contre son action oxydante. Ainsi on modère le vent; on fond lentement; le minerai séjourne davantage à l'ore, la cémentation s'y développe sur le fer naissant, les fragments s'évident et se présentent sous le vent, sans qu'il y ait formation de silicate basique qui puisse oxyder le parties carburées. En outre on ménage l'emploi de la greillade dont l'élaboration active amènerait sur le massé des scories riches en fer; puis on a soin de percer souvent au chio, pour essuyer la surface de la loupe et la présenter à l'action carburante du vent.

Pour marcher en fer doux, on recherche au contraire tout moyen d'arrêter la carburation soit à l'ore, soit au massé, et de décarburer les parties cémentées. Ainsi on maintient le vent de manière à avoir une allure rapide et soutenue. Le minerai séjourne moins au contrevent, la cémentation ne s'y développe pas; les fragments de minerai se présentent sous le vent, avant l'élaboration complète des noyaux intérieurs, qui donnent au bain des scories basiques. En outre on charge en greillade, et on perce moins au chio, afin d'avoir sans cesse sur le massé un bain de scories riches qui paralysent l'action carburante, en même temps qu'elles oxydent les téguments métalliques cémentés au contrevent.

Ces indications générales font voir, que pour marcher en fer fort, on devra rechercher les mines ferrues, riches, préalablement grillées, et éviter l'emploi des mines spathiques, des mines noires, douces, fortement manganésées, et surtout de celles trop riches en chaux carbonatée et trop dépourvues d'argile. Elles montrent également que pour fer doux il conviendra d'employer de préférence les mines noires, douces, fusibles, manganésées, et de rejeter les mines ferrues trop riches en fer.

Mais comme aujourd'hui le traitement est entièrement tourné vers la production de fer doux, il est convenable d'indiquer non pas seulement quels sont les minerais bons pour ce genre de fabrication, mais les mélanges à faire pour avoir à la fois du minerai en fragments et de la greillade en quantité convenable et d'un traitement facile.

Mélange de minerais.

Allure en fer ordinaire.

En général on se mettra dans de bonnes conditions d'allure en fer doux en associant $\frac{4}{7}$ de mine ferrue ordinaire avec $\frac{3}{7}$ de mine douce noire, ou de manganèse ferrifère. Il conviendra de ne pas trop piquer ce dernier sous le mail ; car il est très-friable, et passerait entièrement dans la greillade. Si la mine douce est rare, ce qui a souvent lieu, on aura soin d'associer à la mine ferrue, riche, le l'hydroxyde pauvre et argileux que l'on piquera modérément sous le mail. En général les mines carbonatées et calcaires ne devront pas entrer pour plus de $\frac{1}{4}$ dans le mélange avec le fer hydroxydé. Il sera nécessaire que ce dernier soit légèrement argileux, et que le minerai carbonaté ou calcaire soit en grande partie réduit en greillade..... Le fer peroxydé et l'oxydule magnétique de Puymorens, bien préparés, s'associeront avantageusement, par parties égales avec le minerai pauvre de Rancié, surtout avec les variétés calcaires et manganésées. Il sera nécessaire de piquer principalement les fers peroxydés riches et compactes et l'oxydule magnétique.

Allure en fer fort.

Pour une marche convenable en fer fort nous avons dit plus haut que l'on devait rechercher les bonnes hématites, convenablement préparées; on évite l'emploi des mines calcaires, des fers oxydulés et peroxydés riches, et surtout siliceux. Si on a recours aux mines douces manganésées, on ne le fera que modérément, ainsi que nous le démontrerons plus bas.

Minerai au contrevent. Allure en fer fort.

Pour ce qui regarde spécialement le minerai au contrevent, il conviendra pour fer fort d'avoir avant tout un minerai qui puisse, par sa nature, donner un silicate neutre d'une faible teneur en fer. Mais pour fer doux, on devra rechercher des conditions d'élaboration et de fonte facile, de manière à avoir toujours en présence du fer métallique des scories fluides et légèrement basiques; ce à quoi on parviendra par les moyens ci-dessus indiqués. Ici se présente une question fort importante. Est-il pratiquement et surtout économiquement possible de marcher en bon fer doux sans employer de greillade? Oui, je m'en suis assuré. Mais il convient de préparer au contrevent un mélange de minerai dont la nature permette non-seulement une facile élaboration, mais aussi la présence de silicates fluides, légèrement basiques, et assez abondants. Ici il faudra recourir à l'emploi convenable de mines riches en fer, bien préparées, que l'on associera à des mines douces noires, ou à des manganèses ferrifères. On piquera le minerai de manière à avoir au contrevent de la greillade un peu grosse. On soutiendra le vent avec une tuyère semi-rasante, et on percera modérément au chio. Toutefois il conviendra d'éviter dans la pose de la tuyère et dans les percées au chio, que le fond du feu se refroidisse, et que le fer devienne pailleux. En remplissant toutes ces conditions, on obtiendra un fer doux, homogène, bien soudé. Je me suis assuré qu'un tel travail peut, en allure soutenue, donner jusqu'à 100 kilogrammes de fer brut, avec emploi de 293 de minerai, 250 de charbon, en moins d'une heure. Tandis que dans l'état habituel du traitement, en bonne allure, 100 kilogrammes de fer brut exigent l'emploi de 305 de minerai et 307 de charbon, en 1 heure 52 minutes.

De la greillade. Allure en fer doux.

La greillade, nous l'avons vu, sert principalement à nourrir le principe pendant l'étirage; elle donne des scories grasses qui enveloppent les pièces à forger, les garantissent de l'oxydation, et en réduisent les parties carburées. Ces scories servent à la formation des écailles qui font le gîte du feu; puis pendant l'étirage et au commencement de la baléjado, elles donnent des silicates basiques qui nourrissent le principe du massé, le recouvrent et l'empêchent de subir l'action du vent, en même temps qu'elles y oxydent les parties cimentées et facilitent le soudage du fer naissant. On voit par là qu'il convient que la greillade donne sans cesse de bonnes scories d'une élaboration facile, assez fluides pour ne pas empâter le feu et rendre le fer pailleux, et assez basiques pour réduire les portions carburées, sans toutefois se présenter au chio trop riches en fer. Il est important de régler la nature et la quantité de la greillade, non-seulement par un bon choix de minerais, mais encore par un cassage bien entendu sous le mail.

Je me suis assuré qu'en y apportant tous les soins convenables, on peut obtenir du fer de bonne qualité avec emploi exclusif de bonne greillade. Mais l'opération est difficile et pénible. Le fer se charge facilement de pailles. D'ailleurs le rendement est faible. Cent kilogrammes de fer brut exigent au minimum emploi de 390 de minerai, 415 de charbon, et 2 heures 35 minutes. Cet emploi exagéré n'a rien qui étonne, si on étudie tous les détails économiques de l'élaboration du minerai pendant la première période d'un feu, celle durant laquelle l'escola ne nourrit le massé que de la greillade qu'il jette sur la surface du feu.

En général, aux minerais argileux et siliceux il convient d'associer des mines douces et des variétés calcaires bien préparées. Si la greillade est trop chargée de silice, elle peut donner des sous-silicates qui empâtent le feu, réagissent sur les scories et le fer du massé, donnent une allure froide et désordonnée, et un fer aigre et pailleux. Dans le cas où elle est trop calcaire, elle donne des scories basiques d'un vert jaunâtre, le plus souvent pâteuses; l'allure languit, le fer devient aigre, pailleux et rouverin.

On doit toujours se guider sur la qualité du minerai pour piquer la mine afin de mettre la quantité de greillade en harmonie avec sa nature et avec les besoins du feu. La quantité de greillade, toutes circonstances égales d'ailleurs, varie avec la qualité du charbon. Un charbon fort en supporte davantage. En général, avec une bonne mine ferrue, fusible et un charbon $\frac{2}{3}$ fort, on peut marcher convenablement avec $\frac{1}{3}$ de greillade.

Allure en fer fort.

Dans le cas d'un travail en fer fort, on doit faire peu de greillade, ou bien n'avoir que de la greillade qui ne soit ni trop argileuse, ni trop riche en fer. Elle doit, par sa nature, pouvoir donner avec facilité un silicate neutre irréductible. Nous avons vu qu'aux premières coulées, surtout si l'on marche en fer doux, les scories sortent grasses et chargées; il convient alors, si l'allure le permet, de les briser et de les rejeter au feu partie associées à de la greillade. Mais il faut user modérément de ce moyen; car il peut refroidir le feu et rendre le fer pailleux.

Mais dans un grand nombre de cas, le choix et le mélange des minerais ne suffisent pas à un bon travail; il convient alors de recourir aux fondants.

Fondants.

Silice et scories crues.

Les fondants employés sont : la silice, les scories, la chaux et l'oxyde de manganèse. Leur addition doit toujours avoir pour but la formation d'un silicate neutre irréductible. La silice et les scories crues suppléent au défaut d'argile dans le cas de mines douces, ou de mines calcaires dépourvues d'argile et de quartz. Les ouvriers employaient dans ce cas le sable de rivière (arène granitique) qu'ils associaient à la greillade et aux scories.

Chaux et manganèse.

Les deux autres fondants, la chaux et l'oxyde de manganèse, doivent, au contraire, être recherchés dans le cas de minerais trop chargés d'argile. Leur emploi est fondé non-seulement sur la nécessité d'ajouter au minerai une quantité suffisante de bases pour former un silicate neutre, sans entraîner dans les scories une grande quantité de protoxyde de fer; mais aussi sur l'irréductibilité de la chaux et du protoxyde de manganèse à une haute température, surtout si ces bases sont engagées dans un silicate neutre. D'ailleurs elles sont plus fortes que le protoxyde de fer; l'oxyde de manganèse surtout a une affinité prononcée pour la silice avec laquelle il donne des verres très-fluides. Elles conviennent donc aussi pour réagir sur le silicate neutre et s'y substituent en grande partie au protoxyde de fer, dont la réduction augmentera le rendement.

Ces fondants ne sont pas de pratique usuelle; ils n'ont encore été employés qu'à titre d'essais.

Essais sur l'emploi de la chaux.

M. Richard a essayé dans plusieurs forges, l'addition du calcaire en poudre associé à la greillade. Il s'est livré à cet égard à des essais suivis à la forge de Saint-Pierre. Les résultats ne se sont pas soutenus. Toutefois il a obtenu une augmentation de 3 à 5 p. 100 dans le rendement moyen du minerai, en bocardant la greillade et y ajoutant

$\frac{1}{7}$ de son poids de calcaire pulvérisé. J'ai vérifié ces résultats avant de les connaître par des essais faits aux forges de la Vexanelle et de la Prade sur un fer hydroxydé argileux ; seulement j'ajoutais à la greillade $\frac{1}{4}$ de chaux vive. Au delà de cette limite, le fer se présentait pailleux. La quantité de charbon employé n'avait pas sensiblement augmenté ; l'allure s'était bien soutenue. Je pense avec M. Richard que l'addition de ce fondant peut être avantageuse surtout dans le cas de mine ferrue argileuse et compacte, comme en fournissent aujourd'hui les chantiers inférieurs de l'auriette. La calcination du carbonate calcaire étant pénible, je pense qu'il conviendrait de recourir à la cuisson préalable.

L'oxyde de manganèse comme fondant est d'une haute importance ; je vais m'en occuper d'une manière spéciale. Oxyde de manganèse.

On sait que les minerais manganésifères de la Styrie, de l'Isère, du Rhin, ont la propriété de donner des fontes miroitantes et rubanées, propres à la fabrication de l'acier. Ces fontes sont d'autant plus carburées, et plus dépourvues de silicium, avant et après l'affinage, qu'elles étaient plus manganésées (1). Cette propriété, d'après les études de M. Berthier, tient à la fois à l'affinité du protoxyde de manganèse pour la silice et à l'irréductibilité des combinaisons silicatées qui en résultent. Aussi dans le traitement direct, la présence du manganèse oxydé facilite-t-il la formation normale du silicate neutre, et tend-il à conserver sous le vent les parties métalliques déjà cémentées à l'ore. Ces deux circonstances permettent, nous allons le voir, de recourir à l'emploi du manganèse comme fondant, pour allure en fer fort, et surtout en fer doux, en développant, dans le premier cas, la production d'une quantité suffisante de silicate de manganèse irréductible, et dans le second, en favorisant la formation du silicate neutre et une allure soutenue.

En 1786 Lapeyrouse écrivait, d'après M. Vergnies (2) (pages 206 et 207) : « Un fait prouve que le manganèse épure la fonte et sert à la

(1) Karsten, Stengel (Archives de Karsten, t. 8, 9 et 13) ; Woltz (*Annales des Mines*, t. XIV, 1838) et Berthier (Traité des essais) sur les fontes manganésées, dites à acier de la Styrie, de la Carinthie, de l'Isère et du Rhin.

(2) Feu M. Vergnies, procureur du roi à la juridiction de Vicdessos, le plus éclairé de tous les maîtres de forges qui depuis Lapeyrouse aient été dans l'Ariége.

» rendre plus riche en acier. De 1766 à 1771, on fit si peu d'acier » qu'on n'en trouvait pas à Vicdessos, où il y a 5 forges, pour aciérer » quatre ou cinq pioches. On exploitait alors les belles mines spathi- » ques noires du Tartié.

» Le Tartié s'étant épuisé, on perça ailleurs, et on eut de riches veines » d'hématite chargées de manganèse, et de ces mines terreuses et spon- » gieuses qui en sont si fortement imprégnées. Depuis cette époque la » forge de Guillhe a fait plus de 2,400 quintaux de fer fort, ou acier » excellent. »

Plus loin cet auteur indique, à l'appui de ce qui précède, que les forges de Vicdessos ont produit du fer fort toutes les fois que l'état des chantiers à Rancié a donné des mines manganésées (selon lui, des hématites brunes). « Les mines spathiques noires (dit-il page 304) » ne donnent jamais d'acier naturel, tandis qu'on en obtient toujours » avec les hématites et le manganèse. »

Ici Lapeyrouse fait erreur et confusion en ce qui concerne la teneur relative en manganèse des minerais de Rancié, et les propriétés de cet oxyde; il regarde comme plus magnésifères les hématites brunes et les mines ferrues que les mines spathiques noires, qui selon ses indications, donneraient toujours du bon fer doux. J'ai pu m'assurer, sur des échantillons étiquetés par Lapeyrouse, que ce savant privé des secours de l'analyse, et trompé par l'aspect extérieur, avait considéré les fers hydroxydés comme plus riches en manganèse que les mines spathiques noires, bien que ces dernières en renferment de 6 à 11 p. 100, tandis que les premières n'en donnent le plus souvent que $1\frac{1}{2}$ à 4 p. 100. Les faits par lui observés viennent contredire ses vues théoriques; il ajoute (page 308): « Le manganèse est sans doute un des plus puissant agents de la formation de l'acier, mais seul et destitué des autres moyens, il ne saurait développer son efficacité. » Ainsi on peut à la rigueur dire l'inverse des paroles de Lapeyrouse, que dans les forges le fer fort paraissait et disparaissait avec les minerais médiocrement manganésés.

Cela posé, je vais successivement examiner l'influence de cet oxyde métallique sur la production du fer doux et du fer fort, et la manière de l'employer comme fondant.

Emploi du manganèse pour fer doux.

Les variétés des mines noires douces de Rancié, de Filliols et d'Escarro (Pyrénées-Orientales) renferment de 9 à 11 p. 100 de deutoxyde de manganèse et de 8 à 12 p. 100 d'argile. Traitées en allure soutenue, avec tuyère rasante et emploi modéré de greillade, elles m'ont paru réunir les meilleures conditions pour marcher en fer doux, homogène, bon pour la lime, et excellent pour la cémentation. Je me suis attaché en conséquence à reproduire ces conditions avec la mine ferrue plus ou moins chargée de fondant manganésé. Pour cela j'employais primitivement les manganèses ocracés et terreux de la Serre de Waitchis. Plus tard, sur les indications de M. Vène, j'eus recours aux déchets abondants des mines de manganèse des Corbières (Aude). Ceux de la Féronnière et de la Pouzangue m'ont donné à l'analyse :

Perte au feu	17.60	18.30
Oxyde de fer	9.60	10.12
Oxyde rouge de manganèse	62.60	58.00
Chaux	3.40	2.25
Magnésie	traces	traces.
Argile	7.00	11.30
	100.20	99.97

Après de nombreux essais, répétés pendant quatre ans (1836 à 1841) aux forges de la Vexanelle, Guillhe, La Prade, Forge-Neuve, Forge-de-Niaux, de Belesta et de Lacours, j'ai pu formuler le travail suivant :

425 kilogr. de mine de ferrue, à 44 p. 100 de fer, associé à 33 kilogr. de déchets manganésés ont donné :

Fer en massoques	170 kilog.
Fer en barres	163 kilog.
Emploi du charbon	301 kilog. p. 100 de fer forgé.

Le déchet à l'étirage n'a été que de 9, au lieu de 13,50 p. 100. Le fer obtenu était parfaitement soudé et essuyé à la sortie du feu; il était doux, bon à la lime et au marteau, très-homogène; on le recherchait pour la cémentation, car il donnait des aciers d'un travail facile au feu, malléables et d'une soudabilité remarquable; ce qui peut s'expliquer par la présence dans ce fer de manganèse et de scories manganésées, qui d'ailleurs durant le travail conservent la vivacité des aciers. En effet, ce fer a donné à l'analyse :

Fer métallique	0.9963	0.9955
Manganèse	0.0012	0.0020
Silicium	traces.	traces.
Scories	0.0010	0.0015
	100.00	100.00

Ces analyses offrent un résultat d'un bien puissant intérêt pour la recherche duquel je me suis attaché à l'étude de l'application pratique du manganèse dans la fabrication des fers doux pour cémentation. Je veux parler de la diminution notable des matières scoriacées dans la pâte métallique. Il montre le moyen de faire disparaître des aciers cémentés ces cendrures qui en altèrent la qualité et les rendent impropres aux ouvrages pour limes et coutellerie fine.

Les scories se présentaient d'une fluidité parfaite, peu chargées en fer ; elles n'étaient pas magnétiques, et ont donné à l'analyse :

Silice	33.00	29.00
Protoxyde de fer	28.10	29.00
Protoxyde de manganèse	18.702	9.00
Chaux	»	8.90
Alumine / Manganèse	20.60	5.00
	100.40	100.50
Richesse en fer	21.56	22.39

On a pour rapport R de l'oxygène de la silice à celui des bases :

$$R = \frac{17.30}{17.89} \qquad R = \frac{15.28}{16.02}$$

Après des essais multipliés, la conduite du travail fut réglée ainsi qu'il suit : Les déchets de manganèse étaient ajoutés de manière à donner une teneur de 10 à 12 p. 100 de manganèse et 9 à 10 p. 100 d'argile. Ce fondant était cassé au marteau de manière à ne pas donner $\frac{1}{5}$ de greillade. Souvent même il était entièrement chargé en petits noyaux au contrevent, et toujours vers la partie supérieure du minerai, sur les $\frac{2}{3}$ de la hauteur. Il convient de ne pas le charger en greillade, car on trouble l'allure et on diminue le rendement.

L'allure était conduite pour fer doux, avec un vent semi-rasant, de manière à favoriser la formation normale du silicate neutre. Il arriva fréquemment que l'on fit l'opération en cinq heures et demie, bien qu'on marchât sous un vent modéré qui ne dépassait pas 12 à 13 degrés du pèse-vent. Telle était la facilité du travail, que de leur propre mouvement les escolas me demandaient sans cesse du minerai de manganèse, depuis la réussite soutenue des essais. On concevra dès lors tout le parti que peuvent tirer de cette application les forges voisines des mines de manganèse, et notamment celles de la partie est de l'Ariége et de l'arrondissement de Limoux. J'ai aussi employé le manganèse ferrifère au traitement de l'oxydule de Puymorens, associé au minerai de Rancié, la formule du travail a été :

Minerai de Puymorens.	100.00	
Déchets de manganèse.	30.00	
Minerai de Rancié.	160.00	
Charbon.	295.00	
Fer au cinglage.	108.50	
Fer marchand.	100.00	
Scories.	93.50	renfermant 21 p. 100 de fer.
Temps employé.	$5^h.40'$	

Le fer fut d'une qualité supérieure ; l'allure fut conduite en fer doux, sous un vent rasant et modéré.

Examinons maintenant l'emploi du manganèse pour favoriser la fabrication de l'acier naturel. Ici les résultats sont moins précis que dans le cas précédent, en raison de la délicatesse de l'opération. J'ai surtout cherché à obtenir sur le massé un bain de scories manganésées, toutes les fois que l'escola avançait sous le nez de la tuyère le minerai du contrevent, afin de garantir les parties cémentées de toute action oxydante, en même temps que je développais à la surface de la loupe la propriété qu'ont les silicates manganésés de décaper le fer et d'en faciliter le soudage. Pour cela, je jetais, au lieu de greillade, et à temps opportun, un mélange par parties égales de manganèse oxydé et de

Emploi du manganèse pour fer fort.

mine ferrue grillée, réduit en poudre; ou mieux, j'ajoutais le silicate préalablement formé. On a soin de percer au chio et d'essuyer le massé dès que le fer est soudé; les mêmes scories manganésées peuvent être plusieurs fois remises au feu. Par ce traitement, dans lequel je réunissais d'ailleurs toutes les conditions favorables à la formation de l'acier, je suis parvenu à obtenir avec économie de charbon deux massés entiers de bon acier, d'un grain égal et d'un travail facile au feu.

En portant la tuyère vers la main et faisant rimer le vent, on avait des filets d'acier fondu qui coulaient par le chio, ainsi que cela est souvent arrivé à M. Vergnies (1). La difficulté d'avoir du minerai grillé, et la presque impossibilité de rencontrer aujourd'hui des escolas capables de faire un tel travail m'ont empêché de poursuivre ces essais de manière à en obtenir la formule exacte. Toutefois, je suis convaincu qu'il y a un avantage à tirer de ce procédé dans le travail de l'acier naturel. Je le répète, les aciers étaient supérieurs. Un échantillon a donné à l'analyse:

Carbone.	0.0185
Silicium.	traces.
Manganèse.	0.0020
Scories manganésées.	0.0025

Cette composition explique suffisamment la qualité et la facilité du travail de l'acier au marteau.

Emploi combiné du manganèse et du grillage à la flamme perdue pour allure en fer aciéreux.

En 1839, des essais furent faits à la forge neuve de Niaux sur le traitement du minerai grillé à la flamme perdue, avec et sans addition de fondant manganésé. On travaillait en allure ordinaire. Le fer produit était d'autant plus aciéreux, plus homogène et plus dur, que d'une part le minerai traité était mieux préparé par un grillage, et une légère exposition à l'air, et d'autre part, que dans les différents mélanges essayés avec mine crue et fondant manganèse, il y avait plus de ce dernier et plus de minerai préparé.

Les fers obtenus furent d'une pâte homogène, très-nerveuse et très-dure, dont la densité était de 7,895. Ils se cémentaient parfaitement,

(1) Lapeyrouse, page 192.

et donnaient des aciers recherchés pour limes et d'un travail facile au feu. L'analyse a donné :

Carbone.	0.0065
Manganèse.	0.0017
Scories.	0.0013

Les scories étaient bonnes et donnaient $\bar{R} = \frac{17.98}{19.63}$. Je suis porté à croire qu'un jour ce mode de fabrication et principalement le traitement pour fer doux avec fondant manganésé, trouveront de la faveur dans les Pyrénées; car je ne doute pas un instant que, surtout sous l'influence de l'organisation des chemins de fer, la fabrication par la méthode directe devra se tourner vers la production de bon fer pour acier.

Puissent les indications qui précèdent aider un jour ce mouvement.

Emploi d'un bain manganésifère dans le travail ultérieur des aciers.

Avant de terminer ce qui regarde l'emploi du manganèse, j'ajouterai qu'il y a dans la fabrication et dans le travail des aciers de forge et de cémentation une importante application à faire des silicates manganésés. Car de même que les scories riches en fer oxydent rapidement les parties cémentées, de même les silicates chargés de manganèse conservent presque intégralement la carburation, et partant la vivacité des aciers, en même temps qu'ils aident au départ des cendrures (scories empâtées), qui, dans nos aciers cémentés, persistent souvent jusqu'à la dixième manipulation. C'est ainsi que je me suis assuré que des aciers vifs, ou doux, ne perdent pas sensiblement du carbone, après une chaude de cinq heures dans un bain manganésé, maintenu au rouge blanc. Le déchet est d'ailleurs sensiblement nul. On concevra l'importance de l'emploi de fondant manganésé, non-seulement dans le traitement des minerais de fer, mais dans le travail des aciers, si on examine qu'en 1840, neuf fabriques d'acier, ressorts, faux et limes ont cémenté 21,85000 kil. de fer. Or, on peut, en se tenant fort au-dessous de la vérité, estimer que dans le travail des aciers, il y a un déchet moyen de 12 p. 100 et que la valeur moyenne des produits est supérieure à 65 francs par 100 kil. D'après ces bases, on trouve que la valeur totale des déchets dépasse la somme de 125 000 fr. J'ai lieu d'espérer, d'après une série d'essais, que le travail des aciers avec les fers ci-dessus mentionnés et avec em-

Conséquences importantes.

ploi d'un bain de silicates manganésés réduirait considérablement les déchets et surtout les rebuts (la valeur de ces derniers dans la fabrication de 1840 a dépassé la somme de 60,000 fr.). En même temps la diminution, et peut-être la disparution des cendrures, permettra à nos fers de lutter avantageusement avec quelques marques de la Suède, et à nos aciers de se présenter pour la lime et la coutellerie fine en concurrence sérieuse avec les aciers anglais et allemands.

Disparution des cendrures des aciers.

Application des fondants manganésés au corroyage des aciers.

En outre, on sait que dans le corroyage des aciers étoffes, surtout pour faux et ressorts, on décape la surface des trousses en ajoutant avec une spatule du sable de rivière, mêlé, par parties égales, à des scories de forge. Je me suis assuré que ce mélange donne naissance à un sous-silicate, qui dans le feu oxyde à la fois et le carbone et le fer. Il en résulte augmentation dans le déchet et perte dans la qualité et la vivacité de l'acier. C'est alors surtout qu'il convient de recourir à l'emploi d'un silicate riche en manganèse, préparé à l'avance et réduit en poudre. Ici ce silicate décape la surface sans déchet, et conserve la carburation.

On prépare les fondants manganésés avec un mélange d'une partie de scories de forges et de 2 parties de manganèse ferrifère riche de 60 à 65 p. 100 de manganèse.

Importance de l'emploi des fondants manganésés.

Je ne m'arrêterai pas plus longtemps sur ces faits étrangers au sujet qui m'occupe, et que je n'ai mentionnés qu'en raison de leur valeur actuelle en présence du développement probable de la fabrication des aciers, par suite de l'établissement des chemins de fer. Toutefois, les faits qui précèdent établissent l'importance de l'emploi des fondants manganésés et de la préparation du minerai dans le traitement direct pour allure en fer fort, et notamment en fer doux. Je m'estimerai heureux si mes faibles efforts peuvent un jour aider au développement de l'industrie métallurgique de ces contrées.

CHAPITRE VI.

CONSTRUCTION DU CREUSET.

Division du feu. — Région de préparation. — Contrevent. — Cave. — Piech-del-foc. — Nécessité d'agrandir progressivement cette région. — Région de fusion. — Cave. — Porges. — Sole en argile brasquée. — Tuyère. — Pose. — Inclinaison. — Saillie. — Œil. — Reculement du bourec. — Influence du prix et de la nature des matières premières sur la construction des feux.

Construction du creuset.

Nous avons vu dans la première partie combien la construction du creuset varie d'une forge à l'autre, non-seulement en raison de la nature du minerai, mais aussi par suite de la qualité du charbon et du vent. Les expériences faites sur la combustion nous ont permis d'observer qu'entre certaines limites, sous l'influence d'un même courant d'air, les charbons légers donnent des phénomènes de combustion, d'incandescence et de température plus développés et plus étendus.

Ces considérations montrent que, toutes circonstances égales d'ailleurs, il est nécessaire pour une élaboration convenable d'étendre les dimensions du feu, suivant sa largeur des porges à l'ore, si on emploie un charbon léger. Ce qui précède fait voir également combien il serait difficile ici d'indiquer à priori les mesures qui conviennent à chaque cas particulier. Aussi, je me bornerai à rappeler le tableau des dimensions-limites du feu, inséré au chapitre II de la première partie de cet ouvrage, et à discuter ici les généralités.

En considérant dans leur ensemble les réactions qui s'opèrent dans le creuset, on peut observer que, dans la partie supérieure, le minerai

Division générale du creuset en deux régions.

se prépare à l'élaboration, et que vers le bas, il y a fusion des terres, ramollissement et ressuage du fer, de sorte que vers le haut du creuset, les phénomènes de préparation dominent et font place à la fusion dans la partie inférieure. Le plan horizontal AB, Pl. V, *fig.* 1, situé à 0m.55 au-dessus du fond, paraît diviser assez exactement le creuset, de manière à donner au-dessus l'ensemble des points sur lesquels la préparation domine, et que nous appellerons région de préparation; et au-dessous, par des raisons analogues, la région de fusion.

Région de préparation.

Contrevent.

En général, pour un minerai fusible, pour une mine qui demande à être préparée et élaborée lentement, comme dans le cas d'allure en fer fort, il convient d'agrandir la région de préparation, surtout en déversant le contrevent. La coupe, Pl. XI, *fig.* 1, et le plan, Pl. V, *fig.* 2, représentent un feu que j'ai monté à plusieurs forges. Les pièces x, y, z, sont en fonte; la pièce z sert uniquement à contenir le minerai au feu dès le commencement de l'opération. Elle est déversée de manière à permettre à l'escola de donner la mine sur l'arête o.

Le renversement de l'ore est d'ailleurs lié à l'inclinaison de la tuyère. Afin de ne pas contrarier le vent, il convient, dans le plus grand nombre de cas, de ne pas trop incliner la tuyère sans redresser le contrevent, et réciproquement. Le contrevent, ainsi que l'indique la Pl. XI, *fig.* 1, doit présenter une surface courbe qui contienne facilement le minerai et empêche les chutes. Toutefois, dans le cas de mine réfractaire, il ne faudrait pas trop le déverser, car le minerai s'y agglutinerait et rendrait le travail de l'escola difficile et pénible. Terme moyen pour une bonne mine fusible, le retrait de l'ore, mesuré à l'arête o, peut s'élever de 0m.15 à 0m.225. La valeur 0m.20 est applicable au cas d'un travail en fer fort avec un minerai bien préparé.

Cave.

L'ore est incliné vers la cave ainsi que le montre la Pl. V, *fig.* 2. En général, cette inclinaison, motivée sur l'élaboration active qui a lieu à l'angle de la cave et du contrevent, varie avec les produits à obtenir. Elle est prononcée si on travaille en fer doux, et très-faible pour allure en fer fort. Le plan, *fig.* 3, Pl. III, indique suffisamment la courbure que prend la cave. Ici, je me suis rapproché de la forme générale de dégradation que cette face affecte par une bonne allure.

Enfin le piech-del-foc est légèrement avancé au feu vers sa partie supérieure, pour diminuer le charbon que l'on charge à la baléjade sur le feu.

Piech del Foc.

Je terminerai en indiquant que les changements à apporter dans la région de préparation peuvent s'opérer entre des limites assez étendues, sans nuire sensiblement à l'allure. Il convient d'avoir ici en vue, l'élaboration facile dans le même temps, de la plus grande quantité de minerai, avec le moins de charbon, sans altérer la qualité des produits.

Nécessité d'agrandissements progressifs de la région de préparation.

Ces données générales suffisent à un bon foyer, qui saura d'ailleurs se régler dans les détails, suivant les indications du feu. L'agrandissement, opéré dans ces dernières années, sur les dimensions de la région de préparation par plusieurs bons foyers, a donné d'heureux résultats.

On est parvenu à traiter dans le même temps, sans addition sensible de charbon, $\frac{1}{15}$ de minerai. Le fer obtenu était doux et de bonne qualité; il en est résulté une augmentation de $\frac{1}{19}$ dans le rendement moyen. Je suis heureux d'avoir pu, pour une part, contribuer à ce résultat, qui n'est pas à sa limite supérieure. J'écrivais en novembre 1837 (première publication des maîtres de forge de l'Ariége, page 6) : « On sera conduit » à augmenter la région de préparation, en déclinant et déversant le » contrevent. En augmentant son développement, on se mettra dans les » conditions de plus complète préparation du minerai, et partant d'éco- » nomie de temps et de combustible. »

Région de fusion.

Les modifications à faire dans la région de fusion présentent plus de délicatesse. En effet, une longue pratique a graduellement indiqué les dispositions les plus avantageuses pour développer dans le creuset une forte chaleur, et y soutenir en même temps les phénomènes de réduction. Tant que les dimensions de la tuyère et la quantité de vent actuellement employé, ne seront pas modifiées, il conviendra de ne pas s'écarter des mesures indiquées au tableau des dimensions du feu, ainsi qu'aux figures 2 et 3 de la Pl. III, qui se rapportent surtout à un travail en fer doux. Sans nul doute, ces dimensions varieront un jour, surtout si l'on vient à employer le ventilateur, ou bien si l'on fait marcher sous une tension modérée, soit une trompe, soit une machine à piston, en tenant plus ouvert l'œil de la tuyère. On voit évidemment qu'alors il

Modifications.

conviendra de modifier la section horizontale du feu. J'ai déjà tenté avec succès l'emploi d'une tuyère plus ouverte, et surtout plus aplatie. J'ai dû alors écraser le feu à la région de fusion, rapprocher le pied de l'ore de celui des porges, en même temps que j'augmentais légèrement la distance du chio à la cave.

Extension vers la cave.

En général, pour un bon travail en fer doux, avec un bon minerai, il est avantageux, après avoir agrandi la région de préparation, de donner vers le bas plus d'étendue à la région de fusion; mais ici les variations doivent être progressives et insensibles; elles doivent surtout porter sur la partie contiguë à la cave. La *fig.* 3, Pl. III, en donne un exemple qui a eu d'heureux résultats aux forges de Pamiers, Lacour, Niaux, Laramade, etc. Une allure en fer fort exige à la région de fusion une température soutenue; dès lors il convient d'en tenir les dimensions entre les limites inférieures.

Porges

Les porges, ainsi que l'ore, pour plus de solidité sont établis sur de fortes semelles en fer *ss*. On ne doit pas économiser sur la force des pièces; plus elles ont de champ et de poids, et plus on est certain de la fixité du feu. La cave est construite en pierre et argile réfractaire, afin de donner au feu la facilité de s'étendre, suivant la marche du vent, et au massé celle de faire son gîte dans les meilleures conditions de température. La *fig.* 3, Pl. III, indique la surface de dégradation la plus ordinaire. Elle se rapproche, quant à la section horizontale, d'un arc de cercle *mn*, dont le centre serait en *o* à $\frac{1}{3}$ de la distance qui sépare les porges du contrevent, mesurée sur la face de chio. Le rayon *mo* est égal à $0^{m}.680$ pour allure en fer doux, et à $0^{m}.640$ pour allure en fer fort.

Sole en argile brasquée.

La sole enfin est ordinairement formée d'une pierre de granit, de gneiss, ou de micachiste. Il arrive que, par la faute de l'escola, ou par un vice du feu, elle est attaquée ou brûlée par le vent. Dès lors il faut l'enlever, et pour cela démolir la presque totalité du creuset. M. Vergnies, à Guilhe, et après lui MM. Casimir Vergnies et Regis de Guillhem, à Bielsa (Aragon), ont évité ce grave inconvénient en composant une sole d'argile réfractaire bien battue. Dès qu'elle est attaquée sur un point, les réparations se font avec la plus grande facilité, au moyen de gâteaux d'argile. J'ai eu recours avec avantage à des soles établies avec de l'argile brasquée, battue par lits, et chargée de fragments anguleux de briques réfractaires. La *fig.* 1, Pl. XI, représente une sole ainsi formée et relevée sur les angles morts du feu. C'est une disposition que je recommande comme bonne. Lapeyrouse dit (page 255) qu'au moyen d'addition partielle d'argile, M. Vergnies conserva pendant plus de trois ans la même sole dans la forge de Guilhe.

Pose de la tuyère.

Je compléterai ce qui concerne la construction du feu par la pose de la tuyère. On voit que dans la *fig.* 3, Pl. III, j'ai adopté, pour la position de la tuyère, la direction perpendiculaire aux porges, sans déclinaison, en faisant toutefois tourner le feu de 0m.03 de gauche à droite sur le vent. Cette marche, nous l'avons vu, est la meilleure. Elle assure d'ailleurs plus de fixité à la direction du vent, en faisant disparaître toutes causes de battement. Dès lors, les seuls éléments dont j'ai à m'occuper sont : l'inclinaison de la tuyère, sa saillie, l'ouverture de l'œil et le reculement du canon de bourec.

Inclinaison.

Dans les forges de l'Ariége, l'inclinaison varie aujourd'hui de 32 à 38°, selon la nature du minerai et du charbon. En général on recherche un vent rasant et modéré pour allure en fer doux, avec un minerai réfractaire, et un charbon fort; tandis qu'on incline la tuyère, avec un minerai fusible et un charbon léger. Le travail en fer fort exige un vent qui ne soit ni trop rasant, ni trop plongeant; enfin que d'une part, il n'oxyde pas la loupe, et que d'autre part il n'agisse pas trop rapidement sur le minerai. J'ai vu marcher dans ce cas, et j'ai marché avec une inclinaison de 35 à 36°. Quelquefois alors on relève les porges afin de pouvoir augmenter l'inclinaison, et de ne pas agir trop directement sur le minerai au contrevent.

La position rasante de la tuyère est une amélioration qui tend à s'étendre depuis quelque temps.

On y est graduellement conduit par l'agrandissement progressif de la région de préparation, agrandissement qui, nous l'avons vu, est motivé sur l'économie, et sur la possibilité de produire avantageusement le plus de bon fer dans le même temps. Dans ces dernières années, j'ai vu marcher en très-bonne allure, avec une inclinaison de 32°. L'agrandissement progressif du feu remonte à une époque très-reculée. L'étude du travail direct du fer et des améliorations opérées pendant les XVIIe

et XVIIIe siècles, montre d'une manière frappante que les efforts ont surtout porté sur l'extension des dimensions des feux, afin de pouvoir agir sur une plus grande quantité de minerai, et surtout obtenir le plus de fer dans le même temps, avec le moins de charbon. Mais de 1771 à 1786, la construction du creuset reçut de notables améliorations de la part de M. Vergnies. Cet habile praticien, en élevant la tuyère de 0^m.34 à 0^m.50, et agrandissant la section horizontale du creuset, parvint à augmenter notablement le rendement, en améliorant la qualité des produits. Je suis porté à penser qu'il y aura lieu de poursuivre la marche imprimée, surtout dans l'application très-probable d'un mode de traitement continu pour fer doux dont nous allons parler plus bas.

Saillie de la tuyère.

La saillie de tuyère varie avec la qualité de charbon, par des motifs que l'on appréciera facilement d'après les études de la combustion. On avance la tuyère au feu quand on travaille avec un charbon fort, on la retire avec un charbon léger.

OEil de tuyère et reculement du bourec.

L'œil de la tuyère, d'après certains ouvriers, doit varier avec la qualité des charbons, mais dans des limites trop restreintes pour pouvoir agir efficacement; car sous l'action du feu, cet œil se déforme rapidement.

La tuyère est taillée assez imparfaitement à la tranche. Il serait plus convenable et plus sûr de se servir pour cette opération, d'une petite scie en acier fondu et d'une râpe mi-ronde en cuivre. On donnerait ainsi de la régularité à l'œil; on éviterait les bavures qui facilitent l'action corrosive des scories et du vent.

Nous avons vu précédemment que l'œil de tuyère portait moyennement 0^m.035 sur 0^m.051. Il y a avantage pour une bonne distribution du vent au feu, d'écraser la tuyère. J'ai donné avec succès à l'œil 0^m.027 à 0^m.063 ; il y a d'ailleurs économie de combustible, résultant de ce qu'avec cette disposition le vent s'élève moins rapidement aux parties supérieures du feu.

En général il convient de toucher peu à la tuyère, aussi quelques bons ouvriers maintiennent la même saillie et le même œil; quelle que soit la qualité du charbon et du minerai, ils se bornent à faire varier l'inclinaison de la tuyère, et le reculement du bourec : ce moyen est préférable, car en général il faut éviter de toucher au feu.

On a quelquefois recours à l'angle du pavillon et au diamètre du canon de bourec. On sait en effet que la veine fluide sortant de ce canon fait trompe sur l'air extérieur. En évasant le pavillon on augmente cette action qui d'ailleurs cesse de se manifester du moment où, avec le même orifice de tuyère, on donne au vent une forte tension; car alors il y a réaction du dedans vers le dehors. Toutefois, dans une allure avec une faible pression, on peut, en élargissant l'œil de la tuyère, avoir par ce moyen de bons résultats. C'est ce qu'on pourra obtenir par l'action combinée d'une bonne soufflerie à piston, et d'une tuyère à la fois plus ouverte et plus écrasée. J'ai indiqué plus haut la nécessité d'écraser l'œil de la tuyère pour arriver à une meilleure distribution du vent dans le creuset. Mais en comparant l'étendue du feu à l'orifice de la tuyère, on sentira combien dans l'état actuel des choses, les conditions d'une bonne distribution sont difficiles à obtenir. Aussi arrive-t-il fréquemment que le feu chauffe mal et irrégulièrement, ce qui occasionne à la fois défaut d'homogénéité dans les produits, et oscillation dans l'allure. On ne remédiera complétement à ce vice, que du moment où on travaillera avec un feu convenablement modifié, sous une tension modérée, avec une tuyère large et aplatie. Je suis porté à penser, d'après quelques essais, que cette marche donnera une allure plus soutenue et des produits plus homogènes, principalement en fer doux; qu'elle est surtout applicable dans le cas d'un traitement continu.

La tuyère est portée de $0^m.030$ vers la cave, afin de soutenir une fonte active à l'angle *n* de l'ore et de la cave. Cette disposition qui convient pour allure en fer doux serait vicieuse pour marcher en fer fort. Il faut alors ramener la tuyère vers la main, et relever la plie, afin que le vent ne perce pas trop vers le chio. C'est avec une plie élevée, un contrevent parallèle aux porges et une tuyère haute et plongeante, que l'on fait couler le fer fort par le chio.

Ce qui précède suffit pour montrer que dans les améliorations économiques à apporter au traitement, la construction du feu réclame des études spéciales et suivies.

Influence du prix et de la nature des matières premières sur la construction des feux.

En dehors des observations précitées sur la construction des feux, il est une condition dont il faut tenir compte. Je veux parler de la valeur relative à pied-d'œuvre du minerai et du charbon. Là où le charbon est rare, il convient de traiter le plus de minerai avec le moins de charbon, et réciproquement dans le cas de cherté du minerai, en s'imposant toujours la condition de produire du bon fer. En général, on économise le minerai en avançant le piech-del-foc et la cave sur le feu, en diminuant la distance du haut de la plie à la cave, c'est-à-dire en réduisant les dimensions de la région de préparation, et maintenant le contrevent dans une position convenable. On augmente au contraire cette région si on veut économiser sur l'emploi de charbon. Mais dans tous les cas il importe de ne pas faire varier la région de fusion. Ce qui précède suppose qu'on reste dans les mêmes conditions de nature de minerai et de charbon. Nous savons quelle influence cette dernière exerce sur les creusets, surtout la nature du minerai. Le fait de variation des dimensions des feux avec le minerai s'observe surtout aux usines de l'Aude et des Pyrénées-Orientales, qui traitent les mines du Canigou. Tandis que les mines fortes de Batère exigent le petit creuset du Vallespire; les mines douces de Filhols et d'Escarro, celles plus fortes d'Aytua, de Torren et de Las Coumps, que l'on tire du versant nord-est du Canigou, demandent un feu d'autant plus étendu qu'elles sont d'un traitement plus facile. C'est ainsi que les creusets de Sahorre et de Ria, où l'on traite les mines demi-fortes de Torren, sont plus petits que ceux de Roquefort, d'Axat et de Gincla, où l'on travaille l'hydroxyde manganésifère de Filhols.

CHAPITRE VII.

DÉTAILS DU TRAITEMENT.

Variations dans l'allure. — Influence de la main de l'ouvrier. — Formule du travail. — Traitement direct continu. — Conduite du vent. — Allure en fer doux. — Traitement du minerai de Puymorens et de Fréchet.—Allure en fer fort.—Nécessité de modérer le vent. — Qualité du vent.— Conduite du feu.— Chargement. — Nécessité de servir les tendances du feu. — Forme et nature du massé. — Travail du fer sous le marteau. — Élaboration ultérieure du fer. — Martinet de parage. — Laminage. — Saint-Antoine. — Application du procédé mixte et continu. — Taillanderie, tréfilerie et câbles-chaînes.

Des variations dans l'allure des feux.

Nous avons détaillé plus haut les manœuvres du traitement, ainsi que les indications générales que l'on peut obtenir de l'observation de l'allure du feu. Ce qui précède suffit pour faire apprécier l'influence qu'exercent la nature du minerai et la construction du creuset. Il nous reste à exposer d'une manière générale les principales circonstances du traitement, et surtout de la conduite combinée du fondage et du vent.

Le fait à la fois le plus frappant et le plus fâcheux que présente l'observation du traitement direct du fer, c'est l'oscillation, presque permanente, dans l'allure du feu. C'est qu'en dehors de toutes les causes de variation indiquées plus haut, tenant à la nature, au choix et à la préparation du minerai, à la qualité du charbon, à la construction du creuset, il en est d'autres plus puissantes, dépendant à chaque instant du savoir et de la bonne volonté des ouvriers, du foyer et surtout de l'escola, ainsi que de la bonne appréciation de toutes les circonstances du traitement, et principalement de la conduite du vent combinée avec le fondage, d'après la nature du minerai et du charbon. Puis la difficulté de conduire, avec les seules ressources de la routine, une opération aussi complexe qu'un massé. On peut s'assurer en effet, en groupant toutes les circonstances de cette opération dont la durée moyenne est de six heures, et la divisant par périodes de vingt minutes, qu'en réalité, sous le rapport de la conduite du fondage et du vent, de la donnée de la mine, du chargement en charbon et de l'écoulement des scories, aucune des dix-huit périodes successives ne ressemble entièrement à celle qui l'a précédée et à celle qui doit la suivre. Il résulte d'un tel état de choses des oscillations irrégulières, et souvent bizarres, qui ne peuvent s'expliquer que par l'influence malheureusement trop marquée de l'ouvrier sur le traitement.

Influence marquée de la main de l'ouvrier.

Aussi, n'est-il pas rare de voir dans une forge un escola obtenir un produit excellent en qualité et en quantité, tandis que l'autre escola ne donne que peu de fer, et du fort mauvais fer. Or, si on étudie les circonstances d'allure, on verra que ces oscillations tiennent dans le plus grand nombre de cas à ce que l'un de ces deux ouvriers n'a pas trouvé avec autant de *bonheur* que l'autre la manière la plus convenable de combiner le fondage et la conduite du vent suivant la nature du minerai et du charbon. Si ces oscillations de l'allure se reproduisent si fréquemment, c'est qu'à l'exception de quelques bons ouvriers intelligents, et chez lesquels l'instinct et l'observation ont fait faire des progrès à la pratique, le plus grand nombre des forgeurs ne présente aucune garantie d'instruction, d'aptitude, et d'observation pratique. Il ne faut pas croire que dans une méthode où la main de l'ouvrier joue un rôle essentiel, et exerce malheureusement une influence de chaque instant, il ne faut pas croire, dis-je, que l'éducation pratique des forgeurs soit l'objet de quelques soins. Il est bien rare qu'ils se communiquent leurs observations et qu'ils se donnent des conseils. Loin de là, chaque ouvrier, pendant son apprentissage, se trouve isolé dans la forge, abandonné à ses ressources personnelles et à sa valeur intrinsèque. On concevra dès lors qu'il y ait un grand nombre de forgeurs inhabiles, et manquant même des premières données d'une bonne pratique; et on sentira avec nous l'heureuse influence qu'à cet égard eût exercée une usine expérimentale.

En résumé, les causes d'oscillation dans l'allure sont de deux sortes :

les unes variables, d'une opération à la suivante et dépendant de la main-d'œuvre; les autres permanentes, et provoquées par la nature des matériaux et par l'état de construction ou de dégradation du creuset. Les indications sur l'allure du feu suffiront en général à une bonne appréciation de ces dernières.

Pour cela faire, j'ai toujours pratiqué avec succès la marche suivante, qui consiste dans l'observation des circonstances du vent et du feu, rapprochées des données fournies par le poids du minerai, du charbon, des massoques, du fer en barres et des scories, ainsi que la durée de l'opération. Les données qui en résultent, groupées dans une fabrication de 100 kilogrammes de fer marchand, établissent ce que j'appelle la formule du travail.

Formule du travail.

Mais pour combattre les causes de variation dépendant de la main-d'œuvre, les difficultés sont plus sérieuses. Car il ne suffit pas ici d'observer avec intelligence et attention les phénomènes du feu, il faut avant tout savoir et pouvoir maîtriser et éclairer la routine. Aussi, tout ce qui, dans le traitement direct, tendra à retrancher de l'intervention et de l'influence de la main de l'ouvrier sera une amélioration importante.

De tous les efforts à tenter à cet égard, le meilleur, sans contredit, consisterait à donner plus de continuité à l'opération. Nous avons vu plus haut combien elle est à la fois variable et complexe, dans tous les détails qui concernent le charbon, le minerai, le vent et le fondage. Nous avons également indiqué au chapitre V entre quelles limites étendues oscillent à la fois les conditions de l'allure, de qualité et de quantité des produits, enfin d'emploi des matières premières et du temps, suivant les différentes périodes de l'opération et selon le traitement du minerai soit en greillade, soit en noyaux au contrevent.

Traitement direct continu.

On concevra dès lors tout ce qu'il y aurait à attendre de l'application pratique d'un traitement continu, dans lequel l'élaboration du minerai s'opérerait d'une manière permanente dans les mêmes conditions de température, de pression d'air et de fondage; d'un traitement dans lequel seraient maintenues toutes circonstances de l'allure que présente le feu au milieu de la baléjade, à l'instant où l'on obtient le plus de fer, et le fer le plus homogène et le meilleur avec le moindre emploi de temps, de minerai et surtout de charbon. L'intervention de l'ouvrier s'y trouverait réduite à sa plus simple expression, elle s'exercerait d'une manière permanente, régulière et suivie. Les produits, résultant sans cesse du concours continuel et normal des mêmes influences de température, de réduction et de fondage, se présenteraient plus homogènes; leur qualité pourrait plus facilement être soutenue.

En outre, un traitement continu pourrait permettre, soit pour la préparation et l'élaboration du minerai, soit, s'il y a lieu et possibilité pratique, pour le travail du fer brut, l'emploi des gaz de la combustion, convenablement brûlés par addition d'air préalablement échauffé.

Nous concevons que ce traitement pourrait s'opérer dans un feu couvert qui recevrait le charbon par une double trémie, sans contact de l'air extérieur. Les gaz de la combustion constamment rabattus sur le minerai au contrevent, en activeraient l'élaboration. Puis, soit le long d'un rampant, soit dans un four à réverbère à une sole, ou bien à plusieurs soles successives, ou étagées, ces gaz, convenablement brûlés, pourraient, suivant la chaleur produite, être utilisés soit à l'élaboration préalable du minerai, soit au travail ultérieur du fer brut. On agirait sous un vent modéré, injecté par une tuyère ouverte et écrasée, et fourni par une trompe, soit mieux par un ventilateur, ou par une machine à piston. Le poids des loupes pourrait se régler sur les commandes. Elles seraient sorties du creuset soit par le haut, soit mieux en éventrant le chio formé d'une armature de fer garnie de brique réfractaire; puis, après cinglage sous un mail en T, cingleur et refouleur, le fer, à l'état de masselottes, serait ressué soit dans le creuset lui-même, soit dans des fours de chaufferie à réverbère, ou autres, alimentés à la houille, et, s'il y a possibilité un jour, par les gaz de la combustion.

Un tel traitement pourrait être pratiqué dans les usines actuelles, aussi bien qu'aux grands établissements. Seulement dans les premières, on pourrait, surtout dans le principe, se borner à l'annexe d'un feu de chaufferie à la houille, tandis que dans les grandes usines, on pourrait recourir au four à réverbère.

Il n'a pas dépendu de moi que des tentatives suivies ne fussent faites dans l'intérêt de tous, dans une usine expérimentale, sur ce mode continu qui, je m'en suis assuré par des épreuves directes, réduira à la fois l'intervention de la main-d'œuvre, l'emploi du temps, des matières premières, surtout du charbon végétal, et donnera des produits homogènes, de qualité soutenue, par suite d'une bonne construction des feux, d'une allure égale et contenue dans les mêmes conditions d'élaboration, enfin d'un ressuage complet et d'un bon travail au marteau, surtout si cette opération est faite au charbon de terre. Il se prête d'ailleurs avantageusement à un travail soutenu, à une production plus considérable dans le même temps, et à la concentration d'une fabrication importante sur tous les points où les matières premières auront un accès facile et économique.

Je suis porté, par ce qui précède, à le regarder comme le but le plus naturel des premiers efforts à tenter pour l'amélioration du traitement direct. Il me paraît à la fois la transition la plus rationnelle à un état de choses plus en rapport avec les progrès récents de la métallurgie du fer, et la formule la plus simple et la plus complète des perfectionnements à introduire dans la fabrication du fer dans nos contrées.

Je pense que dans le principe, il conviendra d'opérer le ressuage et tout travail ultérieur du fer, soit dans le creuset, soit à la houille dans un feu de chaufferie, sans se préoccuper de l'emploi des gaz de la combustion à cette opération.

Conduite du vent.

La conduite combinée du vent et du feu, tient non-seulement à la qualité des matériaux, mais aussi à la qualité des produits. Je vais d'abord m'occuper de la conduite du vent.

Allure en fer doux.

Si l'on veut une bonne allure en fer doux, il convient de soutenir le fondage et le vent. On obtient généralement des produits homogènes et un bon rendement, par un vent soutenu, du moment où le minerai a fait prise à la région n° 4. Mais il faut que l'escola sache conduire le fondage indépendamment des détails de la chauffe des pièces à étirer. Cette marche est surtout avantageuse quand on traite un minerai bien préparé qui supporte le vent. Je l'ai suivie dans le traitement du minerai de Puymorens et de Frechet. Dans les deux cas, le minerai avait été préparé par le grillage et l'exposition à l'air.

Traitement des mines de Puymorens et de Frechet.

On associait 180 à 200 kil. de Puymorens, ou de Frechet avec 300 kil. de Rancié, dont 120 en pierre, et 180 à l'état de greillade, de manière à donner facilement un silicate neutre. Le feu était construit pour fer doux. On rechargeait le plus souvent les scories des premières coulées; la conduite du vent était réglée ainsi qu'il suit :

Pendant 3/4 d'heure on marchait sous une tension de 0m.036 de minerai 8° pèse-vent. .
1 heure. 0m.045 . . . . . 10°
4 heures. . . . . 0m.163 . . . . . 14°

Minerai employé.	258	kil. renfermant 134 de fer métallique.
Charbon.	300	
Fer au cinglage.	112	
Fer forgé.	100	
Scories.	102	kil. renfermant 25.56 de fer métallique.
Temps employé.	5 heures 40 minutes.	

Le fer obtenu était doux, homogène, sans taches d'acier, bon à la lime et à la cémentation; il était fort recherché dans le commerce, surtout celui obtenu dans les mines de Puymorens, qui quelquefois furent traitées sans grillage préalable, en évasant la région de préparation et soutenant le vent à 0m.072 de pression, deux heures et demie après la mise au feu. Durant les essais, on se régla sur la formule du travail, et on parvint à la forge du Castelet à produire dans quatorze opérations successives exactement la même quantité de fer, dans le même temps, avec le même poids de minerai et de charbon.

Souvent j'ai soutenu le vent sur la mine ferrue de Rancié, de manière à avoir 8 degrés pendant trois quarts d'heure, 9 degrés pendant une demi-heure, 11 degrés pendant une demi-heure, et 13 à 14 degrés pendant le reste de l'opération; la formule du travail était :

286 kil. de minerai, contenant 137 de fer métallique,
290 de charbon,
112 de fer au cinglage,
100 de fer marchand,
113 de scories renfermant 26.66 de fer métallique.
Temps du travail 5 heures 50 minutes.

Il est important qu'avec un vent soutenu, le travail du minerai au contrevent ne soit pas négligé un seul instant. Cette marche n'est applicable à un minerai trop chargé de fondant, qu'autant que l'on ménage le vent. En général, avec une mine pauvre, il ne faut pas pousser la tension au delà de 12 à 13 degrés.

La condition essentielle, et qui résume toutes les autres dans la marche en fer fort, c'est une allure lente et modérée. Il convient de maintenir le vent, toutefois en le tenant dans les conditions d'une marche modérée, égale et soutenue. Allure en fer fort.

La nécessité de ménager le vent explique la bonté et l'égalité des aciers obtenus avec des trompes basses (1). On cite des cas de trompes élevées qui ont donné et donnent facilement de l'acier sous une forte pression. Cela tient à ce que, quand la pression va au delà de 14 à 15 degrés avec une ouverture ordinaire, le vent ne pénètre pas facilement au feu. Il est refoulé vers le pavillon, et perce souvent dans la partie supérieure. Les produits sont alors rarement homogènes et de bonne qualité.

Dans ces dernières années, il s'est opéré un changement favorable dans la conduite du vent. En général, les escolas péchaient presque toujours par excès dans l'emploi du vent. Il en résultait exagération dans l'emploi du charbon, chauffe inégale du creuset, et partant défaut d'homogénéité dans les produits. En outre, l'allure était précipitée, les scories grasses et le fer pailleux. Nécessité de modérer la tension du vent.

Mais depuis quelque temps, soit que la qualité médiocre du minerai de 1833 à 1838 ait fait une obligation de modérer le vent, soit que les ouvriers, constamment avertis, aient enfin reconnu que pour marcher en fer doux, homogène, il convient également de ne pas exagérer la pression, dans la plupart des bonnes forges, on marche sous une tension réglée de 12 à 14 degrés. Le creuset chauffe également; l'allure n'est plus précipitée; et les produits sont plus homogènes et plus abondants. Il est regrettable qu'il n'y ait pas eu dès 1833 une forge expérimentale, destinée à indiquer la formule du travail et la conduite du vent sur le minerai médiocre. J'ai calculé qu'une telle usine eût pu réaliser de 1833 à 1838, c'est-à-dire dans l'espace de cinq années bien pénibles pour les forges, au minimum 1f.50 par feu, soit en totalité 285 000 fr., ou bien six fois les frais de son premier établissement. Il importe que cette tendance à modérer le vent se soutienne, mais il ne faut pas l'exagérer, sans avoir recours à un élargissement bien entendu de l'œil de tuyère, élargissement qui permet de donner au feu le même volume, et surtout le même poids de vent.

(1) Lapeyrouse, page 303.

Qualité du vent.

La qualité d'air insufflé agit puissamment sur l'allure du feu. C'est ainsi qu'un vent sec donne, toutes circonstances égales d'ailleurs, un fer plus homogène et plus doux, une allure plus chaude, plus égale et mieux soutenue qu'un vent humide. Il est assez rare, quand le bourec sue, que l'on ait une allure suivie, et une marche soutenue. Le creuset chauffe mal, le fer est pailleux, mal soudé et inégalement aciéreux. Cette dernière circonstance tient au refroidissement du feu. Ces observations expliquent suffisamment pourquoi le vent des trompes favorise, dans les conditions ordinaires du travail des forges, la production du fer fort, et comment la machine à piston tend toujours à donner du fer doux.

Son influence sur les produits.

Conduite du vent suivant la nature des charbons.

La conduite du vent doit varier avec la qualité du charbon; en effet nous avons vu qu'avec un charbon fort, la combustion est moins facile, et partant qu'il convient de soutenir l'action du vent, si on veut une température élevée. Les phénomènes de combustion et d'incandescence y sont moins étendus qu'avec un charbon léger. Pour ce dernier il convient de modérer le vent. Ces circonstances expliquent peurquoi les charbons forts sont recherchés pour allure en fer fort, bien qu'on puisse en obtenir également avec du charbon doux. C'est qu'avec ce dernier, les conditions d'une marche lente et soutenue sont plus difficiles à réaliser pratiquement qu'avec les charbons durs (1).

Conduite du feu.

Cela posé, j'aurai peu à dire sur la conduite du feu. Ce qui précède établit suffisamment que pour marcher en fer doux, il faut pousser l'élaboration du minerai au contrevent, et le modérer au contraire si l'on veut marcher en fer fort. Aussi, dans ce dernier cas, ne donne-t-on la mine sous le vent que peu à peu et lentement. D'un autre côté, la marche du fondage varie avec la nature du minerai et la disposition du feu. Si la mine se prépare difficilement, le fondage ne peut être accéléré sans compromettre le rendement et la qualité des produits. Ici l'ouvrier doit se guider surtout sur le feu et sur la qualité du charbon et du vent.

En général, pour donner la mine sous le vent, l'escola se guidera sur l'état du feu, de manière à agir sur le minerai au fur et à mesure de sa

(1) Je crois devoir observer à l'égard du travail en fer fort, que de toutes les conditions établies ci-dessus, aucune n'est absolue, et qu'elles ne deviennent essentielles qu'autant qu'elles tendent à modérer l'allure et surtout à favoriser la carburation du fer naissant.

préparation. Cette condition est essentielle pour donner à la loupe une pâte homogène.

Principe du massé.

C'est surtout dans la première période de l'opération qu'il doit donner la mine de manière à déterminer la formation et la descente normale du principe. Il doit veiller, en donnant la greillade, à ce que le minerai, avancé de l'ore sous le vent, ne vienne pas à donner plusieurs principes, comme cela arrive fréquemment. C'est en combinant le fondage, la dose de greillade et les percées au chio, qu'il parviendra à placer convenablement le principe du massé. Le plus grand nombre des escolas ignore jusqu'à l'importance de ces détails. Aussi convient-il à un bon foyer de remédier au défaut d'aptitude de cet ouvrier, en servant avec soin l'allure et les tendances du creuset.

Chargement du feu.

Pour la bonne conduite du feu, il n'est pas de rigueur d'établir le mur de minerai parallèle aux porges. C'est ainsi que, si la mine s'élabore facilement vers l'angle *n* de la cave, on peut incliner la pelle de chargement, de manière à ce que le minerai se place, surtout au voisinage de cet angle. Mais il convient d'éviter que la loupe ne se porte trop sur ce point, ce qui compromettrait l'homogénéité des produits ainsi que le rendement. Il est vrai qu'en avançant la mine sous le vent, l'escola peut y porter remède.

Le foyer doit servir les tendances du feu.

En construisant le creuset, un foyer ne peut pas espérer d'atteindre de suite les conditions de bonne allure; il doit, d'après l'observation du travail et du feu, corriger les défauts, et combattre, ou servir les tendances du feu. C'est là sa tâche la plus difficile et la plus délicate; car le premier maçon avec des mesures peut certainement bien construire un creuset. Cependant, que l'on ne croie pas qu'ici j'engage les forgeurs à faire des réparations, ils n'en font malheureusement que trop, et sans savoir ce qu'ils font. Ce que je leur recommande, c'est de bien observer le feu, d'étudier son allure et ses tendances. Ainsi je leur conseillerai de ne point toucher au feu quand il fait bien son gîte et quand les écailles sont bonnes. Le foyer devra se borner alors à remuer légèrement le fond du creuset pour favoriser l'assiette de la loupe.

Dans la petite catalane du Wallespir, on ne touche que bien rarement à la tuyère et au feu; on laisse toujours les écailles, tant que l'allure est bonne, et on enlève la loupe sans défourner le charbon. C'est là une bonne marche qui s'est perdue dans nos forges. A la vérité, on y a été conduit par suite de l'agrandissement des feux. Les dimensions de la tuyère ne permettent plus alors une distribution de chaleur aussi égale que dans les feux de petites dimensions; il se forme plus souvent des angles morts et de fausses écailles qu'il convient d'enlever du feu.

Forme et nature du massé.

De la manière dont l'escola donne la mine sous le vent, surtout à la fin de la baléjade, dépend la forme du massé. Généralement cet ouvrier tend à arrondir la loupe par un fort ressuage à la surface. Il convient qu'il ne le prolonge pas trop longtemps; car cette opération, appelée le *rimé,* ne se fait souvent qu'aux dépens du fer. D'un autre côté, il est d'une économie mal entendue de refuser du charbon à l'ouvrier vers la fin du travail. Je sais qu'il a toujours une tendance à abuser du charbon, si on le lui donne trop facilement. Mais il faut aussi lui tenir compte de la difficulté de conduire sans cesse de la même manière tous les détails d'une opération, aussi complexe et aussi délicate qu'un massé.

Nous avons indiqué à la Pl. V, *fig.* 3, 4 et 5, la forme ordinaire du principe et de la loupe. Il nous reste à indiquer sa nature. Dans le plus grand nombre de cas, surtout si le feu chauffe bien, avec tendance à produire de l'acier, on remarque que la partie supérieure et les contours, surtout la poupe logée près du chio, sont plus chargés de fer fort, de parties carburées, que sur les autres points. Cela tient, d'une part, à ce que les parties sont moins exposées à l'action de la zone oxydante, et d'autre part, à ce que le fond du feu est sans cesse lubrifié par des scories basiques, qui ne séjournent pas au voisinage du chio. Toutefois, cette disposition assez générale, est loin de faire règle. Car Lapeyrouse rapporte que souvent M. Vergnies obtint des massés entiers d'excellent acier. J'en ai vu également, et obtenu, dans les essais faits sur l'additon de manganèse pour allure en fer fort.

Travail du fer sous le marteau.

Le travail du fer sous le mail est fort imparfait dans les usines de l'Ariége. Ce vice tient, non pas aux ouvriers qui sont très-intelligents pour bien faire, s'ils le voulaient; mais au manque d'artifices convenables. En effet, sous le marteau actuel, on ne fait ni un bon cinglage, ni un bon étirage. Les fers durs gagnent au travail sous un marteau pesant; mais les qualités douces s'arrachent et s'écrasent. Il conviendrait de lui substi-

Cingleur en T.

tuer un mail cingleur en T de 7 à 800 kilogrammes, avec talon pour refouler les massiaux. On attaquerait de front le cinglage de toute la loupe, la qualité de fer y gagnerait, et le déchet qui s'élève souvent à 13 p. 100 pourrait être considérablement réduit. Puis le travail de l'étirage se ferait sous un second marteau finisseur de 400 kilogrammes. J'ai vu de ces finisseurs montés avec volant en fonte, qui desservait des feux de chaufferie à la houille dans les usines de la Haute-Marne. J'ai été frappé de la régularité du travail et de la beauté des fers. Ils marchent d'ailleurs avec une notable économie de force motrice. Il est vrai que l'on y a su plus que dans les Pyrénées améliorer les moteurs hydrauliques. Le travail du fer sous le marteau est d'une haute importance tant pour la qualité que sous le rapport du placement des produits. Cette partie de la fabrication dans l'Ariége est fort onéreuse aux maîtres de forges, je ne doute pas qu'avec des artifices bien établis, de bons moteurs hydrauliques, et de bons ouvriers du Périgord, ou de la Franche-Comté, ou bien de la Haute-Marne, il ne soit possible de diminuer le prix du travail du fer sous le marteau, dans le rapport de 8 à 3.50. Une usine destinée à des essais eût bientôt résolu ce problème.

Finisseur avec volant.

Bons moteurs hydrauliques.

La nécessité de modifier dans plusieurs cas les formes du gros fer de forge, a donné lieu à l'établissement de martinets pour fer de clouterie et de parage. Ces établissements ont marché d'abord au charbon de bois, puis à la houille. L'emploi de ce dernier combustible améliore sensiblement la qualité, en tant que fer doux et nerveux. Cela tient à la forte chaude suante qu'il éprouve de la part du charbon de terre, par suite de laquelle il se trouve en grande partie dépouillé des parties scoriacées qui souillent la pâte métallique. Dans ces derniers temps, M. Lacombe, fermier de la forge de Surba, a appliqué le feu de la forge à la chauffe des fers de parage. Les pièces à chauffer sont introduites par un trou pratiqué au milieu de la cave, un peu au-dessous du niveau de la plie. Le fer y reçoit une chaude suante, en même temps qu'il s'adoucit sous l'influence des scories basiques dont le recouvre la greillade. Cette application, encore récente, a des chances de succès.

Élaboration ultérieure du fer. Martinets de parage.

Depuis quelques années on a fondé entre Foix et Tarascon, à Saint-Antoine, un établissement destiné principalement au travail des aciers et des fers laminés. Jusqu'à ce jour, dans cette usine, on s'est borné au laminage du fer de Ribblons, et des aciers-ressorts. On y a bien

Laminage des fers. Usine de St-Antoine.

abordé le travail ultérieur du fer de l'Ariége pour cercles, feuillards et bandages. Les résultats obtenus, sous le rapport de la qualité, ont dépassé les espérances qu'on avait pu concevoir à cet égard (1). Le fer, sous l'influence d'une forte chaude suante à la houille, dans un bain de scories basiques, au four à réverbère, perd les taches et grains d'acier. Mais il est très-coulard; ce qui entraîne un déchet de 7 à 9 p. 100, et souvent au delà. L'usine de Saint-Antoine tire ses fers bruts des forges de l'Ariége au prix du fer ordinaire. Les charges résultant de l'intermédiaire du fabricant de fer d'une part, d'autre part, la difficulté d'obtenir de ce dernier les qualités propres au laminage, avec le moins de déchet et de rebuts, n'ont point encore permis de livrer les fers laminés de l'Ariége à des prix voisins du cours ordinaire des fers ouvrés du commerce, et partant d'en développer la production. Jusqu'à présent, on s'est borné à cet égard à approvisionner de gros consommateurs qui, grâce à la qualité supérieure des cercles, et surtout des bandages, achètent au-dessus du prix ordinaire des fers laminés.

Qu'il me soit permis d'exprimer ici une opinion que j'ai lieu de croire suffisamment motivée. Je pense que l'usine de Saint-Antoine a des chances de succès, non-seulement dans la fabrication des aciers-ressorts que vont réclamer et que lui réclament déjà les chemins de fer; mais aussi, et surtout dans le travail des fers durs et nerveux de l'Ariége. Cette opinion, que j'ai publiée dès 1837, est basée sur l'expérience et sur des essais. L'usine de Saint-Antoine est placée au centre de l'Ariége, à cheval sur deux routes royales, qui lui permettent un facile approvisionnement en minerai et en charbon. Qu'elle s'affranchisse de l'intermédiaire des maîtres de forge; qu'elle fabrique elle-même ses fers pour laminoir, en organisant un procédé de fabrication continue, et bientôt elle pourra livrer ses fers laminés à des prix inférieurs au cours ordinaire,

Application du procédé de fabrication continue.

(1) Les fers de l'Ariége corroyés et laminés à Saint-Antoine sont durs et nerveux; ils résistent au frottement et au choc et seront plus tard recherchés pour les fortes pièces des locomotives. L'usine de Saint-Antoine fondée, en 1836-1837 par une société anonyme composée d'habitants de l'Ariége, fut mise en roulement au commencement de 1838. Les travaux furent conduits avec autant d'activité intelligente que de zèle et de dévouement par M. A. Garrigou, directeur, et M. Hicman, ingénieur; le pays devra à leurs efforts persévérants le bien-être qui se rattache au mouvement industriel de cette usine.

et donner à la consommation des cercles et des bandages qui trouveront un jour de puissants débouchés dans les chemins de fer.

Le traitement direct continu, indiqué ci-dessus, qui tend à la production du fer doux, est d'une application facile à Saint-Antoine, où, à ma demande réitérée, un emplacement a été ménagé, soit à l'amont de la halle actuelle, soit mieux près du laminoir, des fours à réverbère et du cingleur.

Tôles.

L'usine de Saint-Antoine se dispose actuellement à attaquer la fabrication des tôles avec le fer de l'Ariége associé au fer de Ribblons; déjà depuis plusieurs années l'usine de Ria (Pyrénées-Orientales), a monté cette fabrication. Les produits sont estimés, et aujourd'hui fort recherchés. Je suis porté à croire qu'en raison de la ténacité du fer provenant du traitement direct, les tôles obtenues avec des produits homogènes, sans grains d'acier, ont de l'avenir dans l'application aux chaudières à vapeur, notamment aux locomotives, et peut-être à la construction des navires en fer.

Taillanderie, tréfilerie et câbles-chaînes.

J'ai également lieu de penser qu'en raison du nerf des fers obtenus par le traitement direct, et de leurs qualités aciéreuses, un jour on pourra avantageusement les utiliser pour la taillanderie, pour la confection des chaînes, et surtout pour la fabrication des fils de fer. En développant à la fois le nerf et la dureté, on arrivera à des produits d'un emploi avantageux pour fil de fer à ressort. Tandis qu'avec des fers doux, homogènes et nerveux, on aura de bons matériaux pour fils de fer ordinaire, servant à l'exécution des câbles.

CHAPITRE VIII.

PRODUITS DU TRAITEMENT DIRECT.

Produits immédiats. — Scories. — Observations microscopiques. — Analyse chimique. — Richesse en fer. — Emploi dans les arts. — Pouzzolanes artificielles. — Fers ordinaires. — Composition des fers doux. — Observations microscopiques. — Grains d'acier. — Fer corroyé et laminé. — Tôle. — Application aux chaudières de locomotives. — Acier naturel. — Sa composition. — Observation microscopique. — Effet de la trempe. — Amélioration pratique. — Utilité d'une usine expérimentale. — Produits ultérieurs. — Acier poule. — Inconvénient des ampoules. — Amélioration importante. — Acier ouvré. — Examen microscopique des aciers.

Produits immédiats.

Les produits immédiats du traitement direct sont : les scories, le fer, et l'acier naturel. Les produits ultérieurs sont : le fer laminé et corroyé, le fer de parage et la tôle ; l'acier poule ; les aciers du commerce, les faux, limes, ressorts, etc. Dans leur examen, jai eu recours à l'analyse et à l'observation microscopique. Je m'occuperai spécialement ici des produits immédiats.

Scories.

Les scories, résultant de la liquation des terres, sont d'autant plus riches en fer que l'élaboration du minerai a été plus pénible, ou trop active. Mais dans ces deux cas la composition des scories est différente. En effet, si le minerai s'élabore mal, quoique l'allure soit lente, on a des silicates basiques d'un brun chocolat foncé, opalins, chargés de grenailles et cristallisant difficilement. D'un autre côté, une bonne élaboration, quoique active, donne, dans le plus grand nombre de cas, un silicate neutre, d'un blanc légèrement olivâtre, cristallin, translucide, et chargé de grenailles, suivant l'activité de la marche du traitement. Aussi, étant donnée leur densité, celle du silicate neutre, exempt de grenailles (2.053), et celle du fer pur sans traces sensibles de scories (7.902), on peut obtenir assez approximativement la quantité de grenailles métalliques noyées dans la pâte des scories (1).

En sortant du feu, les scories se présentent d'un noir bleuâtre, opaques; elles sont chargées de particules de charbon et de grenailles métalliques. Ces dernières sont souvent microscopiques, et ne peuvent se séparer au barreau aimanté. Elles sont irrégulièrement divisées par des stries, boursouflées et rarement cristallines, ce qui tient à ce qu'on les étonne à la sortie du creuset. Elles sont faiblement magnétiques. Le silicate neutre ne l'est qu'en raison des particules métalliques qu'il empâte. Elles rayent le verre et l'acier, surtout si elles sont cristallines. L'observation microscopique avec un grossissement de 300 fois a reproduit l'agrégation réticulaire des particules métalliques noyées dans le silicate neutre avec les caractères signalés dans l'étude de l'élaboration du fer.

Observation microscopique.

L'analyse chimique appliquée sur des scories de toutes allures, nous a donné des résultats dont les principaux sont groupés dans le tableau ci-contre:

Analyse chimique.

(1) Au moyen des équations $vd + v'd' = VD$ et $V = v + v'$. La densité 7.920 a été obtenue sur un fer ressué six fois dans un bain de scories manganésées et traité à sec à l'état de limaille fine par la potasse.

ANALYSES DE SCORIES DU TRAITEMENT DIRECT.

	(1)	(2)	(3)	(4)	(5)	(6)	(7)	(8)	(9)	(10)	(11)	(12)	(13)	(14)	(15)
Densité.	3.151	3.225	2.603	3.390	3.150	2.850	2.915	3.345	3.410	2.981	»	3.682	3.010	3.250	3.340
Silice.	31.30	33.80	33.00	28.00	28.90	28.10	31.40	27.00	28.00	29.00	38.50	39.60	34.60	32.00	33.60
Protoxyde de fer.	39.00	30.00	28.10	38.90	37.30	32.20	31.20	41.59	38.90	29.00	20.00	32.00	37.00	43.40	39.80
Id. de mangan.	12.00	8.60	18.70	19.20	9.40	13.70	8.15	14.20	10.09	28.60	traces.	traces.	13.00	14.00	13.00
Chaux.			11.00	11.60						8.90	35.00	23.00	3.80	4.00	4.00
Alumine.	17.40	26.00	9.60	2.50	23.90	25.17	28.00	15.21	23.01	5.30	6.10	3.00	5.80	2.00	2.00
Magnésie. . . .											»	2.00	4.60	3.00	6.00
Grenailles. . . .	0.80	0.20	0.30	0.40	»	»	»	»	»	0.15	»	»	0.70	1.60	1.35
Totaux. . . .	100.50	98.60	100.70	100.60	99.50	99.17	98.75	98.00	100.00	100.95	100.00	99.60	99.50	100.00	99.75
Richesse en fer pour 100. . .	30.11	23.16	21.56	30.03	28.77	24.76	24.08	32.12	30.02	22.39	15.44	24.70	28.56	33.51	30.73

(1) Scorie venant du traitement de l'oxydule de Puymorens avec le manganèse terreux de Waitchis. Le fondant fut mis en presque totalité dans la greillade, l'allure fut trop rapide.

(2) Scorie du travail des minerais de Rancié et de Puymorens cru; on dut soutenir le vent. Le rapport de l'oxygène de la silice à celui des bases, est $R = \frac{16.50}{17.15}$.

(3) et (4) Deux scories obtenues avec mine noire douce.

L'analyse (3) se rapporte à une bonne allure : on a $R = \frac{17.30}{17.50}$.

L'analyse (4) indique un silicate chargé, obtenu sous un vent violent.

(5) Une scorie de la forge de Cabre par un travail ordinaire, mais un peu trop soutenu, $R = \frac{15.08}{17.54}$.

(6) (7) (8) (9) Quatre scories de la Vexanelle. Les analyses (6) et (7) se rapportent à une bonne allure, sous un vent modéré. Elles indiquent des silicates neutres; tandis que celles (8) et (9), obtenues avec un vent fort, ont donné des silicates basiques. (10) Une scorie de la Prade venant du traitement de 1 150 de Rancié avec 80 de manganèse de la Ferronnière. Le vent était un peu trop fort, $R = \frac{15.08}{16.02}$.

(11) Scorie de la Vexanelle retirée sous le nez de tuyère où étaient descendus des fragments de schiste calcaire. Elle avait l'aspect d'une ponce verdâtre, d'une légèreté extrême, $R = \frac{20.02}{18.58}$.

(12) Scorie de la Vexanelle venant d'un mauvais travail avec un vent plongeant, qui détruisit la sole du creuset. Elle était noire, dure, et coulait péniblement, $R = \frac{16.07}{20.59}$.

(13) (14) (15) Trois scories prises dans les feux à l'état naissant. Elles étaient d'un jaune verdâtre. Les variétés (14) et (15) étaient cristallisées en octaèdres tronqués au sommet, on a :

$$R = \frac{16.98}{17.93}, \quad R = \frac{16.59}{17.25} \quad \text{et} \quad \frac{16.57}{16.90}$$

Ce sont des péridots dont la formule est $S^1(C + f + Ma + Mg + Al)^1$.

La richesse en fer et la densité présentent les rapports que nous

Richesse en fer.

avons établis ci-dessus. Les résultats signalés sont conformes à ceux obtenus par M. Berthier (1) et par M. Richard (2).

L'application du manganèse a permis d'en augmenter la fluidité, en même temps que le protoxyde de manganèse se substituait en grande partie à l'oxyde de fer dans le silicate. Aussi des scories des forges de Niaux, de la Vexanelle et de Guilhe provenant du traitement de 1 250 de Rancié et de 100 de manganèse de la Féronnière, ont donné : 22.25—24.22—23.00—18.53—17.23—16.75 de fer métallique, c'est-à-dire 33 p. 100 de moins que la teneur moyenne des scories obtenues dans la pratique actuelle.

Emploi dans les arts.

La teneur en fer des scories provenant du traitement direct a fait songer au moyen de les utiliser. M. Berthier a proposé de les pulvériser, et d'en former des briques avec de la brasque et la quantité de chaux nécessaire pour fondre la silice et les terres ; enfin de briser ces briques de la grosseur d'une noix, et de les traiter dans un fourneau de réduction. Mais dans l'Ariége il n'y a point de haut-fourneau qui puisse utiliser encore ce produit. Je ne pense pas que dans l'état actuel des choses, vu la dissémination des forges, il soit avantageux d'en tenter encore le traitement.

Les scories de forge peuvent servir à donner aux fours à réverbère et aux feux de chaufferie des bains de silicate pour la décarburation des parties aciéreuses dans le travail ultérieur du fer. On peut les employer avec le manganèse pour flux dans le corroyage des fers et surtout des aciers avec addition de manganèse ferrifère.

Pouzzolanes artificielles.

Depuis plusieurs années, je les utilise avec avantage comme pouzzolanes artificielles dans les travaux d'aménagement souterrain des eaux minérales d'Ussat.

Fers ordinaires.

Les fers obtenus par la méthode directe sont en général nerveux, durs, très-malléables, et surtout très-tenaces ; mais en raison de toutes les circonstances du traitement actuel qui peuvent influer sur la chauffe et sur l'allure, aux différents points du creuset et aux différentes périodes d'une opération, ces fers manquent d'homogénéité. Leur pâte est plus

(1) Traité des essais, tome 2', page 285.

(2) Loc. cit., page 151.

ou moins chargée de taches et de grains d'acier qui en rendent pénible le travail à la lime et au marteau. En outre, l'imperfection des procédés actuellement suivis dans le cinglage et l'étirage, laissent dans la pâte métallique une assez grande quantité de scories dont la présence diminue la malléabilité. Ces fers sont d'autant plus faciles à travailler qu'ils sont moins aciéreux. Leur emploi exige de l'aptitude de la part de l'ouvrier, qui pour obtenir de bonnes conditions de soudabilité a besoin de ménager la chauffe.

L'analyse de plusieurs variétés de fer a donné en moyenne :

Composition des fers doux.

	(1)	(2)	(3)	(4)	(5)
Densité.	7.749	7.804	7.895	7.885	7.822
Fer métallique.	99.9905	99.9932	99.9905	99.9030	99.9990
Carbone.	0.0030	0.0023	0.0065	0.0015	traces.
Scories et silicium. . .	0.0065	0.0035	0.0013	0.0010	0.0012
Manganèse.	traces.	0.0010	0.0017	0.0019	traces.

(1) Fers pris sur des massoques après cinglage.

(2) Fers ordinaires, marchands, légèrement aciéreux.

(3) Fers durs et nerveux, obtenus à Niaux avec la mine ferrue grillée, et addition de manganèse.

(4) Fers résultant du traitement, avec addition d'un treizième de déchets manganésés.

(5) Fers laminés et corroyés à Saint-Antoine.

L'ensemble de ces résultats montre :

1° Que les fers de l'Ariége sont aciéreux ; qu'ils renferment des scories dont le volume, approximativement calculé d'après les densités respectives, varierait entre les limites de 0.025 et 0.0037 du volume du fer. Il serait 0.0246 du volume total dans les massoques, de 0.0132 pour les fers ordinaires, et seulement de 0.0037 pour les fers ressués, et pour ceux obtenus avec addition de déchets manganésés. Leur présence paraît exercer une influence sensible sur le degré de malléabilité et de soudabilité du fer aux différentes couleurs. En général, la malléabilité à chaud et surtout à froid augmente avec la pureté du fer. Il n'en est pas tout à fait de même de la soudabilité; car au-dessous d'une certaine limite inférieure dans la teneur en scories, la soudabilité paraît souffrir.

2° Que le traitement des minerais bien préparés, bien choisis, et surtout associés à des fondants manganésés, donne des fers d'une grande pureté. Ces fers sont d'ailleurs plus malléables; ils sont durs, se soudent facilement, et donnent des aciers d'un travail et d'un soudage faciles, perdant leurs cendrures et conservant leur vivacité au feu, même après dix à douze manipulations.

3° Que les fers parés au laminoir, après une chaude suante à la houille, se purifient et s'adoucissent.

Observation microscopique.

Si à ces données de l'analyse on joint l'observation microscopique, sous un grossissement de 300 à 600 fois, on voit que le fer ordinaire n'est autre chose qu'un réseau métallique dont le tissu, fort serré, noie des parties scoriacées, opalines, quelquefois subcristallines, avec petites ampoules et grenailles métalliques, disposées dans tous les sens. Quelquefois on remarque, perdus dans la pâte, des nids de cristaux translucides, prismatiques et bacillaires, avec agglutination de parties métalliques. Ce sont les grains d'acier que l'on fait disparaître par un ressuage à la houille, la température au charbon de bois n'étant généralement ni assez soutenue, ni assez forte pour obtenir ce résultat.

Grains d'acier.

Fer corroyé et laminé. Tôle.

Dans le fer corroyé, obtenu avec du manganèse, dont l'analyse (5) est mentionnée ci-dessus, on voit que les scories sont moins abondantes, et que les particules y paraissent reliées et tournées dans le même sens. D'après le rapport des densités, le volume occupé par les matières scoriacées ne s'élèverait pas au delà de 0.00378 du volume total. Les mêmes indications ont été données par l'examen d'une tôle de l'usine de Ria (Pyrénées-Orientales).

Les résultats qui précèdent montrent toute l'importante d'une bonne marche en fer doux, surtout avec fondant manganésé, dans le traitement du fer pour cercles, bandages pour tôle, fil de fer et autres produits ultérieurs.

Les indications qu'ils fournissent, jointes à la ténacité du fer et surtout des tôles, permettent d'espérer que dans l'application de ces dernières aux chaudières à vapeur, et surtout à celles des locomotives, il sera possible d'en réduire considérablement l'épaisseur et le poids. Enfin, on peut conclure de la nature des grains, dits d'acier, et des effets d'une allure soutenue en fer doux avec minerai préparé et avec fondant manganésé, suivi d'un fort ressuage à la houille, et peut-être aux gaz brûlés, que l'application de la méthode continue, précédemment indiquée, pourra réaliser d'importantes améliorations. On obtiendra d'une part de bons fers doux, ou durs, nerveux et homogènes, convenablement épurés de matières scoriacées, propres à la fabrication des cercles, tôles et bandages, et aux besoins de l'agriculture; et, d'autre part, des produits excellents pour les aciers de cémentation.

Application aux chaudières des locomotives.

Le fer de l'Ariége est souvent accompagné, ainsi que nous l'avons vu, d'acier naturel que l'on obtient d'ailleurs par un traitement dont nous avons précédemment indiqué tous les détails pratiques.

Acier naturel, ou fer fort.

L'analyse chimique nous a donné pour sa composition :

Composition du fer fort.

	(1)	(2)	(3)	(4)
Densité. . . .	»	7.793	7.952	7.805
Carbone. . .	0.0060	0.0115	0.0165	0.0185
Scories. . . .	0.0048	0.0030	0.0025	0.0025
Manganèse. .	traces.	traces.	0.0010	0.0020

(1) Fer fort lié, ou fer aciéreux mêlé de fer doux.
(2) Fer fort ordinaire, cassant au blanc.
(3) Fer fort fondu, qui coula en 1826 à la forge de Guillhe par le chio.
(4) Fer fort vif, et d'un bon travail, obtenu avec addition de manganèse.

L'observation microscopique des aciers naturels a été faite sur des faces provenant de la même cassure dont l'une était détrempée. Les particules à observer étaient détachées avec de petits burins d'horlogerie, et à coups de petits marteaux à ressort. L'acier détrempé a offert tous les caractères d'agrégation moléculaire du fer ordinaire, tandis qu'après

Observation microscopique.

Effet de la trempe.

la trempe, la structure pseudo-réticulaire a fait place à la structure allongée; en outre la pâte silicatée, amorphe, a paru subcristalline, avec empâtement de cristaux prismatiques et bacillaires.

Je me bornerai à signaler ici ce fait, me proposant d'aborder plus tard l'influence des forces thermo-électriques sur les modifications moléculaires des fers et des aciers. Le cadre que je me suis tracé ne me permet pas d'y traiter cet objet d'une manière suffisamment étendue pour être complète.

En rapprochant les résultats de l'observation et de l'analyse on voit que les aciers naturels sont mal liés, chargés de matières scoriacées. L'emploi de minerais bien préparés et de scories manganésées tend à leur donner plus de liant, plus de dureté, et partant plus de facilité dans l'élaboration ultérieure. On peut d'ailleurs aider ce résultat au moyen d'un flux maganésé, ainsi que nous l'avons précédemment indiqué.

Amélioration pratique.

Cela posé, il est permis de penser qu'avec emploi rationnel de minerai préparé à la flamme perdue, de fondants et d'un bain manganésés, on pourra, avec économie de combustible, obtenir non-seulement des fers durs, nerveux, propres à la fabrication des limes et des faux, mais aussi de bons aciers naturels. Ces produits trouveront un emploi étendu, tant pour l'agriculture que dans la fabrication des aciers fondus. Les chemins de fer en augmentant leur consommation permettront d'en étendre les débouchés.

Utilité d'une usine expérimentale.

J'ai dit précédemment que dans les Pyrénées les efforts tendront un jour, et peut-être bientôt, vers la production presque exclusive de bons fers pour aciers cémentés. Je crois devoir ajouter que la production des aciers naturels recevra aussi des développements, du jour où elle se fera avec économie de combustible et qu'elle aura des débouchés.

Mais il y a des efforts à tenter, des recherches et des études à faire, dont la voie est ouverte par les résultats ci-dessus indiqués. C'était surtout pour en faciliter la prompte réalisation, pour mettre la fabrication des Pyrénées en voie de larges améliorations, que j'ai pendant si longtemps réclamé dans ces contrées une usine expérimentale.

Produits ultérieurs.

Ce qui précède nous montre trop l'importance des produits ultérieurs pour que nous ne les étudiions pas. D'ailleurs leur examen ne nous indique-t-il pas les conditions à remplir dans l'élaboration des produits immédiats?

J'ai indiqué plus haut ce qui se rapporte aux fers ouvrés.

Acier poule.

Le fer de l'Ariége cémenté, ou l'acier poule, a donné à l'analyse 0,0115 à 0,0177 de carbone. Le premier résultat se rapporte à un acier cémenté doux, le second à un acier cémenté vif. M. Berthier a trouvé 0,0187 pour un acier anglais de cémentation destiné à la fabrication de l'acier fondu. En général l'acier poule que donne le fer de l'Ariége est chargé d'ampoules à la surface et à l'intérieur de la pâte métallique. Ces ampoules y sont inégalement réparties.

Inconvénient des ampoules.

On a observé que, toutes circonstances égales d'ailleurs, elles sont d'autant plus abondantes que la cémentation a été plus activée, et le fer plus chargé de matières scoriacées (1). En outre il arrive très-fréquemment que ces ampoules occasionnent des pailles qui persistent même après six ou huit manipulations. L'observation au microscope porte à penser qu'elles proviennent de l'action des agents réducteurs sur l'oxygène des parties scoriacées qui font nid dans la pâte métallique. Quoi qu'il en soit, cela paraît expliquer pourquoi les fers de Suède, plus purs que ceux de l'Ariége, donnent moins de soufflures et de pailles, surtout à l'intérieur de la pâte métallique.

Améliorations importantes.

Cette propriété est fort importante dans la fabrication des aciers surfins, des limes et des faux. Car les rebuts entraînent ici des non-valeurs considérables. On voit donc combien il est important de ne négliger dans la fabrication du fer aucun des moyens indiqués ci-dessus pour les rendre homogènes, et surtout en augmenter la pureté. Ne serait-ce pas d'ailleurs le meilleur moyen de lutter avantageusement contre les fers (marques bonnes moyennes) de Suède et les aciers d'Allemagne? Car dans les mêmes conditions de pureté, nos fers ne donnent pas plus de cendrures aux aciers; et d'un autre côté, les aciers qu'ils donnent résistent aux manipulations plus que ceux provenant des fers de Suède et d'Allemagne, dans le rapport de 32 à 23 (2).

---

(1) Ces résultats ont été confirmés par les observations de M. Dessoye, l'un des praticiens les plus éclairés dans le travail des aciers.

(2) M. J.-M. Garrigou, fondateur des aciéries du Basacle et du saut du Tarn, a corroyé dans

En outre cette dernière propriété, quand ils seront aussi purs que les fers de Suède, les fera surtout préférer dans la fabrication des aciers fondus ; car déjà, malgré leurs défauts, ils sont recherchés pour cet emploi qui s'étend chaque jour. Ce qui précède fera sentir l'urgence d'améliorer les fers des Pyrénées, et le rôle important que pourrait, à cet égard, jouer une usine expérimentale.

Aciers ouvrés.

Les aciers poules sont travaillés au marteau et au laminoir. Ils donnent par suite d'élaborations ultérieures, les aciers étirés et corroyés du commerce, les étoffes pour coutellerie, les ressorts, les faux et les limes. Je ne m'étendrai pas sur cette fabrication sur laquelle je donnerai plus loin des détails historiques.

Examen microscopique des aciers.

L'observation microscopique faite sur des aciers de différentes qualités a donné des résultats analogues à ceux indiqués ci-dessus pour l'acier naturel. Comme pour ce dernier, j'ai opéré sur des aciers, ayant soin d'observer les mêmes faces avant et après la trempe.

---

les mêmes conditions de l'acier d'Allemagne et de l'acier cémenté de l'Ariége. Le premier se décarbura entièrement après 23 corroyages, tandis que celui de l'Ariége en supporta 32. Cette expérience bien constatée détermina, sur le rapport de M. Chaptal, augmentation dans les droits d'importation des aciers allemands et anglais.

QUATRIÈME PARTIE.

CONSIDÉRATIONS ÉCONOMIQUES
SUR LA FABRICATION DU FER
DANS LES PYRÉNÉES.

QUATRIÈME PARTIE.

CONSIDÉRATIONS ÉCONOMIQUES
SUR LA FABRICATION DU FER
DANS LES PYRÉNÉES.

CHAPITRE PREMIER

PRÉCIS HISTORIQUE DU TRAITEMENT DIRECT.

Origine probable du traitement direct dans les Pyrénées. — Le traitement s'est modifié suivant la nature du minerai. — Forges à bras. — Creuset de Bielsa. — Creuset biscayen. Passage au creuset catalan. — Creuset catalan du Wallespir. — Creuset actuel. — Trompe des Pyrénées. — Marteau biscayen. — Mouli de fer. — Résumé. — Consommation de matières premières.

Les données historiques que l'on possède sur l'art du fer paraissent confirmer l'opinion que dans des temps reculés, deux méthodes, venues de l'Orient, se sont partagé la fabrication de ce métal sur le continent européen. Ces deux méthodes sont :

1° Le traitement direct, connu dans les Pyrénées sous le nom de méthode catalane.

2° Le travail au stuckofen (fourneau à masse).

Ce dernier procédé, qui consiste à fondre par masse (stuck) dans un feu vertical de 2 à 3 mètres de hauteur, s'est principalement étendu dans les provinces du nord de l'Europe, dans la Suède, dans la Norwége, dans la Finlande (1), etc... Il est encore usité sur quelques points de l'intérieur de cette dernière province (2). Il y est appliqué au fondage des minerais magnétiques. Mais sur presque tous les points, surtout en Suède, là où se rencontre la mine des marais, il y a été remplacé successivement par le flussosen (fourneau à pression), et par le haut-fourneau.

Origine probable du traitement direct des Pyrénées.

Le traitement direct a dominé et domine exclusivement dans l'Inde, dans la Perse et dans les provinces de l'Asie Mineure. De là, à une époque très-reculée, il s'est successivement étendu sur le littoral de la Grèce et de l'Italie, dans les îles de la Méditerranée, sur les côtes septentrionales du continent africain et sur celles de l'Espagne (3). C'est sans doute de ce dernier point qu'il est parvenu dans nos montagnes. Il s'y est successivement modifié, et aujourd'hui il présente trois nuances de fabrication bien distinctes dont les siéges principaux sont : le haut Wallespir (vallée du Tech); l'Ariége et les départements voisins (Pyrénées-Orientales, Aude, Tarn, Haute-Garonne, et Hautes-Pyrénées); enfin les provinces basques-espagnoles et la Galice.

Le traitement s'est modifié suivant la nature du minerai.

Les circonstances qui ont présidé aux modifications de la méthode tiennent non-seulement à des conditions topographiques et de migration; mais aussi, et surtout, à la qualité du minerai. C'est ainsi que le Wallespir a conservé et conserve encore le feu catalan, proprement dit, pour le traitement des mines fortes de Batère (massif du Canigou); tandis que dans les provinces basques, les usines ont dû persister avec les feux biscayens et navarrais, plus propres au travail des mines douces et calcaires de Somma-Rostro, et de l'intérieur de la Navarre. D'un autre côté le relevé des feux de l'Ariége, de l'Aude et de la vallée de la Têta (Pyrénées-Orientales), témoigne hautement de l'influence des matières premières et surtout du minerai, dans le choix et dans l'appropriation des creusets que l'on y emploie au traitement des mines douces

(1) Swedemborg de Ferro (1723).

(2) M. Durocher, ingénieur des mines, m'a donné ce renseignement.

(3) Diodore, Agricola, Courtyvron, Swedemborg, etc.

et des hématites du versant nord du Canigou, de la Grasse et de Rancié.

Toutefois les mouvements politiques en provoquant des émigrtions, ou bien en établissant des rapports de province à province, ne sont pas entièrement étrangers aux modifications successives dans la fabrication du fer. C'est ainsi que les anciens feux catalans, mis en mouvement à bras d'homme, firent place aux feux biscayens, dès le douzième siècle, par suite d'alliances des comtes de Foix avec les maisons de Navarre et des sires d'Albret.

Forges à bras.

Si on remonte les vallées des Pyrénées, surtout celle du Vicdessos, de l'Ariége et de la rivière d'Aston, après avoir laissé derrière soi les forges en roulement, on rencontre des restes assez récents d'anciennes forges à eau (Mouli de fer). Plus loin les traces disparaissent. Mais sur les versants des vallées, même vers la haute chaîne, loin de tout cours d'eau, on remarque des amas de scories qui y accusent la présence d'anciennes forges à bras. La carte des usines, Pl. VI, indique par les lettres f. b. les points où l'on peut encore aujourd'hui constater l'existence ancienne de ces forges. On remarque qu'elles se rencontrent principalement sur les points voisins des mines de fer.

Creuset de Bielsa.

Il est probable que les dimensions de ces sortes de feux grandirent progressivement avec les besoins de la consommation. La forme, ou l'une des formes qu'ils affectaient est représentée (Pl. XIII, *fig.* 1). Ce creuset fut mis à découvert en 1823, dans une forêt de sapins de Bielsa (Haut-Aragon), par les charbonniers de M. Casimir Vergnies. Je dois à ce maître de forge éclairé les renseignements qui suivent : ce creuset était circulaire; il avait $0^m.65$ de hauteur; il était cylindrique sur $0^m.30$, puis se terminait en tronc de cône renversé, son diamètre était de $0^m.36$ au bas, et de $0^m.48$ à la partie supérieure. Il avait deux siéges de tuyère à $0^m.30$ du fond. Près du creuset on remarqua des écailles du fond du feu et deux massés de fer, qui paraissaient être des massés bruts et qui pesaient de 14 à 16 kilogrammes.

La tradition rapporte que ces feux étaient alimentés par des soufflets en peau (*Bouto*).

Creuset biscayen (1716).

A mesure que les creusets grandirent, la fusion, bien qu'alimentée avec deux tuyères, souffrait de la forme circulaire. La fonte languissait là surtout où se trouvait la plus grande épaisseur de minerai. Aussi les feux s'aplatirent aux faces de tuyère et du contrevent (Voir *fig.* 2), et devinrent elliptiques. Ils avaient la forme d'un cône renversé. Ils étaient construits en maçonnerie revêtue de bandes de fer et fixée dans une cuve en cuivre qui les garantissait de l'humidité. En 1716 le creuset (*fig.* 2) était employé dans la Navarre, dans le Guypuscoa et sur la frontière française, au bord de la Bidassoa, pour le traitement du minerai de Biriaton (1).

Passage au creuset catalan.

Dès le milieu du XVIIe siècle, dans l'Ariége, les feux s'aplatirent et se rapprochèrent de la forme rectangulaire. Ils furent d'ailleurs plus évasés à la partie supérieure, afin d'augmenter le chargement en minerai. Les données recueillies sur les lieux des anciennes forges, la forme d'anciens massés enfouis et récemment retrouvés, la construction des feux navarrais et biscayens, passant à la forme rectangulaire (2), m'ont conduit à indiquer pour la *fig.* 3 l'état du creuset à cette époque.

L'examen des feux indique que pendant longtemps la partie inférieure, ou région de fusion, resta circulaire, pour y faciliter l'assiette du massé. La région de préparation augmenta progressivement suivant toutes ses dimensions. Les faces des porges, du chio et du contrevent devinrent sensiblement planes; seulement la cave conservait une courbure que les bons forgerons lui donnent toujours et que l'on voit (*fig.* 3, Pl. III).

Les restes de feux et de massés, mis récemment à découvert à la haute vallée de Suc, quartier de Bernadoux, à la métairie de Laprade, commune de Siguer, à Ferranès, près Alzen, indiquent qu'au commencement du XVIIIe siècle les feux présentaient sensiblement la forme *fig.* 4, que l'on retrouve dans le Wallespir. Ils avaient $0^{m}.43$ de largeur; $0^{m}.49$ de profondeur et $0^{m}.52$ de hauteur. Chaque opération durait 4 à 5 heures et donnait 60 à 80 kilog. de fer forgé.

Creuset catalan du Wallespir.

On voit que la hauteur est faible relativement aux autres dimensions. Cela tient aux causes qui suivent : en premier lieu dans les anciens creusets, on voit toujours les faces de chio et du contrevent également élevées. On ne s'était pas encore appliqué à contenir le plus de minerai au

(1) Min. de Courtivron, Bouchu. Renseignements fournis par M. Casimir Vergnies.

(2) Courtivron, Bouchu.

feu en élevant les pièces du contrevent au-dessus de la plie. On avait évasé la région supérieure, ce qui avait entraîné augmentation de la région de fusion. Mais les anciens ne se décidèrent que très-lentement à toucher à la tuyère et à sa position par rapport au fond du fer. Pendant longtemps la tuyère resta de $0^m.23$ à $0^m.32$ du fond; elle agissait sous une inclinaison de 35 à 40 degrés, quand (1771 à 1786) feu M. Vergnies la fixa à $0^m.52$ du fond sous une inclinaison de 35 degrés. Par cette modification importante il éleva le rendement par feu de 120 à 150 kilog. de fer forgé. M. Vergnies ne se borna pas à ce changement, il éleva le contrevent, et augmenta les dimensions de la région de préparation. Creuset actuel.

On a vu précédemment que depuis les efforts tentés par ce maître de forges, on a continué à augmenter la grandeur des feux; que la région de fusion, si elle s'étend, ne devra le faire que graduellement, sans de grandes variations, tandis qu'il y aura lieu à augmenter celle de préparation. En déclinant et déversant le contrevent, surtout en augmentant sa grandeur développée, on se mettra dans les conditions de plus complète préparation du minerai, et partant, dans les meilleures conditions d'économie de temps et de combustible.

Telle est la série des formes qu'affectèrent successivement les creusets employés au traitement direct dans les Pyrénées, et surtout dans l'Ariége. On y remarque le passage graduel de la forme circulaire à celle quadrangulaire. C'est par ce passage que le traitement biscayen s'est fondu peu à peu avec la méthode usitée en Catalogne et dans le haut Wallespir, et que l'on désigne sous le nom de méthode catalane. Cette dernière ne se dessina franchement dans nos contrées que vers la fin du XVIIe siècle, quand les faces du feu, quoique concaves, furent distinctes. La partie occidentale des Pyrénées conserva le creuset biscayen jusqu'au milieu du XVIIe siècle.

On voit la méthode catalane actuelle se formuler peu à peu, à mesure que les besoins de la consommation augmentent. On cherchait à traiter dans le même temps une plus grande quantité de minerai. Mais alors on vit la nécessité d'agir avec un vent régulier et soutenu, et bientôt (fin du XVIIe siècle) aux deux soufflets biscayens, à jeu alternatif, succéda la trompe

Trompe des Pyrénées.

des Pyrénées (1). Ce dernier fait marque aussi la transition d'un procédé à l'autre. Dès lors la tuyère fut moins évasée et plus avancée au feu.

Marteau biscayen.

On sait que dans le traitement biscayen le marteau et la soufflerie n'avaient d'autre moteur que les bras et le poids des hommes, agissant sur des roues. Le forgeage se faisait sous un marteau frontal en fer. Ce marteau n'agissait que par son poids. Aussi était-on forcé de lui en donner un très-considérable. On en rencontre qui pèsent jusqu'à 1 200 et 1 600 kilogrammes, aux forges de Saint-Paul, de Villeneuve, d'Orlu, de Sainte-Colombe-sur-Guette, et à Canejean (Espagne). Celui de la forge de Sainte-Colombe est bien conservé. Il est représenté en plan et en coupe à la *fig.* 5, et n'a pas moins de 3m.65 de longueur. Il était soulevé par le front F, et tournait sur la cheville *m*. La panne *ab* a 0m.10 de large sur 0m.15 de long. Tous ceux que l'on voit aujourd'hui ont été trouvés sur les montagnes, en des points voisins de l'entrée de mines de fer et loin des cours d'eau. On n'en rencontre que là où ont travaillé les forgeurs venus des provinces basques. Aussi n'en voit-on aucun dans les forges du haut Wallespire, où l'on a passé graduellement et immédiatement de l'ancien creuset, *fig.* 1, au feu catalan, *fig.* 4.

Le travail du fer sous le mail biscayen était lent et pénible. Aussi, les creusets augmentant, on fut forcé d'employer l'eau comme moteur, que l'on appliqua successivement au jeu du marteau et des soufflets.

Mouli de fer.

Cette disposition prit le nom de *Mouli de fer*. Elle est indiquée *m f* à la carte des usines, Pl. VI; tandisque que la forge biscayenne y est indiquée *f*.B. On cite les forges biscayennes de Sainte-Colombe, d'Orlu, de Montségut, de Monferrier, de Celles, de Miglos, de Siroball (montagnes d'Aston), de Gourbit, d'Alzen, de Saleich, d'Arbas, de Canejean, etc... Les moulis de fer de Bésines (près l'Hospitalet), de Carniès (près Rabat), d'Alens, de la Mouline et Lescalis (Aston), de Rivernert, d'Alos, de Caponta (Auzat), etc..., etc... Le mouli de fer de Caponta fut un des premiers établis dans l'Ariége. Il fut construit vers 1500, d'après d'an-

(1) D'après Grignon (Karsten, T. II) et de Swedemborg, de Ferro, la trompe aurait été inventée et appliquée au travail du fer de 1640 à 1682.

ciens titres, sur lesquels le domaine de l'État fonde aujourd'hui des prétentions. En 1559 il appartenait à la maison d'Albret.

Résumé.

En résumant ce qui précède sur l'état des feux et des forges avant le XIXe siècle, on voit la fabrication s'étendre et s'améliorer graduellement. — Dès les premiers temps jusqu'à ce jour, on y fut conduit par l'obligation de produire davantage en présence d'une consommation toujours croissante.

Plus tard on sentit la nécessité à la fois d'augmenter la production et d'économiser le combustible. Ce fut cette dernière et impérieuse condition qui amena peu à peu aux creusets actuels. — Ainsi les forges à bras font place aux creusets biscaïens avec soufflets à éventail et marteau frontal. Mais, vers le XVe siècle, les besoins de la consommation forcent à agrandir les creusets, les forges descendent au fond des vallées, et l'eau est substituée comme moteur aux bras et aux poids des hommes. Puis les creusets prennent la forme quadrangulaire, et la nécessité d'avoir un vent soutenu, aussi bien que les chutes élevées de nos vallées, amène la trompe (1640 à 1680). Alors apparaît la méthode dite petite catalane, du Wallespir, dans laquelle on faisait de 80 à 100 kilogrammes de fer forgé par opération de 4 heures. Enfin les feux quadrangulaires grandissent, ils (1771 à 1772) tendent aux dimensions actuelles, et amènent les procédés aujourd'hui en pratique.

Consommation de matières premières.

Il ne m'a pas été possible de déterminer exactement les chiffres de consommation de minerai et de charbon aux différentes phases de la fabrication du fer.

Toutefois il résulte des données que fournissent à cet égard, Dietrict, Lapeyrouse et feu M. Vergnies, et des renseignements recueillis sur les lieux, que :

	Minerai.	Charbon.
En 1667 on employait pour 100 de fer	305	404
En 1744.	300	377 à 390
En 1780-1786.	300	365 à 380
En 1807.	322	336
En 1818.	326	324
En 1833 à 1842.	324 à 307	324 à 310

Pour apprécier le degré d'exactitude de ces chiffres, il convient d'observer que jusqu'à la fin du XXIIIe siècle, on pratiqua sur le minerai le grillage préalable, qui entraînait un emploi de 17 à 22 de charbon pour 100 de fer forgé.

CHAPITRE II.

MOUVEMENT DES USINES ET DE LA PRODUCTION. HISTORIQUE DE LA FABRICATION DES ACIERS CÉMENTÉS ET DE L'ÉLABORATION ULTÉRIEURE DU GROS FER DANS LES PYRÉNÉES. DÉTAILS ÉCONOMIQUES.

Mouvement des forges. — Tableau des forges et de la production du fer dans les Pyrénées. — Tableau du mouvement des forges et de la production du fer dans l'Ariége. — Causes principales du mouvement des forges. — Le nombre des forges est exagéré. — Moyen d'y remédier. — Prix exorbitant du bois de chauffage. — Historique de la fabrication de l'acier de cémentation. — Hommage rendu à MM. Garrigou et Massenet, fondateurs de cette fabrication. — Développements progressifs. — Défauts des aciers. — Moyens de les attaquer. — Élaboration ultérieure. — Parage au martinet. — Clouterie. — Laminage et tôlerie. — Améliorations. — État statistique de la fabrication du fer et des aciers dans l'Ariége. — Prix exorbitant du transport. — Nécessité d'entretien des routes. — Route de Bayonne à Perpignan. — Route de Paris en Espagne par Puymorens. — Salaire exagéré des forgeurs. — Ignorance générale des maîtres de forge. — Heureuse influence des recherches pratiques de feu M. Vergnies (1780 à 1785). — Chiffre élevé des frais généraux de fabrication.

Mouvement des forges.

L'accroissement dans la consommation du fer n'a pas seulement agi sur les dimensions des feux et sur la consistance des forges, mais aussi sur le nombre des usines. Pendant longtemps, elles furent la propriété à peu près exclusive de quelques maisons seigneuriales, seules propriétaires des forêts de la montagne. Une telle répartition de la propriété, un état de sécurité industrielle assuré par les droits protecteurs les plus exclusifs, n'amenèrent pas de grands mouvements dans les usines. De temps à autre quelque mouvement partiel dans leur position était provoqué par l'état des forêts et des mines. C'est ainsi que de 1667 à 1798, on voit successivement disparaître 11 forges dans les vallées de l'Ariége et d'Aston, 2 dans les vallées de Rabat et de Saurat, 6 dans le Couserans, et 3 dans le Comminges. Les mouvements politiques de 1789, en déplaçant les propriétés, en divisant les fiefs, et en rendant libre le commerce d'échange du minerai et du charbon entre les forges du comté de Foix d'une part, celles du Couserans et du Comminges d'autre part, porta un coup mortel à un grand nombre d'entre elles.

Depuis cette époque les arts industriels ayant pris un grand développement, la fabrication dut suivre, et le principe de liberté commerciale reçut à son égard des applications peut-être trop subites et trop générales, dans l'intérêt de la consommation des bois. Aussi de 1818 à 1840, un grand nombre de forges se sont élevées, ainsi que l'indiquent la carte des usines, Pl. VI, et les tableaux suivants :

Tableau du mouvement des forges et de la production du fer dans les Pyrénées.

ANNÉES.	DÉPARTEMENTS :							Production annuelle.
	Ariége.	Pyrénées-Orientales.	Aude.	Haute-Garonne.	Tarn.	Hautes-Pyrénées.	Basses-Pyrénées.	quint. métr.
1667	44	»	»	»	»	»	»	»
1744	33	»	»	»	»	»	»	»
1780	31	18	15	1	3	»	2	»
1807	41	18	15	1	3	»	2	63.225
1818	43	18	15	1	4	»	2	67.000
1824	45	18	16	1	4	»	4	72.635
1836	50	20	17	1	3	3	3	96.016
1840	57	20	17	4	3	3	3	97.896

Mouvement des forges et production du fer dans l'Ariége.

ANNÉES.	Nombre de feux.	Nombre d'autorisations de feux.	Feux non autorisés.	Produit annuel en fer forgé.	Prix du fer en forge. (100 kilogr.)	VALEUR totale.	OBSERVATIONS.
				q. métr.	francs.		
1807	41	»	»	39 500	60.00	2 370 000	*Nota.* Les chiffres des 1818 à 1832 sont empruntés à M. d'Aubuisson.
1818	43	2	»	46 000	48.00	3 452 000	
1819	43	»	»	54 000	56.00	3 024 000	
1820	43	»	»	43 000	46.00	1978 000	Les fers de la Loire viennent sur le marché de Toulouse à 44 fr. (1820-1821)
1821	43	»	»	50 500	43.00	2 171 000	
1822	45	2	»	51 000	46.50	2 371 000	La loi des douanes de 1822 est rendue.
1823	46	5	»	54 000	49.00	2 646 000	Les fers de l'Ariége se relèvent lentement, sans atteindre le prix de 56 fr. Ils persistent à 49 fr. par suite de la mise en activité de Bruniquel. (1823-1826)
1824	46	»	»	51 000	49.00	2 548 000	
1825	51	3	»	50 000	49.00	2 450 000	
1826	51	»	»	49 000	49.00	2 401 000	
1827	52	»	»	55 000	51.00	2 805 000	Le feuillard est recherché. Il y a des commandes pour la Loire.
1828	53	1	»	69 000	47.00	3 243 000	De Cazeville est mis en activité. (1828-1830)
1829	53	2	»	48 000	46.00	2 208 000	
1830	53	»	»	47 000	45.00	2 115 000	
1831	54	»	»	51 000	40.50	2 065 000	Marasme général dans l'industrie à la suite des mouvements politiques de 1830. (1831-1834)
1832	53	1	»	50 000	39.50	1 975 000	
1833	53	»	»	50 175	41.00	2 057 175	
1834	52	»	»	48 771	44.35	2 147 774	
1835	52	»	»	55 662	45.06	2 508 129	Les fers sont demandés pour acier de cémentation. (1835-1836)
1836	52	»	»	53 119	45.07	2 394 251	
1837	52	»	»	45 466	41.80	1 808 476	Le prix tombe à la suite de langueur générale dans les affaires. (1837-1838)
1838	51	1	1	51 285	42.00	2 153 640	
1839	51	»	6	58 328	43.20	2 510 054	Les fers sont demandés pour aciers. La Loire et le commerce de Toulouse les recherchent. (1839-1841)
1840	57	»	6	58 806	43.80	2 575 700	
1841	57	»	6	»	44.10	»	
1842	57	»	6	»	47.50 à 55.00	»	Il y a de grandes commandes d'aciers-ressorts pour chemins de fer. — Les fers sont très-recherchés.
1843	57	»	6	»	55.00 à 47.00	(*)	Les charbons sont d'une extrême rareté.

(*) En 1843, le haut prix du fer attire sur les marchés ordinaires les fers de la Loire, de la Bourgogne, et même des fers du nord. Leur présence a notablement agi et agira longtemps encore sur le cours de nos fers.

Causes principales du mouvement des forges.

L'ensemble des indications groupées dans les deux tableaux ci-dessus montre que les usines ont suivi le mouvement ascensionnel de la consommation. Les constructions et autorisations s'observent surtout après les années 1818, 1822 et 1838. Cela tient :

1° A l'introduction de la fabrication des aciers de cémentation (1814 à 1818) dans le Sud-Ouest de la France, et à la création successive des fabriques du Bazacle, de Pamiers, de Planissolles et de Sauveur;

2° A l'action de la loi des douanes du 27 juillet 1822;

3° Enfin à l'élan de production imprimé à la fabrication des fers et des aciers cémentés, surtout en présence de l'établissement probable des chemins de fer en France.

Le nombre des forges est exagéré.

En rapprochant ces tableaux de l'état des prix des charbons de 1807 à 1842, on peut voir que le nombre actuel des forges est exagéré, relativement à la possibilité des bois. Nous avons précédemment montré que c'était là une des principales causes de la rareté des charbons, et du malaise du producteur. On a accusé l'administration toutes les fois que l'industrie s'est trouvée en souffrance. Examinons si d'elle vient réellement le mal.

Sous l'ancienne législation (ordonnance royale du 9 août 1723 et du 17 janvier 1762, la loi du 28 juillet 1791), nul ne pouvait élever une usine, sans avoir au préalable justifié des moyens d'approvisionnement, sans provoquer augmentation dans le prix des bois. Mais déjà, depuis plusieurs siècles, d'anciennes forges, à la suite du manque de combustible, avaient été forcées de recourir à l'achat et à l'échange de charbon. Malgré les exigences que provoquèrent les déplacements violents de la propriété, et l'augmentation dans la consommation du fer, la législation nouvelle (Loi du 3 avril 1810. Instructions ministérielles du 3 août 1810 et du 24 février 1811) consacra les errements de l'ancienne. Mais de 1815 à 1827 d'importantes innovations furent introduites dans l'art du fer chez nos voisins, et notamment en Angleterre et en Belgique, en même temps que la consommation croissait au delà de la possibilité de nos usines. De là, nécessité d'étendre et de modifier nos moyens de fabrication. Aussi l'administration, entraînée par la force des choses, dut-elle retrancher de ses errements, surtout dans un moment où les procédés mixtes à la houille et au bois se répandaient dans les usines du Nord et de l'Est de la France. On voit donc que, si l'administration n'a pas toujours modéré les élans désordonnés de la production, autant qu'elle l'eût désiré, c'est que les moyens légaux lui ont fait défaut; c'est que l'on n'a pas écrit dans la loi ce que l'on devrait y mettre : « Que désormais nul ne pourra élever une usine à fer *au bois*, s'il ne justifie au préalable des moyens de fabriquer soit à plus bas prix, soit de nouveaux et de meilleurs produits, soit, surtout, avec économie de combustible végétal. » Cette disposition est loin de consacrer le privilége de la production du fer dans les mains d'un petit nombre, car elle la laisse toujours sous le coup des améliorations, en garantissant l'état de nos bois.

Moyen d'y remédier.

Je sais que si elle est un jour admise, elle soulèvera les réclamations des partisans de la liberté commerciale. Tout en respectant ce que leur opinion peut avoir d'acceptable, je répondrai que, dans un pays comme la France, où n'existe pas l'esprit de conservation et d'aménagement des forêts, les usines à fer et au bois peuvent gravement compromettre le bien-être général.

Prix exorbitant du bois de chauffage.

Le prix exorbitant du bois de chauffage dans toute la montagne et dans tout le bassin sous-pyrénéen, qui de 1839 à 1842 s'est accru dans le rapport effrayant de 2 à 3 et au delà, justifie suffisamment ce que j'avance, pour que je n'insiste pas davantage sur cet objet. Je fais des vœux sincères pour que l'administration assure les mesures nécessaires pour combattre toute tendance exagérée dans la production, et détruire cet esprit de rivalité étroite qui pousse à élever usine contre usine sans se préoccuper des améliorations à introduire, et de l'avenir des bois. C'est là de la guerre en industrie, c'est-à-dire ruine et désordre.

J'ai signalé plus haut la fondation des fabriques d'acier de cémentation, comme l'une des principales causes du mouvement des usines, surtout de 1818 à 1838. Cette nouvelle branche de l'industrie métallurgique a trop d'influence sur l'avenir de nos forges pour que je n'indique pas ici les principales circonstances qui ont accompagné sa création et son développement.

Historique de la fabrication de l'acier de cémentation.

Avant la révolution de 1789, la France était à peu près entièrement tributaire de l'Allemagne pour les aciers employés aux outils de taillanderie et de coutellerie. Les essais de Réaumur et de Bertholet n'avaient amené aucun résultat important pour la pratique. Dans le Dauphiné, dans le comté de Foix et dans le Nivernais, on fabriquait bien des aciers naturels, mais leur emploi était borné en raison de la qualité médiocre de leur pâte.

Les guerres de la république provoquèrent des essais dans la fabrication des aciers. On comprit la nécessité, l'urgence même, d'une production intérieure pour la fabrication des outils et des armes. Les indications antérieures de Réaumur et de Buffon, sur la qualité des fers des Pyrénées, attirèrent vers nos contrées un fabricant allemand, M. Etler, qui construisit un four de cémentation à Carcassonne (1811). Avant lui, un habitant de Toulouse, M. Laforgue, avait essayé, sans résultat, un four de cémentation sur l'emplacement actuel du château d'eau (faubourg Saint-Cyprien).

L'acier du sieur Etler était simplement étiré. Il fut peu goûté, soit que la qualité en fût médiocre, soit que l'ouvrier ne connût pas encore la manière de le travailler au feu.

En 1814, les tentatives de M. Etler étaient déjà oubliées, quand M. Jagerschmitd, qui avait travaillé dans une fabrique d'acier et de faux d'Allemagne, après avoir infructueusement entrepris un établissement de même genre à Saint-Pierre d'Albigny, en Savoie, vint à Toulouse et proposa à l'un des premiers marchands de fers de cette ville, M. J.-M. Garrigou, un projet de société pour la fabrication des aciers cémentés et des faux. M. Garrigou, versé dans la fabrication des fers de l'Ariége, connaissant leurs propriétés aciéreuses, ne s'arrêtant pas aux craintes que pouvait inspirer le résultat des tentatives de M. Etler, n'hésita pas à s'associer, conjointement avec M. Massenet, à un projet du plus haut intérêt industriel, qui lui promettait gloire et profit. Bientôt toute sa fortune fut engagée dans cette entreprise, dont le siége fut établi à l'aval du moulin du Bazacle.

Hommage rendu à MM. Garrigou et Massenet.

Je ne dirai point ici tout le courage, tout le dévouement et toute la persévérance qu'il fallut à MM. Garrigou et Massenet pour réparer des fautes graves et répétées, et pour amener à bonne fin une entreprise qui, depuis 26 ans, vivifie nos forges, qui sera bientôt peut-être leur débouché exclusif, et qui déjà a fait refluer plus de 80 millions de numéraire de l'Allemagne dans le midi de la France. Après avoir rendu justice aux connaissances de M. Jagerschmitd, qu'il me soit permis d'exprimer ici toute mon admiration pour les efforts aussi intelligents que persévérants de MM. Garrigou et Massenet, non-seulement pour arriver à des produits de qualité supérieure, mais pour plier en quelque sorte la fabrication aux exigences diverses, et souvent capricieuses, de chaque contrée de la France. Pour la Bretagne ils firent les aciers KB et BB de la Suède; pour Paris, pour l'Artois, la Flandre, la Picardie, pour les départements de l'est, ils surent imiter successivement les étoffes-de-Pont, les aciers à fuseaux, en barils, octogones, etc., etc., ainsi que les différentes variétés des limes et des faux d'Allemagne. Le mérite incontestable de ces fabricants fut d'avoir en si peu de temps fait accepter leurs produits sur tous les points de la France.

Les efforts de MM. Garrigou et Massenet furent tels, qu'après huit ans de recherches (en 1825), les usines du Bazacle et de Saint-Cyprien, composées de 14 martinets et de deux fours de cémentation, livraient à la consommation 91,000 faux et 60,000 paquets de limes Le produit de la vente s'éleva à 664,000 francs.

Ces usines ont donné :

En 1817	25 000	faux	12 000 paquets de limes.
En 1820	45 000		31 000
En 1825	91 000		60 000
En 1834	130 000		150 000

Développement progressif de la production des aciers cémentés.

Un tel début fut le signal d'un mouvement dans nos forges, et enfanta une industrie qui aujourd'hui est la première du sud-ouest de la France. Des fabriques d'acier s'élevèrent au voisinage des forges, en concurrence des usines de Toulouse. De 1818 à 1823 on mit en activité celles de Planissolles, de Pamiers (1), de Rabat et de Saurat. Puis (1824), le Bazacle et Saint-Cyprien ne suffisant pas aux commandes, MM. Garrigou et Massenet surent choisir la belle position du saut du Tarn, voisine du bassin houiller de Cramaux ; et bientôt ils y firent construire un des plus beaux établissements industriels de France, sous l'habile direction de M. Abadie. Cet établissement comprend 21 marteaux et un laminoir (2) destiné

(1) La fabrique de Pamiers est renommée pour la qualité de ses produits.

(2) Construit par M. Hicmann, ingénieur de Saint-Antoine.

à la fabrication des aciers-ressorts et peut fabriquer plus de 7 000 000 kilogrammes d'acier par campagne.

De 1329 à 1840 on construisit successivement les fabriques de Touille (1) d'Axat, de Ganac, de Brassac, de Saint-Antoine, de Guilhot, de Niaux, du faubourg Saint-Cyprien à Toulouse (2), et de Saverdun.

L'ensemble de ces usines comprend 18 fours de cémentation. Dix d'entre elles sont en pleine activité. En 1840 elles ont élaboré pour aciers marchands, aciers-ressorts, faux et limes, 21,850 quintaux métriques de fer en barres. La valeur totale des produits s'est élevée à plus de 2,227,000 francs.

Défaut des aciers cémentés.

Il est peu de fabrications qui en si peu de temps aient pris autant d'essor. Et cependant, pour que l'industrie créée par MM. J. M. Garrigou et Massenet arrive au degré de prospérité que l'on est en droit d'attendre, il y a encore beaucoup à faire. Ce que l'on reproche surtout aux aciers de cémentation des Pyrénées, c'est l'inégalité de leur pâte, les pailles et les cendrures. Nous avons indiqué plus haut que ces défauts tenaient au traitement et à la présence de nids de matières scoriacées dans la pâte même des fers soumis à la cémentation; et que, parmi les moyens propres à les combattre, on peut employer avec succès :

Moyens d'attaquer ces défauts.

1° La production de fers doux, homogènes, obtenus avec des minerais bien préparés, et surtout avec des manganèses ferrifères;

2° L'allure soutenue en fer dur, homogène, avec grillage préalable et fondants manganésés;

3° Le ressuage des aciers dans un bain de scories manganésifères et le corroyage avec addition des flux manganésés.

Il y a lieu de poursuivre l'application pratique de ces moyens, et de

---

(1) L'usine de Touille est dirigée avec antant de talent que de succès par M. Marvejoulx. De 1837 à 1841, la fabrication annuelle des faux à cette usine s'est élevée de 90 000 à 127 000 pièces.

(2) L'usine du faubourg Saint-Cyprien, récemment fondée par M. Dessoye, est habilement dirigée par ce praticien distingué. Ses produits en limes en paille et en limes fines rivalisent avec les bonnes qualités d'Allemagne.

régler la conduite du feu suivant la destination ultérieure du fer. C'est ainsi que pour les étoffes surfines et les aciers fins, on préparera des fers doux, homogènes, fortement ressués; tandis que pour acier fondu, on recherchera un fer dur et fortement manganésé.

Nous avons vu d'ailleurs que ces moyens tendent à dépouiller le fer des grains d'acier, et à faire disparaître les gerçures et boursouflures des aciers poules.

Travail en fer fort.

J'ai dit précédemment que les fers forts étaient presque un accident dans l'état actuel de la fabrication (1), et combien il importait de revenir à la production tant de fers aciéreux et forts pour les arts agricoles, que de bons aciers naturels, homogènes et bien ressués avec flux manganésés pour le travail des aciers fondus. Je n'insiste pas sur la valeur de cette assertion, du moment où il est établi que le travail des fers forts se fera un jour avec économie sur l'emploi ordinaire de combustible végétal. L'application de ces fers pour aciers fondus et autres peut avoir un jour une grande portée dans le travail des aciers.

L'emploi bien entendu de ces moyens facilitera, je crois, le développement que la fabrication des aciers cémentés pourra prendre avant peu, surtout par suite de la construction des chemins de fer. Mais pour provoquer et maintenir un tel résultat, il y a des efforts à faire, car nous sommes loin encore des qualités que donnent à la consommation les fers du nord de l'Europe et de la Sibérie. S'il ne nous est pas encore permis de songer à rivaliser un jour avec les bonnes qualités, du moins nous sommes autorisé à penser que bientôt il nous sera possible de lutter avec les bonnes marques ordinaires.

En outre une des conditions que l'on devra, avant tout, remplir, c'est le facile approvisionnement du charbon de terre. Car toute usine qui n'aura pas pied sur la houille, ou qui ne se sera pas ménagé des moyens d'arrivage économique devra bientôt s'effacer devant une posi-

(1) La production du fer fort a varié avec la nature du minerai; autrefois, de 1760 à 1790, elle s'est élevée dans de bonnes usines jusqu'aux deux cinquièmes de la fabrication totale. Aujourd'hui elle ne dépasse pas un vingt-deuxième et elle s'abaisse au-dessous d'un vingt-septième.

tion meilleure. A ces conditions, on peut déjà prononcer l'arrêt de mort de plusieurs des fabriques d'acier existantes. Car je ne doute pas que nos fers bien fabriqués ne se jettent en grande partie vers les bassins houillers. Ne peut-on pas déjà remarquer leur tendance à se porter vers la Loire, par suite de l'extension dans l'emploi des aciers fondus (1)?

Parage du fer. Travail au martinet.

L'élaboration ultérieure des fers des Pyrénées ne se borne pas au travail pour acier de cémentation. Depuis longues années, on a pratiqué dans ces contrées le parage du fer au martinet. D'après le procès-verbal des commissaires de la réformation (1667) on y comptait 13 martinets; 8 dans l'Ariége, 3 dans les Pyrénées-Orientales, et 2 dans l'Aude. Les produits consistaient en grande partie en vergeline pour les clouteries de la Barguillère et Villeneuve-d'Olme (Ariége) et de la vallée de Tech (Pyrénées-Orientales). Le travail de parage se pratiquait au charbon de bois. On commença à lui substituer le charbon de terre vers 1808 à 1812. Pendant longtemps le haut prix du transport de ce combustible en restreignit la consommation. Il n'y a que quelques années seulement qu'on l'emploie aux martinets du Wallespir, et même y est-il associé par parties égales avec le charbon de bois.

Le nombre des martinets s'est progressivement accru, surtout à la suite de l'emploi du fer en ruban pour cercles et feuillard. En 1836, on comptait 32 martinets, dont 23 dans l'Ariége, 4 dans l'Aude et 5 dans le Haut-Wallespir. Ils ont produit 6 650 000 kilog. de fers parés à 59 fr. p. 100 k. à l'usine.

Clouterie.

Cette fabrication languit aujourd'hui. En premier lieu le travail des clouteries est en souffrance. La réputation des clous de la Barguillère tenait à l'emploi du fer de l'Ariége, qui y était exclusivement affecté, lorsque de 1820 à 1825, une suspension du travail des forges, provoquée dans le but de forcer imprudemment le prix des fers de l'Ariége, appela dans nos montagnes les fers des Landes, de Bretagne, du Périgord et du Berry. Depuis, ces fers, rendus au martinet au prix de 54 fr.

(1) MM. Massenet et Jacson viennent de créer à la Terrasse, près Saint-Étienne, et au voisinage plusieurs fabriques de faux en acier fondu. Ils produisent annuellement 200 000 faux Tout porte à croire que la production s'étendra davantage.

pour 100 kilog., s'y sont maintenus. Ils sont plus faciles au travail et moins coulards que ceux de l'Ariége qui ne peuvent être livrés en concurrence, même à parité du prix. Mais la qualité des clous a faibli, et la fabrication, qui en 1823 s'élevait à 3,500 quintaux, ne dépasse pas aujourd'hui 1 070 quintaux à 123 fr. pour 100 kilog.

Laminage.

Une cause non moins puissante de l'état pénible du parage au martinet, c'est l'établissement des laminoirs. De 1827 à 1837 quatre laminoirs, Bruniquel (Tarn), Belviannes (Aude), Ria (Pyrénées-Orientales) et Saint-Antoine (Ariége), se sont successivement élevés au voisinage de nos forges. En 1840 ces trois dernières usines ont livré à la consommation 8,250 quintaux de fers parés au prix moyen de 62 fr. et 145 quintaux de tôle à 75 fr. pour 100 kilog.

Avenir du travail au laminoir.

Je suis porté à penser que le laminage appliqué à la production de bons bandages, cercles et feuillards en fer des Pyrénées a de l'avenir, pourvu que l'on se mette dans de bonnes conditions d'approvisionnement en charbons de terre, ou mieux, pourvu que l'on y annexe des feux à traitement continu avec fours de chaufferie alimentés, s'il y a lieu, par les gaz de la combustion, convenablement brûlés. Les fers travaillés en allure soutenue dans des feux continus, puis cinglés avec soin, refoulés et corroyés, donneront d'excellents produits pour axes, arbres et grosses pièces de machines, ainsi que pour essieux et bandages de roues et de locomotives. Nous avons dit précédemment tout le parti que l'on pouvait en retirer dans l'application des tôles à la chaudronnerie des appareils à vapeur, en raison de la ténacité qui depuis si longtemps les fait rechercher pour cercles et feuillards. Nous avons aussi indiqué leur application avantageuse à la taillanderie et à la fabrication du fil de fer, des chaînes et des câbles.

Conditions à remplir.

Mais il y a lieu de faciliter le travail de ces fers, d'en réduire le déchet. On y parviendra dans de prochaines applications du traitement continu au bois suivi d'un ressuage soit à la houille, soit aux gaz de combustion, avec addition d'un flux composé de scories basiques pour la réduction complète des parties aciéreuses et pour l'expulsion des grains d'acier. Toutefois il convient qu'avant tout, les usines se mettent dans de bonnes conditions d'approvisionnement en matières premières (minerai, houille et charbon de bois). A cet égard, le commerce des plâtres du canton de Tarascon, sa belle position, la puissance de son moteur hydraulique, assurent à Saint-Antoine une force d'agression industrielle dont il conviendrait d'user au plus tôt.

Je terminerai ce qui se rapporte au mouvement et à la production des usines, par un état statistique du travail moyen des fers et aciers dans le département de l'Ariége, de 1835 à 1842.

ÉTAT STATISTIQUE

de la fabrication annuelle des fers et aciers dans le département de l'Ariége, de 1435 à 1842.

Travail du fer marchand.

Feux de forges en activité		50
Feux en non activité, ou en construction		7
Ils ont produit en fers marchands, quintaux métriques		53 119
Au prix moyen, le quintal métrique		45f.07
Valant à l'usine		2 394 251
	SAVOIR :	
Minerai	Extraction	172 300
	Transport à l'usine	300 210
Charbon	Achat de bois	543 800
	Abattage et charbonnage	346 080
	Transport à l'usine	296 640
Fabrication du fer	Main-d'œuvre	320 120
	Frais généraux, entretien d'usine, intérêt du fond de roulement	132 000
	Bénéfice net	283 101
	TOTAL	2 394 251
Valeur créée pour la fabrication du fer		850 451

Parage des fers bruts.

Feux de martinets en activité	17
Feux en non activité	6
Laminoir et fonderie	1

Ont produit en fers parés, quintaux métriques	7 400
Au prix moyen, le quintal métrique	59f.00
Valant à l'usine	436 600
SAVOIR :	
Fers bruts	355 400
Charbon de terre	19 240
Main-d'œuvre	22 526
Bénéfice et faux-frais	39 534
Valeur créée par le parage des fers	61 960

Travail des aciers.

Fabriques d'acier en activité	4
Fabriques en non activité, ou en construction	5
Ont produit, savoir :	
Aciers étirés et corroyés marchands, étoffes et ressorts, quintaux métriques.	8 400
Faux et limes, quintaux métriques	325
Valant à l'usine	944 151
SAVOIR :	
Fers bruts pour cémentation	497 200
Charbon de terre	114 215
Charbon de bois pour cément	6 620
Main-d'œuvre	29 003
Bénéfice net et faux-frais	286 113
Valeur créée par la fabrication des aciers	315 116

A ces différents chiffres de valeur créée, il faut joindre celui résultant du transport à l'usine des fers bruts à parer, et à convertir en acier, des charbons de terre, et de l'exportation des fers et aciers marchands, tout parcours étant pris entre les limites du département; on a donc :

Valeur créée par le transport de houille, fers et aciers marchands	169 200

Récapitulation des valeurs créées par l'industrie métallurgique dans le département de l'Ariége.

Extraction du minerai par 420 mineurs	172 300
Abattage et charbonnage par 530 charbonniers	642 720
Salaire de 595 ouvriers aux travaux métallurgiques	371 649
Achats du charbon de terre	133 455
Transport à l'usine de matières premières et exportation des produits	848 300
Bénéfices et faux-frais	608 653
TOTAL	2 757 077

Les deux faits les plus frappants que renferme l'état qui précède, sont :

Prix exorbitant du transport, du salaire des forgeurs, et des frais généraux de fabrication.

1° Le prix exorbitant du transport, prix qui s'élève de 0f.25 à 0f.13, en moyenne à 0f.07 pour 100 kilog. par kilomètre dans les limites du département ;

2° Le salaire exagéré de la main-d'œuvre dans les forges ;

3° Le chiffre élevé des frais généraux de la fabrication.

Ils soulèvent des questions trop importantes pour ne pas les signaler ici.

Nécessité d'assurer l'entretien des routes et de combler les lacunes.

En premier lieu, la moyenne du prix du transport sera toujours élevée par suite du mouvement dans les forges de la Haute-Montagne. Les chemins de grande communication la feront progressivement décroître. Mais l'administration supérieure pourrait agir efficacement sur le bien-être de l'industrie métallurgique en assurant à l'Ariége les fonds nécessaires, tant à un bon entretien des routes ouvertes, qu'à la rectification des nombreuses lacunes de nos routes royales. Je signalerai principalement:

1° La portion de la route royale n° 117, de Foix à Saint-Girons et à Saint-Martory (1);

2° La portion de ladite route de Foix à Quillan, et de là à Caudiès par la Pierre-Lisse ;

3° Les lacunes de la route n° 20 de Foix à Ax ;

4° L'ouverture du col de Puymorens.

Ces travaux rendraient plus sûr et plus économique l'approvisionnement de nos usines tant en minerai qu'en combustible, et faciliteraient l'exportation des produits. D'un autre côté la route de Paris par Ax et Puycerda (Espagne), en développant nos relations internationales, nous permettrait l'emploi des mines du Puymorens et des lignites de la Cerdagne.

---

(1) Grâce à la sollicitude éclairée de M. Dugabé, député de l'arrondissement de Foix, le projet de rectification entre Foix et le Col-del-Bouiche, successivement étudié par feu M. Mercadier, par MM. Lemoyne et Bergis, est l'objet de l'attention sérieuse de l'administration supérieure.

Le département de l'Ariége est trop oublié dans la répartition des fonds des travaux publics; et je crois de mon devoir d'élever ici la voix en faveur d'une industrie qui, nous l'avons vu, tient le premier rang dans le sud-ouest de la France.

Le salaire des ouvriers forgeurs 5 fr. 85 au minimum pour 100 kilogrammes de fer forgé, est l'une des plaies de l'industrie métallurgique dans les Pyrénées. En présence des prix de fabrication en France, qui varient de 1 fr. 95 à 2 fr. 83 p. 100 kilog., on a lieu de s'étonner de la rétribution de l'ouvrier dans nos forges, rétribution, qui souvent s'élève pour les maîtres à 8 fr. et au delà par journée de travail. Mais en pénétrant dans les usines on s'aperçoit bientôt que l'ignorance du maître de forges et l'abandon dans lequel il laisse son usine, motivent jusqu'à un certain point les prétentions des ouvriers. Salaire des forgeurs.

On a souvent parlé de l'inutilité de celui qui est chargé du feu, du foyer. J'avoue qu'il n'est pas indispensable avec un maître de forges éclairé dans la pratique des forges. Mais dans l'état actuel et complétement négatif de ses connaissances, ce dernier peut-il songer sérieusement à exercer une influence quelconque sur les forgeurs? Il subit la loi de l'ouvrier, et il la subira tant qu'il sera exclusivement marchand de fer, tant qu'il s'humiliera devant la prétendue omnipotence de la routine et qu'il niera la coopération efficace de la science appliquée. Ignorance générale des maîtres de forges.

Il est vrai que l'exiguïté du roulement de son usine s'oppose, jusqu'à un certain point, à des efforts soutenus de sa part. C'est cette raison qui m'avait porté à proposer la fondation d'une forge expérimentale comme le moyen le plus puissant de combattre les tendances et les prétentions exagérées des forgeurs. Pour ma part je n'en vois pas d'autre qui serve mieux les intérêts du producteur actuel. Car s'il arrive que les esprits avancés ouvrent la lutte en établissant le travail du fer sur une échelle plus large, et avec des moyens plus en harmonie avec l'état de la science, plus d'un maître de forges pourra calculer ce que lui coûte l'opposition, au moins extraordinaire, qu'il aura faite à la création d'une usine expérimentale (1).

(1) Considérations sur la fondation d'une forge expérimentale dans l'Ariége; 1838.

Heureuse influence des recherches pratiques de feu M. Vergnies (1780-1785).

Afin de compléter ces considérations, je citerai textuellement Lapeyrouse (pages 296 à 300) :

« La forge de Guilhe était habituellement dérangée; elle faisait peu de fer et de très-médiocre qualité ; elle était entièrement livrée aux ouvriers et à la routine. Le propriétaire (feu M. Vergnies) sentit ce qu'une telle marche avait d'erroné; il consulta les personnes instruites, étudia la pratique de la forge, et tint un journal exact de l'aller de son usine. Il est parvenu, après des observations assidues, à vaincre l'obstination et la vanité des ouvriers... Tant de soins ne pouvaient être infructueux. Cette forge a dû rendre à son maître la juste récompense de son application. J'ai été curieux d'en connaître les résultats. En compulsant les livres de forges de 1783 à 1785, j'ai pu m'assurer que la forge a marché à plus de 385 livres (158 k.) par feu, produit plus étonnant alors par son uniformité que par sa somme.

» Voilà sans doute, ajoute Lapeyrouse, la meilleure réponse à donner à ces personnes qui affectent le scepticisme le plus soutenu, et une science universelle..... »

Ce qui précède indique suffisamment tout ce que peut dans une forge l'intervention d'un maître courageux, persévérant et éclairé. Mais depuis feu M. Vergnies-Bouschère, il ne s'est pas rencontré parmi les maîtres de forges un seul homme capable, je ne dirai pas de dominer les forgeurs, mais seulement de suivre et d'observer fructueusement le travail du feu. Ces considérations avaient été déterminantes pour moi quand je crus devoir réclamer une usine expérimentale.

Frais généraux de fabrication.

L'exiguïté du travail de la forge catalane n'influe pas seulement sur le prix de la main-d'œuve. Ce vieux type de simplicité sent trop le morcellement. Son roulement si simple en apparence est grevé de faux frais énormes, 2 fr. 65 p. 100 kilogrammes de fer marchand ; tandis que dans la Franche-Comté, la Haute-Marne, le Périgord, les Landes et le Berry, les frais généraux ne dépassent pas 1 fr. 63 pour le travail au bois et 1 fr. 42 pour la méthode mixte champenoise.

Le seul moyen de lutter ici consiste à augmenter l'échelle de la fabrication, à modifier le roulement par l'organisation d'un procédé continu.

CHAPITRE III.

VUES GÉNÉRALES SUR LA FABRICATION DU FER DANS LES PYRÉNÉES.

Questions économiques. — Ressources intrinsèques du traitement direct. — Améliorations à tenter. — Traitement continu. — Observations sur une usine expérimentale. — Comparaison du cours des fers au bois de la France et du nord de l'Europe. — Lois des douanes des 27 juillet 1822 et 2 juillet 1826. — Concentration probable de la force prodution.

On a souvent demandé :

Questions économiques.

(*a*) La fabrication du fer dans les Pyrénées, considérée dans ses moyens, a-t-elle les conditions nécessaires pour marcher et se soutenir avec les progrès de l'art ?

(*b*) Comme moyen de production économique, dans quelles limites le traitement direct du fer peut-il se soutenir ?

(*c*) Enfin de quelle manière se formuleront un jour la consistance et le roulement des usines dans les Pyrénées ?

En premier lieu :

Ressources intrinsèques du traitement direct.

(*a*) Les considérations que j'ai détaillées dans le cours de cet ouvrage font suffisamment sentir que la production du fer des Pyrénées peut trouver, dans ses propres ressources, dans la nature de ses produits et dans l'extension de ses débouchés, des moyens de conservation, surtout en présence des grands travaux de communication rapide dont on prépare l'exécution, du développement de la construction, des machines, de l'emploi des aciers de toute nature, surtout des aciers fondus, et de l'application des bons fers à la construction des navires. Déjà même un mouvement favorable s'est fait sentir. Nous avons vu qu'en poursuivant les recherches sur l'amélioration du travail du fer, des aciers naturels et cémentés, elle peut offrir, en concurrence des fers ordinaires du Nord et des aciers allemands, des produits supérieurs, des aciers marchands, des ressorts, des limes et des faux dont la consommation augmente chaque jour.

En outre, les recherches sur les lois chimiques et physiques qui président à l'élaboration du minerai, ne nous ont-elles pas démontré la simplicité et la permanence de ces lois? N'ont-elles pas indiqué combien il importait dans la pratique de les aider et de les servir, au lieu de vouloir les maîtriser et en détruire l'harmonie, comme le fait chaque jour la routine? Les données fournies par ces recherches montrent que le problème à résoudre pour améliorer le traitement, bien que complexe, n'en est pas moins abordable.

Il est vrai que sous l'influence composée des réactions chimiques et des manipulations de l'ouvrier, il est difficile de substituer dans tous les cas la règle à la routine; car dans la pratique, et surtout dans celle du traitement direct, la règle n'est jamais une. Mais du moins sera-t-il possible d'éclairer la routine, et par là de réduire les oscillations de l'allure des feux entre des limites plus resserrées en indiquant et précisant les causes et la nature des perturbations. Nous avons vu que déjà des améliorations avaient été progressivement obtenues ou indiquées, et que pour mettre la production de nos fers dans une position convenable, il convient de persévérer dans la recherche des moyens propres à assurer la fabrication de produits purs et homogènes, avec économie dans la main-d'œuvre, dans les frais généraux, et surtout dans l'emploi du combustible végétal. Pour cela il y a lieu de poursuivre les études :

Améliorations à tenter.

1° Sur le choix et sur la préparation des matières premières, des flux et des fondants;

2° Sur les meilleures dispositions des feux;

3° Sur la conduite bien entendue du vent et du feu, pour obtenir des produits d'une pâte homogène et pure;

4° Sur la qualité du vent; sur la bonne construction des trompes et sur l'application des ventilateurs et des machines à piston; sur l'emploi de l'air chaud pour obtenir une allure soutenue et des produits purs et homogènes;

5° Sur le perfectionnement des moteurs hydrauliques, et du travail du fer, du cinglage, du ressuage, et de l'étirage au laminoir et sous le marteau;

6° Sur l'application des gaz de la combustion à la préparation des minerais, à la chauffe des pièces à forger, peut-être à la préparation des bois torréfiés;

7° Enfin sur tous les moyens d'économie de combustible végétal, et principalement sur l'application d'un traitement continu avec emploi, soit de la houille, soit des gaz de la combustion, dans les fours décrits ci-dessus.

Traitement continu.

J'ai précédemment indiqué, à l'égard de ce procédé, qu'il rendrait le traitement direct plus indépendant de la main de l'ouvrier, en même temps qu'il offrirait les moyens de produire davantage dans le même temps, de diminuer notablement l'emploi du charbon de bois, et d'approprier facilement et sans encombre le travail du fer tant aux usines actuelles qu'aux grands établissements.

Je me suis assuré que les qualités essentielles des fers de l'Ariége, le nerf et la dureté, dérivent moins du travail au marteau que de la conduite du fondage au feu de réduction au charbon de bois; et que l'élaboration ultérieure, au moyen d'une chaude suante, soit à la houille, soit peut-être aux gaz de la combustion, dans un four à réverbère, ou dans un feu de chaufferie, efface les parties aciéreuses, les grains d'acier, et rend les fers plus homogènes et plus purs. L'emploi de la houille dans le traitement direct est aussi avantageux, quelle que soit la destination du fer, pour le ressuage et le travail ultérieur sur le fer déjà cinglé, qu'il serait nuisible, si on mettait ce combustible, toujours plus ou moins pyriteux, au contact du minerai, ou du fer à l'état naissant.

Nécessité d'une usine expérimentale.

Mais, pour faire de telles recherches, qui poursuivies par quelques esprits avancés, pourraient donner lieu à une exploitation privilégiée; j'ai toujours pensé que, dans l'intérêt du plus grand nombre, il était convenable de procéder par des efforts collectifs dans une usine spécialement affectée au développement de l'art. Je le dis avec regret, malgré des faits frappants, malgré les beaux résultats obtenus dans les forges-modèles de la Silésie et du Rhin; malgré les efforts persévérants de M. Legrand, sous-secrétaire d'état des travaux publics, de M. Michel

Chevalier, et de quelques membres du comité des maîtres de forges, l'utilité de cette usine, bien qu'elle ait été votée par le conseil général et par les maîtres de forges, n'est point encore sentie par le plus grand nombre.

Cependant, la proposition en est assez ancienne pour avoir été appréciée. En 1785 Lapeyrouse écrivait, sous la dictée de feu M. Vergnies : « Il est d'autant moins permis de douter que la méthode du comté de Foix ne puisse être sensiblement perfectionnée, qu'il n'y a pas quarante ans on croyait avoir obtenu un produit extraordinaire lorsqu'on avait retiré 300 livres (122 k.) de fer par massé. Aujourd'hui avec les mêmes matériaux, le produit le plus ordinaire rend 75 livres (31 kilog.) de plus..... » Et plus loin, Lapeyrouse, après avoir engagé les maîtres de forges à surveiller leurs forges, à s'éclairer, afin d'exercer une influence salutaire; après avoir énuméré les améliorations à introduire, ajoute : « Une des voies qui mènerait le plus directement à faire le plus de bon fer, sans augmenter l'emploi des matériaux, serait une forge d'expérience. Un tel établissement, quoique peu dispendieux, ne serait pas goûté par les particuliers qui ne sentiraient pas le bien qui leur en reviendrait..... C'est donc du gouvernement que l'on peut attendre une entreprise de ce genre..... »

Puis en 1801, M. Mercadier, ingénieur en chef des ponts et chaussées, dans son Essai statistique sur l'Ariége, professait la même opinion que Lapeyrouse.

Plus tard, 1823, des officiers d'artillerie de la direction de Toulouse, employés dans l'Ariége, reconnaissant le parti que les arsenaux pouvaient tirer de bons fers obtenus par le traitement direct, soulevèrent de nouveau la question d'établissement d'une usine expérimentale. Ils avaient désigné la forge de Gudannes. Mais les préoccupations de la guerre d'Espagne firent avorter ce projet.

Observations.

Quoi qu'il en soit, pénétré de l'importance d'une création, au milieu des forges de nos montagnes, je crois devoir combattre ici quelques observations faites à l'encontre de ce projet.

En premier lieu, on a dit qu'il était impossible de former des ouvriers. Les usines de Silésie et du Rhin, et récemment les efforts de MM. Hickmann au Saut du Tarn, Escanyé à la forge de Nyer, prouvent le contraire. D'ailleurs, dans le début, le rôle principal de l'usine expérimentale n'est nullement de créer des ouvriers, mais bien d'améliorer la pratique et surtout de la rendre plus indépendante des forgeurs.

On a craint aussi qu'en améliorant nos procédés, nous ne travaillions pour les autres, et surtout pour les usines projetées en Corse. Cette objection est trop étroite pour avoir une portée sérieuse. Toutefois, je dirai ici que j'ai été appelé en Corse, et qu'après avoir vu les lieux, j'ai pu m'assurer que, dans aucun cas, le traitement direct n'y jouera un rôle principal; et dans mon rapport j'ai conclu pour le travail au haut-fourneau en fonte de forge que l'on y organise aujourd'hui.

Enfin, un homme d'un caractère élevé, dont les paroles n'ont eu dans cette circonstance que trop de portée, a écrit et publié que tout progrès dans la qualité du fer et dans le rendement ne pouvait s'obtenir qu'avec augmentation dans l'emploi du combustible. C'est vrai, en ce qui concerne le traitement des fontes de forge à la houille et au bois. Mais si M. d'Aubuisson avait eu l'occasion d'apporter à la connaissance de la pratique de nos forges la haute intelligence que l'on rencontre dans ses recherches sur l'hydraulique et sur l'art des mines, il se serait assuré que dans le traitement direct, il est de pratique générale qu'un feu en bonne allure fait toujours le meilleur et le plus grand produit avec le moins de charbon. Je ne doute pas un seul instant que ce savant ingénieur, si dévoué aux progrès des sciences, mieux édifié sur le traitement direct, n'eût rectifié son opinion à cet égard.

(*b*) En second lieu, il est impossible d'estimer, *à priori*, entre quelles limites le traitement direct pourra se soutenir; et d'apprécier à l'avance le prix minimum auquel ses produits pourraient s'abaisser par suite d'améliorations ultérieures.

Comparaison du cours des fers des Pyrénées et des fers au bois de la France et du nord de l'Europe.

Toutefois, si on examine attentivement le tableau du mouvement de la production et du prix du fer dans l'Ariége, et qu'on le rapproche de celui du prix du charbon de bois, on verra que depuis l'époque d'application de la loi des douanes du 27 juillet 1822 jusqu'à ce jour, le gros fer a oscillé entre les limites 39 fr. 50 à 49 fr. p. 100 kilogrammes, et que la fabrication souffre quand il tombe à 42 fr., le charbon étant à 8 10 fr. p. 100 kilogrammes. On peut en conclure que dans les mêmes conditions d'approvisionnement, le traitement direct est déjà débordé par l'affinage au bois, et surtout par le procédé mixte champenois qui tend à s'établir dans le Périgord, et qui, dans les départements de l'Est, reçoit aujourd'hui de notables perfectionnements (1).

Fers du Nord.

D'un autre côté, si on compare le prix du fer de l'Ariége au cours des fers ordinaires de Suède et de Russie (vieux soble et P. S. I.) dans nos principales places du Midi, Bordeaux et Marseille, on trouve la position de nos usines fort inférieure. En effet, sur ces places les marques bonnes ordinaires de Suède et de Russie se vendent de 51 fr. 50 à 59 fr. 60 p. 100 kilogrammes, savoir :

	fr.		fr.
A bord, à Stockholm et Cronstadt.	27.70	à	36.60
Assurance et commission.	2.59		
Droit du Sund à Elseneur.	0.24		
Fret pour Bordeaux et Marseille.	3.01		
Droit de douane (loi du 2 juillet 1826).	16.66		
Débarquement	0.50		
Prix de vente à Bordeaux.	50.70	à	59.60

Tandis que pour les fers des Pyrénées on a aujourd'hui (1838 à 1841) :

	fr.
Prix de vente à l'usine.	49.00
Port de l'usine à Toulouse.	1.75
Port de Toulouse à Bordeaux.	1.55
Commission et chargement.	0.55
Rendu à Bordeaux.	52.85

Le rapprochement de ces résultats indique suffisamment tout ce que la fabrication dans les Pyrénées doit tenter pour se tenir de pied-ferme contre l'envahissement des marques ordinaires des fers du Nord, qui, par leur valeur intrinsèque, peuvent en limiter les débouchés pour aciers cémentés.

Lois des douanes.

En outre, il soulève une question bien grave, celle des droits d'importation sur les fers au bois. Si à cet égard on n'avait à se préoccuper que

(1) Aux usines de Tréveray (Meuse), à la suite des efforts persévérants de MM. le comte d'Andelarre, maître de forges, Thomas et Laurens, ingénieurs, on puddle le fer dans des feux chauffés par les gaz recueillis au gueulard des hauts-fourneaux. A ma visite, le 13 juillet 1843, l'opération du puddlage était régulière, on obtenait d'excellents produits avec un déchet moyen de 5 à 6 p. 100.

de la position du producteur dans le sud-ouest de la France, je croi qu'il y aurait lieu d'élever la voix en faveur de la consommation ; ne serait-ce que pour le forcer à entrer sérieusement dans des voies d'amélioration, à l'exemple des maîtres de forges du nord et de l'est de la France. Mais l'industrie métallurgique touche à de si graves intérêts ; d'ailleurs, comme on l'a répété, le fer est trop un instrument de paix et de guerre, pour que l'on n'apporte pas la plus grande réserve dans les modifications de la loi du 2 juillet 1826.

Si le consommateur ne doit pas être sacrifié, d'un autre côté il faut se garder de tenter de désastreux essais, surtout dans un moment où les puissances du continent se donnent la main pour élever autour de nous des lignes formidables, et menaçantes, aujourd'hui du moins, pour notre avenir industriel. Afin de ménager les intérêts de tous, ne conviendrait-il pas de régler le tarif d'importation, d'après le cours des fers français, sur des bases dans la fixation desquelles on devrait, en faveur de la consommation, tenir compte à la fois des améliorations reconnues, de la création de débouchés nouveaux, d'applications nouvelles. Tels sont aujourd'hui, l'emploi des aciers fondus, la construction des chemins de fer, des machines et des navires en fer. Nous sommes aujourd'hui trop en dehors des conditions sous l'empire desquelles furent adoptées les dispositions des lois de 1822 et de 1826, pour que l'administration ne fasse pas des efforts en aide des nécessités de notre position actuelle.

(*c*) Il nous reste à examiner de quelle manière se formuleront un jour la consistance et le roulement des usines dans les Pyrénées.

Concentration probable de la force productive.

Le morcellement dans les ressources du combustible et dans la force motrice, résultant des conditions topographiques des départements pyrénéens, pourra soutenir en partie, pendant quelque temps encore, le morcellement actuel dans la production. Mais les considérations précédemment développées, relativement aux frais généraux, à la main-d'œuvre et aux améliorations du traitement, permettent de penser que, partout où l'état et la position des bois et des mines permettent des conditions de facile approvisionnement, comme sur quelques points des environs de Saint-Girons, de Foix, de l'arrondissement de Limoux, et du littoral de la Méditerranée, au pied des Albers, il y aura un jour concentration de force productive.

De quelle manière s'opérera cette concentration? Profitera-t-on de la qualité supérieure des hydroxydes manganésifères de l'Ariége, des Corbières et du Canigou pour produire de bonnes fontes manganésées que l'on pourrait traiter pour acier de forge, ou pour fer de cémentation en recourant au puddlage, avec addition de fer hydroxydé manganésifère, alimenté par les gaz du gueulard? Ou bien se bornera-t-on à organiser le mode de traitement direct continu que j'ai indiqué ci-dessus? Sans assigner d'une manière absolue la priorité à l'un de ces procédés, qui pourront admettre soit seuls, soit combinés, des formules successives et diverses, je suis porté à penser que les premiers efforts doivent tendre à mettre en pratique ce dernier traitement. Ces efforts auront sans nul doute pour résultat immédiat des déplacements d'intérêt et des froissements de position dont il n'a pas dépendu de moi de prévenir et d'atténuer les effets. Mais tout fait un devoir impérieux de les seconder; car les intérêts industriels des Pyrénées y trouveront, je pense, des moyens de conservation et de développement indispensables au bien-être de ces contrées.

FIN.

NOTES
ET PIÈCES JUSTIFICATIVES.

N° 1.

Extrait d'une charte solennelle de Roger-Bernard, comte de Foix (1293).

L'an de l'incarnation de Jésus-Christ 1293, régnant Philippe, roi des Français, Sachent tous que nous, Roger-Bernard, comte de Foix, vicomte de Béarn et de Castelhon, de notre pleine volonté, sans aucun dol, de bonne foi et sans y être contraint, confirmons, ratifions et concédons à tous et chacun des habitants de la vallée Dessos, pleine et libre puissance de faire et préparer tous leurs instruments de fer pour cultiver la terre et de se servir de toutes les forges et forgeurs de fer qu'ils voudront pour faire lesdits instruments.

Item, voulons, concédons et donnons que nous, ou quelqu'un de nos officiers et de nos baillis ne puisse mettre aucun ban, ni subside auxdits habitants présents et à venir, en la facture (*mania*) du fer en ces limites, si ce n'est que les ferriers ou ouvriers travaillant auxdites mines, ne se comportassent pas bien en leurs ouvrages..... Item donnons et concédons auxdits habitants tout le terroir culte et inculte, montagnes, rivières, pâturages, eaux, fontaines et forêts avec pleine et entière puissance de pêcher, faire des bains, couper du bois, faire du charbon et couper les arbres.....

N° 2.

Extrait d'une charte de Gaston de Foix et de Béarn (1304).

Sachent tous que nous, Gaston, comte de Foix, vicomte de Béarn et Castelhon... de notre plein gré, sincère, certaine et libre volonté, confirmons, approuvons et promettons de garder pour nous et nos héritiers à jamais et irrévocablement, sans dol ni fraude, toutes les libertés et concessions jadis justement concédées aux habitants de la communauté Dessos, de ladite vallée de notre comté, par magnifique et d'heureuse mémoire, monseigneur Roger-Bernard notre père... pour ce que nouvellement, il avait été mis empêchement sur la pierre de fer de nos miniers auxdits habitants de la vallée Dessos, par notre père de ne tirer aucune pierre ferrée de nosdits miniers, sans nous payer certain tribut pour chaque charge ; assurant qu'ils ne pouvaient tirer ladite mine et la travailler à leur volonté, dans ladite vallée, sans nous payer aucun tribut. En conséquence donnons et concédons et ordonnons aux consuls et universalité et à tous et chacun des habitants de ladite vallée, tout le terroir culte et inculte, montagnes, rivières, pâturages et forêts, comme s'étend ladite vallée et comme s'écoulent les eaux dans ladite... Item donnons auxdits hommes, habitants et à chacun d'eux les fontaines, eaux, rivières, forêts, pâturages avec pleine jouissance de pêcher, faire des bains, puiser l'eau, abreuver, couper du bois, faire charbonner, couper les arbres et faire pâturer les bestiaux, et d'en jouir pour tous leurs usages et à volonté... et de nouveau aussi concédons auxdits hommes, habitant en ladite vallée, et stipulons que lesdits habitants ont pu et pourront (*posse et potuisse*) à l'avenir tirer la pierre de fer de nosdits miniers (*nostris mineriis*) et dans les susdites limites, et la travailler à leur volonté sans nous donner aucun subside de leude ou de péage, et de ladite mine en faire du fer dans les limites de la vallée et non ailleurs, et ne pourront vendre ladite mine à aucun étranger dans la vallée; que s'ils le font, que lesdits étrangers nous payent et soient tenus de payer ladite leude dans les susdites limites.....

N° 3.

Extrait d'une transaction entre le sénéchal du comte de Foix et les consuls de Vicdessos (1355).

Sachent tous, que noble et puissant homme, Raymond d'Alby, seigneur de Gaure et sénéchal du comte de Foix, ayant réuni les consuls et manants formant la plus grande partie de l'universalité et du peuple de Vicdessos, ayant ouï lesdits consuls tant pour eux que pour et au nom de leur consulat..... vu et lu le cartel desdits consuls qui demandent pour eux et les autres habitants de la vallée de Vicdessos : premièrement, qu'avant tout le seigneur comte leur confirme et approuve à eux, à tous et chacun de ladite vallée les libertés que le seigneur Gaston de bonne mémoire, son père et ses prédecesseurs (*ejus prædecessores*) leur ont attribué pour être éternellement durable ; en second lieu, qu'il leur accorde la liberté d'être exempts dans tout le comté de Foix et son ressort de tout payement de leude et de tout impôt ; en troisième lieu que les hommes de Vicdessos et tous ses habitants puissent passer de la terre de Vicdessos sur la terre de Palhars, vicomte et comté de Palhars, avec leurs mulets, marchandises et animaux impunément et sans payer quelque leude, gabelle, guidage, ou guide.....

Ledit seigneur sénéchal, considérant la bonne volonté des consuls, manants et habitants de ladite communauté, a donné et accordé auxdits consuls et autres habitants de ladite vallée, à tous et à chacun, tant pour eux que pour leurs successeurs, qu'ils soient exempts dans tout le comté de Foix et son ressort, de toutes redevances et payement de leude et de tout autre impôt, lesquels, pour ou à l'occasion de leurs choses vendues ou exportées, avec cette restriction et réserve spéciale et expresse que pour la mine que lesdits habitants ou quelqu'un d'eux emportera, ils payeront la leude comme les autres étrangers qui exporteront la mine. De même seront tenus de payer la leude des fers faits de ladite mine comme les personnes qui habitent au dehors de ladite vallée ; plus, ledit seigneur sénéchal a voulu et accordé que dans ladite minière on en use de la même manière qu'on use de la minière du Château-Verdun, et que ledit seigneur comte, ni ses successeurs, en doive ni en puisse, en aucune façon, donner à un homme, domestique ou étranger, une minière de fer ou trou, soit ancien, soit nouveau, dans ladite vallée ; de plus que l'exposition de la mine qui sera à vendre, soit au lieu commun, appelé le Pré de Vic, et que ladite mine ne puisse être vendue ailleurs par personne, et que tous les hommes puissent emporter trois quintaux pour deux deniers tolosains par quintal de 150 livres, payables au seigneur comte pour la leude, au pas de Sabart, ou partout ailleurs, comme ils ont coutume de l'y porter.....

N° 4.

Règlement de Rancié de 1414.

Au nom du Seigneur soit fait : ainsi soit-il. Sachent tous présents et à venir, que constituez en leurs personnes, dans le lieu de Vicdessos et devant la maison d'habitation de Guillaume Migues du même lieu, pardevant noble et puissant Seigneur Raimond Alhon de Mallion, sénéchal du comté de Foix, l'an et jour bas écrits, en présence de moi, notaire et témoins soussignés Bernard de Pisseu et Arnaud Séguélas, consuls dudit lieu, et entière vallée de Vicdessos, qui ont requis et humblement supplié ledit sieur sénéchal d'ordonner que les règlements par lui ci-devant faits et contenus en certaines patentes et requêtes écrites sur le parchemin et scellées de son sceau authentique, pour l'utilité et la commodité des habitants de ladite vallée, et tous ceux de la comté, soient publiez et transcrits en langue vulgaire, de la même manière qu'ils sont contenus dans lesdites lettres-patentes, dont la teneur s'ensuit :

Nous, Raymond Albon de Mallion, sénéchal du comté de Foix, à tous ceux qui ces présentes verront, savoir faisons : Qu'ayant écouté les plaintes du procureur général de notre comté, à sa prière, et à celle des marchands et autres honnêtes gens, tant de la vallée de Vicdessos, que des autres endroits de ladite comté de Foix, qui ont dit : que quoiqu'on retire des grandes commoditez, et des profits inestimables de la mine de fer, qu'on tire du minier de ladite vallée de notre seigneur le Comte, et des forges de la même comté, où on l'apporte, desquels les habitants de ladite vallée ne profitent pas seulement, mais encore plusieurs autres de la même comté; néanmoins à présent ces profits et ces commoditez diminuent de jour en jour, même les droits de leude que le seigneur Comte de Foix a accoutumé de prendre sur ladite mine, sont réduits à rien par la négligence, ou à mieux dire, la malice de ceux qui tirent ladite mine et qui l'ayant tirée, la vendent et détruisent entièrement ledit minier, si on ne tâche d'y remédier promptement.

Nous donc, voulant pourvoir à l'indemnité de tant de gens, de toute la république, et du seigneur Comte de Foix, par le devoir de notre charge, avec le conseil des juges d'appel de l'ordinaire et des autres officiers de notredit seigneur, députez en sa dite comté, avons convoqué à ce jour les barons, les nobles, les consuls, certains prudhommes, et anciens, tant des marchands, que de tous les endroits remarquables de ladite comté, dans la présente ville de Foix, pour délibérer sur le fait précédent, et nous donner leur avis, et entendre les règlements que nous voulons faire à ce sujet, de leur avis et conseil : c'est pourquoi étant assemblez, le seigneur de Saint-Paul et plusieurs nobles, tant de Foix, Ax, Tarascon, Vicdessos et les consuls de plusieurs autres lieux, après avoir murement examiné avec eux, ce qui s'ensuit, sur la conservation dudit minier, et leude susdit, et l'utilité de ladite vallée, et de toute la comté, nous avons fait les règlements suivants, que nous voulons être inviolablement observés, sauf toujours le droit dudit seigneur Comte de Foix, et sous le bon plaisir : nous ordonnons que le Baylé et conseils du lieu éliront quatre prudhommes qui sont appelez, les préposez au minier, comme il a été de tout temps accoutumé, qui prêteront le serment sur le Te igitur, et sainte-croix, entre les mains dudit Baylé et consuls, lesquels observeront et feront exactement observer ce qui sera ensuite ordonné ; et en cas de contrevention, le dénonceront auxdits Baylé et consuls, auxquels dits préposez il sera donné un salaire : à sçavoir, la huitième partie de toutes les amendes auxquelles ceux qu'ils auront dénoncez seront condamnez. Lesdits préposez élus exerceront toute leur vie, tandis qu'ils pourront vaquer à cette charge pour l'utilité dudit minier : et tous venant à manquer, ou quelqu'un d'entr'eux, ou ne voulant pas exercer, lesdits Baylé et consuls en éliront d'autres, desquels ils prendront le serment comme il a été dit ci-dessus. *Item* ordonnons que lesdits préposez marqueront aux ouvriers qui tirent la mine, le jour de Saint-Jean-Baptiste, l'endroit où ils travailleront deux à deux pendant toute l'année, lesquels ne pourront abandonner cet endroit marqué pour aller à un autre, sur peine de dix livres tournois, applicables au seigneur comte de Foix, toutes les fois qu'on y contreviendra. *Item* lesdits ouvriers seront obligez de tenir ces endroits, qui leur seront marquez, nets et sans embarras, sur la même peine, et lesdits préposez seront obligez de les visiter toutes les semaines pour vérifier leur diligence. *Item* les ouvriers travaillant audit minier, ou y faisant travailler, ne pourront prendre que huit deniers, monoye courante pour chaque quintal de mine qu'ils vendront audit minier, sur peine de perdre ladite mine, applicable, en cas, audit seigneur comte. *Item* que ceux qui sortent ladite mine dudit minier, soient tenus de faire autant de voyages qu'il leur sera ordonné par lesdits préposez, eu égard au temps et à l'ouvrage : et en cas ils ne le feront, leur salaire sera diminué à proportion. *Item* il est défendu à toutes personnes, d'enlever la mine de sa place, ni du minier, sauf le consentement de celui auquel elle appartient, à peine de dix livres applicables, comme dessus, audit seigneur comte. *Item* que dans chaque place dudit minier il y aura des poids justes pour ladite mine en la vendant, lesquels poids lesdits préposez seront tenus de visiter souvent pour éviter les fraudes entre les vendeurs et acheteurs : et en cas, ils trouveront quelqu'un se servir des poids courts, il encourra la peine de dix livres applicables comme dessus. *Item* lesdits préposez visiteront les mines tirées du minier avant qu'on ne les vende, et examineront si elles sont bonnes ou mauvaises : et en cas, ils en reconnaîtront ne rien valoir, ils pourront les jeter par la montagne en bas, comme on l'a anciennement pratiqué : et celui qui leur présentera de la mauvaise mine, sera condamné sans rémission, en deux sols tolosains à leur égard pour leur peine et leur travail. Enfin, parce qu'il est juste de favoriser les habitants de cette vallée, dont les prédécesseurs ont veillé à la conservation dudit minier ; lesdits habitants de ladite vallée ; qui voudront de la mine au prix ci-dessus établi, seront préférez à tous autres acheteurs étrangers : supposé toujours que lesdits habitants ne se monopolent pas et qu'ils ne se servent point de cette faveur pour frustrer les autres, mais qu'ils exposent en vente cette même mine à un endroit du lieu, et la vendent à tous ceux qui en voudront audit prix de huit deniers, leur permettant néanmoins de prendre pour le port de ladite mine du minier jusques au lieu, cinq deniers monoye courante par quintal, qu'ils pourront vendre à seize deniers dans ladite vallée et non à plus haut prix ; que si quelqu'un est surpris à la vendre plus cher, il sera condamné en l'amende de dix livres applicables audit seigneur comte. Voulons que les présents règlements soient étroitement observez sous le bon plaisir dudit sieur comte : à cet effet ordonnons aux baylé et consuls de ladite vallée, et autres officiers de justice de la communauté, sur le serment par eux prêté de les faire publier, par le premier sergent, dans ladite vallée et lieux accoutumez, afin que personne n'en prétende cause d'ignorance ; et que ceux qu'ils regardent ayent à les observer de point en point. Donné à Foix, le 7 août 1414, par ledit sieur sénéchal et le conseil, auquel assistaient les juges d'appel, l'ordinaire et juge de Pamies ; lesquelles réquisitions ainsi faites, ledit sénéchal, ayant examiné lesdits règlements, et les ayant reconnus des plus justes, aurait fait venir pour des certaines considérations à ce le mouvant, Jean de Casal, sergent public dudit lieu, auquel il aurait enjoint de les aller publier au son de la trompette, afin que personne ne pût les ignorer, à quoi ledit Casal aurait d'abord satisfait, ayant publié à haute et intelligible voix, au son de la trompette, lesdits règlements, en présence de la plus grande partie des habitants de ladite vallée, de laquelle publication, et de tout ci-dessus, lesdits consuls ont requis acte, qui leur a été concédé dans le lieu de Vicdessos, le 15 novembre 1414. Régnant Charles, roy de France, en présence de nobles Arnaud Arrasis, chapelain ; Guilhaume de Montesar, Me Jean de Miques, notaire de Pamies ; Pierre Goujon, marchand de Tarascon, et de moy, Pierre Case, notaire dudit lieu de Tarascon, et de toute la comté de Foix, qui requis, l'ay retenu et signé de mon seing ordinaire.

Vincens de ville, seigneur de Benagues, conseiller, procureur du roy des juridictions royales de la ville et consulat de Tarascon, vallée de Sigues, et châtelénie de Quié, ancien maire et assesseur de la vallée de Vicdessos.

Aprés avoir examiné avec attention l'extrait du règlement fait par Messieurs les consuls de la vallée de Vicdessos, le 21 août 1731. Ci-devant écrit, avec les pièces en dépendantes, ensemble l'ordonnance de Monsieur l'intendant qui le confirme, avons trouvé le tout conforme aux originaux, sur lequel extrait foy doit être ajoutée, tant en jugements que dehors : en témoin de quoi nous sommes signé. Fait à Vicdessos, le 27 août 1732.

V. Ville de Benagues, commissaire.

N° 5.

Lettres patentes de Henri IV, roi de France, contenant confirmation des droits et priviléges accordés aux habitants de la vallée de Vicdessos par les comtes de Foix (1610).

Henri par la grâce de Dieu roi de France et de Navarre, à tous présents et à venir, salut.

Nos chers et bien aimés, les manants et habitants de notre vallée de Vicdessos, en notre pays et comté de Foix, nous ont fait remontrer que nos prédécesseurs, tant rois de France que comtes de Foix, en considération de leur fidélité et qu'ils sont en lieu de frontière, leur ont octroyé plusieurs beaux et grands priviléges, franchises, et libertés et immunités favorables et particulières, desquels priviléges ils ont toujours joui et lesquels leur ont été confirmés en gros par la confirmation générale que nous avons octroyée au mois de février mil six cent huit, à tous les habitants de notre dit pays et comté de Foix, de tous les priviléges accordés par nos dits prédécesseurs, tant rois de France que comtes de Foix. Néanmoins les exposants, de crainte qu'à l'avenir, on ne les puisse troubler et empêcher en leurs priviléges faute de conservation particulière, même après la réunion de notre ancien domaine à la couronne de France, ils nous ont très-humblement supplié et requis de confirmer, particuliérement tous et chacun, les priviléges à eux accordés tant en général qu'en particulier.

A ces causes, désirant conserver aux dits exposants ce que nos prédécesseurs pour justes cause et considérations, leur ont octroyé et lesquels priviléges nous leur avons déjà confirmés par nos lettres en forme de charte, accordées à tout le général des habitants de notre dit pays et comté de Foix, depuis la dernière réunion par nous faite de notre ancien domaine à la couronne de France, avons de rechef aux dits exposants, continué et confirmé de notre grâce spéciale, pleine puissance et autorité royale, confirmons, approuvons et continuons tous et chacun, les priviléges, franchises, libertés, immunités et exemptions à eux concédés tant par nos prédécesseurs rois de France et comtes de Foix que nous, pour en jouir par eux et leurs successeurs tout ainsi que si particuliérement ils étaient spécifiés par le même, et comme ils en ont bien et dûment joui et usé avant la dite réunion ; jouissent et usent du présent, sans que pour ladite réunion, ou à cause d'icelle, nous ayons entendu comme nous n'entendons y avoir aucunement dérogé ni préjudicié.

Si donnons en mandement à nos amés et féaux conseillers, tenant notre cour de parlement..... Chambres de comptes et cour des aides au dit ressort, et à tous autres, nos juges et officiers, qu'il appartiendra, que du contenu en dites présentes, ils fassent jouir, souffrent et laissent jouir, et user les dits exposants et leurs successeurs pleinement, paisiblement et à toujours, sans qu'il leur soit donné aucun trouble ou empêchement au contraire ; ainsi si aucun leur était fait, mis ou donné, ils fassent le tout remettre au premier état, et nonobstant opposition ou appellations quelconques, édits et ordonnances à ce contraire, auxquelles et aux dérogatoires des dérogatoires y contenus, nous avons par ces diverses présentes, dérogé et dérogeons, car tel est notre plaisir; et afin que ce soit chose ferme et stable à toujours, nous avons à icelles fait mettre notre scel, sauf en autres choses, nos droits et d'autrui en toutes.

Donné à Paris, au mois de mars, l'an de grâce mil six cent dix et de notre règne le vingt-unième. Par le roi, etc.

N° 6.

PROCÈS-VERBAL DES CONSULS DE VICDESSOS,
ET RÈGLEMENT DE RANCIÉ DE 1731.

Procès-verbal des consuls de Vicdessos.

L'an mil sept cent trente-un, et le dix-neuvième jour du mois d'août, au lieu de Vicdessos et dans la maison commune, nous, Joseph de Guillem, Jean Ruffin, Jean Delpy et Antoine Rousse, consuls de la vallée de Vicdessos, sur les différentes plaintes à nous portées depuis le vingt-quatrième juin dernier, par plusieurs maîtres des forges, voituriers et autres personnes, et de différents endroits, sur le peu de mine qu'on tirait de nos miniers de la montagne de Rancié, ce qui faisait que les forges de la présente vallée vaquaient en défaut de mine, et que même celle qu'on débitait se trouvait de mauvaise qualité, ce qui occasionnait que le fer qui en provenait était très-mauvais, et que cela ne provenait que du peu d'attention que les jurats avaient de faire la vérification avant qu'elle fût exposée en vente à la place du minier, et que les mêmes jurats n'avaient aucun soin pour exécuter les anciens règlements pour l'entretien du minier, pour la débite de la mine, et pour obliger les minerons à donner la mine au prix réglé par la dernière ordonnance rendue à ce sujet ; que même les habitants de Sem s'étaient fait un usage d'aller prendre la plus grande partie de la mine qui se tirait du minier, afin de la vendre chez eux à Sem au prix qu'ils veulent ; ce qui est cause que le prix de la mine est devenu à un prix excessif au minier, et ailleurs, ce qui donne lieu aux minerons de ne faire qu'une volte le jour, parce qu'ils la vendent au prix qu'ils veulent, une volte leur vaut autant que quatre, s'ils la baillaient au prix réglé par les consuls nos devanciers ; que même les minerons qui sont obligés d'entrer au minier à huit heures du matin en cette saison, et quitter le soir à sept, n'entrent qu'à midi et quelquefois plus tard ; ce qui est un dérangement ruineux dans le commerce : sur quoi nous nous serions transportés différentes fois au minier, pour examiner par nous-mêmes si les faits ci-dessus exposés étaient véritables ; aurions commencé par faire faire la vérification de l'état du minier, que nous aurions trouvé dans le dernier désordre ; et afin de le remettre, nous aurions donné les ordres convenables, et ensuite aurions pris des informations sur tous les autres faits que nous avons trouvés avérés : et après avoir appelé à la place du minier tous les jurats, avec tous les minerons, leur aurions ordonné d'exécuter les anciens réglements, et en conséquence leur aurions prescrit ceux qu'ils doivent suivre, pour la bonne règle du minier et du commerce, ce qui n'a été que très-mal exécuté, tant de la part des jurats, minerons, que voituriers, ce qui tend à la perte du commerce ; à quoi il importe de remédier, en faisant un règlement général à ce sujet, en conséquence du règlement du quinzième novembre mil quatre cent quatorze, ordonnance de monseigneur d'Andresel, alors intendant, du 21 juin 1722. Au surplus, le quatorzième du courant, nous aurait été signifié un acte de la part de M. Adrien de la Fosse, fermier de la marque des fers du royaume, poursuite et diligence de M. Louis Joly de Monchery, son directeur au département de Foix, pour nous sommer à ce que nous ayons à taxer la mine, tant pour les voituriers étrangers que pour les habitants ; et que le prix pour les étrangers ne pourra être que de deux sols par volte au-dessus de celui des habitants, en conformité de la susdite ordonnance de monseigneur d'Andresel, du dit jour 21 juin 1722, avec sommation de tenir la main à l'exécution de la dite ordonnance ; ce faisant, taxer la dite mine à proportion du prix actuel des denrées, tant pour le bien du commerce, que pour l'intérêt du Roy, avec protestation, en cas de contravention, de toutes les pertes souffertes et à souffrir de la part du dit monsieur Lafosse, sur laquelle signification, et en conséquence de la dite ordonnance de monseigneur d'Andresel, aurions appelé Jean Claret Jolicœur, Gaspar Seguelas Delpastou, François Miche et Francouly, jurats, de comparaître à ce jour devant nous dits consuls, ayant l'assistance de M. Vincens Ville, conseiller procureur du Roi de la ville de Tarascon et autres lieux, notre assesseur, aurions fait faire en leur présence, par le sieur Peyré, notre greffier, la lecture du susdit acte de M. Lafosse, et de l'ordonnance du dit seigneur intendant, après les avoir interpellés de nous dire à quel prix ils jugeaient que nous devons taxer la mine, soit pour les habitants que pour les étrangers, ils auraient répondu qu'il fallait les choses dans l'état, sans parler d'aucune taxe, et surtout qu'ils ne consentiraient jamais qu'il y eût aucune taxe sur la mine pour les voituriers étrangers; sur quoi et sur tout ci-dessus, aurions dressé le présent procès-verbal, pour sur icelui être ordonné ce qu'il appartiendra, et fait un règlement général, et tel qu'il conviendra. Fait en présence des sieurs Estienne Rousse et Jacques Denjean, témoins, qui ont signé avec nous, Joseph de Guillem, Jean Ruffié, Jean Delpy, consuls; M. Vincens Ville, assesseur, et Peyré notre greffier : le dit sieur Antoine Rousse a dit ne savoir, de même que les jurats, de Guillem, premier consul, Ruffier consul, Delpy consul, Ville, assesseur, Rousse, Jacques Denjean et Peyré greffier, ainsi signés à l'original.

Soit communiqué au procureur du Roy pour y répondre. A Vicdessos, le 20 août 1731. De Guillem premier consul, Ville assesseur; ainsi signés.

Le procureur du Roy de la vallée de Vicdessos, qui a vu le présent procès-verbal fait par messieurs les consuls de la présente vallée, et leur assesseur, le règlement du 15 novembre 1414, l'acte signifié aux dits sieurs consuls, à la requête de M. Lafosse, à la diligence du sieur Joly, son directeur, pour la marque des fers au département de Foix, l'ordre de monseigneur d'Andresel, du 21 juin 1722, le soit à nous communiqué de ce jour, et tout ce que faisait avoir; requiert pour le Roy que le dit règlement du dit jour 1414, et tous autres rendus au sujet de la police des mines et du commerce d'icelles, seront exécutés selon leur forme et teneur; ensemble l'ordonnance de mon dit seigneur d'Andresel, du dit jour 21 juin 1722, en conséquence qu'il sera fait un règlement général pour l'entretien des miniers, le débit des mines, et pour qu'il ne s'en débite de mauvaise; et qu'ayant égard au prix actuel des denrées, que la volte de la mine soit taxée à quatre sols pour les habitants, et à six sols pour les étrangers au minier, poids de cent cinquante la volte; et en cas de contravention de la part des mineurs, qu'ils soient condamnez à l'amende de dix livres pour la première fois, et de plus grande en cas de récidive ; et pour obvier au préjudice que causent au commerce les habitants et minerons du village de Sem, et les voitures du même village par leurs malversations au minier, et en tenant des magasins de mine dans leurs maisons, qu'il soit défendu aux dits habitants de Sem, d'en acheter ailleurs qu'à la place du minier, et d'en faire des magasins chez eux, au dit village, à moins qu'ils ne veuillent la vendre au même prix de quatre sols la volte à l'habitant de la vallée, et à six sols au voiturier étranger ; et en cas qu'ils contreviendraient, qu'ils soient condamnez à l'amende de cinquante livres, et poursuivis extraordinairement en cas de récidive. Délibéré à Vicdessos, le 20 août 1751. Vergnes, procureur du Roy d'office, signé.

Règlement de Rancié de 1731.

Nous Joseph de Guillem, Jean Ruffié, Jean Delpy et Antoine Rousse, consuls de la vallée de Vicdessos, assistez de M. Vincens Ville, conseiller procureur du Roy, de la ville de Tarascon et autres lieux, notre assesseur, le sieur Gérard Vergnes proconsul, Jean Vergé, Hiérome Escails, Gérard Ville, Jean Rousse, Jean Cazos conseillers politiques, et Antoine Vergnes praticien du présent lieu ; en conseil de police assemblé, dans la maison commune du dit Vicdessos. Veu notre procès verbal du dix-neuvième du courant, et ordonnance de soit icelui communiqué au procureur du Roy, du vingtième même mois, le règlement du 15 novembre 1414, l'acte à nous signifié à la requête de M. Adrien Lafosse, fermier de la marque des fers du royaume, poursuite et diligence de M. Louis Joly de Monchery son directeur au département de Foix ; l'ordonnance de Monseigneur d'Andrezel, alors intendant du Roussillon et comté de Foix du 21 juin 1722, les conclusions du procureur du Roy du 20 du courant, rendues sur le veu des susdites pièces au pied du susdit verbal, et tout ce que faisait avoir, par notre présente ordonnance de police, avons fait le règlement cy-après qui sera exécuté par provision, jusques à ce que par le Roy et son conseil, il aura été statué définitivement sur le procès qui est pendant au conseil, concernant la police des miniers, chemins et autres faits qui intéressent le commerce des mines.

Art 1er. Nous ordonnons que le règlement du 15 novembre 1414 et autres faits à ce sujet, de même que l'ordonnance de monseigneur d'Andrezel du 21 juin 1722, seront exécutez selon leur forme et teneur, sous les peines y contenues.

Art. 2. En conséquence du susdit règlement, nous ordonnons que les jurats assembleront demain les principaux ouvriers travaillant aux mines à la place du minier, à huit heures du matin, où nous nous rendrons, afin que sur nos ordres soient pris les minerons plus entendus, pour aller faire la vérification de l'état des miniers, après avoir prêté en nos mains le serment en tel cas requis, et sur leur rapport être ordonné ce qu'il appartiendra.

Art. 3. Qu'à commencer du 22 du courant, les jurats seront tenus de commander vingt hommes par jour, pour faire les réparations qui seront par nous ordonnées sur le rapport porté au précédent article : ordonnons aux minerons de leur obéir à peine de dix livres contre chaque refusant, applicable pour l'indemnité des autres occupez au dit travail, sans que la dite amende puisse être modérée : ordonnons en outre que ceux employez au dit travail, ne pourront faire qu'une volte par jour pour leur indemnité, à l'heure qui sera marquée par les jurats, sur la même peine de dix livres, applicable comme dessus, lequel nombre d'hommes sera changé chaque jour par tour, et après que tous les minerons auront satisfait, on recommencera le même ordre jusqu'à l'entier rétablissement des miniers.

Art. 4. Les jurats seront tenus de nous avertir après que tous les ouvrages seront parachevez, afin que nous montions aux miniers pour en faire par nous-mêmes la vérification et ensuite être ordonné ce qu'il appartiendra pour l'entretien des dits miniers et police d'iceux.

Art. 5. En conformité des anciens règlements, nous ordonnons aux jurats qu'à l'avenir, depuis le premier mars jusques au premier novembre, ils feront entrer au minier tout l'office à huit heures du matin et quitteront à sept heures du soir, à peine d'être destitués de leur charge, et de dix livres d'amende contre tout mineron qui ne se trouvera pas à l'heure prescrite, applicable la dite amende à des réparations publiques, et que depuis le premier novembre jusques au premier mars, on entrera à neuf heures du matin, et on sortira à quatre du soir, sur les mêmes peines.

Art. 6. Faisons très-expresses inhibitions et défenses tant aux jurats qu'à tous autres minerons, passé l'heure marquée cy-dessus, de plus travailler, ni entrer au dit minier, à peine de 25 livres d'amende pour la première fois, et en cas de récidive, qu'il en sera enquis pour être ensuite condamnés aux peines de droit.

Art. 7. Nous défendons à tout mineron d'entrer le matin au minier, que tout l'office ne soit assemblé pour entrer tous ensemble, après qu'il aura été ordonné de même par les jurats, à peine de dix livres contre chaque contrevenant, applicables à des réparations publiques.

Art. 8. Que les jurats feront tous les jours la visite des miniers, avec le nombre des minerons qu'ils jugeront à propos de prendre avec eux, pour voir s'il y a de risque avant que de faire entrer tout l'office, et au cas il se trouvera qu'il y ait des réparations à faire pour appuyer le minier, ou autrement, on le fera incessamment, et les mincrons leur obéiront à peine de trois livres d'amende applicables comme dessus.

Ar. 9. Lorsque les jurats reconnaîtront de mauvaise mine dans les ouvrages, feront défenses aux minerons de plus travailler en ces endroits,' à quoi enjoignons aux minerons de leur obéir, à peine de vingt-cinq livres d'amende pour tous minerons qui seront surpris travailler auxdits endroits défendus.

Ar. 10. Les jurats auront toute sorte d'attention pour laisser des piliers pour soutenir le minier, auxquels ils feront des marques, pour que les minerons les reconnaissent, et leur feront défenses d'y toucher : sur quoi leur enjoignons d'obéir, et au cas quelqu'un serait surpris y travailler, en sera informé, pour être condamné aux peines de droit.

Art. 11. Chaque jour les jurats, en entrant au minier, règleront les voltes que les mineurs devront faire, et auront attention qu'on en fasse suffisamment pour charger toute la voiture, soit tant pour les étrangers, que pour les habitants; défendons aux minerons d'en faire au-delà de celles qui auront été réglées par les jurats à peine de dix livres applicables à des réparations publiques et les jurats punis de prison, s'ils sont convaincus de n'avoir pas laissé faire les voyages nécessaires pour charger la voiture par monopole, afin de rendre la mine plus chère et moins abondante.

Art. 12. Et afin de rendre la mine plus abondante, permettons à tous particuliers de faire telles recherches qu'ils viendront, pour découvrir de nouvelles mines dans les miniers communs, à la charge par eux, après en avoir fait la découverte, d'en avertir les jurats, pour en faire la visite, afin d'examiner si la mine se trouve bonne, et si elle est abondante, lesquels seront tenus de nous en faire le rapport, afin que nous puissions donner la jouissance des dites mines, pour un temps convenable, pour l'indemnité du travail de ceux qui en auront fait la recherche : faisons inhibitions et défenses à tous minerons de leur donner aucun trouble dans la jouissance qui leur sera accordée, à peine de dix livres d'amende, applicables comme dessus, sauf à y établir un plus grand nombre de minerons, à mesure que les mines deviendront plus larges, et qui ne pourra être fait que de notre ordre; sur lesquelles mines les jurats auront inspection pour y faire exécuter le présent règlement, soit pour l'exécution que pour la débite.

Art. 13. En conséquence des privilèges accordez aux habitants de la vallée par les anciens comtes de Foix, confirmez par tous les rois, permettons à chaque particulier de notre vallée, de faire la recherche des mines, hors de l'étendue de nos miniers communs; leur accordant en propriété les mines dont ils feront la découverte, avec défenses à tous nos habitants de leur donner aucun trouble; et ne pourront percer qu'à neuf manches de pioche de distance des ouvertures qui auront été faites, suivant les usages de tout temps observez, et en cas de contestation, les parties se pourvoiront devant nous, toutefois que le présent règlement sera exécuté en tout ce qu'il contient, tout de même qu'aux miniers communs sous l'inspection des jurats.

Art. 14. Défendons en conséquence des mêmes privilèges, à tous étrangers, de venir travailler dans aucun minier de la vallée, sans notre permission par écrit, sous les peines portées par les dits privilèges.

Art. 15. Pour ce qui regarde la vente de la mine des grands miniers communs, nous ordonnons qu'elle sera transportée et exposée à la place dite de Lescudelle et non ailleurs; à laquelle place sera établi un poids à notre diligence, pesant 150 livres, avec des balances, le tout bien échantillé, auquel poids tout voiturier sera tenu de peser la dite mine, à peine de dix livres d'amende contre les refusants, applicable en aumônes, ou en des réparations publiques, comme le cas le requiert.

Art. 16. Mais défendons à tous minerons de vendre la mine en chemin, sortant du minerai pour venir à la dite place, et à tout voiturier de l'y acheter sur la même peine de dix livres, applicable comme en l'article précédent.

Art. 17. Ordonnons aux minerons de distribuer aux voituriers habitants de la vallée, la mine, à mesure qu'ils arriveront au minier, par préférence aux voituriers étrangers, conformément au règlement du 15 nombre 1414, à peine de dix livres, applicables comme dessus.

Art. 18. Que les voituriers étrangers seront aussi pourvus de mine, en suivant les règles prescrites par le dit règlement, lequel sera lu à la place du minier, et donné à entendre aux jurats, pour qu'ils tiennent la main à son exécution, et aux minerons et voituriers pour s'y conformer, à peine d'y être contraints par les peines portées par icelui.

Art. 19. Nous ordonnons aux minerons, de donner le quintal de la mine aux voituriers de la vallée à quatre sols par provisions et aux voituriers étrangers à six sols, à peine de confiscation de la mine, et de trois livres d'amende pour la première fois, et de dix livres en cas de récidive. Défendons sur les mêmes peines aux voituriers, tant de la vallée qu'étrangers, d'en donner au-delà sans que la dite peine puisse être réduite ni modérée.

Art. 20. Quand les minerons auront lieu de se plaindre contre les voituriers quels qu'ils soient, ils en porteront la plainte aux jurats, qui seront tenus de conduire toutes parties au lieu qui leur sera ci-après marqué, en suivant les anciens usages, où nous irons les prendre pour les conduire dans la maison de ville, pour être ouïs sommairement, et être fait droit ainsi qu'il appartiendra.

Art. 21. Et jusques à ce que le poids sera établi audit minier, les minerons seront tenus de tirer leur volte pesant 150 livres; et au cas il sera justifié du contraire, par le témoignage que les voituriers donneront, que la mine aura été pesée à Vicdessos à un poids bien échantillé, le mineron sera tenu de payer ce qui manquera pour parfaire le quintal, et autres dommages causez aux voituriers de la vallée, et aux étrangers, ce qui sera par nous réglé, ainsi qu'il appartiendra.

Art. 22. Défendons aux habitants de Sem, et à tous autres d'acheter aucune mine au minier, que leur voiture ne soit présente, pour ne pas frustrer la voiture, qui se trouvera à la place du minier, et qu'elle puisse être chargée en suivant ce qui est porté par le 17ᵉ et 18ᵉ article, à peine de cinq livres d'amende pour la première fois et de 10 livres en cas de récidive, et leur mine confisquée.

Art. 23. Défendons très-expressément aux habitants de Sem, de prendre que deux quintaux de mine par jour pour chaque cheval ou mulet, lorsqu'ils voudront apporter la mine à Tarascon, ou hors la vallée, et six quintaux lorsqu'ils voudront la porter pour l'usage des forges de ladite vallée, à peine de confiscation de la mine qu'ils achèteront au delà de ce qui est prescrit par le présent article, et de cinq livres d'amende pour la première fois, et de dix livres en cas de récidive, pour être employées aux réparations les plus urgentes des chemins de la vallée.

Art. 24. Défendons pareillement auxdits habitants de Sem, de faire aucuns magasins dans leurs maisons, ni vendre de la mine audit lieu, sur quelque prétexte que ce soit, à moins qu'elle ne soit pour l'usage des forges de la vallée, ou pour le transport en Gascogne, pour l'échange du charbon qu'on rapporte pour l'usage desdites forges, et cela n'est que pour empêcher que lesdits habitants ne fassent aucun monopole, comme se trouvant à portée du minier, ainsi qu'ils l'ont pratiqué par le passé en prenant toute la mine au prix que les minerons voulaient, ce qui faisait que la voiture de la vallée et étrangère, était obligée journellement de s'en retourner à vuide; le présent article sera exécuté en tout ce qu'il contient, à peine de confiscation des mines qui seront trouvées dans les maisons dudit lieu, et de 25 livres d'amende pour la première fois, et de plus grande en cas de récidive, le tout applicable aux réparations de l'église dudit lieu, ou autres réparations publiques.

Art. 25. Défendons aussi aux voituriers de l'étendue de la vallée qui ne porteront pas la mine aux forges, ou qui ne vont point la porter en Gascogne, pour l'échange du charbon, qui sert pour l'usage des forges, de prendre que deux quintaux de mine par jour par bête, et ce, afin qu'ils ne fassent point de magasins chez eux, ni aucun monopole, pour faciliter par cet endroit à tous les voituriers, tant de la vallée qu'aux étrangers, de charger à mesure de leur arrivée au minier, et ce, à peine de confiscation de la mine qu'ils prendront au delà de ce qui est porté par le présent article et trois livres d'amende la première fois, et de six livres en cas de récidive.

Art. 26. Et afin de rendre la mine plus commune et que tout le monde puisse la charger en arrivant au minier, nous faisons très-expresses inhibitions et défenses à tous minerons de prendre aucuns coulias pour la voiture, qui est hors de la vallée, sous quelque prétexte que ce soit, même pour les voituriers de la vallée, qui seulement pour la voiture qui est destinée pour pourvoir les forges de la vallée et celle qui porte la mine en Gascogne, pour le change des charbons qu'elle en rapporte pour l'usage desdites forges, et ce à peine de dix livres d'amende pour la première fois, et de plus grande en cas de récidive, tant contre le mineron qui donne la mine, que contre les voituriers qui voudront charger, ladite amende pour être aumônée, et pour des réparations publiques.

Art. 27. Défendons très-expressément à toutes personnes qui vendront de la mine à Vicdessos, de la vendre aux habitants qu'à six sols le quintal, et en suivant le règlement de 1414, à peine de confiscation de la mine et de trois livres d'amende; et sur la même peine il est défendu de la vendre à plus haut prix aux forges, et de dix livres d'amende contre les maîtres de forges d'en donner au delà, afin que l'égalité du prix se trouve dans ladite vallée.

Art. 28. Nous ordonnons que dans huitaine à notre diligence, tous les poids des forges seront échantillés, même tous ceux des marchands qui débitent de la mine dans toute la vallée, lesquels poids seront tous de cent cinquante livres le quintal, et si après avoir été échantillés, on en surprend des plus grands, les maîtres à qui ils appartiendront seront condamnés en l'amende de vingt livres pour la première fois, et seront poursuivis par la voye criminelle en cas de récidive.

Art. 29. Nous enjoignons aux jurats, lorsqu'il arrivera quelque contravention au présent règlement, aux miniers qu'ils conduiront les parties, avec les témoins nécessaires pour justifier les faits dont il s'agira au bout du pont dit de l'Oratoire, conformément aux anciens usages, où nous irons les prendre pour les conduire, suivant les mêmes usages, dans la maison de ville, pour être toutes parties ouïes sommairement avec l'assistance de notre assesseur, et être ensuite ordonné ce qu'il appartiendra.

Art. 30. Sera payé aux jurats, toutes les fois qu'ils conduiront des prisonniers, quarante sols, payables par les coupables; et si mal à propos ils en amènent sans fondement, seront eux-mêmes condamnez aux dommages causez aux parties, et à telle autre peine que de droit.

Art. 31. Et comme il se trouve que les minerons sont insolvables, et pour mieux les contenir en leur devoir, et à suivre régulièrement le présent règlement, ils resteront dans la maison de ville jusques après avoir payé les amendes et frais ausquels ils auront été condamnez par nos ordonnances de police.

Art. 32. Notre honoraire, et celui de nos officiers de justice, sera réglé suivant l'exigence des cas, par les ordonnances qui seront rendues.

Art. 33. Nous ordonnons aux jurats de faire faire la lecture du présent règlement chaque premier jour du mois, à la place du minier, en présence de tout l'office, et le faire exécuter en tout ce qu'il contient, à peine contre eux d'être destitués de leurs charges.

Art. 34. Et finalement sera en notre présence, le présent règlement, lu, publié et affiché, à un poteau à la place du minier, demain 22 du courant, où nous nous rendrons, comme aussi, lu, publié et affiché, à la place publique du présent lieu, et dans toutes les paroisses de la présente vallée, enjoignant aux conseillers politiques de chaque lieu, de tenir la main à son entière exécution. Fait à Vicdessos, le 21 août 1731, de Guilhem, premier consul; Delpy, consul; Ville, assesseur; Vergnes, Vergé, doyen, Ville, Cazes, Escaich, Vernes, et Peiré, greffier, ainsi signé à l'original.

Extrait tiré de son original mot à mot, par moy, greffier de la vallée de Vicdessos, soussigné, sans y avoir ajouté, ni diminué. A Vicdessos, ce premier septembre 1731, Peyré, greffier.

Prosper-André Bavyn, chevalier seigneur de Faillals et autres lieux, conseiller du roy à tous ses conseils, et honoraire en la grande chambre du parlement de Paris, intendant de justice, finances, fortifications de la province de Roussillon et pays de Foix.

Veu le présent règlement donné par les consuls de Vicdessos, sur la police qui doit être observée aux miniers; ensemble l'arrêt du conseil d'état du roi du 16 octobre dernier, et la commission sur icelui.

Nous ordonnons par provision, et en attendant que par sa Majesté il en soit autrement ordonné, que ledit règlement sera exécuté selon la forme et teneur, lu, publié et affiché dans la place du minier et autres lieux de ladite vallée que besoin sera, à la diligence des consuls de Vicdessos, qui tiendront la main à son exécution : enjoignons aux jurats dudit minier, aux minerons, aux voituriers et aux autres qu'il appartiendra, de se conformer aux dépositions portées par ledit règlement, sur les peines y contenues. Fait à Perpignan, le 17 janvier 1732, Bavyn, par monseigneur Peyrotes.

N° 7.

ORDONNANCES DE CONCESSION,

ET RÈGLEMENT GÉNÉRAL DE RANCIÉ DE 1833.

Ordonnances de concession.

Louis-Philippe, roi des Français, à tous présent et avenir, salut;

Nous avons ordonné et ordonnons ce qui suit :

Article premier. Les communes de Sem, Goulier, Olbier, Auzat, Saleix, Orus, Suc-et-Sentenac, Illier-et-Lamarade (Ariége) sont déclarées concessionnaires des mines de fer de Rancié.

Louis-Philippe, roi des Français, à tous présents et à venir, salut;

Nous avons ordonné et ordonnons ce qui suit :

Article premier. L'article 1er de l'ordonnance royale du 31 mai 1833, est et demeurera remplacé par la disposition ci-après :

Les communes de Vicdessos, Sem, Goulier et Olbier, Auzat, Saleix, Orus, Suc-et-Sentenac, Illier-et-Lamarade (Ariége) sont déclarées concessionnaires des mines de fer de Rancié.

Règlement général pour l'exploitation des mines de Rancié
(département de l'Ariége).

TITRE PREMIER.

DE L'ADMINISTRATION DES MINES DE RANCIÉ.

Art. 1er. Le préfet du département de l'Ariége est chargé, sous les ordres du directeur général des ponts et chaussées et des mines, de l'administration et de la police des mines de Rancié.

Il prend les mesures nécessaires pour que l'exploitation de ces mines réponde aux besoins des consommateurs.

Il taxe le prix du minerai; il arrête chaque année la liste des mineurs et nomme les jurats.

Il est l'ordonnateur du fonds spécial produit par le droit perçu à la vente du minerai, en vertu de l'arrêté des conseils du 24 germinal an II, et il délivre les mandats pour le payement des dépenses faites sur ce fonds, conformément au budjet qui est arrêté annuellement par le directeur général.

Art. 2. L'ingénieur en chef des mines du département de l'Ariége, ayant sous ses ordres un ingénieur ordinaire en station à Vicdessos, est chargé de la proposition des travaux à exécuter dans les mines et de la direction des travaux.

Il adresse les projets annuels au préfet qui les transmet avec ses observations au directeur général des ponts et chaussées et des mines, lequel prononce, après avoir pris, s'il y a lieu, l'avis du conseil général des mines.

TITRE II.

DES TRAVAUX DES MINES DE RANCIÉ.

Art. 3. Les travaux qui s'exécutent aux mines de Rancié, sont de deux sortes, savoir : 1° les travaux d'exploitation immédiate du minerai et 2° les travaux des galeries d'écoulement ou de communication, des ouvrages de recherches, des puits d'airage et des autres ouvrages d'art.

SECTION PREMIÈRE.

Travaux d'exploitation proprement dits.

Art. 4. Les travaux d'exploitation immédiate de minerai consistent à abattre le minerai et à l'extraire de la mine. Conformément aux anciens usages, lesdits travaux seront exécutés par des mineurs pris dans les huit communes (Vicdessos, Sem, Goulier et Olbier, Auzat, Saleix, Suc-et-Sentenac, Orus, Illier-et-Laramade), composant l'ancienne vallée de Vicdessos sous la direction immédiate des jurats pris dans le corps des mineurs. Ces travaux continueront d'être payés par la vente que fera directement chaque mineur, du minerai extrait par lui.

Art. 5. Les travaux d'exploitation se divisent aussi en deux classes, savoir : 1° ceux qui ont lieu sur la couche métallifère ; et 2° ceux qui exploitent des massifs ou blocs de minerai isolés dans les anciens chantiers (ou atelier d'abattage), ou situés au milieu des débris provenant de l'écroulement de ces chantiers.

§ 1er. Exploitation sur la couche.

Art. 6. Lorsqu'il s'agira d'exploiter une partie jusque-là intacte de la couche métallifère de Rancié, l'ingénieur en chef des mines, après avoir reconnu les localités, donnera ses instructions à l'ingénieur ordinaire, lequel dressera un plan d'exploitation. L'ingénieur en chef transmettra ce plan au préfet avec ses observations; le préfet le soumettra avec son avis au directeur général des ponts et chaussées et des mines qui, après avoir entendu le conseil général des mines, arrêtera le plan à suivre.

Art. 7. Conformément à ce plan, l'ingénieur tracera la disposition à donner aux chantiers d'exploitation, et il déterminera le nombre de mineurs à y placer. Les jurats les y placeront et veilleront exactement à ce qu'ils suivent la direction donnée, ce qui sera, de temps à autre, vérifié par le conducteur principal des travaux.

Art. 8. Si dans un chantier, le minerai venait à changer de direction ou a n'être plus exploitable, et si, par suite, il fallait changer les dispositions prescrites, il sera donné avis à l'ingénieur en chef, qui indiquera la marche à suivre, en se tenant dans les limites fixées par le plan arrêté. Dans le cas où l'ingénieur en chef, qui indiquera la marche à suivre, croirait nécessaire de dépasser ces limites, il en ferait son rapport au préfet qui prendrait les ordres du directeur général, et, en ce cas d'urgence, statuerait provisoirement.

Art. 9. Pour les portions de la couche métallifère à exploiter entre des excavations déjà existantes, l'ingénieur ordinaire des mines, après avoir pris les instructions de l'ingénieur en chef, dirigera l'exploitation de manière à pourvoir à la sûreté des ouvriers, et à assurer l'extraction du minerai aussi complétement qu'il sera possible.

§ 2. Exploitation dans les éboulis.

Art. 10. Les masses et blocs de minerai situés dans les anciens chantiers et au milieu des débris d'éboulement, seront exploités, conformément aux anciens usages par les mineurs qui les auront découverts, après que les jurats ayant, sous la direction de l'ingénieur des mines, visité les lieux, auront reconnu que le minerai est de bonne qualité, et que l'exploitation peut être exécutée sans danger et sans porter préjudice aux chantiers voisins.

Art. 11. La brigade (ou le parti) de mineurs qui aura découvert le chantier, en aura la jouissance; cependant, si le chantier est susceptible de recevoir un plus grand nombre de mineurs les jurats y établiront aussi ceux qu'ils jugeront convenables d'y placer et qu'ils ne pourraient occuper convenablement ailleurs.

Art. 12. Les mineurs exploitant tels chantiers sont tenus de pourvoir à leur entretien, ainsi qu'à l'entretien des communications de ces chantiers avec la grande galerie du service commun. Les jurats veilleront à ce que ces travaux d'entretien soient bien faits, et ils ordonneront, à cet effet, les réparations et les boisages qu'ils jugeront nécessaires.

Art. 13. Lorsque, dans un de ces chantiers, les mineurs auront à faire ébouler quelques blocs de minerai ou de roche, ils devront, avant d'y procéder, en prévenir le jurat de service, lequel ne permettra le travail que lorsqu'il aura reconnu qu'il peut se faire sans compromettre la sûreté des ouvriers et la stabilité des chantiers voisins.

SECTION II.

Travaux accessoires à l'exploitation et ouvrages d'art.

Art. 14. Lorsqu'un ouvrage d'art, accessoire à l'exploitation directe du minerai, sera reconnu nécessaire, l'ingénieur ordinaire en rédigera le projet et l'adressera à l'ingénieur en chef, lequel le soumettra au préfet avec ses observations.

Art. 15. Si le travail à exécuter est peu considérable, s'il n'exige pas un percement de plus dix mètres dans le roc ou dans le minerai, et s'il ne doit pas coûter plus de 500 francs, le préfet pourra en autoriser la mise à exécution ; le préfet pourra également autoriser des réparations à une des galeries de service existantes lorsque la dépense n'excédera pas mille francs.

Il sera donné avis immédiat de ces dépenses au directeur général des ponts et chaussées et des mines.

Art. 16. Pour tout ouvrage dont les dépenses excéderaient les sommes qui ont été mentionnées à l'article précédent, le préfet adressera le travail des ingénieurs avec ses propres observations au directeur général des ponts et chaussées et des mines, lequel statuera après avoir pris l'avis du conseil général des mines.

En ce cas d'urgence, le préfet pourra autoriser à commencer l'ouvrage.

Art. 17. L'ingénieur en chef des mines transmettra la décision du directeur général, avec ses instructions, à l'ingénieur ordinaire, lequel désignera les ouvriers chargés de l'exécution, dirigera cette exécution et en suivra les détails, ou les fera suivre par le conducteur des travaux. L'ingénieur veillera aussi à ce que les registres, constatant l'avancement de l'ouvrage et les dépenses qu'il exige, soient convenablement tenus. Il dressera les bons ou certificats, pour le payement de ces dépenses, de la manière qui lui sera indiquée par l'ingénieur en chef.

Art. 18. Les dépenses seront acquittées sur le fonds spécial des mines de Rancié.

Art. 19. L'ouvrage sera reçu par l'ingénieur en chef des mines ; le procès-verbal de réception sera transmis au préfet.

TITRE III.

DU PERSONNEL DES MINES DE RANCIÉ.

SECTION PREMIÈRE.

Du conducteur des travaux.

Art. 20. Un conducteur principal des travaux est placé aux mines de Rancié pour diriger, sous les ordres de l'ingénieur ordinaire des mines, tout ce qui concerne l'exploitation.

Art. 21. Ce conducteur sera nommé par le directeur général des ponts et chaussées et des mines, sur la présentation de l'ingénieur en chef des mines et sur l'avis du préfet.

Art. 22. Son traitement sera fixé par le directeur général, et payé sur le fonds spécial des mines de Rancié.

Art. 23. Le conducteur principal veillera à la bonne conduite de tous les travaux des mines ; il dirigera immédiatement les travaux qui seront payés sur le fonds spécial.

Art. 24. Il tiendra les divers registres relatifs à ces travaux et à leurs dépenses, conformément au mode prescrit par le préfet.

Art. 25. Il lèvera les plans nécessaires au service, et particulièrement ceux constatant l'avancement annuel des travaux d'exploitation. Il tiendra, sous les ordres de l'ingénieur, les registres de cet avancement, ainsi qu'il est prescrit par le décret du 3 janvier 1813 sur la police des mines, et notera sur ce registre, au fur et à mesure de l'avancement des travaux, les circonstances remarquables qui se seront présentées dans l'exploitation, ainsi que des renseignements sur la nature et sur la richesse des minerais successivement exploités.

Art. 26. Aussitôt que le conducteur principal remarquera dans une partie quelconque des mines quelque apparence de danger, il en rendra compte à l'ingénieur, et il le signalera aux jurats, en leur indiquant ce qu'il croira convenable de faire pour prévenir les accidents.

Il donnera également, sans délai, avis à l'ingénieur de tout accident qui surviendrait dans les mines. En cas d'absence de l'ingénieur, il le remplacera, tant pour la rédaction des procès-verbaux à dresser, que pour les mesures à prendre à l'effet de porter remède à un danger imminent, le tout conformément aux art. 13 et 14 du décret du 3 janvier 1813 sur la police des mines.

Art. 27. Le conducteur principal dirigera les jurats dans la surveillance qu'ils doivent exercer sur la conduite et la tenue des chantiers d'exploitation.

Art. 28. Il veillera à ce que les jurats fassent exécuter les règlements, et il rendra compte à l'ingénieur des négligences qu'il aurait remarquées à cet égard.

Art. 29. Dans le cas où les jurats négligeraient de dresser les procès-verbaux des contraventions, le conducteur les dressera lui-même. Il sera, à cet effet, assermenté devant le tribunal de première instance de l'arrondissement, et sa commission y sera enregistrée.

Art. 30. Le conducteur principal assistera aux séances de réunion des jurats, lorsqu'il le jugera convenable, et il aura voix délibérative. Il fera transcrire, sur le registre de ces séances, les observations qu'il croira nécessaires à la bonne exploitation et à la police des mines. Il fera aussi transcrire les ordres et les instructions du préfet et de l'ingénieur des mines, lorsqu'il en sera chargé.

SECTION II.

Des jurats.

Art. 31. Les jurats ou conducteurs temporaires exercent les fonctions de maîtres mineurs. Ils sont chargés de la conduite des travaux d'exploitation proprement dite, et de la police immédiate des mineurs.

Art. 32. Les jurats seront au nombre de cinq. Ils seront choisis parmi les mineurs de Rancié qui auront travaillé dans les mines, au moins pendant trois années consécutives.

Art. 33. Les jurats seront nommés pour cinq ans et renouvelés par cinquième, un chaque année. Le jurat sortant pourra être indéfiniment réélu.

Art. 34. Chaque année dans le courant de décembre, les maires des huit communes de la vallée, réunis à Vicdessos, sur la convocation du préfet et sous la présidence du maire de Vicdessos, dresseront une liste de trois candidats, dont le jurat sortant fera nécessairement partie, et sur laquelle aucun des maires ne pourra être porté. Des observations seront jointes à cette liste, sur la manière dont le jurat sortant aura rempli ses fonctions, et sur les services et les titres des deux autres candidats ; la liste ainsi annotée sera transmise au préfet par le maire de Vicdessos.

Art. 35. De son côté, l'ingénieur des mines en station à Rancié, dressera une semblable liste de trois candidats dont le jurat sortant fera aussi partie, et qui renfermera également des observations sur les titres de ce jurat à une réélection, et sur les titres de ses concurrents. L'ingénieur transmettra cette liste au préfet.

Art. 36. Le préfet, après avoir pris l'avis de l'ingénieur en chef des mines, choisira le jurat parmi les trois candidats présentés sur l'une ou l'autre liste. Son arrêté portant nomination, sera soumis à l'approbation du directeur général.

Art. 37. Le jurat nommé prêtera serment devant le tribunal de première instance de l'arrondissement et il y fera enregistrer sa commission.

Art. 38. Il sera ensuite installé par le maire de Sem, en présence de l'ingénieur des mines, du conducteur principal des autres jurats et des mineurs assemblés à cet effet.

Jusqu'à cette installation, le jurat sortant continuera ses fonctions.

Art. 39. Les jurats répartiront les mineurs dans les divers chantiers d'exploitation, proportionnellement à l'étendue ou à la richesse de chacun de ces chantiers, et à la connaissance qu'ils ont des individus ; les mineurs d'un même chantier forment une brigade (ou un parti).

Aucun mineur ne pourra changer de chantier sans l'assentiment préalable des jurats.

Art. 40. En conformité des anciens règlements, les jurats feront entrer aux mines, le corps de mineurs (ou l'office), et les en feront sortir, savoir :

Depuis le 1er mars jusqu'au 1er novembre, on entrera à huit heures du matin et on sortira à sept heures du soir.

Depuis le 1er novembre jusqu'au 1er mars, on entrera à neuf heures du matin et on sortira à quatre heures du soir.

L'une et l'autre durée de travail dans la mine pourra être abrégée, si la tâche qui aura été assignée aux mineurs peut être terminée en moins de temps.

Art. 41. Chaque jour, avant d'ouvrir les portes des mines au corps des mineurs ou à l'office, les jurats, accompagnés d'ouvriers expérimentés et de leur choix, entreront et feront la visite des galeries de service et des chantiers d'exploitation, particulièrement de ceux où l'on soupçonne quelque danger. S'ils n'ont rien vu de périlleux, ils feront entrer les mineurs.

Lorsque dans un chantier, ils apercevront quelque menace d'éboulement ou autre danger, ils commanderont un certain nombre de mineurs pour y aller faire les réparations convenables, et dans le cas où ils jugeraient que les ouvriers de ce chantier ne peuvent y travailler à l'exploitation du minerai, ils les répartiront provisoirement dans les autres chantiers.

Si dans une des mines, le danger menaçait la généralité des chantiers, les jurats congédieraient, pour ce jour, les mineurs de cette mine, sauf ceux qu'ils auraient commandés pour les réparations; mais ils feraient entrer et travailler à l'exploitation du minerai, ceux des autres mines.

Art. 42. Les jurats empêcheront qu'aucun mineur ne pénètre dans les mines, sans leur ordre, avant que les portes en aient été ouvertes à l'office, ou après que les portes auraient été fermées.

Ils ne permettront pas que les mineurs qu'ils auront fait entrer avant l'office, pour faire des réparations, travaillent à l'exploitation ou à l'extraction du minerai.

Art. 43. Avant que les mineurs entrent, les jurats leur prescrivent le nombre de charges (ou voltes) de minerai que chacun d'eux devra extraire dans sa journée conformément aux ordres qui auront été donnés par le préfet, d'après les besoins du commerce. Ils tiendront la main à ce que le nombre de charges soit réellement extrait et à ce qu'il ne soit pas dépassé.

La charge (ou volte) demeure fixée à 60 kilogrammes. Ce poids ne devra pas être excédé.

Art. 44. Les jurats se répartiront dans les diverses mines, selon les besoins du service, les uns à l'entrée pour constater le nombre de charges extraites et la qualité du minerai, les autres dans l'intérieur pour y faire la police et assurer une bonne exploitation. Ces derniers examineront si les chantiers sont bien conduits et bien tenus; ils donneront les ordres qu'ils croiront nécessaires pour atteindre ce but, et les mineurs devront exécuter ces ordres avec exactitude. Les jurats examineront aussi si les mineurs travaillent dans les chantiers qu'ils doivent occuper et non dans les autres. Ils veilleront à ce que les mineurs ne chargent du minerai que dans leurs propres chantiers et non sur les passages et dans les lieux prohibés.

Ils ne permettront pas que les mineurs travaillent isolément; ils les répartiront par brigades (ou partis) de quatre ou cinq au moins. Dans les localités seulement où il ne se présentera évidemment aucun danger, les jurats pourront établir des postes de deux ou trois mineurs.

Art. 45. Les jurats placés à la porte des mines, auront soin de ne pas y laisser entrer ceux des mineurs qui auront extrait le nombre de charges prescrit. Il est expressément défendu aux jurats de laisser entrer dans la mine aucun enfant au-dessous de dix ans, aucun ouvrier ivre, ou en état de maladie, et aucun étranger qui ne serait pas porteur d'une permission de l'ingénieur ou des autorités locales. L'étranger porteur d'une permission devra être accompagné de l'un des jurats.

Sont regardés comme étrangers aux mines de Rancié tous les individus non inscrits sur la dernière liste des mineurs qui aura été arrêtée par le préfet, ainsi que les individus inscrits auxquels le travail dans ces mines aurait été interdit pour un temps plus ou moins long.

Art. 46. Partout où les jurats jugeront convenables de laisser intacts des massifs de minerai, soit comme piliers pour le soutien des voûtes, soit comme soles entre deux étages d'exploitation, ils en référeront à l'ingénieur des mines, ou, en son absence, au conducteur principal, et ordonneront, s'il y a lieu, la conservation de ces piliers ou soles; ils les marqueront ostensiblement sur les diverses faces visibles. Ces marques tiendront lieu de défense d'y toucher, indépendamment des défenses verbales qui en seront faites aux mineurs des chantiers voisins.

Art. 47. Les jurats demeurent responsables de toute exploitation, ou attaque sur ces piliers et soles réservés; si, par suite d'une telle exploitation ou attaque, il survenait quelque accident qui occasionnât la mort, ou la mutilation d'un ou plusieurs ouvriers, il pourra y avoir lieu à traduire les jurats devant les tribunaux, conformément aux dispositions des art. 319 et 320 du Code pénal. Les jurats seront passibles d'une semblable poursuite pour les accidents qui seraient arrivés à des mineurs travaillant dans des lieux prohibés, à moins qu'ils ne justifient des soins qu'ils auraient pris pour empêcher un tel travail.

Art. 48. Dans le cas où la sûreté des exploitations et l'approvisionnement des consommateurs pourraient être compromis, ou en cas d'accidents qui auraient occasionné la mort ou des blessures graves à un ou plusieurs ouvriers, les jurats seront tenus d'en donner connaissance au maire de Sem et au conducteur principal des travaux, lequel en rendra compte aussitôt à l'ingénieur des mines.

Art. 49. Les jurats dresseront des procès-verbaux des contraventions aux règlements, à l'effet de poursuivre les contrevenants devant le tribunal de police correctionnelle. Ils les dresseront surtout contre tout mineur qui aurait attaqué une sole, ou pilier réservé pour la conservation de la mine, ainsi que contre tout mineur qui, étant exclu, pénétrerait ou chercherait à pénétrer dans la mine, malgré la défense qui lui en aurait été faite.

Ils dresseront de semblables procès-verbaux contre tous ceux qui se permettraient des voies de fait dans les mines.

Art. 50. Ils affirmeront leurs procès-verbaux dans les vingt-quatre heures devant le maire de Sem, ou, en son absence, devant l'adjoint.

Ces procès-verbaux seront enregistrés en débet comme ceux des gardes forestiers.

Art. 51. Chaque soir, après le travail des mines, les jurats se réuniront en assemblée au village de Sem. Celui qui ne s'y rendrait pas sera soumis, à moins d'excuse reconnue légitime, à une retenue sur son traitement de cinq francs, laquelle sera double en cas de récidive.

A cette assemblée, ils seront assistés d'un secrétaire nommé par le préfet.

A chaque séance ils feront le rapport des circonstances remarquables qui se seront présentées dans les mines, des dangers qu'ils auraient observés sur quelques points, des chantiers qu'il conviendrait d'interdire, soit pour cause de danger, soit pour mauvaise qualité de minerai, des piliers ou soles à réserver, des réparations extraordinaires à faire, des contraventions aux règlements qui auraient été commises, des peines infligées ou à infliger pour ces contraventions ou pour cause d'insubordination, etc.; ils délibéreront sur ces divers objets, et le secrétaire consignera les délibérations prises sur un registre à ce destiné.

Un arrêté du préfet réglera les détails relatifs aux travaux et à la discipline de l'assemblée.

Art. 52. Le secrétaire transcrira aussi sur le registre des délibérations, et dans leur entier, les procès-verbaux dressés par les jurats.

Il assistera les jurats, lorsqu'il en sera requis par eux, pour la rédaction de leurs procès-verbaux.

Dès qu'un procès-verbal aura été affirmé, le secrétaire le fera enregistrer et il le transmettra en original au procureur du roi près le tribunal de première instance de l'arrondissement; il en adressera une copie au préfet.

L'enregistrement et les envois des procès-verbaux seront faits à la diligence du secrétaire qui demeurera responsable de toute négligence à cet égard.

Art. 53. Les jurats feront encore tenir par leur secrétaire le registre servant au contrôle exact et journalier des mineurs, prescrit par le décret du 3 janvier 1813. A cet effet, les jurats prendront, chaque jour, note des ouvriers qui, étant inscrits sur la liste des mineurs, ne se sont pas rendus aux mines, et ils feront porter leur nom au registre.

Art. 54. Le fonds pour le traitement des jurats continuera à être fait à l'aide :

1° De un centime et un quart payé par mineur, pour chaque charge ou volte de minerai (de 60 kilogrammes) qu'il aura extraite ;

2° De un franc payé par tout mineur contre lequel un jurat aura porté une plainte que l'assemblée des jurats aura reconnue fondée.

Art. 55. Ces deniers seront remis par les mineurs eux-mêmes, ou par l'intermédiaire des jurats, au secrétaire des jurats qui en demeurera dépositaire ; le secrétaire poursuivra, s'il est nécessaire, la rentrée de ces deniers, soit en requérant l'exclusion des mines des rétardataires, jusqu'au payement des sommes dues par eux, soit en les citant devant le juge de paix du canton.

Art. 56. A la fin de chaque mois, chacun des cinq jurats recevra un sixième du montant des sommes ainsi perçues dans le mois. Le dernier sixième sera partagé en deux parties égales dont l'une sera allouée au secrétaire des jurats, la dernière partie sera affectée aux frais et loyer de bureau pour l'assemblée des jurats, et, en cas d'excédant, à des gratifications accordées à la fin de l'année à ceux des jurats qui auraient mérité, dans l'exercice de leurs fonctions, des témoignages particuliers de satisfaction.

Art. 57. Il est défendu aux jurats de prélever, soit en minerai, soit en argent, aucune autre rétribution que celles qui sont déterminées dans l'art. 54 ci-dessus. Il leur est également défendu d'extraire à leur profit aucune charge de minerai.

Art. 58. Il y aura nécessairement lieu à la suspension ou même à la destitution du jurat qui n'exécuterait pas les ordres donnés par l'ingénieur des mines ou par le préfet, pour assurer, soit la continuation de l'extraction des minerais, soit la reprise des travaux suspendus, ou qui négligerait de donner avis au maire de Sem et à l'ingénieur des mines d'une coalition entre les ouvriers, tendant à la suspension des travaux des mines.

Il y aura lieu à destitution pour toute extraction ou perception de minerai ou d'argent faite par un jurat, en contravention à l'article 57 ci-dessus.

Pour des cas moins graves, il pourra être fait une retenue sur leurs traitements.

Il sera statué à ce sujet, par le préfet sur les plaintes de l'ingénieur des mines, ou des autorités locales, et sur l'avis de l'ingénieur en chef des mines.

La décision emportant destitution sera soumise à l'approbation du directeur général des ponts et chaussées et des mines.

Art. 59. La retenue opérée sur le traitement d'un jurat servira à accroître le fonds destiné aux gratifications des jurats qui se seraient distingués.

Art. 60. La suspension des fonctions d'un jurat entraînera la suspension de son traitement; pendant ce temps, il ne pourra paraître aux mines, et il sera suppléé par un des anciens jurats désigné à cet effet par le préfet, sur la proposition de l'ingénieur des mines.

Art. 61. Le jurat qui aurait été destitué ne pourra être admis à travailler dans les mines qu'un an après sa destitution. Il sera remplacé par un jurat de la même commune, nommé conformément à ce que prescrivent les articles 34, 35 et 36 ci-dessus.

SECTION III.

Des mineurs.

Art. 62. Les mineurs de Rancié seront pris dans les huit communes composant l'ancienne vallée de Vicdessos. Le nombre en sera déterminé, d'après les besoins de l'exploitation, par le préfet du département de l'Ariége, sur le rapport de l'ingénieur en chef des mines, et sauf l'approbation du directeur général des ponts et chaussées et des mines. L'admission aux travaux des mines aura lieu sur les demandes adressées au préfet, lequel statuera sur l'avis des ingénieurs des mines, et après que les maires réunis, comme il est dit à l'article 34, auront été entendus.

Art. 63. Chaque année, le préfet, conformément au mode qui aura été ainsi déterminé, nommera, sur la proposition de l'ingénieur des mines, les individus qu'il croira devoir être ajoutés à la liste des mineurs de l'année précédente; par suite de cette nomination, les dits individus auront la qualité de mineurs de Rancié.

La liste sera imprimée et servira au contrôle journalier des mineurs mentionné en l'article 53.

Art. 64. Ainsi qu'il est dit en l'article 4, les mineurs continueront à se payer eux-mêmes de leur travail, par la vente des charges ou voltes de minerai qu'il leur sera prescrit d'extraire. Ils porteront ces charges immédiatement après leur exploitation sur la place située à la sortie de la mine, et ils les vendront aux muletiers acheteurs de la manière et aux taux qui leur seront indiqués ci-après.

Art. 65. Sur ce prix, les mineurs seront tenus, non-seulement de se fournir de tous les outils et autres objets nécessaires à leur travail et d'entretenir leurs chantiers, mais encore de faire toutes les réparations qui se rapportent à l'exploitation du minerai, et tous les travaux ordinaires, dits corvées, qui leur seront commandés à cet effet par les jurats; ainsi ils devront aller aux forêts couper, préparer et transporter les bois nécessaires aux étançonnements, déblayer les passages qui auraient été encombrés par les éboulements, etc., etc.

Art. 66. Tout mineur auquel un jurat ordonnera de sortir des mines, devra obtempérer sur-le-champ à cet ordre et ne pas rentrer de la journée. Il en sera de même si l'ordre de sortir est donné par le conducteur principal des travaux, ou par l'ingénieur des mines, lesquels pourront porter à une durée de deux jours la défense de rentrer dans les mines.

Art. 67. L'assemblée des jurats pourra, sur la réquisition de l'un d'entre eux, ou du conducteur principal ou du maire de Sem, ou de l'ingénieur des mines, exclure un mineur du travail des mines pour un temps qui, suivant la gravité des cas, variera de deux jours à un mois et qui sera double en cas de récidive. Lorsque l'exclusion excédera huit jours, le préfet devra en être informé, et lorsqu'elle sera d'un mois ou plus, la décision des jurats sera soumise à son approbation.

Un arrêté du préfet déterminera les rapports à établir entre la gravité des fautes et le temps de l'exclusion.

Art. 68. Pour des fautes plus graves, le préfet, sur les rapports des jurats et de l'ingénieur des mines, pourra prononcer l'exclusion du mineur pour un temps variable de deux mois à deux ans, ou même sa radiation de la liste des mineurs. Lorsque la durée de l'exclusion excédera un an, la décision devra être soumise à l'approbation du directeur général des ponts et chaussées et des mines.

Art. 69. Toute coalition, ou intelligence entre les mineurs pour un refus d'obéissance aux ordres des jurats, sera passible de l'exclusion des mines, sans préjudice de l'application des dispositions de l'article 415 du Code pénal, relatives aux ouvriers coalisés.

Art. 70. Tout mineur exlu du travail des mines sera regardé comme étranger aux mines de Rancié pendant la durée de l'exclusion. Les jurats de service à l'entrée des mines seront responsables de l'exécution des exclusions prononcées. Si, malgré leur défense, un mineur exclu voulait pénétrer ou pénétrait dans la mine, les jurats de service dresseront un procès-verbal pour faire poursuivre le contrevenant devant les tribunaux, en exécution des articles 29 et 31 du décret du 3 janvier 1813, sur la police des mines.

TITRE IV.

DE LA VENTE DU MINERAI.

SECTION PREMIÈRE.

Qualité du minerai.

Art. 71. Tout le minerai que l'on rencontrera en suivant l'exploitation telle qu'elle doit être conduite conformément aux règles posées par les articles 6 et 13 ci-dessus, sera extrait et vendu à la sortie des mines, à moins qu'il ne soit reconnu trop pauvre ou de mauvaise qualité.

Art. 72. Le degré de richesse, ou de contenance en fer, au-dessous duquel le minerai étant reconnu trop pauvre pour être livré au commerce, ne devra plus être extrait, sera fixé, chaque année, par le directeur général. La proposition sera faite par l'ingénieur des mines, sur l'avis de l'assemblée des jurats, elle sera transmise au préfet qui demandera à plusieurs maîtres de forges du département, leurs observations sur cette proposition, renverra le tout au rapport de l'ingénieur en chef, et émettra sur ce rapport son opinion. Le tout sera transmis par le préfet au directeur général qui statuera, après avoir pris l'avis du conseil général des mines.

Art. 73. Lorsque, dans le cours de l'exploitation, il se présentera un minerai d'une teneur douteuse, l'ingénieur des mines soumettra ce minerai à des essais docimastiques, et selon que la quantité de fer qu'il aura rendue sera au-dessus ou au-dessous du taux fixé conformément à l'article précédent; il fera exploiter ou abandonner le minerai nouveau. L'ingénieur rendra compte de cette circonstance à l'ingénieur en chef et au préfet du département.

Art. 74. Si l'on rencontre du minerai qui soit soupçonné de n'être pas d'une qualité satisfaisante, l'ingénieur des mines, après en avoir référé à l'ingénieur en chef, et reçu ses instructions, fera exploiter, ou abandonner ce minerai. Dans le cas de l'exploitation, si la qualité du fer produit par le minerai excite des plaintes, le préfet décidera, après l'examen et sur le rapport de l'ingénieur en chef des mines. Les réclamations qui pourraient s'élever contre la décision du préfet, seront transmises au directeur général qui statuera après avoir fait faire les essais convenables au laboratoire de l'école royale des mines et sur l'avis du conseil général.

Art. 75. Les jurats veilleront à ce que les mineurs n'exploitent point de minerai de richesse et de qualité inférieure à ce qui aura été réglé, conformément aux articles précédents. Ils veilleront surtout à ce qu'on ne mêle au minerai aucune espèce de terre ou roche stérile.

Le jurat de service devra inspecter les charges de minerai à la sortie des mines, et lorsque l'inspection aura fait connaître que le minerai est mélangé de matières étrangères, il en fera le départ, les terres et pierres seront jetées à l'écart, et le minerai reçu, vendu au profit du fonds spécial; le mineur convaincu de fraude à ce sujet, pourra être exclu des mines, conformément aux dispositions de l'article 69.

SECTION II.

Prix du minerai.

Art. 76. Le préfet continuera à fixer, chaque année, le prix auquel le minerai devra être vendu, d'après le prix des denrées, servant à la subsistance des mineurs, et le prix du fer sur les forges du pays.

A cet effet, le préfet désignera quatre mineurs et quatre maîtres de forges qui, réunis à l'ingénieur des mines, débattront le prix, et feront une proposition sur laquelle le préfet décidera, après avoir pris l'avis de l'ingénieur en chef des mines. La décision sera soumise à l'approbation du directeur général des ponts et chaussées et des mines. Elle sera ensuite affichée sur les places des mines, et copie en sera adressée à chacune des forges du département.

Art. 77. Le prix sera déterminé en centimes par charge, ou volte de minerai de 60 kilogrammes, conformément aux anciens usages; des balances à fléaux seront établies sur les marchés aux minerais pour peser les charges, en cas de contestation. Les poids étalonnés et vérifiés seront en fonte et marqueront directement la charge, la demi-charge et quart de charge et demi-quart de charge.

Art. 78. Pour conserver l'uniformité dans les ventes et achats entre les muletiers qui achètent les minerais sur la place, les entreposeurs de minerais et les maîtres de forges qui achètent de deuxième ou de troisième main, la pesée des minerais de Rancié continuera à être faite, dans chaque magasin, ou dans chacune des forges qui s'approvisionnent aux mines de Rancié, avec des balances et des poids semblables à ceux qui sont mentionnés dans l'article précédent.

Le préfet prendra les dispositions nécessaires pour que cette uniformité soit maintenue et constatée.

Art. 79. Les jurats de service à l'entrée des mines veilleront à ce que les mineurs ne vendent pas le minerai au-dessus du prix fixé, et à ce que les acheteurs le payent à ce prix et en argent comptant.

Art. 80. En cas de refus de la part des mineurs d'extraire du minerai au prix qui aura été fixé, et de coalition ou intelligence entre eux, par suite de cette fixation, pour ne pas se rendre aux mines, les mineurs qui, étant sommés nominativement par les jurats de se rendre aux mines, n'obéiraient pas, seront privés du travail des mines, ainsi qu'il est dit à l'article 69 ci-dessus.

Dans ces circonstances, les jurats qui négligeraient de remplir leur devoir, pourront être suspendus ou destitués conformément à ce que prescrit l'article 58 ci-dessus, sans préjudice des peines qui pourraient leur être assignées à ce sujet par les tribunaux.

SECTION III.

Du marché au minerai.

Art. 81. Il y aura devant l'entrée de chaque mine un emplacement dont l'étendue et les limites seront déterminées par un arrêté du préfet, et sur lequel sera porté et vendu tout le minerai extrait de cette mine.

Autour de cet emplacement, il pourra être permis aux mineurs travaillant à la mine, mais seulement à eux, de construire de petites baraques pour y renfermer leurs outils, ainsi que le minerai qu'ils auraient extrait et qu'ils n'auraient pas trouvé à vendre dans la journée.

Art. 82. L'ensemble de la place et des baraques constituera la place du marché aux minerais de la mine, à l'entrée de laquelle le tout sera situé. Ce ensemble fera partie de ladite mine, et sera en conséquence placé sous la juridiction des jurats, en même temps que sous celle du maire de Sem.

Art. 83. Lorsqu'un mineur voudra construire une baraque, il en fera la demande aux jurats qui lui assigneront l'emplacement de sa construction, ainsi que la grandeur et la forme à donner à la baraque, conformément au plan général qui aura été arrêté à ce sujet par le préfet.

Art. 84. Les jurats se feront ouvrir, ou ouvriront eux-mêmes les baraques, lorsqu'ils le jugeront convenable, pour reconnaître s'il ne s'y commet point de fraude par le mélange de terre ou de pierres avec le minerai.

S'ils trouvent de tels mélanges, ils procéderont comme il est dit à l'art. 75.

Art. 85. Les acheteurs de minerai (muletiers et âniers) entreront au marché et sortiront par les seules voies à ce destinées; aucun ne pourra y entrer, s'il ne conduit avec lui la bête de somme qui doit immédiatement faire le transport de minerai acheté.

Art. 86. Les muletiers acheteurs seront servis à leur tour d'arrivée et sans préférence quelconque, ils prendront les charges de minerai au fur et à mesure de leur sortie de la mine, et telles qu'elles seront.

En cas de contestations entre les muletiers pour une même charge, entre les mineurs et les muletiers, le jurat de service, après avoir entendu les parties intéressées, décidera quel est le muletier qui doit prendre une charge contestée, ou quel est le mineur qui doit livrer sa charge au muletier qui se présente. Le muletier ou le mineur qui refuserait de se soumettre à la décision du jurat, sera renvoyé de la place du marché et tenu d'en sortir sur-le-champ.

Art. 87. Tant qu'il y aura sur la place des bêtes de somme à charger, aucun mineur ne pourra emporter sa charge dans sa baraque et refuser de la vendre, en prétextant qu'elle est déjà vendue, ou même qu'il veut la transporter sur ses propres bêtes de somme.

Art. 88. Lorsqu'il n'y aura plus de minerai sur la place, le jurat de service fera prendre dans celles des baraques qu'il désignera, la quantité de minerai nécessaire pour la charge d'une bête de somme qui se présenterait, de telle manière qu'un muletier ne s'en retourne jamais à vide, à moins d'un manque absolu de minerai.

Art. 89. Les jurats maintiendront le bon ordre sur la place du marché. A cet effet ils en excluront, pour un ou plusieurs jours, suivant la gravité des cas, les mineurs ou muletiers qui contreviendraient aux règlements.

Ils dresseront des procès-verbaux contre les mineurs et les muletiers qui se permettraient envers eux des outrages ou des menaces, ainsi que contre ceux qui se permettraient des voies de fait, qui exciteraient des rixes sur la place, ou qui s'y présenteraient malgré la défense qui leur en aurait été faite.

Ces procès-verbaux seront transmis au procureur du roi, ainsi qu'il est dit à l'article 52 ci-dessus.

TITRE V.

DU FONDS SPÉCIAL DES MINES DE RANCIÉ.

Art. 90. Le fonds spécial des mines de Rancié, formé en exécution de l'arrêté du gouvernement du 24 germinal an XI, par le produit du droit de cinq centimes par charge de minerai de Rancié (de 60 kilogrammes), continuera d'être alimenté par la perception de ce droit de cinq centimes, payé par les acheteurs desdits minerais.

Art. 91. Le produit de cette recette continuera d'être versé dans la caisse du receveur général du département, qui en sera dépositaire. Le receveur générel demeurera responsable de toute distraction de ce fonds et de tout payement qui ne serait pas fait en vertu d'un crédit ouvert par le directeur général des ponts et chaussées et des mines.

Art. 92. Le fonds spécial des mines de Rancié continuera à demeurer affecté :

1° Aux travaux d'art, galeries de diverses espèces, recherches, etc., nécessaires à la conservation et à la bonne exploitation des mines ;

2° A l'entretien des galeries de service ;

3° Aux secours à donner aux mineurs blessés ;

4° Au traitement du conducteur principal des travaux ;

5° A diverses dépenses pour l'administration des mines de Rancié ; telles qu'achats de registres, frais d'impression, frais de livres de plan, frais de laboratoire, etc.

Art. 93. Au commencement de chaque année, l'ingénieur en chef des mines dressera un projet de budget présentant, pour chacun des articles ci-dessus, les dépenses qu'il présumera devoir être faites dans l'année. Il transmettra ce projet au préfet du département, lequel l'enverra, avec ses observations, au directeur général des ponts et chaussées et des mines, pour être arrêté définitivement.

Art. 94. Les payements seront effectués à l'aide de bons tirés sur le fermier, ou receveur du droit de cinq centimes par charge de minerai.

Un arrêté du préfet, approuvé par le directeur général, statuera sur la forme de ces bons, sur la manière dont ils doivent être délivrés, et sur les certificats qui doivent les accompagner.

Art. 95. A la fin de chaque trimestre, le fermier, ou receveur du droit sur le minerai, réunira les bons acquittés par lui et relatifs à chacun des chapitres de dépenses. Il dressera un bordereau pour chaque chapitre, de la manière qui lui sera prescrite, et il l'enverra au préfet avec les bons et certificats y relatifs. Le préfet communiquera le tout à l'ingénieur en chef des mines, qui vérifiera les bordereaux, ainsi que celles des pièces y annexées, qui auraient été délivrées ou certifiées par l'ingénieur ordinaire des mines.

Sur ces bordereaux ainsi vérifiés, puis visés par le préfet et en échange des bons annexés à chacun d'eux, le préfet délivrera, au fermier ou receveur, un mandat sur le receveur général du département, de la somme portée au bordereau.

Ces mandats, accompagnés de leurs bordereaux respectifs, seront pris pour comptant par le receveur général, et ils lui seront passés comme tels par le ministre, dans son règlement des comptes de l'année, pour le fonds spécial des mines de Rancié.

Art. 96. Au commencement de chaque année, un double des divers bordereaux de l'année précédente, ensemble les bons et autres pièces à l'appui, ainsi que l'état de situation des dépenses et crédits dressé par l'ingénieur en chef, sera transmis par le préfet au directeur général, pour le budget de l'année, et la situation du fonds spécial des mines de Rancié, être arrêtés définitivement.

TITRE VI.

DISPOSITIONS GÉNÉRALES.

Art. 97. Les contraventions au présent règlement seront poursuivies conformément aux dispositions du titre X de la loi du 21 avril 1810, sur les mines, et du décret du 3 janvier 1813.

Proposé par le conseiller d'État chargé de l'administration des ponts et chaussées et des mines.

Paris, le vingt-neuf mai mil huit cent trente-trois.

Signé, LEGRAND.

Approuvé :

Paris, le trente-un mai mil huit cent trente-trois.

Le Ministre secrétaire d'État du commerce et des travaux publics,

Signé, THIERS.

N° 7 *bis*.

Ordonnance du Roi portant création d'une caisse de secours aux mines de Rancié.

Louis-Philippe, Roi des Français,

A tous présents et à venir, salut.

Sur le rapport de notre ministre, secrétaire d'État des travaux publics;

Vu les propositions faites par les ingénieurs des mines et le préfet du département de l'Ariège pour l'établissement, aux mines de Rancié, d'une caisse de secours en faveur des ouvriers mineurs;

L'avis du conseil général des mines, du 18 novembre 1842;

La délibération, du 15 janvier 1843, de l'assemblée des maires des communes de Vicdessos, Sem, Goulier-et-Olbier, Auzat, Saleix, Orus, Suc-et-

Sentenac et Ilier, concessionnaires desdites mines, tendant à l'adoption de ce projet ;

Vu nos ordonnances des 31 mai et 25 septembre 1833, portant concession des mines de Rancié et le règlement général y annexé ;

Nous avons ordonné et ordonnons ce qui suit :

Art. 1er. A compter de la promulgation de la présente ordonnance, les jurats des mines de Rancié et les ouvriers mineurs admis dans ces mines seront tenus de contribuer à la création et à l'entretien d'un fonds de secours pour les mineurs malades ou infirmes, et pour les veuves et enfants des mineurs décédés.

Art. 2. A cet effet, chaque mineur extraira tous les mois, aux époques fixées par les jurats, deux voltes supplémentaires dont le prix de vente sera versé dans le courant du mois, entre les mains du secrétaire des jurats.

Les jeunes mineurs qui ne portent pas la volte entière, ne seront astreints qu'au payement de la somme provenant de la vente de deux de leurs charges habituelles.

Les ouvriers des galeries de service, inscrits sur la liste des mineurs et payés à la journée, devront extraire deux voltes de minerai, dans les chantiers d'exploitation qui leur seront indiqués par les jurats, pour le prix en être remis au secrétaire des jurats.

Les jurats fourniront leur quote-part en ne faisant pas, sur les voltes supplémentaires, le prélèvement auquel ils ont droit pour les voltes ordinaires, de telle sorte que le prix de vente desdites voltes supplémentaires sera versé intégralement entre les mains du secrétaire des jurats.

La rentrée de ces deniers sera poursuivie, s'il est nécessaire, comme celle des sommes destinées au traitement des jurats, ainsi qu'il est prescrit par l'art. 55 du règlement général du 31 mai 1833.

Art. 3. Une commission de répartition sera instituée pour la distribution des fonds de secours.

Cette commission se composera de l'un des jurats, qui en sera le président ; de deux mineurs de Goulier, choisis parmi les six plus anciens mineurs de ce village ; d'un mineur de Sem, choisi parmi les trois plus anciens mineurs de ce village ; et d'un mineur d'Olbier, choisi parmi les trois plus anciens mineurs de ce village.

Les membres en seront nommés par le préfet, tous les ans, dans le courant du mois de janvier, sur les propositions de l'ingénieur des mines. Ils pourront être indéfiniment réélus.

Tout membre qui commettrait une faute grave, cessera de faire partie de la commission et sera remplacé immédiatement.

Le secrétaire des jurats sera secrétaire de la commission de répartition, mais n'y aura point voix délibérative.

Art. 4. La commission de répartition se réunira à Sem, dans le local servant à l'assemblée des jurats, sur l'invitation de l'ingénieur des mines, ou, en son absence, du conducteur principal des travaux.

Le préfet prescrira aussi telles réunions qu'il jugera convenables.

Les réunions auront lieu de préférence les dimanches ou jours de fête.

La commission donnera son avis sous forme de procès-verbal, sur la convenance des secours demandés, sur la quotité des sommes à accorder et sur la durée des secours qu'elle croira utile de proposer.

Art. 5. Toute demande de secours devra être adressée à l'ingénieur des mines, ou, en son absence, au conducteur principal des travaux, lesquels la renverront au secrétaire de la commission de répartition, en fixant le jour de la réunion de cette commission.

L'ingénieur des mines, ou, en son absence, le conducteur principal transmettra au préfet, avec ses observations, le procès-verbal de l'avis de la commission relatif à la demande.

Les bons de secours délivrés par le préfet seront adressés à l'ingénieur des mines, ou au conducteur principal, pour être transmis au secrétaire des jurats.

Art. 6. Au commencement de chaque mois, la distribution des secours accordés sera faite par le secrétaire des jurats, au moyen des sommes qu'il aura touchées dans le courant du mois précédent, conformément aux dispositions de l'art. 2.

Les bons de secours devront être acquittés par les parties prenantes.

Lorsqu'il y aura excédant de la recette mensuelle sur la dépense, le secrétaire des jurats versera cet excédant à la caisse d'épargne établie à Foix, département de l'Ariége; et quand, au contraire, la recette sera moindre, il puisera à la réserve existant à ladite caisse pour couvrir la dépense.

Le secrétaire des jurats devra être muni à cet effet d'une autorisation spéciale du préfet.

Art. 7. Avant le 15 de chaque mois, le secrétaire des jurats remettra à l'ingénieur des mines pour être transmis au préfet, un état de situation du fonds de secours, présentant, d'une part, le détail des sommes perçues dans le courant du mois précédent, et, de l'autre, le détail des secours distribués; à cet état devront être joints les bons acquittés et un extrait certifié du livret de la caisse dépargne, constatant les versements, ou remboursements opérés dans le mois auquel se rapportera le compte rendu.

Le secrétaire des jurats tiendra un registre spécial, présentant l'état de situation journalier du fonds de secours, à partir de l'époque de sa création.

Des modèles imprimés de ces divers états de comptabilité seront fournis au secrétaire des jurats par les soins de l'administration.

Les frais de ces imprimés, les indemnités allouées au secrétaire des jurats et tous autres frais seront pris sur les fonds de la caisse de secours.

Art. 8. Notre ministre secrétaire d'État au département des travaux publics, est chargé de l'exécution de la présente ordonnance.

Fait au palais des Tuileries, le 25 mai 1843.

LOUIS-PHILIPPE.

Par le Roi :

Le ministre secrétaire d'État au département des travaux publics,

J.-B. TESTE.

N° 3.

TABLES DE VENT

A L'USAGE DES FORGES CATALANES,

Par M. Richard, ingénieur civil (1),

DONNANT :

1° La valeur des degrés du pèse-vent en mètres de mercure ;

2° Les volumes de fluide écoulé par minute sous toutes les tensions comprises entre 6 et 18 degrés ($0^{m}.027$ et $0^{m}.0812$) ;

3° Les poids du mètre cube d'air sous ces différentes tensions ;

4° Le nombre de kilogrammes d'air écoulés par minute à diverses températures comprises entre 0° et 30°, sous la pression barométrique 0.76 et diverses autres.

Le tout calculé d'après la théorie de M. Navier.

(1) Richard, *Études sur l'art du fer*, p. 200-204.

Tables de vent à l'usage des forges catalanes.

Degrés du pèse-vent.	Différence de niveau du mercure.	Nombre de mètres cubes de fluide écoulés en une minute.	Élasticité ou tension de l'air seul.	Poids du mètre cube d'air.	Nombre de kilogrammes d'air écoulés en une minute.	OBSERVATIONS.
1	2	3	4	5	6	7

1.

NOTA : On suppose dans ce premier tableau que la tension de la vapeur est nulle à la température 0°.

Température 0°, pression barométrique 0.76.

deg.	m.	mm.	m.	k.	k.	
6	0.02707	4.248	0.787	1.345	5.718	Sous les pressions barométriques 0.74, 0.72, 0.70, on trouverait pour le nombre de kilog. écoulés en une minute, lorsque le pèse-vent marque 12 degrés.
7	0.03106	4.405	0.7916	1.352	5.955	
8	0.03610	4.659	0.7961	1.360	6.336	
9	0.04060	4.838	0.8006	1.368	6.618	
10	0.04510	5.153	0.8051	1.376	7.090	
11	0 04960	5.369	0.8096	1.383	7.455	
12	0.05820	5.571	0.8142	1.391	7.759	7k.643, 7k.536, 7k.429.
13	6.05870	5.765	0.8187	1.399	8.065	
14	0.06320	5.947	0.8232	1.406	8.361	Et lorsqu'il marque 18 degrés sous ces pressions.
15	0.06770	6.101	0.8277	1.414	8.627	
16	0.07220	6.268	0.8322	1.422	8.913	
17	0.07670	6.421	0.8367	1.429	9.175	
18	0.08120	6.564	0.8412	1.437	9.432	9k.333, 9k.133, 9k.030.

Vitesse approximative de l'air à la sortie, sous les tensions correspondantes à :

degr.		m.		m.	
6	ou	0.02707	. . . .	73	par seconde,
12	ou	0.05420	. . . .	103	par seconde,
18	ou	0.08121	. . . .	126	par seconde.

2.

Température 5°, pression barométrique 0.76.

deg.	m.	mm.	m.	k.	k.	
6	0.02707	4.287	0.7801	1.308	5.607	Sous les pressions barométriques 0.74, 0.72, 0.70, on trouverait pour le nombre de kilog. d'air écoulés en une minute, lorsque le pèse-vent marque 12 degrés
7	0.03106	4.446	0.4847	1.315	5.846	
8	0.0361	4.702	0.7892	1.323	6.174	
9	0.0406	4.883	0.7937	1.330	6.494	
10	0.0451	5.201	0.7982	1.338	6.959	
11	0.0496	5.419	0.8027	1.346	7.293	
12	0.0542	5.624	0.8073	1.353	7.609	7k.503, 7k.399, 7k.287.
13	0.0587	5.817	0.8118	1.361	7.917	
14	0.0632	6.002	0.8163	1.369	8.216	
15	0.0677	6.158	0.8208	1.376	8.486	Et pour 18 degrés.
16	0.0722	6.326	0.8253	1.384	8.838	
17	0.0767	6.481	0.8298	1.391	9.015	
18	0.0812	6.625	0.°243	1 399	9.268	9k.106, 8k.968, 8k.868.

Degrés du pèse-vent.	Différence de niveau du mercure.	Nombre de mètres cubes de fluide écoulés en une minute.	Élasticité ou tension de l'air seul.	Poids du cube d'air.	Nombre de kilogrammes d'air écoulés en une minute.	OBSERVATIONS.
1	2	3	4	5	6	7
			3. Température 10°, pression barométrique 0.76.			
deg.	m.	mm.	m.	k.	k.	
6	0.02707	4.326	0.7775	1.280	5.537	Sous les pressions barométriques, 0.74, 0.72, 0.70, on
7	0.03106	4.486	0.7820	1.288	5.778	trouverait pour le nombre de kilog. d'air écoulés en
8	0.0361	4.745	0.7866	1.296	6.149	une minute, lorsque le pèse-vent marque 12 degrés.
9	0.0406	4.927	0.7911	1.303	6.420	
10	0.0451	5.248	0.7956	1.311	6.880	
11	0.0496	5.468	0.8001	1.318	7.207	
12	0.0542	5.674	0.8046	1.326	7.524	7k.393, 7k.286, 7k.154.
13	0.0587	5.872	0.8092	1.333	7.827	
14	0.0632	6.057	0.3137	1.341	8.222	Et pour 18 degrés.
15	0.0977	6.214	0.8182	1.348	8.376	
16	0.0722	6.384	0.8227	1.356	8.657	
17	0.0767	6.540	0.8272	1.363	8.914	
18	0.0812	6.685	0.8317	1.370	9.158	8k.972, 8k.838, 8k.734.
			4. Température 15°, pression barométrique 0.76.			
deg.	m.	mm.	m.	k.	k.	
6	0.02707	4.363	0.7742	1.252	6.462	Sous les pressions barométriques 0.74, 0.72, 0.70, on
7	0.03106	4.523	0.7787	1.259	5.694	trouverait pour le nombre de kilog. d'air écoulés en
8	0.0361	4.785	0.7833	1.267	6.063	une minute, lorsque le pèse-vent marque 12 degrés.
9	0.0406	4.969	0.7878	1.274	6.330	
10	0.0451	5.292	0.7923	1.282	6.784	
11	0.0496	5.514	0.7968	1.290	7.113	
12	0.0542	5.721	0.8013	1.297	7.420	7k.311, 7k.207, 7k.097.
13	0.0587	5.921	0.8059	1.305	7.713	
14	0.0632	6.108	0.8104	1.312	8.014	Et pour 18 degrés.
15	0.0677	6.266	0.8149	1.320	8.271	
16	0.0722	6.437	0.8194	1.328	8.548	
17	0.0767	6.594	0.8239	1.335	8.802	
18	0.0812	6.741	0.8284	1.340	9.033	8k.872, 8k.660, 8k.634.
			5. Température 20°, pression barométrique 0.76.			
deg.	m.	mm.	m.	k.	k.	
6	0.02707	4.401	0.7697	1.224	5.387	Sous les pressions 0.74, 0.72, 0.70, on aurait
7	0.03106	4.564	0.7742	1.231	5.618	
8	0.0361	4.827	0.7788	1.238	5.976	
9	0.0406	5.012	0.7833	1.245	6.240	
10	0.0451	5.339	0.7878	1.252	6.684	
11	0.0496	5.562	0.7923	1.259	7.003	
12	0.0542	5.772	0.7968	1.266	7.307	7k.204, 7k.099, 6k.991.
13	0.0587	5.973	0.8013	1.273	7.604	
14	0.0632	6.161	0.8059	1.280	7.886	
15	0.0677	6.321	0.8104	1.287	8.135	Et pour 18 degrés.
16	0.0722	6.494	0.8149	1.294	8.403	
17	0.0767	6.552	0.8194	1.301	8.654	
18	0.0812	6.800	0.8239	1.309	8.901	8k.746, 8k.611, 8k.508.

Degrés du pèse-vent.	Différence de niveau du mercure.	Nombre de mètres cubes de fluide écoulés en une minute.	Élasticité ou tension de l'air seul.	Poids du mètre cube d'air.	Nombre de kilogrammes d'air écoulés en une minute.	*OBSERVATIONS.*
1	2	3	4	5	6	7
			6.			
			Température 25°, pression barométrique 0.76.			
deg.	m.	mm.	m.	k.	k.	
6	0.02707	4.439	0.7639	1.196	5.309	Sous les pressions 0.74, 0.72, 0.70, on aurait.
7	0.03106	4.603	0.7684	1.203	5.537	
8	0.0361	4.858	0.7730	1.210	5.878	
9	0.0406	5.056	0.7775	1.216	6.148	
10	0.0451	5.385	0.7820	1.223	6.586	
11	0.0496	5.611	0.7865	1.230	6.902	
12	0.0542	5.822	0.7910	1.237	7.202	7k.091, 6k.982, 6k.877.
13	0.0587	6.024	0.7955	1.244	7.494	
14	0.0632	6.215	0.8001	1.250	7.760	
15	0.0677	6.376	0.8046	1.257	8.015	
16	0.0722	6.550	0.8091	1.264	8.279	
17	0.0767	6.710	0.8136	1.271	8.528	
18	0.0812	6.859	0.8181	1.278	8.766	8k.607, 8k.470, 8k.368.
			7.			
			Température 30°, pression barométrique 0.76.			
deg.	m.	mm.	m.	k.	k.	
6	0.02707	4.477	0.7564	1.162	5.202	Sous les pressions barométriques 0.74, 0.72, 0.70, on aurait.
7	0.03106	4.643	0.7609	1.169	5.428	
8	0.0361	4.911	0.7655	1.176	5.775	
9	0.0406	5.099	0.7700	1.183	6.032	
10	0.0451	5.431	0.7745	1.190	6.463	
11	0.0496	5.659	0.7790	1.197	6.774	
12	0.0542	5.872	0.7835	1.204	7.070	6k.963, 6k.856, 6k.748.
13	0.0587	6.076	0.7880	1.211	7.358	
14	0.0632	6.268	0.7926	1.218	7.634	
15	0.0677	6.430	0.7971	1.225	7.877	
16	0.0722	6.606	0.8016	1.232	8.139	
17	0.0767	6.767	0.8061	1.239	8.384	
18	0.0812	6.919	0.8106	1.245	8.614	8k.452, 8k.318, 8k.219,

382. Ces tableaux montrent :

1° Que les poids d'air obtenus ne sont nullement proportionnels aux degrés du pèse-vent, comme on se l'imagine dans nos forges : ainsi, à la température 0° et sous la pression barométrique 0.76, on a, au plus, 5 kil. 713 d'air par minute, lorsque le pèse-vent donne 6 degrés, mais lorsqu'il en marque 12, on n'a pas deux fois plus de vent que lorsqu'il marque 6 ; car au lieu du double de 5 kil. 713, ou 11 kil. 426, on n'a que 7 kil. 759 ; ce qui est très-différent ; de même on n'a pas trois fois plus de vent avec 18 degrés qu'avec 6, car au lieu de trois fois 5 kil. 713 ou 17 kil. 139, la table ne donne que 9 kil. 332 : il faut donc renoncer tout à fait à ces idées de proportionnalité qui ont pénétré, on ne sait comment, dans nos usines;

2° Que la température augmentant, le volume du fluide (air et vapeur) qui passe par la buse augmente, par conséquent la vitesse augmente aussi; mais la densité de l'air seul diminuant plus rapidement, il passe un moindre poids d'air par le canon de bourec lorsqu'il fait chaud que lorsqu'il fait froid : ainsi, le pèse-vent donnant 18 degrés, on a 9 kil. 432 d'air au plus par minute, si l'air de la trompe est à la température 0°; et l'on n'a plus que 8 kil. 901 par minute s'il est à 20 degrés, c'est-à-dire, que par le seul effet de l'augmentation de température on perd plus de $\frac{1}{2}$ kil. d'air par minute; ajoutez à cela qu'on introduit alors une quantité notable de vapeur d'eau dans le creuset;

3° Que le baromètre s'abaissant, le poids d'air qui passe par la base diminue encore;

4° Que si, à la fois, le baromètre s'abaisse et la température augmente, on est dans les circonstances les plus défavorables pour un bon travail, car le poids d'air qui passe par la buse diminue très-sensiblement par ces deux causes réunies et l'on introduit beaucoup de vapeur d'eau dans le feu, sans compter celle que le charbon absorbe alors dans les parsons et dans les charbonnières. N'est-ce pas là une des causes du dérangement de nos forges pendant les grandes chaleurs?

N° 9.

Statuts organiques de la société des maîtres de forge de l'Ariège.

Ce jourd'hui, vingt-huit février mil huit cent trente-six, les propriétaires des forges convoqués à l'hôtel de la préfecture pour avoir à s'y occuper, soit des intérêts commerciaux, soit de l'amélioration de la fabrication des fers, se sont réunis au nombre de douze et ont délibéré, sur l'exposé qui leur a été fait, tant par M. François, ingénieur des mines, présent à cette réunion, que par M. Espy aîné, quil était utile aux intérêts généraux des propriétaires de forges, qu'une commission prise dans leur sein et composée de sept membres, fût nommée par eux à la pluralité des voix; ce qui a eu lieu immédiatement.

Il est convenu que M. François, ingénieur des mines, qui accepte, sera le secrétaire de cette commission.

Le dépouillement du scrutin fait,

MM. Avignon aîné, de Tersac, Espy, Saint-André, Victor-Vernies, Dorgeix, Trinqué, étant ceux qui ont réuni le plus de suffrages, ont été proclamés membres de ladite commission. Cette commission aura à s'occuper généralement de tout ce qui pourra contribuer au bien-être des fabricants de fer de ce département. Elle aura, en outre, à juger de la valeur des sacrifices qu'elle aura à exiger pour arriver aux résultats qu'elle doit se proposer, laquelle valeur ne pourra dépasser la somme de quatre francs par forge, sans qu'elle en prévienne individuellement MM. les propriétaires des forges.

La susdite commission est encore chargée de rédiger un plan général des travaux qu'elle doit faire, et, avant de les entreprendre, leur plan et projets seront soumis à l'approbation de MM. les propriétaires des forges.

Fait à Foix, le 28 février 1836.

Ont signé,

MM. Saint-André, Espy, Dorgeix, Astrié, de Tersac, J. Rousse, A. d'Allens, J. François, Sabardu aîné, Deguilhem, F. Astrié, Biallé, Berthoumieu frères, Avignon aîné.

Ce jourd'hui, quinze mars mil huit cent trente-six, la commission des maîtres de forge, réunie en vertu du pouvoir qu'elle a reçu par procès-verbal de la séance du 28 février 1836, qui eut lieu à l'hôtel de la préfecture, a délibéré de soumettre à l'approbation de MM. les maîtres de forge le projet suivant :

1° La commission sus-nommée sera désignée à l'avenir sous le nom de *Comité central des maîtres de forges de l'Ariége.*

2° Le but de ce comité sera à la fois de s'occuper des améliorations métallurgiques, de la publication de ces améliorations et de tout ce qui est relatif aux intérêts de la fabrication sous le rapport commercial.

3° Le comité choisira dans son sein un président et un secrétaire qui recevront indistinctement toutes les lettres, ou renseignements qui leur seront adressés par MM. les propriétaires des forges et correspondants, touchant les intérêts et le but que ledit comité se propose.

4° Le comité sera renouvelé chaque deux ans ; chaque membre pourra être réélu.

5° Il sera tenu de se réunir chaque trois mois au lieu qui sera indiqué à

MM. les membres du comité par M. le président, et, au besoin, à des époques plus rapprochées.

6° Le comité pourra délibérer sur toutes les questions à la simple majorité ; il pourra provoquer des réunions de tous les maîtres de forges chaque fois qu'il le jugera à propos ; une de ces convocations aura lieu, de droit, une fois tous les ans, à Tarascon, dans le mois d'avril, au jour indiqué par M. le président.

7° Le président et le secrétaire auront recours à la voie d'impression pour la publication des améliorations métallurgiques et de ses travaux commerciaux.

8° Pour subvenir aux frais d'impression, de correspondance et autres imprévus, chaque maître de forges signataire du présent accord, s'engage à mettre à la disposition du comité une somme qui ne pourra dépasser vingt-cinq francs par an et par feu de forge, sans l'approbation de la majorité des maîtres de forge, réunis en assemblée générale qui doit avoir lieu annuellement à Tarascon.

9° Les deux tiers des signataires du présent accord, réunis, ou représentés, suffiront pour délibérer ; les délibérations seront obligatoires pour chacun des signataires.

La moitié plus un des membres présents formera la majorité.

10° M. François, ingénieur des mines, voulant bien s'associer aux travaux du comité pour la partie métallurgique, est nommé secrétaire de droit pour cette partie seulement.

Délibéré à Foix, à l'unanimité, par tous les membres du comité soussignés.

Ont signé :

MM. Victor Vergnies, Espy, Tersac, Mis Dorgeix, J. François, Trinqué, Avignon aîné, Saint-André, Denjean, Casimir Vergnies, Deguilhem, Vergnies Bouichères, Rousse aîné, B. Gomma, Sabardu aîné, Vincent-Vasquez (Gallicie Espagnole), Astrié de Gudannes, Eugène Abat, Iché, J. Rousse, Abat-Molière Dupeyrou, Michel, Lasvignes, A. Garrigou, Canet, Falentin de Sentenac, Berthoumieu, Astrié frères, Jauze, Ferradoux, Dax, Alexandre d'Allens, Doumerq, Maruejoulx, Ruffié, Bialié, Laffont-Sentenac.

PROCÈS-VERBAL

De la réunion générale des maîtres de forge du 30 *juillet* 1837.

Ce jourd'hui trente juillet mil huit cent trente-sept, les maîtres de forge de l'Ariége, convoqués en assemblée générale, se sont réunis au nombre de vingt-trois, à Tarascon, sous la présidence de M. François, ingénieur des mines. M. Michel Chevalier, ingénieur des mines, maître des requêtes, sur l'invitation de M. François, a bien voulu assister à la séance.

La société, après avoir pris de nouveau connaissance des statuts arrêtés en séance du 15 mars 1836, et approuvés par les maîtres de forge de l'Ariége, se constitue définitivement.

Sur la proposition de plusieurs membres, elle arrête que désormais les délibérations, soit de la société, soit du comité, pourront avoir lieu à la simple majorité de moitié de la totalité des membres plus un.

M. Saint-André, membre du comité central, nommé le 22 février 1836, désirant que le plus grand nombre de maîtres de forges prenne part à la composition dudit comité, en propose la reconstitution.

L'assemblée, considérant que les sept centres d'usines du département doivent être respectivement représentés au comité central ; que ce but est aujourd'hui atteint par la composition actuelle du comité, arrête qu'il n'y a pas lieu à une nouvelle élection.

Toutefois, comme il importe que le plus grand nombre des membres se trouve au voisinage de Tarascon, lieu habituel des réunions, et de Vicdessos, résidence de M. François, l'assemblée juge à propos d'adjoindre aux membres déjà nommés le sieur Deguilhem, de Vicdessos, le sieur Julien Rousse, de Tarascon, et le sieur A. Garrigou, directeur des usines de Saint-Antoine.

En outre, le comité est invité à se réunir prochainement pour choisir, dans son sein, un président, un secrétaire pour la partie commerciale et un caissier. Sur cette invitation le comité arrête qu'il se réunira le 6 août 1837.

M. de Tersac communique une lettre par laquelle plusieurs maîtres de forge de l'Aude et du Tarn demandent à faire partie de la société.... Cette lettre est renvoyée au comité.

M. Julien Rousse ouvre la discussion sur la nécessité de provoquer et de faciliter le repeuplement en bois des vacants de l'Ariége. Il énumère tous les avantages attachés à cette question. L'acacia robinier, est, selon lui, le bois que l'on doit préférer, quand il remplit les conditions de bon assolement.... Après avoir entendu plusieurs membres, l'assemblée décide que le comité central adressera à M. le directeur général des eaux et forêts, des vœux pour l'exécution la plus prompte du cantonnement des bois domaniaux grevés d'usage. Elle arrête, en outre, que le comité central examinera la proposition faite par M. François de fonder un prix pour favoriser la plantation sur des pentes impropres à la culture.

M. Michel Chevalier a la parole sur la fondation d'une forge-modèle dans le département de l'Ariége.

La nécessité de s'occuper au plus tôt de l'étude et de l'amélioration des procédés lui paraît démontrée par l'état progressif de la fabrication dans les usines de l'intérieur. Les produits s'y améliorent sensiblement, les procédés y deviennent plus économiques, enfin, les moyens de transport des matières premières et des produits y sont mieux entendus. Pour soutenir la lutte, les maîtres de forges de l'Ariége doivent par tous les moyens provoquer l'amélioration des voies de transport et la fixation des procédés de bonne fabrication..... Ces développements sont appuyés par un grand nombre des membres présents. M. François résume la discussion sur cet objet et démontre que les principaux essais à entreprendre d'une manière suivie ont déjà été abordés avec quelque chance de succès.

Il est porté à penser que ces essais, repris avec suite et avec méthode, loin d'entraîner des dépenses, apporteront immédiatement des résultats satisfaisants.

Ces considérations amènent l'assemblée à prendre en considération la fondation d'une forge-modèle. Elle invite le comité à s'occuper, sans retard, d'un projet de forge d'essai, et à appeler sur cette question l'attention de M. le préfet, avant la session du conseil général.

Une discussion engagée sur l'avenir de l'industrie des fers dans l'Ariége conduit M. Chevalier à développer la nécessité de mettre ce département en rapport avec le centre et l'ouest de la France par une grande ligne entre Toulouse, Bordeaux et Paris, par les départements de l'ouest. La discussion est amenée sur les voies de communication qui sont en rapport immédiat avec les exigences actuelles de l'industrie ariégeoise. L'assemblée reconnaît la nécessité de provoquer :

1° Le prolongement de la route départementale de Tarascon à Vicdessos jusqu'au village de Sem ;

2° La continuation de la route royale de Paris en Espagne par le col Puymorens. Cette route permettra de jeter dans les forges le fer oxydulé de Puymorens.

Le comité central est chargé d'appeler sur ces objets l'attention de M. le préfet.

Le présent procès-verbal a été clos à Tarascon les jour et an que dessus.

Ont signé :

MM. de Tersac, marquis d'Orgeix, Trinqué, membres du conseil général, J. François, Saint-André et A. Garrigou.

TABLE DES MATIÈRES.

Introduction. vii
Ouvrages sur le traitement direct du fer. xi
Errata. xii

PREMIÈRE PARTIE.

DESCRIPTION DU TRAITEMENT DIRECT DU FER.

CHAPITRE Ier.

Matériel d'une forge catalane. 1

Matériel d'une forge catalane. Disposition d'une ancienne forge à un four, 3. — Disposition moderne. Mail cingleur. Mail finisseur. Disposition récente. Forge à deux feux, 4.

CHAPITRE II.

Creuset, ou feu. 5

Creuset, ou feu. Fouinal. Piech d'el-foc. — Massif du feu, 5. — Pierre de la meule. Fond du feu, 6. — Faces du feu. — Latairol ou la main. Restanque. Plie. Banquette, 7. — Trou du chio. Porges. Ore, ou contrevent, 8. — Cave, 9. — Tuyère. OEil de la tuyère. Pavillon, 10. — Pose du tuyère. Inclinaison, 11. — Saut de la tuyère. Saillie. Sortie, 12. — Déclinaison, 13. — Bourec. Canon de bourec, ou buse. Reculement du canon, 14. — Tableau des dimensions du feu, 15.

CHAPITRE III.

Trompe. 17

Trompe, 17. — Paicherou. Étranguillons. Cors. Arbres, 18. — Aspiraux. — Banquette. Caisse. Sortie de l'eau. Homme, 19. — Burle. Canalet du Paicheron. Trompe en tinne, 20. — Tinne du Mas d'Asil. Trompe des Alpes, 21. — Avantages et inconvénients des trompes, 22. — Tension du vent. Pèse-vent, 23. — Tension maxima. Effet utile des trompes, 24. — Travaux de M. Tardy et Thibaud. Travaux de M. d'Aubuisson, 25. — Travaux de M. Richard, 26.

CHAPITRE IV.

Marteau. 28

Marteau. Paichère. Ceütre. Roue. Bras. Palettes. Arbres. Bogue. Cames, 29. — Manche. Hurasse. Tacoul. Soucheries. Sous-massés. Marteau. Enclume. Demme. Rebat, 30.

CHAPITRE V.

Personnel de la forge. 32

Personnel. Foyer. Maillé. Escolas, 32. — Pique-mines. Miaillons. Salaire des forgeurs. Fargarde, 33. — Garde-forge. Commis, 34.

CHAPITRE VI.

Manœuvres du traitement. Conduite du feu. 35

Défournement du massé, 35. — Cinglage. Massoques. Massouquettes. Chauffe et étirage. Chargement du feu, 36. — Mise en feu, 37. — Principe du massé. Silladou. Percer le chio. Donner la mine, 38. — Balejado. Fin du feu, 39. — Observation sur la conduite du feu, 40. — Conduite du vent, 41.

CHAPITRE VII.

Indications sur l'allure du feu. 43

Couleur et forme de la flamme, 43. — Température du feu. Écailles, 44. — Formation du principe. Couleur et forme du massé, 45. — État des scories, 46. — État de la tuyère. Élaboration du minerai, 47. — Emploi de greillade. Emploi de charbon, 48. — Œil de tuyère. Reculement du bourec, 49.

CHAPITRE VIII.

Détails sur le roulement d'une forge. 51

Approvisionnement des matières premières, 51. — Consommation, 52. — Produits, 53. — Détails économiques sur le roulement, 54. — Avantages et inconvénients du traitement direct, 54.

SECONDE PARTIE.

MATIÈRES PREMIÈRES.

CHAPITRE Ier.

Mode de gisement et recherche de minerais de fer. 57

Matières premières.—Minerai de fer. Considérations générales sur la constitution géologique de l'Ariége. — Haute chaîne. Terrains primitifs et de transition, 60. — Mines de fer à la limite des terrains primitifs et dans les terrains modifiés. Basse chaîne. Terrains primitifs, de transition et formations secondaires. Ophites, 61. —Mines de fer de la basse chaîne, au voisinage des roches d'éruption, granit, ophite, et dans les terrains modifiés. Mines de fer associées aux amphibolites de l'est, 62. — Gisement. Division en trois sections, 63.

PREMIÈRE SECTION. 63

Terrains primitifs. 63

DEUXIÈME SECTION.

Terrains de transition. 64

Premier groupe. Sa consistance. Gîtes rapportés aux amphibolites de l'est, 65. — Gîtes rapportés au granit, 66. — Gîtes rapportés aux ophites. Bassin ferrifère de Rancié et de Larcat. Limites topographiques. Constitution et limites géologiques, 67. — Mines comprises dans les roches calcaires. Mode de gisement, 68. — Nature du minerai. Fer carbonaté, 69. — Altération du fer carbonaté. Mine noire. Fer hydroxydé compacte, hématite concrétionnée. Altération de la forme primitive du gîte, 70. — Variétés minérales résultant de l'action des eaux souterraines. — Mode de terminaison des gîtes, 72. — Mines comprises dans les formations schisteuses. Nature et allure du minerai, 73. — Mines d'Urs et de Luzenac, 74. — Mines de Montségur et de Montferrier. Deuxième groupe. Sa consistance, 75. — Les roches encaissantes sont pyriteuses. Mode de formation, 76. — Déplacement postérieur. Causes de la texture caverneuse, 77.

TROISIÈME SECTION. 78

Terrains secondaires. 78

Division en deux groupes, 78. — Premier groupe. Deuxième groupe, 79. — Résumé. Origine et gisement, 80. — Recherche et exploitation, 81.

CHAPITRE II.

Historique des mines de fer, ressources qu'elles présentent, travaux exécutés et à exécuter, leur nature et leur composition 83

Division en trois sections. 84

PREMIÈRE SECTION.

Terrains anciens. 84

Mine de la Coume-de-Seignac. Mines d'Auzat et de Saleix, 84. — Mine d'Aulus. Mines de Saurat. Saraute. Carlong, 85. — Mines de Cazenave. Mines de Ferrières. Mine de Vincaret. Mine de la Soumère. Mines de Bernadoux et des métairies de Suc. Mine des Mouilles. Mines de Gourbit, 86.

DEUXIÈME SECTION.

Terrains de transition. 87

Premier groupe. — Mine de Bouthadiol. Empinet et Engaudu, 87. — Puymorens, 88. Mines du Sarrat-d'Andorre. Montségur. Montferrier. Mines de Luzenac, Urs et Lassur. Pech de Saint-Pierre. Pech de Ferrières. Pech de Gudannes, 90. — — Mines de Larcat, 92. — Mines de Bouan et Larnat., 94. — Mines de la Sapinière de Larcat et du roc de Miglos. Mine de la Dèse. — Mines de Miglos, 95. — Montagut. Carbou. Mines de Gestiès. Mines de Lercoul, 96. — La Canale. La Bède et la Tire. Bénazet. L'Usclado. Bouischet, 97. — Mine de Nagoth. Mine de Vicdessos. Mine de Saint-Antoine, 98. — Mines du Col-du-Four. Mines de Boites et de Bessoles. Mine de Montcoustants. Mine de Labastide-de-Serou, 99. Mines de Nescus et de Guinot, 91. — Mine de Milhas. — Deuxième groupe. — Mine du port de Pailhès, 100. — Mines d'Ascou. Mine de Camurat. Mine de Waitchis. Mine de la Canaletto, 101. — Mine de Saint-Gènes. Mines de Cazenave et d'Axiat. Mines de Sinsat et de Bouan. Mine de la Fajole, 102. — Mine de Nourgeat. Mine de la Houlette. Mine de Gourbit. Mine de la Fount-Santo. Mines d'Alzen et Montredon, 103. — Mines de Rivernert. Mine de Saint-Martin-de-Soulan. Mine des Balmes. Mine des Ourtigous, 104. — Mine de Frechet. Mines des Haussets. Mines des Monts Crabères, 105. — Tuc de Sarrant. Portillon, D'Albe. La Herdère. Canéjean. Mines de Bauzen. Mines de Gouaux et d'Artigues, 106.

TROISIÈME SECTION.

Terrains secondaires. 107

Premier groupe. — Mine de Sourt. Mine de Rabat, 107. — Mine de Porté. Mine du col d'Aréou, 108. — Second groupe. — Mine de Péreille. Mine de Coumo-Torto et de Lescure. Mines d'Arbas et de Saleich. Mines de Latoue, 109.

CHAPITRE III.

Documents historiques sur les mines de Rancié et sur le commerce du minerai de fer dans le Comté de Foix. 111

Charte solennelle de Roger-Bernard (1293). Charte de Gaston Ier (1304), 112. — Traité d'échange de charbon et de minerai avec le comte de Couzerans (1347). Transaction de (1355) Ordonnance de (1403), 113. — Règlement des mines de (1414), 114. — Lettres-patentes de Gaston IV (1437). Lettres-patentes de Henri IV (1610), de Louis XIII (1611) et de Louis XIV (1659). Jugement des commissaires députés en la réformation (1680). Transaction de 1688. Ordonnance des États de Foix (1696), 115. — Ordonnance du 18 mars 1719. 116. — Arrêt du conseil d'État du 19 décembre 1719. Création d'un premier fonds spécial de Rancié. — (1720). Ordonnance du 18 janvier (1721). (1722), 117. — (1723). Règlement de (1731). Police. Aménagement, 118. — Recherches. Vente et prix du minerai, 119. — Nomination d'un inspecteur à la surveillance des mines (1733-1740), 120. — Du traité d'échange. (1691-1726). (1770), 121. — (1732). (1742). Police de l'échange. (1771-1779). (1780-1781). (1792), 122. Nombre des mineurs et chiffre d'extraction en 1784. Exploitation ancienne. 123.

CHAPITRE IV.

Constitution géologique de Rancié, mode de gisement et composition des minerais. 125

Constitution géologique de Rancié, 125. — Mode de gisement, 126. — Recherches analytiques sur la composition du minerai. Mode d'analyse, 128. — Fer carbonaté. Fer hydroxydé manganésifère. Mine noire, 130. — Fer oxydé hydraté, compacte. Hématite brune. Mine ferrue, 132. — Fer peroxydé (oligiste) (hématite rouge), 134. — Recherche analytique des minerais marchands, 135.

CHAPITRE V.

Exploitation et aménagement des mines de Rancié. 140

Exploitation. — Règlement de l'an XIII (5 juin 1805), 140. — Mode d'exploitation, 141. — État général des travaux. Éboulis, 142. — Travaux d'aménagement et de recherche exécutés de 1812 à 1843. 143. — Résultats des travaux, 146. — Fonds spécial de Rancié. Nombre des mineurs, 150. — Quantité annuelle de minerai extrait, 151. — Transport de minerai. Prix du transport en forge, 153.

CHAPITRE VI.

Administration et police des mines; améliorations dans l'extraction et dans le commerce du minerai 154

Administration des mines. Ordonnances de concession. Règlement général de 1833, 154. — Les attributions des ingénieurs sont incomplètes. Les mineurs de Rancié détruisent par instinct, 156 — Améliorations à introduire à Rancié. Nécessité de créer des chefs-mineurs étrangers. Causes de la position fâcheuse des mineurs, 157. — Fondation d'un fonds de secours. Conséquences de cette fondation, 159. — Nécessité d'un nouveau mode pour régler l'extraction sur la consommation et sur l'état des mines, 160. — Les chantiers ne sont pas entretenus. Utilité de création d'un mode de transport économique du minerai des mines à Cabre, 161. — Route de Sem. Couloir et plans inclinés auto-moteurs, 162. — Objections. Importance et conséquences des résultats. 164.

CHAPITRE VII.

Charbon de bois; détails économiques sur les forêts et sur les charbons. . 167

Essences des bois dans l'Ariége, 167. — Aménagement, 168. — Ressources forestières de l'Ariége. Causes principales de leur diminution, 169. — Nombre exagéré des usines, 170. — Dévastations et défrichements. Vice du régime forestier, 171. — Rendement en bois de charbonnage par hectare, 173. — Carbonisation. Détails économiques, 175. — Prix du bois et du charbon de 1807 à 1842, 176. — Poids du charbon de bois, 177. — Absorption d'eau hygrométrique par le charbon. Causes de déchet en magasin, 178. — Le charbon s'achète au volume, 179.

CHAPITRE VIII.

Composition et classification des différents charbons ; de la combustion. . . 180

Nature du bois. Composition moyenne du charbon de forge, 180. — Cendres, 181. — Distinction du charbon fort et du charbon doux, 182. — Expériences sur la combustion du charbon. Description de l'appareil employé, 183. — Mode d'expérimentation, 184. — Résultats, 186. — Conséquences, 187. — Carbonisation à la flamme perdue des feux, 188. — Torréfaction du bois en forêt. Nécessité d'essais, 189.

CHAPITRE IX.

Du vent; hygrométrie des trompes. 190

Hygrométrie de la trompe. Expériences de MM. Tardy et Thibaud, 190. — Expériences de M. Richard, 192. — Considérations générales sur l'hygrométrie de l'air des trompes, 193. — Appareils hygrométriques, 194. — Hygromètre de Saussure, 195. — Hygromètres de condensation. Hygromètre à cuvette, 196. — Hygromètre de Daniel, 197. — Valeur moyenne des tensions correspondantes aux indications de l'hygromètre à cheveu, 198. — Tableau résumé des expériences hygrométriques de 1839 à 1842, 199. — Résultats généraux, 202. — Hygrométrie des machines à piston, 204. — Diminution dans l'état hygrométrique par évaporation spontanée. 205.

CHAPITRE X.

Eau vésiculaire des trompes ; du vent considéré dans ses propriétés chimiques. 206

De l'eau vésiculaire de la trompe. Inconvénients, 206. — Moyens de chasser l'eau vésiculaire. Vannes régulatrices, 207. — Diminution de la vitesse initiale. Réservoir d'air. Sentinelle courbe, 208 — Influence nuisible des trompes sur les progrès du traitement. Préférence aux machines à piston, 209. — Avantages et application du ventilateur. 210. — Du vent dans ses propriétés chimiques, 211. — Sphères, ou zones d'oxydation et de réduction, 212. — De l'air chaud. Essais de M. Richard, 1834-1835. Résultats, 214. — Discussion des résultats. Résumé, 216.

TROISIÈME PARTIE.

ÉLABORATION DU MINERAI DE FER DANS LE TRAITEMENT DIRECT.

CHAPITRE Ier.

Mode d'observation des phénomènes dans le feu. 219

Réactions chimiques dans le creuset, 219.—Expériences sur l'élaboration. Mode d'observation. Étude microscopique et cristallographique. Analyse chimique, 221.—Mode d'analyse. Scories. Minerai en élaboration. Mélanges d'oxydes de fer, 222.—Mélanges d'oxydes, de matières scoriacées et de fer métallique. Mélange de fer métallique et de matières scoriacées, 223. — Fers et aciers à divers états d'élaboration. Examen des feux en activité, 224.—Division du feu en régions, 225.

CHAPITRE II.

Élaboration du minerai au contrevent. 226

Division du chapitre, 226.—Région n° 1. Calcination. Réduction partielle, 227. — Oxyde magnétique. Nature des fragments, 228. — Gaz de la région n° 1, 229. —Région n° 2. Réduction plus avancée, 230.— Pellicule, ou tégument métallique. Scorification. Composition des téguments, 231.—Gaz de cette région, 232.—Région n° 3. Réduction active, 233. —Liquation. Appendices ramuleux. Composition des scories, 234. — Silicate neutre. Composition du tégument métallique, 235.—Nature du noyau en élaboration. Gaz de la région n° 3. Région n° 4. Liquation et carburation actives, 236. — Fragments de minerai réduit, 237.—Téguments métalliques, 238. — Ressuage. Silicate neutre. Cristallisation de silicate neutre, 239. — Composition et forme des téguments, et des appendices ramuleux, 240.— Gaz de la région n° 4. Résumé, 242.—Réduction, 244. — Carburation, 245.

CHAPITRE III.

Élaboration du minerai en greillade 246

Étude de l'élaboration pendant la baléjade, 246.—Division du feu en trois régions. RÉGION A. Calcination et réduction. Gaz de la combustion, 247.—RÉGION B. Réduction et fusion pâteuse. Mode particulier de réduction de la greillade. Pellicule métallique, 248. Produit gazeux, 249.—Composition des charbons. RÉGION C. Réduction et liquation actives, 250.— Nature du fer à la surface du massé. Élaboration de la greillade pendant l'étirage, 251. —Résumé. Permanence des faits qui président à l'élaboration des minerais de fer, 252.

CHAPITRE IV.

Préparation des minerais 254

Calcination et grillage préalables, 254.— Calcination des mines spathiques et calcaires et des hydroxydes compactes, 255.—Calcination et exposition à l'air des fers anhydres (oligistes et oxydulés). Grillage des minerais sulfurés et arsénicaux, 256.—Ancien recuit, 257.—Recuit et exposition à l'air du Wallespire, 258.— Calcination et grillage à la flamme perdue. Four d'Engoumer. Four du Berdoulet. Four de la Prade. Four de Niaux (1837), 259.—Appareil de MM. Escanyé frères à la forge de Nyer, 261.—L'appareil de MM. Escanyé est incomplet. Modifications. Dispositions nouvelles, 262. La préparation du minerai à la flamme perdue sera un jour recherchée. Grillage préalable appliqué à la préparation des fers aciéreux et des aciers naturels, 263.—Modifications au contrevent pour faciliter la préparation du minerai au feu. Débourbage. Son utilité, 264.—Utilité du cassage à la main. Résumé, 265.

CHAPITRE V.

Choix des minerais. Fondants. Emploi du manganèse dans le travail du fer doux et de l'acier 267

Conditions générales d'allure en fer fort et en fer doux, 268.—Mélange de minerais. Allure en fer ordinaire. Allure en fer fort, 269.—Minerai au contrevent. Allure en fer fort. De la greillade. Allure en fer doux, 270.—Allure en fer fort, 271.—Fondants. Silice et scories crues. Chaux et manganèse. Essais sur l'addition de la chaux, 272.—Oxyde de manganèse, 273.— Emploi du manganèse pour fer doux, 275. — Emploi du manganèse pour fer fort, 277.— Emploi combiné de manganèse et du grillage à la flamme perdue pour allure en fer aciéreux, 278. — Emploi d'un bain manganésifère dans le travail ultérieur des aciers, 279. — Conséquences importantes. Disparution des cendrures des aciers. Application des fondants manganésés au corroyage des aciers. Importance de l'emploi des fondants manganésés, 280.

CHAPITRE VI.

Construction du creuset 281

Construction du creuset, 281.—Division générale du creuset en deux régions. Région de préparation. Contrevent. Cave, 282. — Piech-d'el-foc. Nécessité d'agrandissements progressifs de la région de préparation. Région de fusion. Modifications, 283.—Extension vers la cave. Porges. Sole en argile brasquée, 284.—Pose de la tuyère. Inclinaison, 285.—Saillie de la tuyère. OEil de tuyère. Reculement du bourec, 286. — Influence du prix et de la nature des matières premières sur la construction des feux, 287.

CHAPITRE VII.

Détails du traitement 289

Des variations dans l'allure des feux, 289. — Influence de la main de l'ouvrier, 290. — Formule du travail. Traitement direct continu, 291.—Conduite du vent. Allure en fer doux.

Traitement du minerai de Puymorens et de Freichet, 293. — Allure en fer fort. Nécessité de modérer la tension du vent, 295. — Qualité du vent. Son influence sur les produits. Conduite du vent suivant la nature des charbons. Conduite du feu, 296. — Principe du massé. Chargement du feu. Le foyer doit servir les tendances du feu, 297. — Forme et nature du massé. Travail du fer sous le marteau. Cingleur en T, 298. — Finisseur avec volant. Bons moteurs hydrauliques. Élaboration ultérieure du fer. Martinets de parage. Laminage du fer. Usine de Saint-Antoine, 299. — Application du procédé de fabrication continue, 300. — Tôles. Taillanderie, tréfilerie et câbles-chaînes, 301.

CHAPITRE VIII.

Produits du traitement direct. 302

Produits immédiats. Scories, 302. — Observation microscopique. Analyse chimique, 303. — Richesse en fer. Emploi dans les arts. Pouzzolanes artificielles. Fers ordinaires, 306. — Composition des fers doux, 307. — Observation microscopique. Grains d'acier. Fer corroyé et laminé. Tôle, 308. — Application aux chaudières des locomotives. Acier naturel. Sa composition. Observation microscopique, 309. — Effet de la trempe. Amélioration pratique. Utilité d'une usine expérimentale. Produits ultérieurs, 310. — Acier poule. Inconvénient des ampoules. Améliorations importantes, 311. — Aciers ouvrés. Examen microscopique des aciers, 312.

QUATRIÈME PARTIE.

CONSIDÉRATIONS HISTORIQUES ET ÉCONOMIQUES SUR LA FABRICATION DU FER DANS LES PYRÉNÉES.

CHAPITRE PREMIER.

Précis historique du traitement direct. 315

Origine probable du traitement direct des Pyrénées. Le traitement s'est modifié suivant la nature du minerai, 316. — Forges à bras. Creuset de Bielsa. Creuset biscayen (1716), 317. — Passage au creuset catalan. Creuset catalan du Wallespire, 318. — Creuset actuel, 319. — Trompe des Pyrénées. Marteau biscayen. Mouli de fer, 320. — Consommation de matières premières, 321.

CHAPITRE II.

Mouvement des usines et de la production. Historique de la fabrication des aciers cémentés et de l'élaboration ultérieure du gros fer dans les Pyrénées. Détails économiques. 323

Mouvement des forges, 323. — Tableau du mouvement des forges et de la production du fer dans les Pyrénées, 324. — Causes principales du mouvement des forges. Le nombre des forges est exagéré, 326. — Moyen d'y remédier. Prix exorbitant du bois de chauffage. Historique de la fabrication de l'acier de cémentation, 327. — Hommage rendu à MM. Garrigou et Massenet, 328. — Développements progressifs de la production des aciers cémentés, 329. — Défaut des aciers cémentés. Moyens d'attaquer ces défauts, 330. — Travail en fer fort, 331. — Parage du fer. Travail au martinet. Clouterie, 332. — Laminage. Avenir du travail au laminoir. Conditions à remplir, 333. — Prix exorbitant du transport, du salaire des forgeurs et des frais généraux de fabrication. Nécessité d'assurer l'entretien des routes et de combler les lacunes, 336. — Salaire des forgeurs. Ignorance générale des maîtres de forge, 337. — Heureuse influence des recherches pratiques de feu M. Vergnies (1780 à 1785). — Frais généraux de fabrication, 338.

CHAPITRE III.

Vues générales sur la fabrication du fer dans les Pyrénées. 339

Questions économiques. Ressources intrinsèques du traitement direct, 339. — Améliorations à tenter, 340. — Traitement continu. Nécessité d'une usine expérimentale, 341. — Observations, 342. — Comparaison du cours des fers des Pyrénées, et des fers au bois de la France et du nord de l'Europe, 343. — Fers du Nord. Lois des douanes, 344. — Concentration de la force productive, 345.

NOTES ET PIÈCES JUSTIFICATIVES.

Nº 1. Extrait d'une charte solennelle de Roger-Bernard, comte de Foix (1293). . . . 347

Nº 2. Extrait d'une charte de Gaston, comte de Foix et de Béarn (1304). . . . . . . *ibid.*

Nº 3. Extrait d'une transaction entre le sénéchal du comte de Foix et les consuls de Vicdessos (1355). 348

Nº 4. Règlement de Rancié de 1414. 349

Nº 5. Lettres patentes de Henri IV, roi de France, contenant confirmation des droits et priviléges accordés aux habitants de la vallée de Vicdessos, par le comte de Foix (1610). 353

Nº 6. Procès-verbal des consuls de Vicdessos et règlement de Rancié de 1731. 354

Nº 7. Ordonnances de concession, et règlement général de Rancié de 1833. 364

Nº 7 bis. Ordonnance du roi portant création d'une caisse de secours aux mines de Rancié (15 mai 1843). 382

Nº 8. Tables de vent de M. T. Richard. 385

Nº 9. Statuts de la Société des maîtres de forge de l'Ariége. 389

FIN DE LA TABLE DES MATIÈRES.

PARIS. — IMPRIMERIE DE FAIN ET THUNOT,
IMPRIMEURS DE L'UNIVERSITÉ ROYALE DE FRANCE,
Rue Racine, nº 28, près de l'Odéon.

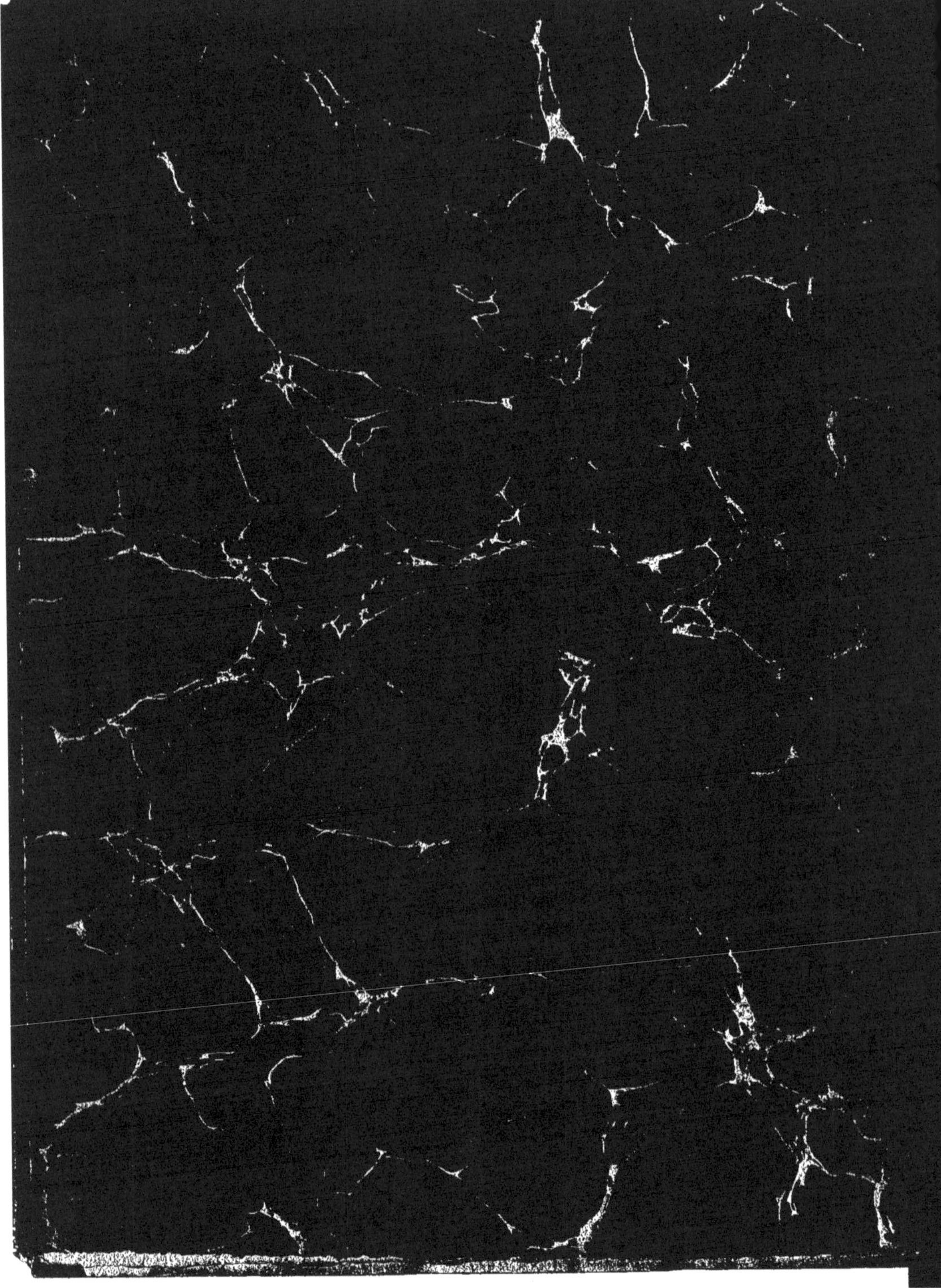

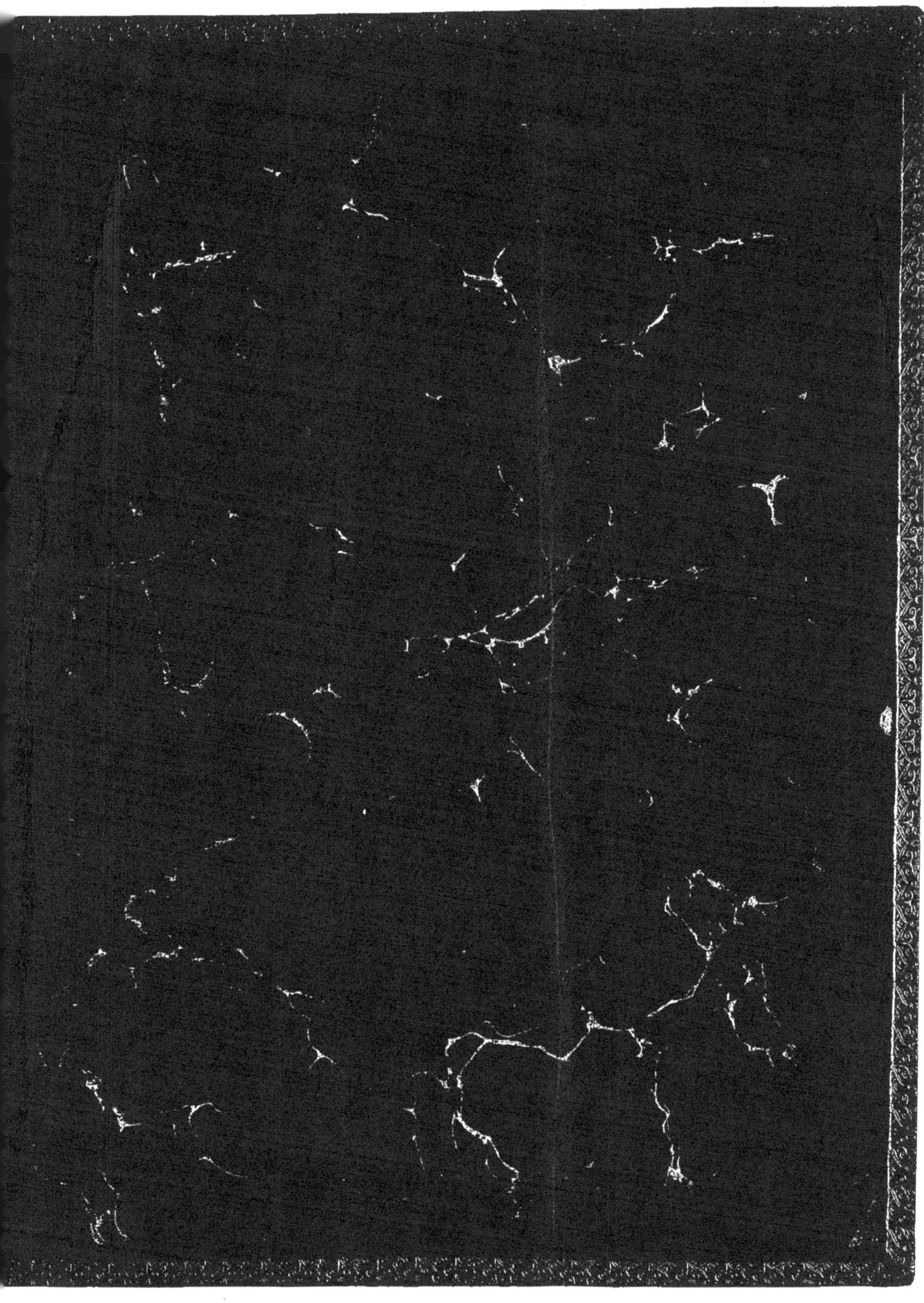

www.ingramcontent.com/pod-product-compliance
Lightning Source LLC
Chambersburg PA
CBHW060952220326
41599CB00023B/3684

* 9 7 8 2 0 1 1 3 2 4 9 8 6 *